"十二五"国家重点图书出版规划项目

# 中 国 土 系 志
## Soil Series of China

总主编　张甘霖

## 黑龙江卷
### Heilongjiang

翟瑞常　辛　刚　张之一　著

U0225822

科学出版社

北　京

《中国土系志·黑龙江卷》在对黑龙江省区域概况和主要土壤类型全面调查研究的基础上，进行了土壤高级分类单元（土纲、亚纲、土类、亚类）和基层分类单元（土族、土系）的鉴定和划分。本书上篇论述黑龙江省区域概况、成土因素、成土过程、诊断层与诊断特性、土壤分类的发展以及本次土系调查的概况；下篇重点介绍建立的黑龙江省典型土系，内容包括每个土系所属的高级分类单元、分布与环境条件、土系特征与变幅、对比土系、利用性能综述、参比土种、代表性单个土体和相应的理化性质。最后附黑龙江省土系与土种参比表。

本书可供从事与土壤学相关的学科，包括农业、环境、生态和自然地理等的科学研究和教学工作者，以及从事土壤与环境调查的部门和科研机构人员参考。

审图号：黑 S（2020）006 号

图书在版编目（CIP）数据

中国土系志. 黑龙江卷/张甘霖主编；翟瑞常，辛刚，张之一著. —北京：科学出版社，2020.5

"十二五"国家重点图书出版规划项目

ISBN 978-7-03-063984-4

Ⅰ.①中⋯　Ⅱ.①张⋯　②翟⋯　③辛⋯　④张⋯　Ⅲ.①土壤地理-中国②土壤地理-黑龙江省　Ⅳ.①S159.2

中国版本图书馆 CIP 数据核字（2019）第 287642 号

责任编辑：胡　凯　周　丹　沈　旭/责任校对：杨聪敏
责任印制：师艳茹/封面设计：许　瑞

科 学 出 版 社 出版
北京东黄城根北街 16 号
邮政编码：100717
http://www.sciencep.com
中国科学院印刷厂 印刷

科学出版社发行　各地新华书店经销
*
2020 年 5 月第　一　版　　开本：787×1092　1/16
2020 年 5 月第一次印刷　　印张：21 1/2
字数：501 000

定价：268.00 元

# 《中国土系志》编委会顾问

孙鸿烈　赵其国　龚子同　黄鼎成　王人潮
张玉龙　黄鸿翔　李天杰　田均良　潘根兴
黄铁青　杨林章　张维理　郧文聚

# 土系审定小组

组　长　张甘霖

成　员（以姓氏笔画为序）

王天巍　王秋兵　龙怀玉　卢　瑛　卢升高
刘梦云　李德成　杨金玲　吴克宁　辛　刚
张凤荣　张杨珠　赵玉国　袁大刚　黄　标
常庆瑞　麻万诸　章明奎　隋跃宇　慈　恩
蔡崇法　漆智平　翟瑞常　潘剑君

# 《中国土系志》编委会

**主　编**　张甘霖

**副主编**　王秋兵　李德成　张凤荣　吴克宁　章明奎

**编　委**　(以姓氏笔画为序)

| | | | | |
|---|---|---|---|---|
| 王天巍 | 王秋兵 | 王登峰 | 孔祥斌 | 龙怀玉 |
| 卢　瑛 | 卢升高 | 白军平 | 刘梦云 | 刘黎明 |
| 李　玲 | 李德成 | 杨金玲 | 吴克宁 | 辛　刚 |
| 宋付朋 | 宋效东 | 张凤荣 | 张甘霖 | 张杨珠 |
| 张海涛 | 陈　杰 | 陈印军 | 武红旗 | 周　清 |
| 赵　霞 | 赵玉国 | 胡雪峰 | 袁大刚 | 黄　标 |
| 常庆瑞 | 麻万诸 | 章明奎 | 隋跃宇 | 董云中 |
| 韩春兰 | 慈　恩 | 蔡崇法 | 漆智平 | 翟瑞常 |
| 潘剑君 | | | | |

# 《中国土系志·黑龙江卷》作者名单

**主要作者**　翟瑞常　辛　刚　张之一

**参编人员**　（以姓氏笔画为序）

于立红　王法清　王孟雪　刘春梅　何淑平

张有利　陈宝政　焦　峰　蔡德利

# 丛 书 序 一

  土壤分类作为认识和管理土壤资源不可或缺的工具,是土壤学最为经典的学科分支。现代土壤学诞生后,近150年来不断发展,日渐加深人们对土壤的系统认识。土壤分类的发展一方面促进了土壤学整体进步,同时也为相邻学科提供了理解土壤和认知土壤过程的重要载体。土壤分类水平的提高也极大地提高了土壤资源管理的水平,为土地利用和生态环境建设提供了重要的科学支撑。在土壤分类体系中,高级单元主要体现土壤的发生过程和地理分布规律,为宏观布局提供科学依据;基层单元主要反映区域特征、层次组合以及物理、化学性状,是区域规划和农业技术推广的基础。

  我国幅员辽阔,自然地理条件迥异,人类活动历史悠久,造就了我国丰富多样的土壤资源。自现代土壤学在中国发端以来,土壤学工作者对我国土壤的形成过程、类型、分布规律开展了卓有成效的研究。就土壤基层分类而言,自20世纪30年代开始,早期的土壤分类引进美国 C. F. Marbut 体系,区分了我国亚热带低山丘陵区的土壤类型及其续分单元,同时定名了一批土系,如孝陵卫系、萝岗系、徐闻系等,对后来的土壤分类研究产生了深远的影响。

  与此同时,美国土壤系统分类(soil taxonomy)也在建立过程中,当时 Marbut 分类体系中的土系(soil series)没有严格的边界,一个土系的属性空间往往跨越不同的土纲。典型的例子是迈阿密(Miami)系,在系统分类建立后按照属性边界被拆分成为不同土纲的多个土系。我国早期建立的土系也同样具有属性空间变异较大的情形。

  20世纪50年代,随着全面学习苏联土壤分类理论,以地带性为基础的发生学土壤分类迅速成为我国土壤分类的主体。1978年,中国土壤学会召开土壤分类会议,制定了依据土壤地理发生的《中国土壤分类暂行草案》。该分类方案成为随后开展的全国第二次土壤普查中使用的主要依据。通过这次普查,于20世纪90年代出版了《中国土种志》,其中包含近3000个典型土种。这些土种成为各行业使用的重要土壤数据来源。限于当时的认识和技术水平,《中国土种志》所记录的典型土种依然存在"同名异土"和"同土异名"的问题,代表性的土壤剖面没有具体的经纬度位置,也未提供剖面照片,无法了解土种的直观形态特征。

  随着"中国土壤系统分类"的建立和发展,在建立了从土纲到亚类的高级单元之后,建立以土系为核心的土壤基层分类体系是"中国土壤系统分类"发展的必然方向。建立我国的典型土系,不但可以从真正意义上使系统完整,全面体现土壤类型的多样性和丰富性,而且可以为土壤利用和管理提供最直接和完整的数据支持。

　　在科技部国家科技基础性工作专项项目"我国土系调查与《中国土系志》编制"的支持下，以中国科学院南京土壤研究所张甘霖研究员为首，联合全国二十多所大学和相关科研机构的一批中青年土壤科学工作者，经过数年的努力，首次提出了中国土壤系统分类框架内较为完整的土族和土系划分原则与标准，并应用于土族和土系的建立。通过艰苦的野外工作，先后完成了我国东部地区和中西部地区的主要土系调查和鉴别工作。在比土、评土的基础上，总结和建立了具有区域代表性的土系，并编纂了以各省市为分册的《中国土系志》，这是继"中国土壤系统分类"之后我国土壤分类领域的又一重要成果。

　　作为一个长期从事土壤地理学研究的科技工作者，我见证了该项工作取得的进展和一批中青年土壤科学工作者的成长，深感完善这项成果对中国土壤系统分类具有重要的意义。同时，这支中青年土壤分类工作者队伍的成长也将为未来该领域的可持续发展奠定基础。

　　对这一基础性工作的进展和前景我深感欣慰。是为序。

中国科学院院士

2017 年 2 月于北京

# 丛 书 序 二

土壤分类和分布研究既是土壤学也是自然地理学中的基础工作。认识和区分土壤类型是理解土壤多样性和开展土壤制图的基础，土壤分类的建立也是评估土壤功能，促进土壤技术转移和实现土壤资源可持续管理的工具。对土壤类型及其分布的勾画是土地资源评价、自然资源区划的重要依据，同时也是诸多地表过程研究所不可或缺的数据来源，因此，土壤分类研究具有显著的基础性，是地球表层系统研究的重要组成部分。

我国土壤资源调查和土壤分类工作经历了几个重要的发展阶段。20 世纪 30 年代至70 年代，老一辈土壤学家在路线调查和区域综合考察的基础上，基本明确了我国土壤的类型特征和宏观分布格局；80 年代开始的全国土壤普查进一步摸清了我国的土壤资源状况，获得了大量的基础数据。当时由于历史条件的限制，我国土壤分类基本沿用了苏联的地理发生分类体系，强调生物气候带的影响，而对母质和时间因素重视不够。此后虽有局部的调查考察，但都没有形成系统的全国性数据集。

以诊断层和诊断特性为依据的定量分类是当今国际土壤分类的主流和趋势。自 20 世纪 80 年代开始的"中国土壤系统分类"研究历经 20 多年的努力构建了具有国际先进水平的分类体系，成果获得了国家自然科学奖二等奖。"中国土壤系统分类"完成了亚类以上的高级单元，但对基层分类级别——土族和土系——仅仅开展了一些样区尺度的探索性研究。因此，无论是从土壤系统分类的完整性，还是土壤类型代表性单个土体的数据积累来看，仅有高级单元与实际的需求还有很大距离，这也说明进行土系调查的必要性和紧迫性。

在科技部国家科技基础性工作专项的支持下，自 2008 年开始，中国科学院南京土壤研究所联合国内 20 多所大学和科研机构，在张甘霖研究员的带领下，先后承担了"我国土系调查与《中国土系志》编制"（项目编号 2008FY110600）和"我国土系调查与《中国土系志（中西部卷）》编制"（项目编号 2014FY110200）两期研究项目。自项目开展以来，近百名项目参加人员，包括数以百计的研究生，以省区为单位，依据统一的布点原则和野外调查规范，开展了全面的典型土系调查和鉴定。经过 10 多年的努力，参加人员足迹遍布全国各地，克服了种种困难，不畏艰辛，调查了近 7000 个典型土壤单个土体，结合历史土壤数据，建立近 5000 个我国典型土系；并以省区为单位，完成了我国第一部包含 30 分册、基于定量标准和统一分类原则的土系志，朝着系统建立我国基于定量标准的基层分类体系迈进了重要的一步。这些基础性的数据，无疑是我国自第二次土壤普查以来重要的土壤信息来源，相关成果可望为各行业、部门和相关研究者，特别是土壤质量提升、土地资源评价、水文水资源模拟、生态系统服务评估等工作提供最新的、系统的数据支撑。

我欣喜于并祝贺《中国土系志》的出版，相信其对我国土壤分类研究的深入开展、对促进土壤分类在地球表层系统科学研究中的应用有重要的意义。欣然为序。

中国科学院院士

2017 年 3 月于北京

# 丛 书 前 言

土壤分类的实质和理论基础，是区分地球表面三维土壤覆被这一连续体发生重要变化的边界，并试图将这种变化与土壤的功能相联系。区分土壤属性空间或地理空间变化的理论和实践过程在不断进步，这种演变构成土壤分类学的历史沿革。无论是古代朴素分类体系所使用的颜色或土壤质地，还是现代分类采用的多种物理、化学属性乃至光谱（颜色）和数字特征，都携带或者代表了土壤的某种潜在功能信息。土壤分类正是基于这种属性与功能的相互关系，构建特定的分类体系，为使用者提供土壤功能指标，这些功能可以是农林生产能力，也可以是固存土壤有机碳或者无机碳的潜力或者抵御侵蚀的能力，乃至是否适合作为建筑材料。分类体系也构筑了关于土壤的系统知识，在一定程度上厘清了土壤之间在属性和空间上的距离关系，成为传播土壤科学知识的重要工具。

毫无疑问，对土壤变化区分的精细程度决定了对土壤功能理解和合理利用的水平，所采用的属性指标也决定了其与功能的关联程度。在大陆或国家尺度上，土纲或亚纲级别的分布已经可以比较准确地表达大尺度的土壤空间变化规律。在农场或景观水平上，土壤的变化通常从诊断层（发生层）的差异变为颗粒组成或层次厚度等属性的差异，表达这种差异正是土族或土系确立的前提。因此，建立一套与土壤综合功能密切相关的土壤基层单元分类标准，并据此构建亚类以下的土壤分类体系（土族和土系），是对土壤变异精细认识的体现。

基于现代分类体系的土系鉴定工作在我国基本处于空白状态。我国早期（1949 年以前）所建立的土系沿用了美国土壤系统分类建立之前的 Marbut 分类原则，基本上都是区域的典型土壤类型，大致可以相当于现代系统分类中的亚类水平，涵盖范围较大。"中国土壤系统分类"研究在完成高级单元之后尝试开展了土系研究，进行了一些局部的探索，建立了一些典型土系，并以海南等地区为例建立了省级尺度的土系概要，但全国范围内的土系鉴定一直未能实现。缺乏土族和土系的分类体系是不完整的，也在一定程度上制约了分类在生产实际中特别是区域土壤资源评价和利用中的应用，因此，建立"中国土壤系统分类"体系下的土族和土系十分必要和紧迫。

所幸，这项工作得到了国家科技基础性工作专项的支持。自 2008 年开始，我们联合国内 20 多所大学和科研机构，先后开展了"我国土系调查与《中国土系志》编制"（项目编号 2008FY110600）和"我国土系调查与《中国土系志（中西部卷）》编制"（项目编号 2014FY110200）两个项目的连续研究，朝着系统建立我国基于定量标准的基层分类体系迈进了重要的一步。经过 10 多年的努力，项目调查了近 7000 个典型土壤单个土体，结合历史土壤数据，建立了近 5000 个我国典型土系，并以省区为单位，完成了我国第一部基于定量标准和统一分类原则的全国土系志。这些基础性的数据，将成为自第二次全国土壤普查以来重要的土壤信息来源，可望为农业、自然资源管理、生态环境建设等部门和相关研究者提供最新的、系统的数据支撑。

项目在执行过程中，得到了两届项目专家小组和项目主管部门、依托单位的长期指导和支持。孙鸿烈院士、赵其国院士、龚子同研究员和其他专家为项目的顺利开展提供了诸多重要的指导。中国科学院前沿科学与教育局、科技促进发展局、中国科学院南京土壤研究所以及土壤与农业可持续发展国家重点实验室都持续给予关心和帮助。

值得指出的是，作为研究项目，在有限的资助下只能着眼主要的和典型的土系，难以开展全覆盖式的调查，不可能穷尽亚类单元以下所有的土族和土系，也无法绘制土系分布图。但是，我们有理由相信，随着研究和调查工作的开展，更多的土系会被鉴定，而基于土系的应用将展现巨大的潜力。

由于有关土系的系统工作在国内尚属首次，在国际上可资借鉴的理论和方法也十分有限，因此我们在对于土系划分相关理论的理解和土系划分标准的建立上肯定会存在诸多不足乃至错误；而且，由于本次土系调查工作在人员和经费方面的局限性以及项目执行期限的限制，书中疏误恐在所难免，希望得到各方的批评与指正！

张甘霖

2017 年 4 月于南京

# 前　言

黑龙江省土壤系统分类基层分类研究起始于1999年3月，在历时三年的研究中，初步划分出8个土纲、18个亚纲、33个土类、60个亚类、93个土族、116个土系。利用的资料，除少部分为自己采集和分析外，主要是利用了我国第二次土壤普查的基干剖面资料和有关单位采集的分析项目较为齐全的主要剖面资料，作者于2006年出版了《黑龙江土系概论》一书，对黑龙江省土壤系统分类基层分类的研究做了有益的尝试，积累了经验。

为了系统地开展黑龙江省土壤系统分类基层分类研究，2008年国家科技基础性工作专项"我国土系调查与《中国土系志》编制"（2008FY110600）项目组要求黑龙江省土系调查与《中国土系志·黑龙江卷》编制课题组，在已有的研究基础上，按照统一的土系研究技术规范，进行黑龙江省的土系调查，根据定量化分类的总体要求，建立黑龙江省土系。

按项目要求，课题组首先收集了黑龙江省第二次土壤普查资料。在整理已有资料的基础上，确定了黑龙江省典型土系单个土体的剖面点，在2009～2013年的五年时间里，行程三万余千米，在黑龙江省总计挖掘土壤剖面129个，按照规范进行了采样和剖面描述，并拍摄了景观照片和剖面照片。对于挖掘的129个土壤剖面，共采集发生层土样551个，并进行了室内分析化验工作，土样测定分析依据《土壤调查实验室分析方法》。根据调查的典型单个土体及分析化验数据，结合第二次土壤普查资料，建立了黑龙江省的土系。土纲、亚纲、土类、亚类高级分类单元的确定依据《中国土壤系统分类检索（第三版）》，基层分类单元土族、土系的划分和建立依据项目组制订的《中国土壤系统分类土族和土系划分标准》。另外，在本书的编写过程中还收录了《黑龙江土系概论》中调查项目齐全、化验数据完整、在黑龙江省比较有特点的2个土系。在这次土系研究中，黑龙江省可划分为有机土、人为土、火山灰土、盐成土、潜育土、均腐土、淋溶土、雏形土、新成土9个土纲，16个亚纲，31个土类，45个亚类，92个土族，130个土系。

本书共分12章，1～3章为上篇：总论部分，分别介绍黑龙江省区域概况与成土因素、成土过程、土壤分类历史沿革和土壤系统分类的分类系统；4～12章为下篇：区域典型土系部分，介绍黑龙江省典型土系，包括分布与环境条件、土系特征与变幅、对比土系、利用性能综述、参比土种、代表性单个土体及相应的理化性质等。受当时土壤野外调查拍照条件的限制，剖面下部拍照不清楚，许多剖面描述的深度比剖面照片显示的深度更深。

　　感谢项目专家组经常的及时的指导。在土系调查和本书写作过程中作者参阅了大量资料，特别是参考和引用了《黑龙江土壤》中第二次土壤普查资料，在此表示感谢！

　　受时间和经费的限制，本次土系调查不同于全面的土壤普查，仅重点针对典型土系，相信尚有一些土系还没有被调查和采集。因此本书对黑龙江省的土系研究而言，仅是一个开端，新的土系还有待今后的充实。另外，由于编者水平有限，疏误之处在所难免，希望读者给予指正。

翟瑞常

2019 年 10 月

# 目　　录

## 上篇　总　　论

<h1 style="text-align:center">下篇　区域典型土系</h1>

上篇 总 论

# 第1章 区域概况与成土因素

## 1.1 区 域 概 况

### 1.1.1 地理位置及行政区划

黑龙江省位于我国东北边疆，由境内最大的河流黑龙江而得名。北部以黑龙江、东部以乌苏里江与俄罗斯相望，南部与吉林省接壤，西部与内蒙古自治区的呼伦贝尔市、兴安盟毗邻。地理坐标在东经121°11′~135°05′，北纬43°26′~53°33′。东西跨14个经度，时差约54分钟，南北跨10个纬度。东起乌苏里江，西至大兴安岭北端的大林河源头以西；南起东宁县南端，北至漠河以北的黑龙江主航线。全省总土地面积4730.84×$10^4$hm²（含加格达奇区和松岭区，两区面积共182×$10^4$hm²），约占全国总面积的4.9%，居全国第六位。

黑龙江省是由原松江省和黑龙江省于1956年合并而成，截至2018年2月全省共设12个地级市，1个地区行署，有67个县（市），其中县级市21个；有891个乡镇，其中乡345个、镇546个。此外还有农垦总局下辖的113个国有农牧场，分布在全省12个市；黑龙江省森林工业总局下辖的40个林业局、627个林场（所）。黑龙江省人民政府驻哈尔滨市。黑龙江省政区图见图1-1。

### 1.1.2 土壤开发利用

#### 1. 黑龙江省土壤资源特点

黑龙江省土壤资源总的特点是土壤肥力高，开发得比较晚，土壤污染轻，盛产优质大豆、玉米、水稻，是重要的绿色食品生产基地和商品粮基地。

#### 1）土壤基础肥力高

世界上有四大片黑土（软土，mollisols），第一大片在乌克兰和俄罗斯大平原，第二大片在北美洲的密西西比河流域，第三大片在南美洲的潘帕斯（Pampas）大草原，第四大片在我国的东北地区。我国东北地区的黑土，主要分布在黑龙江省，面积约占东北地区总黑土面积的61.1%，其中已耕种的黑土地约占东北地区黑土耕地的63.9%，见表1-1。

表 1-1 东北地区黑土地（均腐土）分布面积*

| 省/地区 | 总面积/(×$10^4$hm²) | 占比/% | 耕地面积/(×$10^4$hm²) | 占比/% |
|---|---|---|---|---|
| 黑龙江省 | 1851.15 | 61.1 | 988.0 | 63.9 |
| 吉林省 | 455.36 | 15.0 | 252.1 | 16.3 |
| 辽宁省 | 145.78 | 4.8 | 106.5 | 6.9 |
| 内蒙古呼盟 | 576.87 | 19.0 | 199.8 | 12.9 |
| 合计 | 3029.16 | 100.0 | 1546.4 | 100.0 |

\* 根据各省第二次土壤普查土种志估算。

## 黑龙江省地图

黑龙江省标准地图·政区地级彩色简图版

附注：黑龙江省大兴安岭地区行政公署驻加格达奇区。

| 审图号：黑S（2018）040号 | 比例尺：1：5 500 000 | 黑龙江省测绘地理信息局 编制 |

图 1-1　黑龙江省政区图

　　按中国土壤系统分类，黑龙江省可划分为 9 个土纲，按第二次土壤普查资料，估算各土纲面积见表 1-2。

　　从表 1-2 可以看出，基础肥力高的均腐土面积最大，占全省土壤面积的 36.41%，占全省耕地土壤面积的 74.67%。这些耕地土壤主要分布在松嫩平原和三江平原，分别占该区耕地面积的 96.0% 和 76.6%。

**表 1-2　黑龙江省土壤系统分类土纲的面积**

| 土纲 | 总面积/（×10⁴hm²） | 占比/% | 耕地面积/（×10⁴hm²） | 占比/% |
|---|---|---|---|---|
| 总计 | 4436.84 | 100 | 1154.49 | 100 |
| 有机土 | 10.53 | 0.24 | 1.22 | 0.11 |
| 人为土 | 24.40 | 0.55 | 24.40 | 2.11 |
| 火山灰土 | 6.33 | 0.14 | 0.17 | 0.01 |
| 盐成土 | 24.35 | 0.55 | 1.93 | 0.17 |
| 潜育土 | 347.98 | 7.84 | 38.17 | 3.31 |
| 均腐土 | 1615.28 | 36.41 | 862.03 | 74.67 |
| 淋溶土 | 1104.44 | 24.89 | 149.56 | 12.95 |
| 雏形土 | 1178.79 | 26.57 | 42.99 | 3.72 |
| 新成土 | 124.74 | 2.81 | 34.02 | 2.95 |

黑龙江省的土壤养分状况，按全国的分级标准（表 1-3），不管是耕地还是非耕地，大多在 1~3 级，详见表 1-4。由此可见黑龙江省的土壤基础肥力是全国最高的。

**表 1-3　土壤养分含量分级表[*]**

| 级别 | 有机质/(g/kg) | 全氮/(g/kg) | 速效磷(Olsen-P)/(mg/kg) | 速效钾(NH₄OAc-K)/(mg/kg) |
|---|---|---|---|---|
| 1 | >40 | >2 | >40 | >200 |
| 2 | 30~40 | 1.5~2 | 20~40 | 150~200 |
| 3 | 20~30 | 1~1.5 | 10~20 | 100~150 |
| 4 | 10~20 | 0.75~1 | 5~10 | 50~100 |
| 5 | 6~10 | 0.5~0.75 | 3~5 | 30~50 |
| 6 | <6 | <0.5 | <3 | <30 |

[*] 引自《全国第二次土壤普查暂行技术规程》（全国土壤普查办公室，1979）。

**表 1-4　不同等级土壤养分含量所占面积比例[*]**　　　　　　（单位：%）

| 等级 | 有机质 | | 全氮 | | 速效磷 | | 速效钾 | |
|---|---|---|---|---|---|---|---|---|
| | 耕地 | 非耕地 | 耕地 | 非耕地 | 耕地 | 非耕地 | 耕地 | 非耕地 |
| 1 | 54.4 | 79.5 | 60.5 | 81.09 | 10.4 | 19.2 | 53.6 | 71.6 |
| 2 | 22.4 | 9.9 | 21.8 | 10.20 | 20.3 | 26.0 | 22.1 | 14.3 |
| 3 | 17.4 | 7.5 | 14.0 | 6.87 | 33.2 | 27.6 | 16.8 | 10.2 |
| 4 | 5.2 | 2.7 | 3.7 | 1.82 | 21.4 | 16.5 | 4.3 | 3.5 |
| 5 | 0.6 | 0.4 | 0.0 | 0.02 | 9.9 | 7.5 | 2.2 | 0.3 |
| 6 | 0.0 | 0.0 | 0.0 | 0.0 | 4.8 | 3.3 | 1.0 | 0.1 |

[*] 引自第二次土壤普查 0~20cm 土层农化样品分析结果。

2）开发得比较晚

黑龙江省地处我国边陲，土地辽阔，人口稀少，素有"北大荒"之称。在清王朝时期，曾因巩固其祖宗"龙兴之地"实行封禁，阻止汉人进入黑龙江，直到帝俄入侵，建筑中东铁路，始有一定规模的开发。"九一八"事变后，黑龙江省为日伪所统治，为了掠夺粮食，曾实行大量移民，以开拓团的形式入侵黑龙江，先后移民 30 余万，侵占耕地 $390×10^4hm^2$。1945 年日本无条件投降，原开拓团的土地部分变成撂荒地，部分被当地农民所耕种。1947~1949 年在黑龙江省建立了第一批国有农场，其中农业部直属的有通北、永安、八一五和鹤山 4 个农场，总耕地面积 95940hm²；东北荣军工作委员会所属农场有香兰、孟家岗、二龙山、红星、伏尔基河和伊拉哈荣军 6 个农场，耕地面积 $18.05×10^4hm^2$；省属农场有赵光、查哈阳、花园、宁安、桦南、五大连池、伊拉哈和绥滨 8 个农场，耕地面积 $20.82×10^4hm^2$；除此之外，尚有 42 个县属农场。这些农场是在开垦撂荒地和荒地建立起来的。第一批国有农场的创建，从实践中积累了一些经验，为进一步发展创造了必要的条件（《黑龙江省国营农场经济发展史》编写组，1984）。

在中华人民共和国成立之初，帝国主义对我国实行封锁，为了解决粮食问题，需要开垦荒地，扩大耕地面积，首先就是开发黑龙江。1950 年国家派土壤考察团到黑龙江，之后又成立了专门从事开垦荒地的调查机构——黑龙江省土地勘测局，对全省的荒地进行了调查，为在黑龙江省建立国有农场群提供了条件。黑龙江省很多耕地是在中华人民共和国成立后开垦的。1959 年第一次土壤普查时，黑龙江省耕地总面积是 $690.87×10^4hm^2$，1989 年第二次土壤普查时是 $1154.49×10^4hm^2$（不含加格达奇区和松岭区），30 年黑龙江省耕地面积增加了 40%，至 2019 年，耕地面积为 $1594.09×10^4hm^2$。由于开发得晚，尚保留许多自然状况，环境污染相对较轻，是难得的一片净土。

3）商品粮基地和绿色食品生产基地

黑龙江省是我国最重要的商品粮基地，2018 年粮食产量为 7506.8 万 t，连续 8 年位列全国第一，粮食商品率达 80%以上。由于土壤肥力高，水资源丰富，阳光充足，昼夜温差大，以盛产优质农产品著称，其中如东北大米，具有晶莹透明，外观好，直链淀粉含量低，糊化温度低，胶稠度高，适口性好，食味优良等特点，深受广大人民群众喜爱。2017 年，黑龙江省的水稻面积达 $403.8×10^4hm^2$，2018 年稻谷产量 2685.5 万 t，是全国最大的稻谷输出省。黑龙江省生产的大豆，脂肪含量高，蛋白质含量低，油分亚麻酸低，碘值高，蛋白质中蛋氨酸和赖氨酸的含量高，是胰蛋白酶的抑制体及外源凝集素含量低的优质大豆，驰名中外；2018 年大豆产量 657.8 万 t，在种植面积和产量上，均居全国前位。此外，还有马铃薯、油豆角等，都是独具特色的产品。

黑龙江省是农业大省，具有肥沃的土壤资源，也是绿色食品的生产基地。2018 年黑龙江省绿色食品种植面积 $536.4×10^4hm^2$，绿色食品认证个数 2700 个，绿色食品产业牵动农户 131 万户。绿色食品加工企业产品产量 1790 万 t，实现产值 1650 亿元。

2. 土壤资源利用现状和存在问题

1）土壤资源利用现状

黑龙江省土地总面积为 $4730×10^4hm^2$（含加格达奇区和松岭区，两区面积共 $182×10^4hm^2$）。

黑龙江省耕地面积 $1594.09×10^4hm^2$，占全省土地总面积的 33.87%，全省人均耕地面积 0.416hm$^2$（合 6.24 亩/人）。

黑龙江省森林面积 2097.7×10$^4$hm$^2$，森林覆盖率达到 46.14%，主要分布在大小兴安岭和东部山地的淋溶土和雏形土上。活立木总蓄积量 18.29 亿 m$^3$。

黑龙江省草地面积 207.1×10$^4$hm$^2$，占全省土地总面积的 4.4%。其中，天然草地 107.1×10$^4$hm$^2$，人工草地 3.6×10$^4$hm$^2$，其他草地 96.4×10$^4$hm$^2$。松嫩平原草地面积为 102×10$^4$hm$^2$，草地类型以草甸类草地和干草地为主，草地植被覆盖度平均约 70%，主要土壤类型为盐化均腐土和潜育土。三江平原草地面积 30.3×10$^4$hm$^2$，草地类型以草甸类草地和沼泽类草地为主，草地植被覆盖度达 85%，主要土壤类型为潜育土和漂白淋溶土。北部、东部山区半山区草地面积 74.8×10$^4$hm$^2$，主要分布在大小兴安岭林区，主要为林间草地。

黑龙江省湿地面积 556×10$^4$hm$^2$，位居全国第四位，主要分布在松嫩平原、三江平原和大小兴安岭，有着面积大、类型多、资源独特、生态区位重要等诸多特点，是丹顶鹤、东方白鹳等珍稀水禽的重要繁殖栖息地和迁徙停歇地。黑龙江省已建成湿地类型自然保护区 87 处，其中国家级 23 处，省级 64 处，扎龙、三江、洪河、兴凯湖、珍宝岛、七星河、南瓮河、东方红 8 处为国际重要湿地。

表 1-5 是根据第二次土壤普查估算的不同类型土壤垦殖率状况。2018 年耕地面积与第二次土壤普查相比，约增加了 439.6×10$^4$hm$^2$，说明可垦殖荒地的数量已经较少，今后的任务主要是保护好现有耕地，培肥地力，使土壤资源得以持续利用。

表 1-5　不同土壤垦殖率状况

| 土纲 | 面积 /（×10$^4$hm$^2$） | | 垦殖率/% |
| --- | --- | --- | --- |
| | 合计 | 其中耕地 | |
| 总计 | 4436.84 | 1154.49 | 26.02 |
| 有机土 | 10.53 | 1.22 | 11.59 |
| 人为土 | 24.40 | 24.40 | 100 |
| 火山灰土 | 6.33 | 0.17 | 2.69 |
| 盐成土 | 24.35 | 1.93 | 7.93 |
| 潜育土 | 347.98 | 38.17 | 10.97 |
| 均腐土 | 1615.28 | 862.03 | 53.37 |
| 淋溶土 | 1104.44 | 149.56 | 13.54 |
| 雏形土 | 1178.79 | 42.99 | 3.65 |
| 新成土 | 124.74 | 34.02 | 27.27 |

2）存在问题和利用改良

人类为了生产和生活对大自然进行了干预改造，其中包括土壤资源。在人为活动影响下，土壤资源朝着对人们有利和不利两个方向发展。耕作施肥、灌溉排水、营造农田防护林等措施，使土壤的生产能力有了很大的提高，过去粮豆亩产平均为 100kg 左右，2005 年全省平均亩产 242.7kg，其中国有农场达 359.2kg，翻了一番还多，这里面包括种植业结构的调整，扩大了高产作物水稻和玉米的种植面积，但主要是技术和经济的投入，其中包括化肥、除草剂等的投入。人为活动对土壤不利的影响，如土壤侵蚀、土壤板结、土壤污染和土壤环境恶化等，都有不同程度的发生，概括起来就是所谓的土壤退化。其中最引人注意的是标志土壤肥力的土壤有机质的减少。现就几个主要问题进行讨论。

（1）黑龙江土壤开垦后有机质含量的变化。土壤被开垦为农田之后，有机质含量降低是个必然的趋势，对这个问题的研究和报道的人很多，现根据部分有关研究材料，统一把有机质改算成有机碳（有机质×0.58），假设有机质分解遵照一级反应速率进行，可按公式 $K=(\ln C_0 - \ln C)/t$ 计算有机碳的下降速率（腊塞尔，1979），列于表1-6。式中，$K$ 为土壤有机碳的年分解速率，$C_0$ 为初始有机碳含量，$C$ 为土壤有机碳在 $t$ 时间的含量，$t$ 为时间（年）。

表1-6　荒地开垦后土壤有机碳年分解速率

| 序号 | 年限 $(t)$ | 有机碳/(g/kg) | | 年分解速率 $(K)$/% | 下降率 /% | 地点 | 材料来源 |
|---|---|---|---|---|---|---|---|
| | | 起始量 $(C_0)$ | $t$ 年后含量 $(C)$ | | | | |
| 1 | 40 | 96.6 | 49.7 | 0.01661 | 49 | 黑龙江德都 | （沈善敏，1981） |
| 2 | 40 | 92.5 | 62.8 | 0.00968 | 32 | 黑龙江赵光 | （沈善敏，1981） |
| 3 | 5 | 87.3 | 67.2 | 0.05234 | 23 | 黑龙江海伦 | （汪景宽等，2002） |
| 4 | 10 | 87.3 | 55.0 | 0.04620 | 37 | 黑龙江海伦 | （汪景宽等，2002） |
| 5 | 20 | 87.3 | 45.4 | 0.03269 | 48 | 黑龙江海伦 | （汪景宽等，2002） |
| 6 | 40 | 87.3 | 40.3 | 0.01932 | 54 | 黑龙江海伦 | （汪景宽等，2002） |
| 7 | 60 | 87.3 | 38.2 | 0.01378 | 56 | 黑龙江海伦 | （汪景宽等，2002） |
| 8 | 100 | 87.3 | 29.1 | 0.01099 | 67 | 黑龙江海伦 | （汪景宽等，2002） |
| 9 | 20 | 43.5 | 24.94 | 0.02781 | 43 | 黑龙江 | （中国科学院林业土壤研究所，1980） |
| 10 | 50 | 34.6 | 15.6 | 0.01593 | 55 | 黑龙江黑河 | （赵其国，1976） |
| 11 | 40 | 68.56 | 34.45 | 0.01721 | 50 | 黑龙江 | （何万云等，1992） |
| 12 | 20 | 68.56 | 43.45 | 0.02280 | 37 | 黑龙江 | （何万云等，1992） |
| 13 | 15 | 46.3 | 40.5 | 0.00892 | 13 | 黑龙江嫩江 | （辛刚，2001） |
| 14 | 25 | 46.3 | 29.7 | 0.01776 | 36 | 黑龙江嫩江 | （辛刚，2001） |
| 15 | 30 | 46.3 | 25.5 | 0.01988 | 45 | 黑龙江嫩江 | （辛刚，2001） |
| 16 | 3 | 51.5 | 39.3 | 0.09012 | 24 | 黑龙江嫩江 | （辛刚，2001） |
| 17 | 15 | 51.5 | 35.1 | 0.02556 | 32 | 黑龙江嫩江 | （辛刚，2001） |
| 18 | 25 | 51.5 | 29.7 | 0.02202 | 42 | 黑龙江嫩江 | （辛刚，2001） |
| 19 | 30 | 51.5 | 25.7 | 0.02317 | 50 | 黑龙江嫩江 | （辛刚，2001） |
| 20 | 3 | 35.5 | 26.8 | 0.09371 | 25 | 黑龙江密山 | （张之一等，1984） |
| 21 | 15 | 35.5 | 19.84 | 0.03879 | 44 | 黑龙江密山 | （张之一等，1984） |
| 22 | 25 | 35.5 | 20.47 | 0.02202. | 42 | 黑龙江密山 | （张之一等，1984） |
| 23 | 30 | 35.5 | 18.62 | 0.02151 | 48 | 黑龙江密山 | （张之一等，1984） |
| 24 | 14 | 10.75 | 10.02 | 0.00502 | 7 | 黑龙江 | （孟凯等，2002） |
| 25 | 26 | 10.75 | 8.4 | 0.00949 | 22 | 黑龙江 | （孟凯等，2002） |
| 26 | 33 | 10.75 | 5.97 | 0.01782 | 44 | 黑龙江 | （孟凯等，2002） |
| 27 | 10 | 29.35 | 23.08 | 0.02403 | 21 | 黑龙江虎林 | （赵玉萍等，1983） |
| 28 | 20 | 29.35 | 17.23 | 0.02663 | 41 | 黑龙江虎林 | （赵玉萍等，1983） |
| 29 | 10 | 37.12 | 30.04 | 0.02116 | 19 | 黑龙江虎林 | （蔡方达等，1979） |
| 30 | 20 | 33.52 | 23.72 | 0.01729 | 29 | 黑龙江虎林 | （蔡方达等，1979） |
| 31 | 25 | 35.5 | 20.47 | 0.02202 | 42 | 黑龙江虎林 | （张之一等，1983） |
| 32 | 30 | 35.5 | 18.62 | 0.02151 | 48 | 黑龙江虎林 | （张之一等，1983） |

从表 1-6 可以看出，不同研究者所测得的结果相差甚远，甚至有的土壤在开垦之后有机碳不但未减少，还有所增加，出现这种情况的原因是土壤有机碳初始值（开垦前的值）是不知道的，是用尚未开垦的土地来代替，而不管是荒地还是耕地，相同类型的土壤，其土壤有机碳含量差别很大。在国有农场建场初期，对黑土区 6 个国有农场的耕层土壤有机碳含量进行了测定，结果变幅是 6.1~68.7g/kg，原牡丹江垦区建场初期土壤调查中，暗色草甸土的表层有机碳含量为 12.5~87.0g/kg，在典型黑土耕地中，耕层有机碳含量变幅为 14.4~35.9g/kg；在同一土种中也存在很大的差异，详见表 1-7。

表 1-7　典型黑土不同土种的有机碳含量[*]

| 土壤名称 | 样本量($N$)/个 | 平均值($\chi$)/(g/kg) | 标准差($S$)/(g/kg) | 变异系数(CV)/% |
|---|---|---|---|---|
| 厚层黑土 | 2049 | 25.23 | 9.45 | 38 |
| 中层黑土 | 3118 | 25.64 | 10.27 | 40 |
| 薄层黑土 | 3858 | 42.59 | 10.15 | 41 |

[*]引自黑龙江省第二次土壤普查数据。

为了探讨土壤的空间变异，在黑龙江省国有二龙山农场耕地中 5000m² 范围内，每间隔 10m 取一个耕层土样，计 50 个土样，其分析结果表明，仅仅在 0.5hm² 范围内有机碳含量高低差 1.8 倍，有效磷差 5.4 倍，各种养分相差都在一倍以上，详见表 1-8（张之一等，1983）。

表 1-8　黑土农化性状空间变异[*]

| 项目 | 有机碳/(g/kg) | 全氮/(g/kg) | 全磷/(g/kg) | 水解氮/(mg/kg) | 有效磷/(mg/kg) | pH(H$_2$O) |
|---|---|---|---|---|---|---|
| 最大值(Max) | 45.56 | 3.97 | 1.26 | 130 | 50.6 | 6.2 |
| 最小值(Min) | 26.01 | 2.85 | 0.78 | 73.5 | 9.38 | 5.8 |
| 平均值($\chi$) | 35.73 | 3.30 | 1.09 | 97.7 | 20.34 | 6.0 |
| 标准差(S) | 3.47 | 0.28 | 0.12 | 15.9 | 8.34 | 0.10 |
| 变异系数(CV)/% | 9.72 | 8.57 | 11.6 | 16.3 | 42.3 | 1.59 |

[*]水解氮为 0.5mol/L ½ H$_2$SO$_4$ 浸提，凯氏定氮法；有效磷为吉尔散诺夫法测定。

由以上可知，土壤是不均质的，农民群众说"一步三换土"是有一定道理的。由于土质不匀，给研究开垦后土壤有机碳的变化带来一定困难，因为不同时期的基础不一样，实际上是没有可比性的，因此出现了表 1-6 中相同的开垦年限，而有机碳下降速率相差悬殊的现象。按表 1-6 的材料，把开垦年限相同的归在一起，列入表 1-9，从中可以看出不同研究之间的差值及平均值。从平均值反映出一定的规律，即开垦后 3~5 年，有机碳下降很快，以后下降的速率逐渐减慢，并趋于相对稳定。这和刘景双等（2003）的研究是吻合的，他们研究认为，黑土从未开垦到开垦 50 年，黑土有机碳平均每 10 年下降 0.31~0.52g/kg，从开垦 50~200 年，平均每 10 年下降 0.05~0.11g/kg，而在开垦 130~200 年，黑土有机碳含量几乎没有变化，基本维持在一个稳定值。

表1-9　土壤有机碳年分解速率变幅

| 开垦年限/a | 有机碳下降速率/% | | | 样本量(N)/个 |
| --- | --- | --- | --- | --- |
| | 平均值 | 最小值 | 最大值 | |
| 3~5 | 0.07872 | 0.05234 | 0.09371 | 3 |
| 10 | 0.03046 | 0.02116 | 0.04620 | 3 |
| 15 | 0.01957 | 0.00500 | 0.03879 | 4 |
| 20 | 0.02458 | 0.01729 | 0.03269 | 5 |
| 25 | 0.01914 | 0.00949 | 0.02202 | 6 |
| 30 | 0.02060 | 0.01782 | 0.02317 | 4 |
| 40 | 0.01485 | 0.00968 | 0.01721 | 4 |

　　黑龙江垦区在1965年和1978年进行了两次耕地土壤养分普查，在每块耕地取多点混合样（每个样至少由15个点组成），将耕层厚度均按20cm计，对土壤样品统一按下列方法进行分析。

有机碳　　丘林法
全氮　　　凯氏法
全磷　　　硫酸-高氯酸消化钼锑抗比色法
有效氮　　0.5mol/L 1/2H$_2$SO$_4$浸提，凯氏法定氮
有效磷　　吉尔散诺夫法

　　其分析结果表明，两次养分普查间隔13年，有机碳和全氮、全磷变化不大，而有效养分特别是磷显著增加（表1-10）。在国有农场中推行作物秸秆还田，使土壤有机碳含量有升高的趋势。例如，国有854农场4队，"八五"期间连续秸秆还田，1992年耕层土壤有机碳平均含量为26.68g/kg，1995年平均含量为33.28g/kg，两次均为多点混合样，仍不排除取样存在误差，但增加的趋势是可以肯定的。

表1-10　黑龙江垦区黑土耕地两次养分普查结果

| 年份 | 有机碳/(g/kg) | 全氮/(g/kg) | 全磷/(g/kg) | 有效氮/(mg/kg) | 有效磷/(mg/kg) |
| --- | --- | --- | --- | --- | --- |
| 1965 | 31.90 | 2.5 | 0.74 | 50.9 | 16.3 |
| 1978 | 32.48 | 2.9 | 0.83 | 79.0 | 28.4 |

　　此外，在土壤有机碳下降问题上还有一点必须有正确认识，即在开垦初期，自然土壤中半腐解的有机碳及新鲜的植物根将因土壤环境的改变而加速分解，表现为土壤有机碳和全量养分减少而速效养分增加。这是土壤熟化的表现，这个应当说是好现象，不能认为有机碳下降都不好。这个熟化过程时间的长短，因水热条件不同而异，一般高地的土壤要3~5年，低地的土壤要10~12年，这是农民群众的反映，尚未见有研究报道。耕地土壤有机碳含量也绝不是越高越好，它的含量总是和一定的生物气候地带相适应。黑土有机碳含量高，与其分布地区寒冷有关，在温热的南方有机碳含量高的土壤是冷浸田，是低产土壤。

　　总之，土地开垦后有机碳含量下降，开始快，后来慢，逐步达到与生物气候地带相

适应的相对稳定的水平；在开垦初期有机碳含量迅速下降，有效养分增多，是土壤熟化的表现。对此，应当有正确认识。然而也必须注意到，如果长期不向土壤中补充新鲜有机质，使土壤有机质保持在一个低水平上，而且所剩下的有机质是难以分解的老化的部分，则表现为土壤退化，影响土壤的供肥能力和物理性质。因此，必须采取施有机肥料或秸秆还田，增加土壤有机质是十分必要的。

　　（2）土壤侵蚀问题。土壤在未被开垦之前，地面有自然植被覆盖，土壤不会发生侵蚀，或者只有轻微侵蚀，在开垦为农田之后，土壤侵蚀必然加剧。据调查，黑龙江全省土壤侵蚀面积是 $1553×10^4hm^2$，占全省总面积的 34.2%，其中水蚀面积为 $1333×10^4hm^2$，占侵蚀面积的 85.8%，风蚀面积 $80×10^4hm^2$，占 5.2%，冻融侵蚀 $140×10^4hm^2$，占 9.0%（何万云等，1992）。土壤侵蚀的危害是多方面的，主要包括：降低土壤肥力、冲刷沟割切地形、破坏农田和道路、淤平水库和渠道、影响水利资源的利用和减弱土壤涵蓄水分的能力等。

　　土壤侵蚀的原因固然包含着许多难以抗拒的自然因素，但主要的是人为因素。关于这个问题有很多论述，也一直受到人们的关注。黑龙江省在 1985 年就制订了《水土保持工作实施细则》，对土壤侵蚀的预防和治理、建立科研和监督机构以及奖励和惩罚等都做了明确的规定。就贯彻和实施《中华人民共和国水土保持法》，省水利厅于 2001 年提出了具体的措施。至 2003 年，全省已有水土保持监督执法人员 3000 多人，其中专职人员 1092 人，水土保持监督执法体系基本形成。

　　自中华人民共和国成立至 20 世纪末，全省共治理水土流失面积 $322.8×10^4hm^2$，其中修梯田 $30.4×10^4hm^2$，营造水土保持林 $108.3×10^4hm^2$。在《中华人民共和国水土保持法》颁布实施的十年间，全省治理水土流失面积 $140.3×10^4hm^2$，占总治理面积的 43.5%，平均每年治理 $14.0×10^4hm^2$。1999 年拜泉县被水利部、财政部评为全国水土保持生态环境建设示范县，海伦东风等 14 条小流域被评为全国水土保持生态环境建设示范小流域。"九五"有关科研立项 23 项，其中 1 项获省重大科技效益奖，4 项获省科技进步奖，12 项获市（厅）级科技进步奖。有 60 个县（市、区）制订的水土保持规划经省批准实施。

　　总之，土壤侵蚀问题已经受到关注，主要的问题是投入不足，有些治理工程的标准偏低，今后为了可持续发展要加大投入，因地制宜采取综合措施，根治土壤侵蚀，保护好人们赖以生存的宝贵土壤资源，建设好农田生态环境，为农业可持续发展创造条件。

　　（3）中低产土壤及改良。土壤生产力是由土壤肥力、气候条件及技术和经济投入三个要素构成的。所谓中低产土壤是个相对的概念，任何一个农业生产单位都可以将自己的土地生产能力划分出高、中、低三个等级。就全省来说，把土壤生产能力划分为高、中、低，要制定一个统一的标准。黑龙江省土壤肥料管理站在 1991 年曾组织全省土壤专家，根据第二次土壤普查的基础资料，把全省耕地土壤按生产力划分为高、中、低三等，划分的依据是耕地土壤的基础地力（立地条件、土壤理化性状）及技术和经济投入（农田基本建设和培肥改良），不包括当年施用的化肥、品种、耕作栽培措施，所增加的生产能力大致相当于空白产量。级差旱田按 $375kg/hm^2$，水田按 $750kg/hm^2$，划分高、中、低的标准见表 1-11。

表 1-11　黑龙江省土壤生产力高、中、低幅度划分　　　　（单位：kg/hm$^2$）

| 生产力等级 | 旱田 | 水田 |
|---|---|---|
| 高产 | >3000 | >6000 |
| 中产 | 1500~3000 | 4500~6000 |
| 低产 | <1500 | <4500 |

按此划分标准，黑龙江省高产土壤 236.04×10$^4$hm$^2$，占 26.34%；中产土壤 543.28×10$^4$hm$^2$，占 60.63%；低产土壤 116.74×10$^4$hm$^2$，占 13.03%；中低产合计 660.02×10$^4$hm$^2$，占耕地总面积的 73.66%。中低产土壤按生产力划分，和土壤类型不完全相关，有些土壤，如均腐土、淋溶土等，都有可能包含有不同生产力等级。在中低产土壤中按存在的问题，可分为侵蚀型、盐化型、渍涝型、障碍型和培肥型，有些土壤可能同时存在两种问题，但培肥型仅指土壤贫瘠，不存在其他问题的土壤。

侵蚀型中低产土壤是指耕地的地形坡度在 3° 以上的坡耕地，和质地偏轻、易于风蚀的土壤，后者面积约 7.03×10$^4$hm$^2$，占侵蚀型土壤的 3.2%。

盐化型中低产土壤主要为苏打盐渍化土壤，在松嫩平原尚有氯化物和硫酸盐盐化土壤。含盐量 1~3g/kg，属于轻度盐渍化；含盐量 3~5g/kg，属于中度盐渍化，土壤 pH 多在 7.5~9.5。由于含盐量高，作物生长受到抑制，甚至不能生长。在 291 农场调查，在 0~30cm 土层内，含盐量达到 159mg/100g 时，小麦幼苗生长受害，含盐量达到 528mg/100g 时，小麦不能生长；158mg/100g 时大豆受害，267mg/100g 时大豆不能生长。盐渍化土壤碱性高，直接危害种子和植株，降低养分的有效性和恶化土壤微生物生存的环境；此外，盐涝相依并存，因为盐渍化土壤分布地形低洼，易于积盐和内涝，同时由于盐化，使土壤物理性质变劣，土壤黏重板结，通气透水不良，加重了土壤的渍涝。盐渍化土壤的改良，首先要搞好排水，降低地下水位，并实行浅翻深松，平整土地，同时要增施有机物料，在有条件的地方实行化学改良和客土改良。

渍涝型中低产土壤是分布在低洼地，受水的影响，在 1m 土体内有氧化还原特征和潜育现象或潜育层的土壤。这类中低产土壤有轻涝和重涝之分，因年降水量的差异，雨季积水和持续的天数不同，其对农作物产量的影响也有所不同。在同样的渍涝状况下，不同的作物受害程度也有差异，对一般作物来说，当积水深 10~15cm 时，允许淹水时间不应超过 2~3 天；对于不耐淹的农作物，如小麦、春谷类，在地表积水 10cm 的情况下，淹水一天就会减产，淹 6~7 天就会死亡。现在水稻种植面积很大，种植水稻是改造渍涝型中低产田最好的方法。

在土壤水分过多时，农作物减产主要是由于土壤通气状况不良，影响根系的生长，进而影响养分的供应，降低了土壤温度，并影响田间管理。在很长一段历史时期，渍涝灾害被列入黑龙江省农田的主要灾害，并不断地被治理。据《黑龙江统计年鉴 2008》，至 2008 年末，全省已修建水库 694 座，防洪堤 12508km，保护耕地面积 286.8×10$^4$hm$^2$，当年完成除涝面积 330.5×10$^4$hm$^2$，占易涝面积的 73.8%。有些水利工程标准偏低，还难以抵挡大的涝年造成的危害。就是在工程治理都到位的情况下，改良土壤的通气透水性能也是十分必要的。

　　障碍型中低产土壤低产的原因是地表至 50cm 土体内存在障碍层次，如白浆、沙漏、砾石、黏磐、钙积等，其中主要是白浆障碍层和白浆层下的黏磐层，即主要是漂白淋溶土的改良。多年研究和生产实践证明，漂白淋溶土的低产原因，主要是物理性质不良，由于漂白淋溶土在较薄的腐殖质层（Ah）下有一个漂白层（E），再下为黏化淀积层（Bt），这就决定了它容水量小，不耐旱，不担涝，易板结，肥力低。改良的重点是增厚肥沃的表土层，逐步消灭漂白层，适当增加黏化淀积层的透水性，关于这方面的报道也有很多，详见《利用牧草改良白浆土》一书（张之一和 Cameron，1996）。

　　培肥型中低产土壤是指分布比较边远、长期未进行培肥，耕作栽培措施不合理，导致土壤肥力低，土壤腐殖质含量已降至 3%（南部地区）和 4%（北部地区）以下，由于养分不足和抗御灾害的能力弱，因而产量低，主要应当增施有机物料，其中包括秸秆还田、施有机肥、施用草炭等，增加土壤有机质，对土壤进行培肥。

　　（4）关于土壤板结问题。农作物要求土壤有适当的紧实度，过松或过紧都对农作物生长不利。过松易干旱，农民群众称之为"漏风土"；过紧作物根扎不下去，通气透水状况不良，影响土壤养分供应和作物生存的土壤环境，同时影响土壤的耕性。

　　自然土壤在开垦为农田之后，土壤变得紧实是必然的趋势。这主要是因为耕作管理对土壤的压实，特别是在水分过多的状况下进行机械作业，压实和破坏土壤结构，使土壤大孔隙和总孔隙减少，小孔隙增多，固相部分增大，土壤板结，容重变大，三相比发生变化，由原来的 41：27：32 变为 50：34：16。造成这种状况的原因，除了机械作业压板之外，还有土壤有机质的减少、土壤稳固性团粒结构的破坏以及土壤侵蚀等原因。此外，在实行联产承包责任制之后，原来的拖拉机站被撤销，有许多农民自己购置了小四轮拖拉机，由于马力小，耕翻得浅，耕翻的土层在 10cm 左右，因连年浅翻，下部形成坚硬的犁底层，农作物的根系多集中在表层 10cm 范围内，因此省农机局提出"耕暄制"，用大型拖拉机破除犁底层，使农作物产量提高了 2～3 倍（张凤荣和陈焕伟，2001）。

　　土壤开垦为农田后，土壤板结，物理性质变坏，被称为"物理退化"。对于这个问题，没有像土壤养分的退化那样被人们所重视，所以研究得比较少，但其危害是相当严重的。据美国 W. R. Gill 估算，在美国由于防治土壤板结，改良土壤物理性质，每年可挽回作物减产的损失达 11.8 亿美元（张凤荣和陈焕伟，2001）。

　　改良土壤板结的主要措施有，增施有机物料，以提高土壤有机质含量，客土掺砂或炉灰，改善土壤物理机械性质和耕作管理中减轻对土壤的压板。就大面积的改良而言，可行的办法是秸秆还田和耕作。在耕作措施中包括，掌握宜耕时期，土壤相对含水量在 70%～80%时为最佳耕作时期，此时耕作既有利于土粒间的相互黏结和团聚，也不会发生土壤黏附农具的现象；其次是改良农机具，推行少耕、免耕法和适当提高作业速度，以减轻对土壤的压板。

　　（5）土壤污染问题。由于黑龙江省开发得较晚，人口数量较少，再加上土壤有机质含量高，对污染物的降解能力强，所以与全国其他省市区比较，黑龙江省是土壤污染较轻的省份之一，因而其生产绿色食品有着优越的条件。但必须注意到，随着经济的发展，人口的增加，各种生产和生活活动使某些有害作物生长和影响人畜健康的物质在土壤中积累的速度超过了土壤自身的净化能力，导致不同程度的土壤污染，而且这种趋势是在增进的，必须引起重视。

土壤污染源主要有工业固体废弃物、污水灌溉、大气粉尘、酸雨、农药、化肥、除草剂和塑膜等。根据污染的分布，概分为点源污染和面源污染，一般来说由工业引起的多为点源污染，这方面的研究和报道比较多，而面源污染的研究和报道较少，这是值得注意的问题。

1990 年全省农药的用量为 1.4 万 t，至 2004 年增至 4.7 万 t，14 年增加 2.4 倍；1990 年全省农膜用量 14709t，1995 年为 19200t，地膜覆盖面积 28.7×10⁴hm²，平均每平方米土壤中残留农膜 12g 以上；化肥施用量逐年增加，平均每公顷化肥施用纯量在 20 世纪 50 年代不足 0.75kg，60 年代为 7.9kg，70 年代为 61.1kg，80 年代为 123.5kg，至 2004 年达到 192.6kg；全省化肥总用量由 1980 年的 34.6 万 t 至 2004 年的 143.8 万 t，二十几年增加了 3 倍多。随着技术和经济的投入增加，生产发展了，农作物的单位面积产量有了很大的提高，2004 年与 1980 年相比，小麦、大豆每公顷产量提高近了一倍，水稻、玉米每公顷产量提高了超过一倍，见表 1-12。

表 1-12　不同时期主要农作物单位面积产量　　　　　　（单位：kg/hm²）

| 农作物 | 1980 年 | 1985 年 | 1990 年 | 1995 年 | 2000 年 | 2004 年 |
|---|---|---|---|---|---|---|
| 水稻 | 3803 | 4185 | 4658 | 5626 | 7813 | 7704 |
| 小麦 | 1868 | 1845 | 2678 | 2628 | 2154 | 3657 |
| 玉米 | 2768 | 2610 | 4658 | 5056 | 6428 | 6583 |
| 大豆 | 1350 | 1463 | 1575 | 1746 | 2236 | 2535 |

现在人们也认识到发展生产不能以恶化环境为代价，要重视食品安全，首先要重视土壤污染问题，要加强土壤面源污染的研究，研究土壤污染的程度和土壤的净化能力，要施用无毒或低毒的化学制剂，特别注意施用的有效量度和施用方法，以减少或避免对土壤的污染。例如，黑龙江省化肥的用量在全国是比较低的，但是化肥利用率也是较低的。在长期试验点上，测定的小麦、玉米、大豆三大作物氮肥利用率是 27.7%~36.6%，磷肥利用率是 5.7%~15.1%，低于全国的 30%~35%和 10%~18%的水平，且年际之间差别很大。磷肥的利用率虽然较低，但未利用的部分进入土壤库，如果不发生水土流失，大部分会逐步释放出来被作物所利用。但氮肥有所不同，未被当季利用的部分，有些进入土壤库，而很大一部分被损失掉，进入大气或水体，造成环境污染。因此，要从各个环节，其中包括肥料工艺、农艺措施及产、供、销等方面入手提高肥料利用率，既可以提高经济效益，也有利于环境保护。在这些方面黑龙江省的研究力度还不够，是应当进一步加强的。

### 1.1.3　社会经济基本情况

1. 社会经济

2017 年，黑龙江省耕地面积 1594.085×10⁴hm²，占全省土地总面积的 33.87%，人均耕地面积 0.416 hm²（合 6.24 亩/人）。黑龙江省是我国重要的大豆、水稻、玉米、马铃薯、甜菜、亚麻及名贵药材等生产基地。全省森林面积 $2097.7×10^4hm^2$，森林覆盖率 46.14%，活立木总蓄积量 18.29 亿 $m^3$，是全国最高的省份之一。

2017 年黑龙江省全年实现地区生产总值（GDP）16199.9 亿元。其中，第一产业增加值 2968.8 亿元，第二产业增加值 4289.7 亿元，第三产业增加值 8941.4 亿元。2017 年，全省实现农林牧渔业增加值 3036.2 亿元，其中，种植业增加值 2115.1 亿元，林业增加值 108.3 亿元，畜牧业增加值 694.7 亿元，渔业增加值 50.8 亿元，农林牧渔服务业增加值 67.3 亿元。

2017 年黑龙江省粮食产量 6018.8 万 t，连续 7 年位列全国第一。其中，水稻、小麦、玉米和大豆分别为 2300.8 万 t、38.6 万 t、2895.8 万 t 和 617.5 万 t。全年蔬菜产量 959.2 万 t，瓜果类 195.2 万 t，甜菜 36.1 万 t，油料 17.3 万 t，烤烟 4.6 万 t，亚麻 0.6 万 t。全省生猪存栏量和出栏量分别为 1305.4 万头和 1903.2 万头，全年牛、羊出栏量分别为 281.5 万头和 780.4 万只。全省绿色食品种植面积 7480.6 万亩，绿色食品认证个数 2555 个，绿色食品产业牵动农户 130 万户。绿色食品加工企业产品产量 1740 万 t，实现产值 1615 亿元，实现利税 98.5 亿元。

黑龙江省有装备、石化、能源、食品、医药、林木加工六大产业基地。2017 年，全年规模以上工业企业（年主营业务收入 2000 万元及以上）实现增加值 3075.0 亿元。全年规模以上工业企业主营业务收入 10158.7 亿元，实现利润 474.7 亿元。全年实现进出口总值 189.4 亿美元，其中，出口 52.6 亿美元，进口 136.8 亿美元。

2017 年全省实现公共财政收入 1243.3 亿元，其中，税收收入实现 901.9 亿元，非税收入实现 341.4 亿元。全省公共财政支出完成 4641.1 亿元。

2. 人口状况

2017 年黑龙江省常住总人口为 3788.7 万人，其中城镇人口 2250.5 万人，乡村人口 1538.2 万人，常住人口城镇化率 59.4%，全省平均人口密度为每平方公里 83.3 人。黑龙江省共有 54 个民族，其中汉族人口占全省总人口的 94.74%，少数民族人口近 200 万，占全省总人口的 5.26%。其中世居本省的有满、朝鲜、蒙古、回、达斡尔、锡伯、赫哲、鄂伦春、鄂温克和柯尔克孜 10 个少数民族。人口较多的少数民族有满族、回族、蒙古族、朝鲜族和达斡尔族；人口较少的有锡伯族、赫哲族、鄂伦春族、鄂温克族和柯尔克孜族。

3. 文化、教育

2017 年全省境内有省级广播电视台 1 座，市（地）级广播电视台 13 座，县（市）级广播电视台 66 座。全省广播综合人口覆盖率 98.8%，电视综合人口覆盖率 98.9%。2015 年，全省图书出版单位 13 家，音像（电子）出版单位 6 家，网络出版单位 19 家。报纸 88 种，期刊 314 种。全省共有艺术表演团体 51 个，文化馆 148 个，公共图书馆 108 个，博物馆 176 个。全省共有档案馆 158 个，已开放各类档案 380 万卷。

2017 年全省共有研究生培养单位 27 所，招生 2.5 万人，在学研究生 6.8 万人；普通高校 81 所，招生 20.3 万人，在校生 73.4 万人；中等职业教育学校 237 所，招生 6.5 万人，在校生 20.4 万人；普通高中 371 所；普通初中 1429 所；普通小学 1537 所。

### 4. 交通和通信

黑龙江省有铁路干线、支线和联络线共 67 条,营业里程为 6854km,居全国第一。2017 年公路线路里程 16.6 万 km,其中高速公路 4511.8km。全省乡镇和行政村已全部实现通畅,通畅率为 100%。黑龙江省现有 11 个民用机场,机场数量在全国排名第五,各机场一个半小时车程范围覆盖全省 80% 以上县级行政单位和人口,哈尔滨机场开通国内、国际航线 219 条,通航城市达到 96 个。

2017 年末黑龙江省长途光缆线路总长度 5.0 万 km,年末固定电话用户 497.4 万户;移动电话用户 3445.6 万户。全省电话普及率为 103.8 部/百人。固定互联网宽带接入用户 575.0 万户,移动互联网用户 2510.9 万户。

### 5. 旅游资源

黑龙江省地处祖国的东北端,与俄罗斯远东 5 个边疆区交界,风光独特,四季分明,是全国生态环境最好的地区之一,具有绿水青山和冰天雪地两大核心优势,拥有丰富的旅游资源。现已形成冰雪游、生态游、边疆游等旅游品牌。

2017 年黑龙江省共接待游客 1.64 亿人次,实现旅游业总收入 1909.0 亿元。其中,国内游客 1.63 亿人次,旅游收入 1876.6 亿元。

# 1.2　成土因素

## 1.2.1　气候

黑龙江省地处中纬度亚洲大陆东缘,太平洋西岸,冬季在内蒙古高压控制下,盛行西北风,寒冷干燥;夏季在太平洋副热带高压控制下,盛行东南风,高温多雨,因此具有明显的季风气候特征。黑龙江省西部受夏季风的影响弱,显示出大陆性气候特征。全省从南向北依温度指标可分为中温带与寒温带。根据干燥度从东往西可分为湿润、半湿润和半干旱地区,这与夏季季风自东向西减弱有关。

### 1. 温度

黑龙江省是全国温度最低的省份。1 月最冷平均–30.9℃～–14.7℃,北部极端最低值曾达–52.3℃(漠河,1969 年 2 月 3 日);夏季平均气温在 18℃左右,极端最高气温达 41.6℃(泰来,1968 年 7 月 22 日)。年平均气温平原高于山地,南部高于北部,大部分地区平均气温在–4℃～4℃（图 1-2）。

气温的日变化与年变化较大,1 月和 7 月日变化温差在 7℃～11℃,年温差由南向北和由东向西逐渐增大,南部的东宁县 1 月和 7 月平均气温差为 36.4℃,而北部的漠河则达 49.3℃;东西的变化较小,由东宁的 36.4℃到西部的杜尔伯特,增至 42.9℃。

图 1-2　黑龙江省年平均气温（单位：℃）

以黑龙江省标准地图政区省级简版图［审图号黑 S（2018）037 号］为工作底图绘制

2. 降水

黑龙江省降水有明显的季风性特征。年降水量 370～670mm，多集中在 6～8 月，占全年降水量的 60%以上。大小兴安岭北段，全年有 7 个月时间以降雪为主，其降水量只占全年的 10%左右。小兴安岭、伊春地区和张广才岭西侧为降水高区，年降水量达 650～800mm，西部泰来、安达一带为降水低区，年降水量 300～400mm，全省平均降水量的分布见图 1-3。本省降水变率较小，大部分地区在 20% 以下，在全国是比较稳定的地区，但省内各地还有明显的差异，最小变率为 12%（绥化、阿城），最大变率为 20%（安达），大兴安岭山地在 15% 左右。

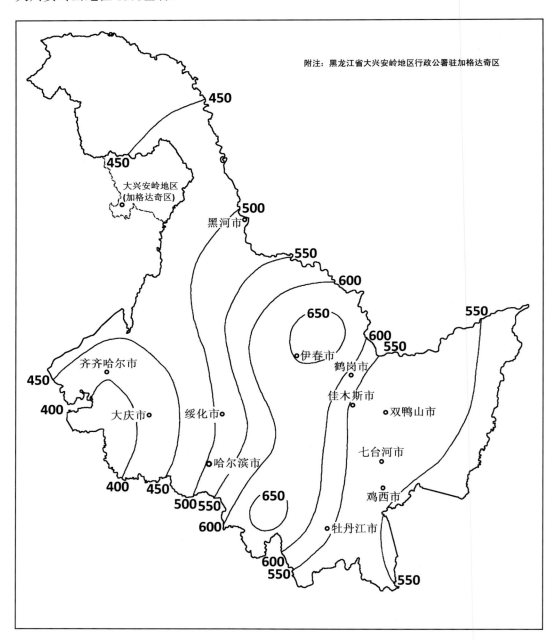

图 1-3　黑龙江省年平均降水量（单位：mm）

以黑龙江省标准地图政区省级简版图〔审图号黑 S（2018）037 号〕为工作底图绘制

3. 湿度

湿度一般分为绝对和相对湿度,黑龙江省的年平均绝对湿度一般在 5.4~8.4hPa,相对湿度绝大部分地区在 70%以下。两者的分布规律均为东高西低,绝对湿度东部山地 7~8hPa,而西部平原 6~7hPa;东部山地有些地区相对湿度在 70%以上,而西部龙江、泰来在 60%以下。南北差异也较明显。

绝对湿度与相对湿度年内变化较大,绝对湿度最大值出现在夏季,在 13~18hPa;最小值出现在冬季,在 0.5~5hPa,差值 12.5~13hPa。秋(4~7hPa)大于春(3~5hPa),相对湿度出现两高两低,夏季出现最大值,一般在 70%以上,个别地区在 80%以上,冬季仅次于夏季,一般在 60%~70%,春季最小,为 45%~60%,秋季居中,在 60%~70%。

4. 风

黑龙江省的风速与风向都表现出明显的季节变化,因此有明显的季风性特征。年平均风速大部分地区在 3~4m/s,松嫩平原西部在 4m/s 以上,牡丹江一带及呼玛以北在 3m/s以下,平原风速大于山区风速。风速季节性变化大,一年之中春季风速最大,平均风速3~5m/s,萨尔图一带最大风速 40m/s,春季大风日数也最多,占全年大风日数的 40%以上;夏季风速则最小,平均风速 2~4m/s;冬季平均风速略大于秋季。省内全年主要为西北风,控制时间长达 9 个月,属西北季风。

5. 蒸发

蒸发力是在充足水分供应下的农田土壤水分蒸发和作物蒸腾之和。不同季节的天气条件不同,导致蒸发力存在差异。春季风大,多晴天,降水少,蒸发力大;夏季虽然温度高,但多云雨天气,风小,湿度大,蒸发力不如春季大;冬季温度低,日照时间短,大地处于冰封状态,蒸发力最小。按伊万诺夫法计算黑龙江省 5~9 月份的土壤蒸发力情况如下:松嫩平原西部蒸发力最大,达 600mm 以上;中部地区的小兴安岭及尚志、通河、延寿一带,以及东部边陲的虎林、饶河、绥芬河地区蒸发力最小,小于 400mm;三江平原及东部山地蒸发力在 400~500mm。

就全省而言,山区多为温带、寒温带湿润、半湿润气候,松嫩平原的嫩江—北安—绥化—五常一带为温凉半湿润气候,龙江—克山—哈尔滨一带为温凉半干旱气候,在泰康—泰来—安达—肇源一带为温暖干旱气候,三江平原为温凉半湿润气候。

6. 水文

黑龙江省有黑龙江、松花江、乌苏里江、绥芬河四大水系(图 1-4)。现有流域面积50km$^2$ 及以上河流 2881 条,总长度为 9.21 万 km。现有常年水面面积 1km$^2$ 及以上湖泊253 个,其中,淡水湖 241 个,咸水湖 12 个,水面总面积 3037km$^2$(不含跨国界湖泊境外面积),主要湖泊有兴凯湖、镜泊湖、连环湖等。黑龙江省年平均水资源量 810 亿 m$^3$,其中地表水资源 686 亿 m$^3$,地下水资源 124 亿 m$^3$。

1）黑龙江

黑龙江为中俄界河，总流域面积 $184.3×10^4 km^2$，大、小支流 91 条，我国境内流域面积约 $90×10^4 km^2$。上游我国境内的较大支流有海拉尔河、额木尔河、呼玛河，中游较大的支流有松花江和中俄界河乌苏里江。黑龙江干流，多年平均径流量 200 亿 $m^3$，占全省径流量的 27.9%。黑龙江黑河站的多年平均水位为 91.18m，年平均最高水位为 92.37m（1958 年），年平均最低水位为 90.41m（1977 年）。黑龙江平均封冻期 164 天，年平均最大冰厚 1.28m。黑龙江近百年出现十次大洪水。

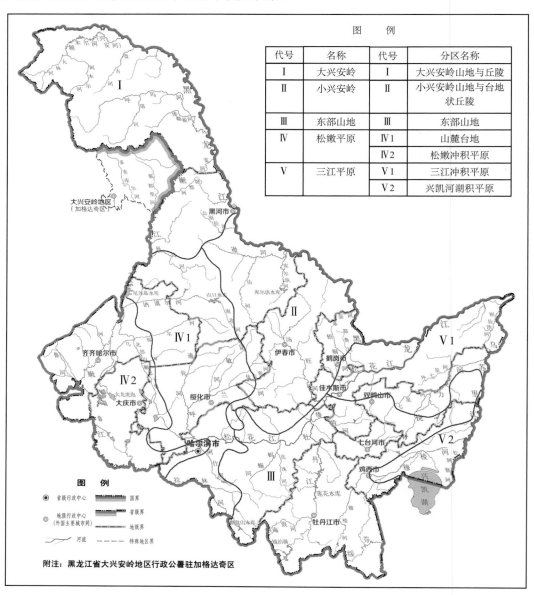

图 1-4　黑龙江省水系和地貌分区图

以黑龙江省标准地图水系版［审图号黑 S（2018）035 号］为工作底图绘制

2）嫩江

嫩江是松花江的最大支流，从源头到河口全长约 1400km，流域面积 282748km²，多年平均径流量 89.5 亿 m³，占全省总流量的 12.5%，仅次于松花江和黑龙江。多年平均水位为 124.76m，年平均最高水位为 126.16m，最低为 122.86m。嫩江近百年出现 13 次大洪水。嫩江冰冻期一般为 136 天，平均最大冰厚 0.86m。

3）松花江

松花江跨黑、吉两省，全长 1700 多 km，总流域面积 54.5×10⁴km²（包括嫩江与第二松花江）。哈尔滨以上为平原区，漫滩宽，水深 3～7m，哈尔滨至佳木斯为台地、丘陵山区，河道狭窄，其中与牡丹江汇流点，浅滩最宽为 2.7km，水深仅 1m 多。佳木斯以下为三江平原，河宽 1.5～2.0km，水深 2～3m。松花江年平均流量为 1190m³/s，年平均水位为 114.4m，年平均最高水位为 115.80m，最低水位为 112.73m。近百年有十次大洪水。松花江平均封冻天数 134 天，平均最大冰厚 0.96m。

4）乌苏里江

乌苏里江上源为松阿察河与兴凯湖。兴凯湖以下为中俄界河，总流域面积 18.7×10⁴hm²，我国境内流域面积 5.6×10⁴km²。乌苏里江干流长度约 500km，大、小支流 174 条，平均比降 0.056%。多年平均径流量 7.12 亿 m³，占全省总水量的 12.5%，多年平均水位 96.14m，平均封冻 150 天，平均最大冰层厚 0.81m。

5）绥芬河

绥芬河源于长白山东坡，长度 258km，流域面积 1 万多 km²，支流 48 条。多年平均径流量 10.6 亿 m³，占全省总径流量的 15%。年平均水位 92.84m，平均封冻 128 天。

### 1.2.2　地形、地貌

黑龙江省地貌格局受新华夏系的控制，在宏观上，三江平原和松嫩平原及两侧的大、小兴安岭和东部山地，构成本省最基本的地貌轮廓（图 1-4）。

#### 1. 大兴安岭山地与丘陵区

面积 645.67×10⁴hm²（黑龙江省志土地志编纂委员会，1997），占全省总面积的 14.20%。海拔 300～1400m，按其山体构造与土壤的不同，继续分为中低山区和低山丘陵区。

中低山区主要在伊勒呼里山以北，地势西高东低，西部海拔大都在 1000m 以上，东部多为 600～800m，由于风化度深，山体大多浑圆，很少有陡坡，主要由中酸性火山岩、花岗岩组成，部分为结晶片岩、砂页岩、花岗片麻岩。由于气候寒冷，冰缘地貌发育，很少有基岩出露，多被岩屑覆盖。土层瘠薄，土壤发育年幼，以雏形土为主。

低山丘陵区，海拔 350～700m，地势是中间高两侧低，由低山逐渐过渡到丘陵，冰缘地貌中等发育，多年冻土呈岛状分布于河谷漫滩及低阶地。寒冻作用由北向南逐步减弱。土壤以淋溶土和雏形土为主，尚有均腐土和潜育土分布。

## 2. 小兴安岭山地与台地状丘陵区

面积 1094.29×10⁴hm²，占全省面积的 24.07%，海拔 400～1000m，最高峰达 1429m。小兴安岭的中低山分布在区内中、南部，海拔 500～1000m，相对高度 200～300m，以花岗岩为主，尚有结晶片岩、片麻岩等，土壤以淋溶土和雏形土为主。丘陵及台地，海拔 300～500m，相对高度 40～100m，主要是玄武岩形成的熔岩台地。土壤肥沃，以淋溶土和均腐土为主，尚有部分潜育土。

## 3. 东部山区

面积 609.03×10⁴hm²，占全省面积的 13.40%，自西南向东北延伸，包括张广才岭、老爷岭、太平岭和完达山等相互平行的山脉及较宽阔的河谷平原。海拔 300～1600m，相对高度 200～400m。本区的中低山主要在张广才岭及完达山的主脊山地，其中张广才岭海拔 1000～1600m，相对高度 300～700m，是本区最高的。在由中低山向丘陵过渡的地带有较宽阔的山间谷地，海拔多在 200～300m，是该区重要的农、牧、副业用地，土壤以淋溶土为主，而山地以雏形土居多。

东部山区的低山丘陵及熔岩台地由老爷岭和太平岭组成。海拔 800～1000m，相对高度 400～600m，大部分为低山地形，有大片玄武岩分布，熔岩台地发育，驰名中外的镜泊湖就在其中。该区主要土壤为淋溶土，间有雏形土。

## 4. 松嫩平原区

面积 1168.34×10⁴hm²，占全省面积的 25.70%。海拔为 110～300m，又可分为山麓台地和冲积平原两部分。

山麓台地，高出冲积平原 20～60m，呈波状起伏，地形坡度多为 3°～5°，其北部有著名的五大连池火山群分布，土壤以均腐土为主，是驰名中外的黑土区；冲积平原，海拔 110～180m，大地形平坦，主要由嫩江、松花江河漫滩及一级阶地组成，是本省盐成土和砂质新成土的主要分布区，还有大面积的均腐土和潜育土分布。

## 5. 三江平原区

面积 1028.98×10⁴hm²，占全省面积的 22.63%，海拔大都在 50～80m，是低平辽阔的沼泽化平原，坡降为 1/10000～1/5000，以完达山为界，分为南北两大平原，即三江平原和兴凯湖平原。

三江平原，是由黑龙江、松花江和乌苏里江冲积而成的平原，海拔大部分为 50～60m，最低的抚远三角洲只有 34m。构成平原的主要地貌是河漫滩和一级阶地，而二级阶地和台地分布不广。区内沼泽发育，约占总面积的 40%，主要土壤是具有不同沼泽化的漂白淋溶土和均腐土，潜育土分布也较广，尚有少部分盐成土。

兴凯湖平原，由穆陵河河谷平原与兴凯湖平原构成，地势低洼平坦，海拔 55～70m，坡降 1/10000～1/5000。境内地貌以河漫滩为主，沼泽化土壤面积约占 50%，主要土壤为潜育土和沼泽化的漂白淋溶土。

### 1.2.3　成土母岩与母质

成土母岩与母质是形成土壤的基础物质。母岩和母质决定于本省的地质条件。本省的成土母岩和母质概分为以下 7 种类型（初本君等，1989）。

#### 1. 岩石风化残积物

黑龙江省成土母岩以岩浆岩为主，沉积岩次之，而变质岩较少，概分为酸性岩、中性岩、基性岩、砂砾岩、泥质岩、钙质岩和第三纪松散砂砾岩 7 种类型。

酸性岩主要为黑云母花岗岩、白岗质花岗岩和碱性花岗岩。这些母岩的风化残积物质比较粗，多含砂粒，其 pH 大致为 5.0～5.7，盐基饱和度一般为 35%～40%，矿物组成中 $SiO_2$ 占 60%甚至 70%以上，$R_2O_3$ 占 20%～30%，CaO、MgO 含量很少。中性岩主要有安山岩、安山火山碎屑岩、少量的中性凝灰岩，微酸性，中等盐基饱和度，矿物组成中 $SiO_2$ 占 55%～60%，CaO、MgO 占 5%～12%，其风化物黏粒较多。基性岩多为新生代的玄武岩，pH 近中性，盐基饱和度在 80%以上，$SiO_2$ 占 45%～55%，$R_2O_3$ 占 15%～20%，CaO、MgO 占 10%～12%，其风化残积物质地较黏重。砂砾岩矿物成分以石英为主，其风化残积物常为细粒砂质土。泥质岩成分比较复杂，但以黏土矿物为主，常见黏土矿物为高岭石、水云母、蒙脱石等，杂有陆源碎屑物，有石英、云母和少量长石，岩体易风化，风化残积物为黏质土。钙质岩是以钙、镁碳酸盐为主的沉积岩，$SiO_2$ 含量少，盐基饱和度大，钙质丰富，本省出露面积不大，残积物多为细黏土。第三纪松散砂砾岩，矿物成分中 $SiO_2$ 含量高，占 80%～90%，CaO、MgO 含量少，均小于 5%，盐基饱和度低，风化物松散，多砂粒。在岩石风化残积物上多发育为新成土和雏形土。

#### 2. 坡积物

岩石风化物受坡水影响，经搬运顺山坡堆积的物质称为坡积物。由于地貌、岩性和机械组成的不同，坡积物概分为石质坡积物和砂壤质坡积物两大类。石质坡积物是岩石崩解为岩屑碎块，沿斜坡形成的岩屑坡或石流坡，其中夹杂一些黏粒；粗粒物质多分布在山麓、山坡的近山地带，细粒则离山较远，有沿坡的分选性。砂壤质坡积物多见于岩石松散易于风化的平缓坡地上，由于坡度缓，坡面长，常堆积一些砂质壤土或黏质土，有时尚见到类似于黄土状亚黏土的坡积物。在坡积物上多发育为雏形土，也可能有少量淋溶土。

#### 3. 红色黏土与白色黏土

红色黏土属第四纪中更新世地层，多见于三江平原的台地上，厚度 10～30m，化学成分以硅、铝、铁为主，是亚热带湿润气候环境的产物，在这类母质上多发育为雏形土。白色黏土仅见于大兴安岭东坡山前台地上，称为白土台地，厚度不超过 10m，夹有大量粒径 3～5cm 的砾石，黏土的矿物成分主要由多水高岭石和少量蒙脱石组成，属冲洪积物，是第四纪早更新世晚期地层，发育的土壤多为雏形土。

### 4. 洪积砂砾石层

洪积砂砾石层呈斑块状出露于小兴安岭山前丘陵台地上，属第四纪早更新世早期地层。其岩性上部为棕色砂砾石，下部为青灰色砂砾石，砾石成分多为硅质岩，粒径 0.5～5cm，最大者可达 10cm，矿物成分以 $SiO_2$ 为主。发育的土壤多为雏形土。

### 5. 黄土状黏质土

黄土状黏质土多分布于松嫩平原，由于成因时代与地貌部位的不同，可分为冲洪积和冲积两类不同的黄土状亚黏土。

冲洪积黄土状亚黏土分布于松嫩平原的台地上，属第四纪中更新世地层，厚 5～10m 不等，颜色较深，致密，一般无石灰反应，粉粒与黏粒含量略高，分别为 57% 和 21%，砂粒少，约占 20%，矿物化学成分中 CaO、MgO、$Na_2O$、$K_2O$ 较低。发育的土壤主要为黑土，即中国土壤系统分类中的均腐土。

冲积黄土状亚黏土分布于松嫩平原的一级阶地上，属第四纪晚更新世地层，厚 4～10m，色较浅，较疏松，石灰反应强烈，颗粒组成中粉粒与黏粒略低，分别为 50% 和 13%，砂粒较多，约占 35%，矿物化学成分中 CaO、MgO、$Na_2O$ 与 $K_2O$ 略高。发育土壤主要为黑钙土，即系统分类中的干润均腐土。

### 6. 冲积物

又称淤积物，根据其岩性组成成分的不同可分为冲积黏质土和冲积砂砾石两种类型。冲积黏质土在三江平原分布最广，分布于三江平原的各地貌单元。冲积黏质土厚度为 0.5～17m 不等，亚黏土，下部为砂砾石，呈二元结构。冲积黏质土的颗粒组成中粉粒占 32%～50%，黏粒占 12%～14%。矿物化学成分中 $SiO_2$ 占 62%～70%，$R_2O_3$ 占 20%～25%，CaO 占 3% 左右，$K_2O$、$Na_2O$ 占 3%～4%，发育土壤主要有潜育土和漂白淋溶土。冲积砂和冲积砂砾多属于河床沉积，因而多分布在河漫滩上，山区河漫滩多为砂砾石夹卵石，平原区河漫滩多为砂质堆积，颗粒组成以细砂为主，质地均匀，磨圆度好，成分主要是石英和长石，含少量云母。山区河漫滩的砂砾石，磨圆度尚好，但分选性差，有的呈扁平状，砾石的成分主要是中、酸性火山岩，土壤发育差，多为新成土。

### 7. 风积沙

风积沙主要分布于松嫩平原的嫩江沿岸的河漫滩和一阶地上，质地均匀，分选性与磨圆度均佳，颗粒松散；成分以石英为主，长石次之，并含少量黑色矿物，厚度在 5～10m，风积沙的颗粒组成中细砂占 50% 左右，粉粒和黏粒不多，约占 3%～17%，所形成的土壤主要为砂质新成土。

## 1.2.4　植被

由于地形、气候、土壤和水文等诸多因素的影响，黑龙江省植被类型分为针叶林、针阔混交林、次生阔叶林、草原化草甸、草甸草原、草原、草甸及沼泽等。

1. 针叶林

针叶林可分为寒温性针叶林和温性针叶林。寒温性针叶林分布于北纬 49°20′以北、东经 127°20′以西,代表性树种是兴安落叶松(*Larix gmelinii*),优势植物还有樟子松(*Pinus sylvestris* var. mongolica)、白桦(*Betula platyphylla*)等;温性针叶林仅在东部山地和兴凯湖沙堤有少量分布,主要树种有赤松(*Pinus densiflora*)、红松(*Pinus koraiensis*)、红皮云杉(*Picea koraiensis*)、鱼鳞云杉(*Picea jezoensis*)、沙冷杉(*Abies holophylla*)、臭冷杉(*Abies nephrolepis*)等,分别或混合组成不同的植被。土壤以寒冻新成土和寒冻雏形土为主。

2. 针阔混交林

针阔混交林主要分布于小兴安岭及东部山区,海拔多不超过 1300m。主要针叶树种有红松、冷杉、紫杉(*Taxus cuspidata*)等,阔叶树种有三花槭(*Acer triflorum*)、白牛槭(*Acer mandshuricum*)、假色槭(*Acer pseudo-sieboldianum*)、水曲柳(*Fraxinus mandshurica*)等。土壤以雏形土为主,间有淋溶土。

3. 次生阔叶林

次生阔叶林是针阔混交林人为砍伐后,自然生长出的次生林,广泛分布在低山丘陵及坡度较大的台地上。代表性树种是蒙古栎(*Quercus mongolica*),俗称柞树林,其中混生有黑桦(*Betula dahurica*)、白桦、椴树(*Tilia tuan*)、春榆(*Ulmus davidiana*)及色木槭(*Acer pictum*)等。土壤以雏形土和淋溶土为主。

4. 草原化草甸植被

草原化草甸植被主要分布在松嫩平原的北部,平原与山地过渡地带的台地上,以菊科和禾本科植物为主,植物组成复杂,生长繁茂,俗称"五花草塘"。局部水分多的地方出现蒙古柳(*Salix mongolica*)、沼柳(*Salix rosmarinifolia* var. brachypoda)和大叶章(*Deyeuxia langsdorffii*),在砂性较大、透水性好的地方出现榛子(*Corylus heterophylla*)、兔毛蒿(*Filifolium sibiricum*)和大针茅(*Stipa* grandis)等。主要土壤为湿润均腐土。

5. 草甸草原植被

草甸草原植被分布在松嫩平原中部及南部,主要植物有线叶菊(*Filifolium sibiricum*)、大针茅、羊草(*Leymus chinensis*)、兔毛蒿、野古草(*Arundinella anomala*)等。土壤以干润均腐土(黑钙土)为主,并有盐成土和砂质新成土。

6. 草原植被

草原植被分布于与内蒙古接壤的泰来县境内,主要植物有大针茅、克氏针茅(*Stipa krylovii*)、糙隐子草(*Cleistogenes squarrosa*)、溚草(*Koeleria* Pers.)、羊草、寸草(*Carex duriuscula*）等。土壤以干润均腐土（暗栗钙土）为主，伴有砂质新成土和盐成土。

## 7. 草甸植被

草甸植被分布在地下水和地表水汇集的低平地上，在山地丘陵的沟谷地也有分布，主要植物有小叶章（*Deyeuxia angustifolia*）、沼柳、薹草等。在松嫩平原石灰性土壤上的草甸植被有羊草、野古草、狼尾草（*Pennisetum alopecuroides*）等。主要土壤为潮湿均腐土。

## 8. 沼泽植被

沼泽植被在三江平原有大面积分布，在其他地区低洼处也有分布。按所处部位及植物组成可分为毛薹草（*Carex lasiocarpa*）、芦苇（*Phragmites communis*）、乌拉草（*Carex meyeriana*）、漂筏薹草（*Carex pseudo-curaica*）等群落。土壤为潜育土。

# 第2章 成土过程与主要发生层

## 2.1 成土过程

土壤是在母质基础上，在各成土因素的综合作用下，经过一定的成土过程形成的。不同土壤类型，其成土过程是不同的。黑龙江省土壤的主要成土过程如下。

### 2.1.1 有机质聚积过程

有机质在土体中的聚积是生物因素在土壤中作用的结果。因为有机质的合成、分解和积累受大气水热条件及其他成土因素综合作用的影响，所以土壤有机质的聚积过程表现为多种形式。不同的土壤有机质聚积过程形成的腐殖质层、有机质层各有特点。

（1）草毡有机质聚积过程：这是高山和亚高山带干寒且有冻土层条件下的有机质聚积方式。由于低温，其有机质合成量少，分解度弱，常成毡状草皮层，覆盖土壤表层，而显示干泥碳化。

（2）斑毡有机质聚积过程：是森林植被下有机质聚积过程。

（3）草甸腐殖质聚积过程：是湿润草甸植被下腐殖质聚积过程。

（4）草原腐殖质聚积过程：是半干旱、干旱草原植被下腐殖质聚积过程。

（5）沼泽泥碳化过程：这是沼泽植被下有机质聚积过程。沼泽植被生长在气候湿润、土壤表水多、地下水位高、土壤处于季节性或长期性积水的低洼地上，沼泽植被有机残体在过湿条件下，由于空气几乎完全被隔绝，只能进行弱度分解，不同分解程度的有机物质保留下来，成为泥炭，下面也同时存在潜育层。

### 2.1.2 黏化成土过程

黏化成土过程就是矿质土粒由粗变细，形成黏粒，并在土层中聚积的过程。通过物理性破碎及化学分解，粗土粒逐渐变小成为黏粒；矿物的化学分解产物通过再合成作用也可以形成黏粒。黏化过程包括淋淀黏化和残积黏化。前者指土壤黏粒的淋移淀积过程，上面土层中的黏粒受水的机械淋洗下移，至一定深度土层中淀积，使该土层黏粒含量增加，质地变黏。后者是由原地形成而未经迁移的黏粒所导致的黏化过程。

一般而言，寒冷干旱地带土壤黏化作用微弱，以残积黏化为主，湿热地带中的土壤黏化作用较强，以淋淀黏化为主。

### 2.1.3 盐化成土过程

盐化成土过程是在干旱、半干旱的气候条件下，地下水中的盐分通过毛管蒸发而在表土层累积的过程。另外在滨海地区，受海水的浸淹和顶托作用，也能发生盐化成土过程。所以正常盐成土主要分布在内陆干旱地区和沿海地区。土壤中氯化物含量在 0.1%～

0.6%，硫酸盐在 0.2%～2%，对作物生长产生危害，形成盐化土壤，氯化物大于 0.6%、硫酸盐大于 2%，作物难以生长，形成正常盐成土。

正常盐成土由于灌水冲洗，结合挖沟排水、降低地下水位等措施，可使其所含可溶性盐逐渐下降，这个过程称为脱盐过程。脱盐过程在地下水位下降、气候变湿润条件下，也可以发生。

### 2.1.4　碱化成土过程

碱化成土过程是指土壤胶体交换性钠离子增加，使土壤显碱性、强碱性反应，并引起土壤胶体分散、物理性质恶化的过程。交换性钠离子饱和度在 5%～30%形成碱化土壤，≥30%形成碱土。

碱化成土过程由土壤中的碳酸钠引起，$Na^+$与胶体吸附 $Ca^{2+}$、$Mg^{2+}$交换，代换下来的 $Ca^{2+}$、$Mg^{2+}$与 $CO_3^{2-}$生成 $CaCO_3$、$MgCO_3$沉淀，使这种交换不断进行，在中性钠盐存在并有良好淋溶的条件下，$Na^+$代换下来的 $Ca^{2+}$、$Mg^{2+}$被淋失，也可以发生碱化成土过程。

在碱积盐成土土体中部，形成柱状不透水碱化层，使表层土壤形成滞水，在强碱性条件下，土壤黏粒铝硅酸盐矿物发生局部破坏，形成含有 $SiO_2$、$Al_2O_3$、$Fe_2O_3$、$MnO_2$的碱性溶胶，这些碱性溶胶及腐殖酸钠一起向下淋移，使表层质地变轻，钠饱和度降低，这一成土过程称为脱碱化成土过程。另外人工施用石膏、硫酸亚铁（$FeSO_4$）、煤渣等中性钙盐和酸性物质，结合灌水，通过交换淋溶过程也可以降低钠离子饱和度，改良碱积盐土。

### 2.1.5　白浆化成土过程

白浆化成土过程是漂白淋溶土的成土过程。漂白淋溶土的主要特征是腐殖质层薄；腐殖质层下出现浅色、粉砂粒含量高、片状结构的白浆层；白浆层下为深厚、黏粒含量高、核状结构的淀积层。白浆化成土过程的实质是，首先在淋淀黏化作用下亚表层粉砂化，淀积层黏化。由于淀积层黏化，表层、亚表层形成滞水，在有机质参与下，亚表层发生还原淋溶脱色，有色铁锰化合物淋溶，形成白浆层。在其下面形成黏化淀积层。

### 2.1.6　灰化成土过程

灰化成土过程是在湿润针叶林下发生的酸性淋溶、螯合淋溶成土过程。针叶林枯枝落叶分解产生较强酸性有机物质。在酸性条件下，盐基物质溶解度大，这些盐基物质，包括铁锰有色元素与腐殖酸形成螯合物，一起随水分下渗，被淋溶至下层，使亚表层呈现灰白色、酸性、含大量 $SiO_2$、矿质养分缺乏的特征，而形成漂白层，漂白层下形成坚实的灰化淀积层。灰化成土过程最终形成灰化土。

### 2.1.7　潜育化成土过程

潜育化成土过程是在排水不良、地下水位高的土壤中，某一土层长期受地下水的浸渍而缺氧，形成嫌气状态，在这种强烈的还原条件下，土壤中铁锰被还原为低价化合物，而使该土层呈青灰、灰蓝色。潜育化成土过程形成的土层称为潜育层。

### 2.1.8　潴育化成土过程

潴育化成土过程是在地下水位经常变动的土层，土壤干湿交替，湿时土壤中易变价的铁锰物质被还原为低价态，溶解度增大，可以随水分移动；干旱时这些物质又被氧化，发生淀积，在氧化和还原交替发生的过程中，逐渐淀积形成一些锈斑、锈纹或铁锰结核等新生体的过程。在湿润均腐土、部分水耕人为土等土壤中都有潴育化成土过程发生。

### 2.1.9　熟化成土过程

熟化成土过程是指人类定向培育土壤肥力的过程。人类通过耕作、施肥、灌溉、排水等措施，使土壤肥力朝着有利作物生长方向发展，以满足作物高产的需要。熟化成土过程受自然因素和人为因素的综合影响，其中人为因素占主导地位。根据农业利用方式不同，熟化成土过程可分为旱耕熟化过程（旱作条件下熟化成土过程）和水耕熟化过程（水田条件下熟化成土过程）。

## 2.2　土壤诊断层和诊断特性

《中国土壤系统分类检索》（第三版）设有 11 个诊断表层、20 个诊断表下层、2 个其他诊断层和 25 个诊断特性。黑龙江省建立的 130 个土系涉及 6 个诊断表层、7 个诊断表下层、1 个其他诊断层和 15 个诊断特性，见表 2-1。各个诊断层与诊断特性的严格定义参见《中国土壤系统分类检索》（第三版），在这里只介绍黑龙江省涉及的诊断层与诊断特性的含义。

表 2-1　中国土壤系统分类诊断层、诊断现象和诊断特性

| 诊断层 | | | 诊断特性 |
|---|---|---|---|
| （一）诊断表层 | （二）诊断表下层 | （三）其他诊断层 | |
| A 有机物质表层类 | **1.漂白层** | **1.盐积层** | **1.有机土壤物质** |
| **1.有机表层** | **2.舌状层** | 盐积现象 | **2.岩性特征** |
| 有机现象 | 舌状现象 | 2.含硫层 | **3.石质接触面** |
| 2.草毡表层 | **3.雏形层** | | **4.准石质接触面** |
| 草毡现象 | 4.铁铝层 | | 5.人为淤积物质 |
| B 腐殖质表层类 | 5.低活性富铁层 | | 6.变性特征 |
| **1.暗沃表层** | 6.聚铁网纹层 | | 变性现象 |
| **2.暗瘠表层** | 聚铁网纹现象 | | 7.人为扰动层次 |
| **3.淡薄表层** | **7.灰化淀积层** | | **8.土壤水分状况** |
| C 人为表层类 | 灰化淀积现象 | | **9.潜育特征** |
| 1.灌淤表层 | 8.耕作淀积层 | | 潜育现象 |
| 灌淤现象 | 耕作淀积现象 | | **10.氧化还原特征** |
| 2.堆垫表层 | 9.水耕氧化还原层 | | **11.土壤温度状况** |
| 堆垫现象 | 水耕氧化还原现象 | | **12.永冻层次** |
| 3.肥熟表层 | **10.黏化层** | | 13.冻融特征 |

| 诊断层 | | | 诊断特性 |
|---|---|---|---|
| （一）诊断表层 | （二）诊断表下层 | （三）其他诊断层 | |
| 肥熟现象 | 11.黏磐 | | **14.*n* 值** |
| **4.水耕表层** | **12.碱积层** | | **15.均腐殖质特性** |
| **水耕现象** | **碱积现象** | | 16.腐殖质特性 |
| D 结皮表层类 | 13.超盐积层 | | **17.火山灰特性** |
| 1.干旱表层 | 14.盐磐 | | 18.铁质特性 |
| **2.盐结壳** | 15.石膏层 | | 19.富铝特性 |
| | 石膏现象 | | 20.铝质特性 |
| | 16.超石膏层 | | 铝质现象 |
| | **17.钙积层** | | 21.富磷特性 |
| | **钙积现象** | | 富磷现象 |
| | 18.超钙积层 | | **22.钠质特性** |
| | 19.钙磐 | | **钠质现象** |
| | 20.磷磐度 | | **23.石灰性** |
| | | | **24.盐基饱和度** |
| | | | 25.硫化物物质 |

注：加粗字体为黑龙江省土系调查涉及的诊断层、诊断现象和诊断特性。

## 2.2.1 诊断层

诊断层：凡用于鉴别土壤类别的，在性质上有一系列定量规定的特定土层，按其在单个土体中出现的部位，细分为诊断表层和诊断表下层。

### 1. 诊断表层（diagnostic surface horizons）

诊断表层是指位于单个土体最上部的诊断层，并非发生层中 A 层的同义语，而是广义的"表层"，既包括狭义的 A 层，也包括 A 层及由 A 层向 B 层过渡的 AB 层。如果原诊断表层上部因耕作被破坏或受沉积物覆盖影响，则必须取上部 18cm 厚的土壤混合土样或以加权平均值（耕作的有机表层取 0~25cm 混合土样）作为鉴定指标。

黑龙江省建立的 130 个土系涉及 6 个诊断表层。

1）有机表层（histic epipedon）

矿质土壤中经常被水饱和，具高量有机碳的泥炭质有机土壤物质表层；或被水分饱和时间短，具极高量有机碳的枯枝落叶质有机土壤物质表层。

有机表层按原有植物物质分解程度和种类可细分为四类：纤维的、半腐的、高腐的和枯枝落叶的（简称落叶的）。

有机现象（histic evidence）：表层中具有有机土壤物质积累，但不符合有机表层厚度条件的特征。其厚度下限定为 5cm，或在干旱地区定为 3cm。

2）暗沃表层（mollic epipedon）

有机碳含量高或较高、盐基饱和、结构良好的暗色腐殖质表层。

3）暗瘠表层（umbric epipedon）

有机碳含量高或较高、盐基不饱和的暗色腐殖质表层。除盐基饱和度＜50%和土壤结构的发育比暗沃表层稍差外，其余均同暗沃表层。

4）淡薄表层（ochric epipedon）

发育程度较差的淡色或较薄的腐殖质表层。

5）水耕表层（anthrostagnic epipedon）

在淹水耕作条件下形成的人为表层（包括耕作层和犁底层）。

水耕现象（anthrostagnic evidence）：水耕作用影响较弱的表层。缺乏下部亚层（犁底层），或虽有微弱发育，但与上部亚层（耕作层）的土壤容重比值＜1.10。

6）盐结壳（salic crust）

由于大量易溶性盐胶结成的灰白色或灰黑色表层结壳，使它具有下列条件：从地表起厚度≥2cm；和易溶盐含量≥100g/kg。

2. 诊断表下层（diagnostic subsurface horizons）

诊断表下层是由物质淋溶、迁移、淀积或就地富集在土壤表层之下所形成的具诊断意义的土层。

黑龙江省建立的 130 个土系涉及 7 个诊断表下层。

1）漂白层（albic horizon）

漂白层指由黏粒和/或游离氧化铁淋失，有时伴有氧化铁的就地分凝，形成颜色主要决定于砂粒和粉粒的漂白物质所构成的土层。厚度≥1cm；位于 A 层之下，但在灰化淀积层、黏化层、碱积层或其他一定坡降的缓透水层如黏磐、石质或准石质接触面等之上；可呈波状或舌状过渡至下层，但舌状延伸深度＜5cm；和由≥85%（按体积计）的漂白物质组成（包括分凝的铁锰凝团、结核、斑块等）。

2）舌状层（glossic horizon）

舌状层指由呈舌状淋溶延伸的漂白物质和原土层残余所构成的土层。其上覆土层或为漂白层，或为其他土层，但本层内漂白物质的舌状淋溶延伸深度必须≥5cm，故舌状层厚度应至少为 5cm；舌状漂白物质占土层体积的 15%～85%。

3）雏形层（cambic horizon）

雏形层指风化-成土过程中形成的无或基本上无物质淀积，未发生明显黏化，带棕、红棕、红、黄或紫等颜色，且有土壤结构发育的 B 层。厚度指标，考虑到干旱土以及具寒性或更冷土壤温度状况土壤的特点，规定至少为 5cm，其他土壤则≥10cm。

4）灰化淀积层（spodic horizon）

灰化淀积层指由螯合淋溶作用形成的一种淀积层。它具有以下两个条件：①厚度≥2.5cm，一般位于漂白层之下；②由≥85%（按体积计）的灰化淀积物质（spodic material）组成。

灰化淀积物质是一种活性（具高 pH 依变电荷、大表面积和高持水力）非晶淀积物质，其成分为有机质和铝或有机质和铁、铝。具灰化淀积物质的土壤表明有机质和铝或有机质和铁、铝自淋溶层向淀积层的迁移。

灰化淀积现象（spodic evidence）：土层中具有一定灰化淀积物质的特征，但灰化淀积物质按体积计占 50%～85%。

5）黏化层（argic horizon）

黏化层指黏粒含量明显高于上覆土层的表下层。其质地分异可以由表层黏粒分散后，随悬浮液向下迁移，并淀积于一定深度中而形成黏粒淀积层；也可以由原土层中原生矿物发生土内风化作用，就地形成黏粒并聚集而成次生黏化层（secondary clayific horiaon）。若表层遭受侵蚀，此层可位于地表或接近地表。

6）碱积层（alkalic horizon）

碱积层指交换性钠含量高的特殊淀积黏化层。

碱积现象（alkalic evidence）：土层中具有一定碱化作用的特征。具有碱积层的结构，但发育不明显；上部 40cm 厚度以内的某一亚层中交换性饱和度为 5%～29%，pH 一般为 8.5～9.0。

7）钙积层（calcic horizon）

钙积层指富含次生碳酸盐的未胶结成硬结土层，厚度≥15cm。

钙积现象（calcic evidence）：土层中有一定次生碳酸盐聚积的特征，但土层厚度不足或次生碳酸盐数量低于钙积层的标准。

3. 其他诊断层（other diagnostic horizons）

有的诊断层在大多数情况下由物质的迁移淀积作用而形成于土壤表层之下的 B 层部位，但在特定情况下，由于土壤中物质随上行水流向土壤上部移动，或由于外来物质进入土壤，或由于表层物质随环境条件改变，就地发生变化而聚积叠加于 A 层部位，使后者在性质上发生明显变化，而且在分类上具有重要意义。这里，将这些特殊的诊断层归入其他诊断层，但不包括诊断表下层中由于土壤遭受剥蚀而暴露于地表的诊断层。

黑龙江省建立的 130 个土系涉及 1 个其他诊断层——盐积层（salic horizon）。

盐积层指在冷水中溶解度大于石膏的易溶性盐富集的土层，厚度至少为 15cm。

积盐现象（salic evidence）：土层中有一定易溶性盐聚积的特征。其含盐量下限为 5g/kg（干旱地区）或 2g/kg（其他地区）。

## 2.2.2　诊断特性

黑龙江省建立的 130 个土系涉及 15 个诊断特性。

1. 有机土壤物质（organic soil materials）

有机土壤物质指经常被水分饱和，具高有机碳的泥炭、腐泥等物质，或被水分饱和时间很短，具极高有机碳的枯枝落叶质物质或草毡状物质。

有机土壤物质按原有植物分解程度和种类可细分为五类，即纤维的、半腐的、高腐的、枯枝落叶的（简称落叶的）和草毡的。

根据表层有机土壤物质的种类，将有机土控制层段的厚度定为土表至 130cm 或 160cm，但在此范围内应无石质或准石质接触面、无深厚水层、无永冻层次。

有机土的控制层段可分为三个层段，即表层段、表下层段和底层段：

（1）表层段，为土表至 60cm 深度处，或为土表至 30cm 深度处。

（2）表下层段，一般厚 60cm。

（3）底层段，一般厚 40cm。

### 2. 岩性特征（lithologic characters）

岩性特征指土表至 125cm 范围内土壤性状明显或较明显保留母岩或母质的岩石学性质特征，可细分如下：

（1）冲积物岩性特征（L. C. of alluvia deposits）。目前仍承受定期泛滥，有新鲜冲积物质加入的岩性特征。

（2）砂质沉积物岩性特征（L. C. of sandy deposits）。

（3）黄土和黄土状沉积物岩性特征（L. C. of loess and loess-like deposits）。

（4）碳酸盐岩岩性特征（L. C. of carbonate rocks）。

### 3. 石质接触面（lithic contact）

石质接触面指土壤与紧实黏结的下垫物质（岩石）之间的界面层。不能用铁铲挖开。下垫物质为整块状者，其莫氏硬度＞3；为碎裂块体者，在水中或六偏磷酸钠溶液中振荡 15h 不分散。

### 4. 准石质接触面（paralithic contact）

准石质接触面指土壤与连续黏结的下垫物质（一般为部分固结的砂岩、粉砂岩、页岩或泥灰岩等沉积岩）之间的界面层。湿时用铁铲可勉强挖开。下垫物质为整块状者，其莫氏硬度＜3；为碎裂块体者，在水中或六偏磷酸钠溶液中振荡 15h，可或多或少分散。

### 5. 土壤水分状况（soil moisture regimes）

土壤水分状况指年内各时期土壤内或某土层内地下水或＜1500kPa 张力持水量的有无或多寡。当某土层的水分张力≥1500kPa 时，称为干燥；＜1500kPa，但＞0 时称为湿润。张力≥1500kPa 的水对大多数生长中的植物无效。

为便于用气候资料估算土壤水分状况，特规定水分控制层段。水分控制层段的上界是干土（水分张力≥1500kPa）在 24h 内被 2.5cm 水湿润的深度，其下界是干土在 48h 内被 7.5cm 水湿润的深度；不包括水分沿裂隙或动物孔道湿润的深度。水分控制层段的上、下限也可按土壤物质的粒径组成大致决定：黏壤质、粗粉质、细粉质或黏质为 10～30cm，粗壤质为 20～60cm，砂质为 30～90cm。

（1）干旱土壤水分状况（aridic moisture regime）：干旱和少数半干旱气候下的土壤水分状况。

（2）半干润土壤水分状况（ustic moisture regime）：介于干旱和湿润水分状况之间的土壤水分状况。

（3）湿润土壤水分状况（udic moisture regime）：一般见于湿润气候地区的土壤中，

降水分配平均或夏季降水多，土壤贮水量加降水量大致等于或超过蒸散量；大多数年份水分可下渗通过整个土壤。

（4）常湿润土壤水分状况（perudic moisture regime）：为降水分布均匀、多云雾地区（多为山地），全年各月水分均能下渗通过整个土壤的很湿的土壤水分状况。

（5）滞水土壤水分状况（stagnic moisture regime）：由于地表至 2m 内存在缓透水黏土层或较浅处有石质接触面或地表有苔藓和枯枝落叶层，使其上部土层在大多数年份中有相当长的湿润期，或部分时间被地表水和/或上层滞水饱和。

（6）人为滞水土壤水分状况（anthrostagnic moisture regime）：在水耕条件下由于缓透水犁底层的存在，耕作层被灌溉水饱和的土壤水分状况。

（7）潮湿土壤水分状况（aquic moisture regime）：大多数年份土温>5℃时的某一时期，全部或某些土层被地下水或毛管水饱和并呈还原状态的土壤水分状况。

### 6. 潜育特征（gleyic features）

潜育特征指长期被水饱和，导致土壤发生强烈还原的特征。
潜育现象（gleyic evidence）：土壤发生弱-中度还原作用的特征。

### 7. 氧化还原特征（redoxic features）

氧化还原特征指由于潮湿土壤水分状况、滞水土壤水分状况或人为滞水土壤水分状况的影响，大多数年份某一时期土壤受季节性水分饱和，发生氧化还原交替作用而形成的特征。

### 8. 土壤温度状况（soil temperature regimes）

土壤温度状况指土表下 50cm 深度处或浅于 50cm 的石质或准石质接触面处的土壤温度。

（1）寒冻土壤温度状况（gelic temperature regime）：年平均土温≤0℃。冻结时有湿冻与干冻。

（2）寒性土壤温度状况（cryic temperature regime）：年平均土温>0℃，但<8℃，并有如下特征。

①矿质土壤中夏季平均土温：
a. 若某时期土壤水分不饱和的，无 O 层者<15℃，有 O 层者<8℃；
b. 若某时期土壤水分饱和的，无 O 层者<13℃，有 O 层者<6℃。

②有机土壤中：
a. 大多数年份，夏至后 2 个月土壤中某些部位或土层出现冻结；
b. 大多数年份，5cm 深度之下不冻结，也就是土壤温度全年均低，但因海洋气候影响，并不冻结。

（3）冷性土壤温度状况（frigid temperature regime）：年平均土温<8℃，但夏季平均土温高于具寒性土壤温度状况土壤的夏季平均土温。

黑龙江不涉及其他土壤温度状况。

9. 永冻层次（permafrost layer）

永冻层次指土表至 200cm 范围内土温常年≤0℃的层次。湿冻者结持坚硬，干冻者结持疏松。它与永冻温度状况的区别在于可见于 0～200cm 内任何深度。

10. $n$ 值（$n$ value）

$n$ 值指田间条件下含水量与无机黏粒和有机质含量之间的关系。该值有助于预测土壤能否放牧或支承其他负载，以及排水后土壤的沉陷程度。临界 $n$ 值为 0.7。在野外也可参考 ST 制所建议的方法进行估测，即用手抓挤土壤，若土壤在指间流动困难，则 $n$ 值为 0.7～1.0；若在指间很易流动，则 $n$ 值≥1。

11. 均腐殖质特性（iohumic property）

均腐殖质特性指草原或森林草原中腐殖质的生物积累深度较大，有机质的剖面分布随草本植物根系分布深度中数量的减少而逐渐减少，无陡减现象的特性。

12. 火山灰特性（andic property）

火山灰特性指土壤中火山灰、火山渣或其他火山碎屑物占全土质量的 60%或更高，矿物组成中以水铝英石、伊毛缙石、水硅铁石等短序矿物占优势，伴有铝-腐殖质络合物的特性。

13. 钠质特性（sodic property）

钠质特性指交换性钠饱和度（ESP）≥30%和交换性 $Na^+$≥2cmol/kg，或交换性钠加镁的饱和度≥50%的特性。

钠质现象（sodic evidence）：ESP 为 5%～29%。

14. 石灰性（calcaric property）

石灰性指土表至 50cm 范围内所有亚层中 $CaCO_3$ 相当物均≥10g/kg，用 1：3 HCl 处理有泡沫反应。若某亚层中 $CaCO_3$ 相当物比其上、下亚层高时，则绝对增量不超过 20g/kg，即低于钙积现象的下限。

15. 盐基饱和度（base saturation）

盐基饱和度指吸收复合体被 K、Na、Ca 和 Mg 阳离子饱和的程度（$NH_4OAc$ 法）。

# 第3章 土 壤 分 类

## 3.1 黑龙江土壤分类的历史回顾

随着我国土壤分类的发展，黑龙江省土壤分类也在不断地演进，大体上经历了美国马伯特土壤分类、苏联地理发生分类和系统分类三个阶段。

### 3.1.1 马伯特分类阶段

1. 20 世纪 40 年代以前的分类

最早在黑龙江省从事土壤调查和分类的是苏联学者 T. P. Gordeef，他长期在哈尔滨市博物馆工作，他在 1925 年和 1926 年先后用了四个月零十二天的时间，对铁路沿线的土壤进行了调查，发表了满洲土壤与植物类型的文章，并绘制了北满土壤图（比例尺 1∶1100 万，11.5cm×9.5cm），将本地区在森林植被下残积母质上发育的土壤，分为碎岩土、黑色石灰土、灰色森林土、轻度灰化黏壤质粉砂质山地土和泥炭灰壤质、粉砂质腐殖质湿土；在草原植被黄土母质上发育的土壤，分为变质黑钙土（或淋余黑钙土）、黑钙土、灰色草原土；在河谷及低地发育的土壤，分为腐殖质湿土、冲积土等。

1935 年，潘德顿等在哈尔滨、海伦、安达、双城等地进行了土壤调查，把该区的土壤分为黑钙土、灰壤、灰色干草原黑土及黑色石灰土等几大类，在安达排水不良处有盐土，沿河低处有泥炭土及腐泥土。他们将该地区土壤分出 14 个土系，见表 3-1（潘德顿等，1935）。

表 3-1  哈尔滨地区土系的划分（1935 年）

| 土壤类型 | 土系 |
| --- | --- |
| 高地土 | 哈尔滨系、海伦系、阿城系 |
| 冲积土 | 马鞍子系、泥河系、蚂蜒河系 |
| 阶地土 | 松花江系、阿什河系、鞭梗台系 |
| 山地土 | 朝阳坡系、一面坡系、帽儿山系 |
| 半沼泽土 | 六里屯系 |
| 盐土 | 安达系 |
| 其他 | 砂丘、泥炭土及腐泥土 |

梭颇（1936）所著《中国之土壤》，把黑龙江省范围内的土壤分为黑钙土、暗栗土、盐土、碱土和灰壤，其中黑钙土又续分为正常黑钙土、石灰性黑钙土和变质黑钙土。

日本学者突永一枝等于 1925～1940 年先后在本地区做过一些土壤调查工作，发表论文和专著十四篇，他们把东部山区和三江平原的地带性土壤称为森林褐色土（forest brown soil），而隐地带性土壤是沼泽土和草甸土。哈尔滨至小兴安岭东部地带性土壤是灰化土。哈尔滨以西，年降水量小于 500mm 的地带性土壤为黑钙土，隐地带性土壤为盐土和碱土。在年降水量 500mm 左右的过渡地带是退化黑钙土。

### 2. 20 世纪 50 年代初的分类

中华人民共和国成立之后，为了开发东北，于 1950 年组织了东北土壤考察团，对黑龙江省土壤进行了大规模的调查。陈恩风等（1951）对龙江县的土壤调查，把该地区的土壤划分为黑钙土、准黑钙土、盐渍黑钙土、灰钙土、盐碱土、湿土、盐渍湿土、石质土、冲积土、风积土等 12 个土类。与此同时，朱显谟和曾昭顺（1951）到黑龙江省东部地区调查提出了土壤分类系统（表 3-2），并在土类和亚类之下续分出 61 个土系，见表 3-3。

**表 3-2　黑龙江省东部土壤分类（1951 年）**

| 土类 | 亚类 |
| --- | --- |
| 黑钙土 | 黑钙土 |
|  | 碳酸盐黑钙土 |
|  | 盐渍黑钙土 |
| 退化黑钙土 | 退化黑钙土 |
| 灰化土 | 灰色森林土 |
|  | 灰化棕壤 |
|  | 灰化灰棕壤 |
| 冲积土及塌积土 | 冲积土 |
|  | 塌积土 |
| 风积土 | 风积土 |
| 石质土及幼年土 | 石质土 |
| 湿土 | 湿土 |
|  | 盐渍湿土 |
| 盐渍土 | 盐土 |
|  | 盐碱土 |

在这次考察中全国许多知名的土壤学家云集黑龙江省，做了大量的工作，极大地丰富了本省土壤分类的内容。这些成果在 1954 年中国土壤学会第一次会员代表大会上所制定的暂拟中国土壤分类中得到了充分反映。

1952 年秋季，在宋达泉先生指导下，由东北区国有农场管理局基建处组织的集贤县三道岗地区荒地土壤详查，1953 年九三荣军农场和二龙山农场的土壤详查，1954 年的宝泉岭农场及集贤县火烧屯地区的荒地土壤详查都采用 1∶1 万比例尺方格调查法，即每间隔 100m 打一个木桩，在方格纸上勾绘土壤界线。根据宋达泉教授的意见，采用当时美国的土壤分类系统，用土系和土相制图。现以九三荣军农场为例说明（表 3-4）。

在土壤图上除表示土系之外，还用复域记号表示出黑土层厚度、地形坡度、土壤侵蚀状况、排水等级以及土体内有无砂粒等，即在土系之下续分到土相。

表3-3　黑龙江省东部划分的土系（1951年）

| 土类 | 土系数 | 土系名称 |
|---|---|---|
| 黑钙土 | 23 | 三河黏壤土、青冈黏壤土、兰西砂壤土、二河屯黏壤土、崇德镇黏壤至砂壤土、王大骡黏壤土、九排黏壤土、南大沟壤土、荣华村黏壤土、张一万黏壤土、乌龙沟黏壤土、王窝堡黏壤土、杨罗锅黏壤土、克山黏壤土、裘生黏壤土、榆林镇黏壤土、敏一井壤黏土至黏壤土、拜泉壤土至黏壤土、工薪屯黏壤土、胡虞头黏壤土、双河黏壤土、冷福全细砂壤土至黏壤土、五大连池黏壤土 |
| 灰化土 | 13 | 铁力黏壤土、李家砾质黏壤土、赵光壤黏土、六井子壤黏土至黏壤土、庆安黏壤土、花园黏壤土、六屯黏壤土、北安壤黏土、龙门山壤黏土、凌云山壤土、横道河子壤土、窖地屯壤黏土、杨才黏壤土 |
| 冲积土及塌积土 | 8 | 依吉密壤土、呼兰河极细砂壤土至黏壤土、黑泥河细砂壤土、讷谟艾细砂壤土、冷船口细砂壤土、穷棒岗黏壤土、兴华城黏壤土、太平沟黏壤土 |
| 风积土 | 1 | 大岗子细砂壤土 |
| 石质土及幼年土 | 4 | 克东黏壤土、三角山细砂壤土、桃山细砂壤土、靠山屯砾质黏壤土 |
| 湿土 | 12 | 漂河壤黏土、泥河黏土、通肯河黏壤土、东大营壤黏土、斜犋壤土至黏壤土、铁包黏壤土、李油房黏壤土、隔山堡黏壤土、金品黏壤土、许窝堡黏壤土、印任河砂壤土至砂黏土、族胜细砂壤土 |

表3-4　九三荣军农场土壤详测土系的划分（1953年）

| 土类 | 代号 | 上图单元 | 相当于发生分类 |
|---|---|---|---|
| 草原土 | 1 | 依拉哈系 | 草甸黑土 |
| | 2 | 依拉哈系排水不良相 | 表潜黑土 |
| | 3 | 双山系 | 黑土 |
| 草原湿土 | 4 | 老莱系 | 沼泽土 |
| 灰棕壤 | 5 | 二巴洲系 | 暗棕壤 |
| | 6 | 鹤山系 | 草甸暗棕壤 |

早期划分出的土系，远不是现在意义上的土系，而且限于当时的条件，缺少土壤分析数据，对土系记述也不详细，有些尚未公开发表，不为大家所了解和应用。

### 3.1.2　土壤地理发生分类阶段

1. 20世纪50年代中后期的土壤分类

从1954年冬季国有友谊农场建场土壤调查开始，至后来中苏联合考察黑龙江流域，先后多次有苏联土壤学家来黑龙江省考察。在此期间，我国全面接受了土壤地理发生分类的原则和方法，采用土类、亚类、土属、土种和变种五级分类体系，并首先确定土类，向下续分的连续命名的方法。在这个阶段，对某些土壤的认识也有较大的改变。其中主要有：把黑土从黑钙土中分离出来，成为一个独立的土类；否定了灰化土的存在，而分别定为棕色针叶林土和白浆土；把黑龙江省原来命名的棕壤改为暗棕壤等。

关于黑土，历史上曾命名为退化黑钙土，1952~1953年宋达泉教授在国有九三荣军农场等地进行土样详测时，认为黑土相似于美国的草原土，便命名为草原土，把谷地的沼泽土命名为草原湿土。苏联土壤学家 B. A. 柯夫达（1960）来黑龙江省考察时，认为黑土因受季节性冻层的影响，在土壤上层形成滞水，造成特殊的土壤水文状况，自然植被不是黑钙土草原，而是湿草原，土壤草甸化明显，它不同于苏联科学文献中所论述的黑钙土，应称为黑钙土型草甸土或草甸黑钙土型土壤。在那以后，中国科学院林业土壤研究所在九三农场进行了长期的研究，将其正式确立为一个独立土类而从黑钙土中分离出来，以当地群众所取名称"黑土"命名。

对于历史上曾认为是灰化土的一类土壤，在综合考察期间，将分布在海拔 800～1700m 酸性、盐基不饱和、灰化层不明显的土壤命名为棕色针叶林土。这个名称是在否定了灰化土之后，经历了棕色灰化土、棕色太加林土等暂用名称，最后统一起来的。最近几年又有新的争议，一种意见是将其改为寒棕壤，纳入棕壤、暗棕壤、寒棕壤系列，认为原来用针叶林命名土壤是不适当的；另一种意见认为是灰化土类，其理由是现代美国土壤系统分类中命名为灰化土并不依据灰化层的有无，而是依据淀积层，认为达到有关数量指标，就应当叫灰化土。现在的问题是对多数棕色针叶林土来说并没有达到灰壤淀积层的指标，所以仍沿用"棕色针叶林土"这个名称。

过去认为是生草灰化土类的一类土壤，是现在命名为白浆土的土壤，是近中性和微酸性、盐基饱和的土壤。1947 年，苏联土壤学家李维洛夫斯基最早提出疑义。因为这种土壤含有少量的钠，这在灰化土中是不可能有的，所以他认为该类土壤是脱碱土而不是灰化土。在黑龙江流域考察期间，中苏专家之间多有争议，但认为不是灰化土是一致的。经过研究采用了当地群众习用的"白浆土"名称来命名（曾昭顺等，1963）。

暗棕壤在早期文献中有灰色森林土、森林褐色土、灰棕壤、棕壤等名称，最后统一命名为"暗棕壤"并沿用至今，没有疑义。对于非地带性土壤如沼泽土、草甸土、盐土、碱土、冲积土等从认识上争议不大，只在向下续分上有所变动，如沼泽土续分为草甸沼泽土、泥炭沼泽土等；并对盐土和碱土做了严格的区分，盐化碱土和碱化盐土也在概念上做了明确规定。

这个分类体系，对中国的土壤分类有深刻的影响，一直延续至今，没有多少改变，至少在黑龙江省是如此。1978 年全国土壤分类暂行草案，就是建立在这个分类体系的基础之上的，其中关于黑龙江省的部分见表 3-5。

表 3-5　全国土壤分类暂行草案（1978 年）黑龙江省有关部分

| 土纲 | 土类 | 亚类 |
|---|---|---|
| 淋溶土 | 暗棕壤 | 暗棕壤、草甸暗棕壤、白浆化暗棕壤、潜育暗棕壤 |
| | 棕色针叶林土 | 棕色针叶林土、表潜棕色针叶林土、白浆化棕色针叶林土 |
| 钙层土 | 黑钙土 | 黑钙土、碳酸盐黑钙土、淋溶黑钙土、草甸黑钙土 |
| | 栗钙土 | 草甸栗钙土 |
| 盐成土 | 盐土 | 草甸盐土、沼泽盐土、碱化盐土 |
| | 碱土 | 草甸碱土 |
| 岩成土 | 黑色石灰土 | 黑色石灰土 |
| | 风沙土 | 风沙土 |

续表

| 土纲 | 土类 | 亚类 |
|---|---|---|
| 半水成土 | 黑土 | 黑土、草甸黑土、白浆化黑土、表潜黑土 |
| | 白浆土 | 白浆土、草甸白浆土、潜育白浆土 |
| | 草甸土 | 暗色草甸土、盐化草甸土、碱化草甸土 |
| 水成土 | 沼泽土 | 草甸沼泽土、淤泥沼泽土、腐殖质沼泽土、泥炭沼泽土 |
| | 泥炭土 | 泥炭土 |
| 水稻土 | 水稻土 | |

这个时期，在土壤基层分类方面，实际上就是划分到土种，在土壤调查中均以土种做基层分类单元，一直延续至今。土种的定义是土壤发育程度量的变化，主要依据腐殖层厚度及潜育化、盐碱化或灰化程度等来划分。例如，依据腐殖层厚度分为薄层、中层和厚层；依据潜育化程度分为弱潜育、中潜育和强潜育；依据盐化程度分为轻度盐化、中度盐化和强度盐化等。白浆土当时被认为和苏联的生草灰化土是同类物，在划分土种时依据腐殖层的厚度和灰化程度分为：依据生草层（腐殖质层）厚度分为弱生草、中生草和强生草；依据灰化程度分为弱灰化、中灰化和强灰化等。

表 3-6 为 1956 年 4 月黑龙江省农垦勘测设计院所制定的荒地土壤调查规程中规定的土种划分指标，其中黑土是依据腐质层厚度和腐殖质含量划分的。

表 3-6　土种划分标准（1956 年）

| 黑土根据腐殖质层厚度和腐殖质含量划分 | | | |
|---|---|---|---|
| 腐殖质层（A+AB）厚度/cm | | 腐殖质含量/(g/kg) | |
| 深厚的 | >100 | 肥沃的 | >80 |
| 厚层的 | 90～100 | 中量的 | 50～80 |
| 中等厚度的 | 60～90 | 少量的 | <50 |
| 薄层的 | <60 | | |
| 生草灰化土（后改为白浆土）按生草层厚度和灰化程度划分 | | | |
| 灰化程度 | | 特征 | |
| 弱灰化 | | $A_2$ 层仅见灰化斑点 | |
| 中灰化 | | $A_2$ 层与 $A_1$ 层的厚度相同或稍大于 $A_1$ 层 | |
| 强灰化 | | $A_2$ 层厚度大于 $A_1$ 层 | |
| 灰壤 | | $A_0$ 层之下即为 $A_2$ 层 | |
| 生草层强弱 | | 生草层（$A_1$）厚度/cm | |
| 弱生草 | | <10 | |
| 中生草 | | 10～20 | |
| 强生草 | | >20 | |
| 沼泽化土壤和沼泽土土种的划分 | | | |
| 泥炭化程度 | | 泥炭层厚度/cm | |
| 泥炭质的 | | 5～20 | |
| 泥炭的 | | 20～50 | |
| 泥炭土 | | >50 | |

续表

| 沼泽化土壤和沼泽土土种的划分 | |
|---|---|
| 泥炭化程度 | 泥炭层厚度/cm |
| 薄层泥炭土 | 50～100 |
| 中层泥炭土 | 100～200 |
| 厚层泥炭土 | >200 |
| 潜育化程度 | 特征 |
| 弱潜育 | 在 $B_2$ 层有个别潜育斑 |
| 中潜育 | 潜育斑在 $B_2$ 层已占主要，个别已到 $B_1$ 层 |
| 强潜育 | 在 $B_1$ 层已占主要，$B_1$ 层之下有明显 G 层 |
| 潜育土 | A 层之下即为 G 层 |

## 2. 第一次土壤普查的分类

1958～1959 年全国第一次土壤普查中，强调总结农民群众的经验，所谓"以土为主，土洋结合"，在土壤分类中，是以群众的名称作为相当于土种一级的基层分类，土种向上归纳为亚类和土类，见表 3-7（何万云等，1992）。

表 3-7　黑龙江省第一次土壤普查土壤分类系统（1959 年）

| 土类 | 亚类 | 土种 | 土类 | 亚类 | 土种 |
|---|---|---|---|---|---|
| 黑土 | 黑土 | 黑油砂 | 洼甸土 | 洼甸土 | 草甸湿土 |
| | | 黑油土 | | | 塔头土 |
| | | 黑土 | | 筏子土 | 筏子土 |
| | | 灰色黑土 | | | 草炭土 |
| | | 杂色黑土 | | | 漂筏甸土 |
| | | 砂石黑土 | 风沙土 | 风沙土 | 风积黑沙土 |
| | | 鸡粪底黑土 | | | 风积灰沙土 |
| | | 蒜瓣黑土 | | | 风积棕沙土 |
| | | 白浆底黑土 | | | 风积黄沙土 |
| | | 黑黄土 | | 石灰性风沙土 | 石灰性风积黑沙土 |
| | | 片石黑土 | | | 石灰性风积灰沙土 |
| | 石灰性黑土 | 石灰底黑油砂 | | | 石灰性风积棕沙土 |
| | | 石灰性黑油砂 | | | 石灰性风积黄沙土 |
| | | 石灰性黑油土 | 盐碱土 | 轻碱土 | 盐性黑土 |
| | | 石灰底黑土 | | | 狗肉地 |
| | | 石灰性黑土 | | | 砂性轻碱土 |
| | | 石灰性砂黑土 | | | 轻碱土 |
| | | 石灰性黑黄土 | | 暗碱 | 黑碱土 |
| | | 石灰性鸡粪土 | | | 砂碱土 |
| 草甸土 | 草甸土 | 草甸土 | | | 碱包 |
| | | 黑朽土 | | 明碱（碱巴拉） | 土碱 |
| | 石灰性草甸土 | 石灰性草甸土 | | | 土硝 |
| | | 石灰性黑朽土 | | | 土盐 |
| | | 漏风土 | | | 哈塘盐 |

续表

| 土类 | 亚类 | 土种 | 土类 | 亚类 | 土种 |
|------|------|------|------|------|------|
| 白浆土 | 岗地白浆土 | 岗地黑白浆土 | 山地土 | 老林子土 | 老林子土 |
| | | 岗地灰白浆土 | | 山地砂石土 | 山地黑石头土 |
| | | 岗地黄白浆土 | | | 山地黑砂土 |
| | | 岗地白土 | | | 山地黄砂土 |
| | 平地白浆土 | 平地黑白浆土 | | | 山地砂石土 |
| | | 平地灰白浆土 | | 山地红土 | 山地紫红土 |
| | | 平地黄白浆土 | | | 山地红土 |
| | 低地白浆土 | 低地白浆土 | | 火山土 | 火山土 |
| 黄土 | 黄土 | 黄黑砂土 | | 石岗土 | 石岗土 |
| | | 破皮黄 | 水稻土 | | 黑土水稻土 |
| | | 黄土 | | | 河淤土水稻土 |
| | | 黄土厥子 | | | 黑朽土水稻土 |
| | | 蒜瓣黄土 | | | 石灰性水稻土 |
| | | 石灰性破皮黄 | | | 石岗水稻土 |
| 河淤土 | 河淤油砂土 | 河淤黑油砂 | | | 白浆土水稻土 |
| | | 河淤黄油砂 | | | 筏子土水稻土 |
| | 河淤黑土 | 河淤黑土 | | | 盐性水稻土 |
| | | 河淤黑砂土 | | | |
| | 河淤砂土 | 河淤黄砂土 | | | |
| | | 河淤砂石土 | | | |
| | 河淤湿土 | 河淤湿土 | | | |

### 3. 第二次土壤普查的土壤分类

全国第二次土壤普查延续应用了土壤地理发生分类（表3-8）（何万云等，1992），对照1978 年全国土壤分类暂行草案，变化并不大，在土类一级只多出了暗棕壤性土和火山灰土。暗棕壤性土原称原始暗棕壤，是暗棕壤发育的初始阶段；而火山灰土，在过去分类中未得到重视，仅仅作为成土母质来对待。此外，在土类向上归纳到土纲时也稍有改动，如黑土、白浆土在 1978 年的分类中被认为是半水成土纲，第二次土壤普查则划归淋溶土土纲，但其分类原则并没有变化。

**表 3-8　黑龙江省第二次土壤普查的分类**

| 土纲 | 亚纲 | 土类 | 亚类 |
|------|------|------|------|
| 淋溶土 | 湿寒淋溶土 | 棕色针叶林土 | 棕色针叶林土、灰化棕色针叶林土、表潜棕色针叶林土 |
| | 湿温淋溶土 | 暗棕壤 | 暗棕壤、灰化暗棕壤、白浆化暗棕壤、草甸暗棕壤、潜育暗棕壤、暗棕壤性土 |
| | | 白浆土 | 白浆土、草甸白浆土、潜育白浆土 |
| | 半湿温半淋溶土 | 黑土 | 黑土、草甸黑土、白浆化黑土、表潜黑土 |
| 钙层土 | 半湿温钙层土 | 黑钙土 | 黑钙土、淋溶黑钙土、石灰性黑钙土、草甸黑钙土 |
| | 半干温钙层土 | 栗钙土 | 草甸栗钙土 |

续表

| 土纲 | 亚纲 | 土类 | 亚类 |
|---|---|---|---|
| 半水成土 | 暗半水成土 | 草甸土 | 草甸土、石灰性草甸土、白浆化草甸土、潜育草甸土、盐化草甸土、碱化草甸土 |
| | | 山地草甸土 | 山地灌丛草甸土 |
| 水成土 | 水成土 | 沼泽土 | 沼泽土、草甸沼泽土、泥炭沼泽土、盐化沼泽土 |
| | | 泥炭土 | 高位泥炭土、中位泥炭土、低位泥炭土 |
| 盐碱土 | 盐土 | 盐土 | 草甸盐土、沼泽盐土、碱化盐土 |
| | 碱土 | 碱土 | 草甸碱土 |
| 初育土 | 石质初育土 | 石质土 | 酸性岩石质土、钙质岩石质土 |
| | | 火山灰土 | 火山灰土、暗火山灰土、基性岩火山灰土 |
| | 土质初育土 | 新积土 | 冲积土 |
| | | 风沙土 | 草甸风沙土 |
| 人为土 | 水稻土 | 水稻土 | 淹育水稻土、潜育水稻土 |

第二次土壤普查的基层分类,在黑龙江省大部分沿用以往划分土种的指标,见表3-9。

表 3-9　黑龙江省第二次土壤普查土种划分依据和指标

| 划分依据 | 划分指标 | | | 适用土壤 |
|---|---|---|---|---|
| 盐化程度（可溶盐含量）/% | 轻盐化 0.1~0.3 | 中盐化 0.3~0.5 | 重盐化 0.5~0.7 | 苏打盐化草甸土、苏打盐化沼泽土 |
| 碱化度（ESP）/% | 弱碱化 5~15 | 中碱化 15~30 | 重碱化 30~45 | 苏打碱化草甸土 |
| 泥炭层厚度/cm | 薄层 <25 | 中层 — | 厚层 25~50 | 泥炭沼泽土 |
| | 50~100 | 100~200 | >200 | 泥炭土 |
| 表层有机质含量/% | 黄 <1.0 | 灰 1.0~1.2 | 灰 >1.3 | 半固定风沙土 |
| 碱化层出现深度/cm | 结皮浅位 0~7 | 中位　深位 7~15　15~30 | 超深位 >30 | 碱土 |
| 土体厚度/cm | 薄层 <30 | 中层 — | 厚层 >30 | 山地草甸土、棕色针叶林土 |
| | <10 | 10~20 | >20 | 石质土、暗棕壤性土 |
| 腐殖质层厚度/cm | 薄层 <10 | 中层 10~20 | 厚层 >20 | 白浆土、暗棕壤、暗火山灰土、固定风沙土 |
| | <30 | 30~50 | >50 | 黑土 |
| | <20 | 20~40 | >40 | 黑钙土、栗钙土 |
| | <25 | 25~40 | >40 | 草甸土 |
| | <30 | — | >30 | 草甸沼泽土 |

关于土壤基层分类中的土属一级,是承上启下的分类单元。但在黑龙江省土壤调查中从未用过,都是在亚类之下,直接划分土种。在第二次土壤普查中,上级主管部门要

求划分土属一级，在工作初期是依据地形和母质划分土属的，之后按全国土壤普查办公室的要求，改为依据母质岩性和是否是异源母质来划分，如酸性岩暗棕壤等，后来又考虑到岩石加土壤名来命名土属欠妥，又改成用岩石风化物的性质来命名土属，如酸性盐改为麻砂质等，详见表3-10。平原地区根据母质划分土属，如黄土状黏土母质命名为黄土质，红色黏土母质命名为红土质，在1m土层出现砂层或砾石层的，命名为砂底或砾底；对盐化土壤和盐土依据盐分类型划分土属，风沙土是根据固定、半固定和流动划分的，而水稻土是根据母土划分的。

表3-10　黑龙江省主要岩性和岩石

| 原名称 | 现用名 | 主要岩石 |
|---|---|---|
| 酸性岩 | 麻砂质 | 花岗岩类、安山岩类、片麻岩等 |
| 中酸性岩 | 暗麻砂质 | 花岗闪长岩、流纹岩等 |
| 中性岩 | 亚暗矿质 | 闪长岩类、闪长玢岩、石英正长斑岩等 |
| 基性岩 | 暗矿质 | 玄武岩类、辉绿玢岩、辉绿岩、辉长石等 |
| 砾岩、砂岩 | 砾砂质 | 砂质砾岩、砂岩、粉砂岩、细砂岩、粗砾岩、细砾岩等 |
| 第三纪砂砾岩 | 砂砾质 | 粉砂粗砾岩、砂质砾岩等 |
| 片岩、变砾岩 | 泥砂质 | 黑云母片岩、千枚岩、板岩、变砾岩、石英片岩等 |
| 泥质岩 | 泥质 | 泥质页岩、泥岩、泥质千枚岩、泥质灰岩等 |
| 钙质岩 | 灰泥质 | 钙质页岩、灰岩、大理岩、白云岩、灰质砂岩等 |

### 3.1.3　黑龙江省土壤系统分类研究

黑龙江省土壤系统分类研究起始于1999年，张之一等对黑龙江省第二次土壤普查所划分的13个土类的基础资料，用《中国土壤系统分类（修订方案）》进行检索，得出发生分类的13个土类在系统分类中分属于7个土纲、17个亚纲和45个土类（张之一等，1999）。土类的数量多出了近3倍，说明这两个不同的分类体系不是平行的关系，土类之间不可一一对比。

2006年出版了《黑龙江土系概论》（张之一等，2006），对黑龙江省土壤系统分类基层分类的研究做了有益的尝试，积累了经验。《黑龙江土系概论》所利用的资料，除少部分为自己采集和分析外，主要是利用了第二次土壤普查的基干剖面资料和有关单位采集的分析项目较为齐全的主要剖面资料。《黑龙江土系概论》初步建立了116个土系，分属93个土族，按《中国土壤系统分类检索（第三版）》，归属于8个土纲、18个亚纲、33个土类、60个亚类，见表3-11。

表3-11　《黑龙江土系概论》（2006）中黑龙江省土壤系统分类高级分类

| 土纲 | 亚纲 | 土类 | 亚类 |
|---|---|---|---|
| 有机土 | 永冻有机土 | 纤维永冻有机土 | 矿底纤维永冻有机土 |
| | 正常有机土 | 纤维正常有机土 | 普通纤维正常有机土 |
| | | 半腐正常有机土 | 埋藏半腐正常有机土、矿底半腐正常有机土、普通半腐正常有机土 |
| | | 高腐正常有机土 | 埋藏高腐正常有机土 |

续表

| 土纲 | 亚纲 | 土类 | 亚类 |
|---|---|---|---|
| 火山灰土 | 寒性火山灰土 | 简育寒性火山灰土 | 玻璃简育寒性火山灰土 |
| 盐成土 | 碱积盐成土 | 潮湿碱积盐成土<br>简育碱积盐成土 | 弱盐潮湿碱积盐成土<br>弱盐简育碱积盐成土 |
| | 正常盐成土 | 潮湿正常盐成土 | 弱碱潮湿正常盐成土<br>潜育潮湿正常盐成土 |
| 潜育土 | 永冻潜育土 | 有机永冻潜育土 | 纤维有机永冻潜育土 |
| | 滞水潜育土 | 有机滞水潜育土<br>简育滞水潜育土 | 纤维有机滞水潜育土<br>暗沃简育滞水潜育土、普通简育滞水潜育土 |
| | 正常潜育土 | 暗沃正常潜育土<br>简育正常潜育土 | 弱盐暗沃正常潜育土、石灰暗沃正常潜育土、普通暗沃正常潜育土<br>弱盐简育正常潜育土、普通简育正常潜育土 |
| 均腐土 | 干润均腐土 | 暗厚干润均腐土<br><br>钙积干润均腐土<br>简育干润均腐土 | 钙积暗厚干润均腐土、黏化暗厚干润均腐土、斑纹钙积暗厚干润均腐土、普通暗厚干润均腐土<br>斑纹钙积干润均腐土<br>普通简育干润均腐土 |
| | 湿润均腐土 | 滞水湿润均腐土<br>黏化湿润均腐土<br>简育湿润均腐土 | 漂白滞水湿润均腐土、普通滞水湿润均腐土<br>暗厚黏化湿润均腐土、普通黏化湿润均腐土<br>斑纹简育湿润均腐土、普通简育湿润均腐土 |
| 淋溶土 | 冷凉淋溶土 | 漂白冷凉淋溶土<br><br>暗沃冷凉淋溶土<br>简育冷凉淋溶土 | 有机漂白冷凉淋溶土、潜育漂白冷凉淋溶土、暗沃漂白冷凉淋溶土、普通漂白冷凉淋溶土<br>普通暗沃冷凉淋溶土<br>潜育简育冷凉淋溶土、斑纹简育冷凉淋溶土、普通简育冷凉淋溶土 |
| 雏形土 | 寒冻雏形土 | 暗沃寒冻雏形土<br>暗瘠寒冻雏形土<br>简育寒冻雏形土 | 有机暗沃寒冻雏形土、普通暗沃寒冻雏形土<br>灰化暗瘠寒冻雏形土<br>石灰简育寒冻雏形土、斑纹简育寒冻雏形土 |
| | 潮湿雏形土 | 暗色潮湿雏形土<br>淡色潮湿雏形土 | 普通暗色潮湿雏形土、碱化暗色潮湿雏形土、盐化暗色潮湿雏形土<br>石灰淡色潮湿雏形土、普通淡色潮湿雏形土 |
| | 干润雏形土 | 底锈干润雏形土<br>简育干润雏形土 | 石灰底锈干润雏形土<br>普通简育干润雏形土 |
| | 湿润雏形土 | 冷凉湿润雏形土 | 漂白冷凉湿润雏形土、暗沃冷凉湿润雏形土、斑纹冷凉湿润雏形土、普通冷凉湿润雏形土 |
| 新成土 | 砂质新成土<br>冲积新成土<br>正常新成土 | 干润砂质新成土<br>潮湿冲积新成土<br>寒冻正常新成土 | 石灰干润砂质新成土、普通干润砂质新成土<br>普通潮湿冲积新成土<br>石质寒冻正常新成土 |

## 3.2　本次土系调查

本次黑龙江省土系调查，时间为 2009~2013 年，主要依托国家科技基础性工作专项"我国土系调查与《中国土系志编制》"（2008FY110600）项目中"黑龙江省土系调查与《中国土系志·黑龙江卷》编制"课题。

### 3.2.1 单个土体位置确定与调查方法

　　单个土体位置的选择按以下原则：①重要性原则，单个土体所代表的土壤类型农林牧业利用价值大；②主要性原则，单个土体所代表的土壤类型分布广，面积大；③独特性原则，单个土体所代表的土壤类型分布面积虽小，但类型独特；④均匀性原则，单个土体位置在全省各地尽量均匀分布。

　　按照上述单个土体位置的选择原则，结合分析收集到的过去的省-市-县土壤剖面资料及剖面的地点和成土条件，找出每一地区主要的土壤类型，在此基础上选取典型剖面点。黑龙江省土系调查单个土体空间分布如图 3-1 所示。

图 3-1　黑龙江省土系调查单个土体空间分布

以黑龙江省标准地图政区省级简版图[审图号黑 S（2018）037 号]为工作底图绘制

土壤野外调查描述采样依据《野外土壤描述与采样手册》(张甘霖和李德成,2016)。其中颜色描述按《中国标准土壤色卡》(中国科学院南京土壤研究所和中国科学院西安光学精密机械研究所,1989)。

### 3.2.2 样品测定、系统分类归属确定依据

土样样品测定分析方法依据张甘霖和龚子同(2012)主编的《土壤调查实验室分析方法》,土壤系统分类高级单元的确定依据中国科学院南京土壤研究所土壤系统分类课题组和中国土壤系统分类课题研究协作组(2001)主编的《中国土壤系统分类检索(第三版)》,土族和土系的建立依据中国科学院南京土壤研究所制订的《中国土壤系统分类土族和土系划分标准》(张甘霖等,2013)。

### 3.2.3 建立的土系概况

黑龙江省总计调查了129个单个土体,进行了室内分析化验工作。根据调查的典型单个土体及分析化验数据,并结合第二次土壤普查资料,建立了128个土系。另外在本书编写过程中还收录了《黑龙江土系概论》中调查项目齐全、化验数据完整的、在黑龙江省比较有特点的2个土系。黑龙江省建立的130个土系涉及 9 个土纲,16 个亚纲,31 个土类,45 个亚类,92 个土族,见表 3-12。黑龙江省土壤系统分类高级分类和建立的130个土系见表 3-13。

表 3-12 黑龙江省土壤系统分类各分类等级数量统计表

| 土纲 | 亚纲 | 土类 | 亚类 | 土族 | 土系 |
|---|---|---|---|---|---|
| 有机土 | 1 | 1 | 1 | 1 | 1 |
| 人为土 | 1 | 1 | 1 | 1 | 2 |
| 火山灰土 | 2 | 2 | 2 | 2 | 2 |
| 盐成土 | 2 | 3 | 3 | 3 | 4 |
| 潜育土 | 2 | 3 | 4 | 5 | 5 |
| 均腐土 | 2 | 8 | 12 | 29 | 53 |
| 淋溶土 | 1 | 3 | 5 | 8 | 14 |
| 雏形土 | 3 | 7 | 14 | 32 | 38 |
| 新成土 | 2 | 3 | 3 | 11 | 11 |
| 总计 | 16 | 31 | 45 | 92 | 130 |

表 3-13 黑龙江省土壤系统分类高级分类和建立的土系(2019 年)

| 土纲 | 亚类 | 土系 |
|---|---|---|
| 有机土 | 半腐纤维正常有机土 | 七虎林系 |
| 人为土 | 漂白简育水耕人为土 | 八五八系、吉祥系 |
| 火山灰土 | 玻璃简育寒性火山灰土 | 老黑山系 |
| | 普通简育湿润火山灰土 | 风水山系 |
| 盐成土 | 弱盐潮湿碱积盐成土 | 孤榆系、花园乡系 |
| | 弱盐简育碱积盐成土 | 青肯泡系 |
| | 弱碱潮湿正常盐成土 | 马家窑系 |

续表

| 土纲 | 亚类 | 土系 |
|---|---|---|
| 潜育土 | 纤维有机滞水潜育土 | 白河系 |
| | 暗沃简育滞水潜育土 | 五七农场系 |
| | 普通简育滞水潜育土 | 半站系、龙门农场系 |
| | 纤维有机正常潜育土 | 松阿察河系 |
| 均腐土 | 普通寒性干润均腐土 | 同义系、永革系 |
| | 斑纹-钙积暗厚干润均腐土 | 明水系、双兴系 |
| | 钙积暗厚干润均腐土 | 富牧东系、富牧西系 |
| | 普通暗厚干润均腐土 | 林业屯系、示范村系 |
| | 斑纹钙积干润均腐土 | 安达系、龙江系、龙江北系、前库勒系 |
| | 普通钙积干润均腐土 | 升平系、中和系、冯家围子系 |
| | 普通简育干润均腐土 | 老虎岗系 |
| | 暗厚滞水湿润均腐土 | 卧里屯系 |
| | 漂白黏化湿润均腐土 | 逊克场北系、共乐系、裴德系、卫星农场系、落马湖系 |
| | 斑纹黏化湿润均腐土 | 逊克场南系、大唐系、铁力系 |
| | 斑纹简育湿润均腐土 | 大西江系、克东系、嫩江系、丰产屯系、花园农场系、学田系、永和村系、青冈系、新发北系、宁安系、庆丰系、伟东系、新北新系、新生系、北新发系、宾州系、十间房系、围山系、兴福系、友谊农场系、合心系、望奎系、兴华系、亚沟系 |
| | 普通简育湿润均腐土 | 逊克场西系、东福兴系、红星系、红一林场系 |
| 淋溶土 | 潜育漂白冷凉淋溶土 | 东方红系 |
| | 暗沃漂白冷凉淋溶土 | 宝清系、古城系、虎林系、兰桥村系、胜利农场系、双峰农场系、民乐系 |
| | 普通漂白冷凉淋溶土 | 曙光系、德善系、复兴系、永安系 |
| | 普通暗沃冷凉淋溶土 | 三棱山系 |
| | 普通简育冷凉淋溶土 | 东升系 |
| 雏形土 | 普通暗色潮湿雏形土 | 干岔子系、杨屯系、阿布沁河系、太平川系、福寿系 |
| | 弱盐淡色潮湿雏形土 | 屯乡系 |
| | 石灰淡色潮湿雏形土 | 克尔台系 |
| | 普通淡色潮湿雏形土 | 富荣系 |
| | 弱盐底锈干润雏形土 | 富新系 |
| | 弱碱底锈干润雏形土 | 新村系 |
| 雏形土 | 钙积暗沃干润雏形土 | 春雷南系、双龙系 |
| | 普通简育干润雏形土 | 哈木台系、喇嘛甸系、五大哈系、萨东系、富饶系 |
| | 漂白冷凉湿润雏形土 | 亮河系、宾安系、方正系 |
| | 暗沃冷凉湿润雏形土 | 永乐系、关村系、永顺系、伊顺系 |
| | 斑纹冷凉湿润雏形土 | 刁翎系、山河系 |
| | 普通冷凉湿润雏形土 | 北关系、林星系、中兴系、北川系、大罗密系 |
| | 暗沃简育湿润雏形土 | 龙门系、翠峦解放系、兴安系、增产系 |
| | 普通简育湿润雏形土 | 呼源系、孙吴系、塔源系 |
| 新成土 | 普通潮湿冲积新成土 | 卫星系、众家系、平山系 |
| | 普通湿润冲积新成土 | 谊新系、小穆棱河系、西北楞系 |
| | 石质湿润正常新成土 | 宏图系、翠峦胜利系、裴德峰系、三家系、红旗岭系 |

下篇　区域典型土系

# 第4章 有机土纲

## 4.1 半腐纤维正常有机土

### 4.1.1 七虎林系（Qihulin Series）

土　族：强酸性冷性-半腐纤维正常有机土
拟定者：张之一

**分布与环境条件**　本土系主要分布在三江平原中的碟形洼地上，在岗间沟谷地也有分布，地表常有积水。矿底为冲积黏土。自然植被为小叶章，间有少量白花地榆等杂草，覆盖度为90%～100%。中温带大陆性季风气候，具冷性土壤温度状况和潮湿土壤水分状况。年平均气温2.7℃，≥10℃积温2475.6℃，年降水量561.5mm，6～9月降水占全年降水的67.2%。无霜期141天；50cm深处土壤温度为年平均

七虎林系典型景观

5.6℃，夏季16.3℃，冬季-4.1℃，冬夏温差20.4℃。

**土系特征与变幅**　本土系有机土壤物质厚度在40～100cm，有机土壤物质之下为黏土层。有机土壤物质表层段厚30cm，以纤维有机土壤物质为主，为暗棕色，可见多至中量植物根；表层段以下为半腐有机土壤物质，厚度25～70cm，为黑棕色。自地表至1m之内，可见矿质底土，多为黏质，灰色至黑色。

**对比土系**　白河系。白河系有机表层厚度为20～40cm，具寒性土壤温度状况，矿质土层颗粒组成为壤质。七虎林系有机土壤物质厚度在40～100cm，为冷性土壤温度状况。

**利用性能综述**　因地形低洼，有积水，一般不宜开垦为农田，但其分布零散，常呈小片镶嵌在其他土壤中，有可能与其他土壤同时被连片开垦为农田。已被开垦的面积不到本土系总面积的10%，成为该地块中的易涝地，产量很低，改良也有一定难度，除排水之外，适当加入一些矿质土，也有较好的效果。

**参比土种**　薄层低位泥炭土。

**代表性单个土体**　位于黑龙江省虎林市七虎林林场。45°54′29″N、132°22′47″E，海拔332m。地形为山间谷地，母质为冲积黏土，地表常有积水。自然植被为小叶章和白花地榆，覆盖度95%～100%，排水极差（张之一等，2006）。编号23-130。

Oi:　0～16cm，黑棕色（7.5YR 3/1，润），纤维有机土壤物质，大量草本植物根系交织盘结，无黏着性和可塑性，向下层清晰过渡。

Oe1:　16～60cm，黑棕色（7.5YR 3/2，润），以半腐解有机土壤物质为主，少量粗纤维，约占体积的10%，中量草根，无塑性，松软，向下渐变过渡。

Oe2:　60～93cm，黑棕色（7.5YR 2.5/3，润），半腐有机土壤物质，少量植物根，无塑性，松软，向下层清晰过渡。

Ag:　93～180cm，黑色（7.5YR 2/1，润），黏土，碎块状结构，少量细根，湿态黏着，可塑，向下清晰过渡。

Cg1:　180～220cm，灰色（N 4/0，润），黏土，无结构，具黏着性和可塑性，无根系，向下层清晰过渡。

Cg2:　220～240cm，灰色（10Y 6/1，润），砂质壤土，无结构，稍有黏着性，无可塑性。

七虎林系代表性单个土体剖面

### 七虎林系代表性单个土体物理性质

| 土层 | 深度/cm | 细土颗粒组成 (粒径：mm)/(g/kg) | | | 质地 | 容重/(g/cm³) |
| --- | --- | --- | --- | --- | --- | --- |
| | | 砂粒 2～0.05 | 粉粒 0.05～0.002 | 黏粒 <0.002 | | |
| Oi | 0～16 | — | — | — | — | 0.2 |
| Oe1 | 16～60 | — | — | — | — | 0.4 |
| Oe2 | 60～93 | — | — | — | — | 0.6 |
| Ag | 93～180 | 90 | 328 | 582 | 黏土 | 1.1 |
| Cg1 | 180～220 | 100 | 295 | 605 | 黏土 | 1.1 |
| Cg2 | 220～240 | 590 | 225 | 185 | 砂质壤土 | 1.6 |

注：有机土壤物质不测定机械组成，不划分质地类型，表中为"—"。

## 七虎林系代表性单个土体化学性质

| 深度 /cm | pH (H₂O) | 有机碳 /(g/kg) | 全氮(N) /(g/kg) | 全磷(P) /(g/kg) | 全钾(K) /(g/kg) | 交换性盐基 /(cmol/kg) | 阳离子 交换量 /(cmol/kg) |
|---|---|---|---|---|---|---|---|
| 0～16 | 5.40 | 283 | 15.4 | 2.69 | 9.3 | 41.6 | 42.4 |
| 16～60 | 4.90 | 297 | 17.4 | 1.22 | 7.8 | 29.7 | 33.8 |
| 60～93 | 4.70 | 236 | 12.3 | 0.99 | 15.6 | 29.1 | 35.4 |
| 93～180 | 4.70 | 116 | 8.0 | 0.40 | 22.1 | 22.1 | 29.8 |
| 180～220 | 4.70 | 34.85 | 2.57 | 0.62 | 22.93 | 20.08 | 25.67 |
| 220～240 | 4.90 | 1.93 | 0.51 | 0.19 | 21.27 | 8.85 | 11.27 |

# 第5章 人为土纲

## 5.1 漂白简育水耕人为土

### 5.1.1 八五八系（Bawuba Series）

土　族：黏质伊利石混合型冷性-漂白简育水耕人为土
拟定者：翟瑞常，辛　刚

八五八系典型景观

**分布与环境条件**　八五八系为稻田土壤，分布于乌苏里江及其支流松阿察河、穆棱河、七虎林河、阿布沁河等河流的冲积平原。地势平坦，垦前植被主要是沼泽植被沼柳、三棱草、小叶章等。冲积淤积母质，质地较重，排水不畅。中温带大陆性季风气候，属冷性土壤温度状况和人为滞水土壤水分状况。年平均降水量 561.5mm，年平均蒸发量为 1112.4～1336mm。年平均日照时数 2500h，年均气温 2.7℃，无霜期 135 天，≥10℃的积温 2310～2400℃。50cm 深处土壤温度为年平均 5.6℃，夏季 16.3℃，冬季–4.1℃，冬夏温差 20.4℃。

**土系特征与变幅**　本土系是漂白冷凉淋溶土淹水种稻后发育形成的，原土腐殖质层较厚。本土系具水耕表层、漂白层和水耕氧化还原层。耕层微团聚体较好，多根孔锈纹；E 层有较多锈纹锈斑。土壤质地在黏壤土-黏土之间，透水性差。

**对比土系**　吉祥系。两土系都是漂白冷凉淋溶土淹水种稻后发育形成的。吉祥系腐殖质层薄，漂白层出现位置浅，其水耕表层下部亚层（犁底层）出现在原漂白层。而八五八系的腐殖质层厚，漂白层出现位置在土表 30cm 以下。

**利用性能综述**　本土系腐殖质层厚，保水保肥性能好，有机质等养分含量高，土壤微团聚体较好，一般水稻单产可达 7500～9000kg/hm$^2$。但由于质地黏重及漂白层的存在，土壤通气透水性不良，耕性不良。应深耕打破漂白层，提高土壤通气性；增施有机肥，培肥土壤。

**参比土种** 厚层白浆土型淹育水稻土。

**代表性单个土体** 位于黑龙江省虎林市八五八农场第一管理区二生产队西。45°43′43.2″N，133°13′7.9″E，海拔55m。稻田，已排水收获。野外调查时间为2011年9月27日，编号23-103。

Ap1：0~20cm，灰黄棕色（10YR 5/2，干），黑棕色（7.5YR 2/2，润），粉质黏壤土，无结构，根孔有明显铁斑纹（10%），坚实，很少细根，pH 5.74，向下清晰平滑过渡。

Ap2：20~31cm，棕灰色（10YR 6/1，干），灰黄棕色（YR 6/2，润），粉质黏壤土，大棱块结构，坚实，结构面有少量的铁斑纹（5%），很少极细根，pH 5.88，向下清晰平滑过渡。

E： 31~44cm，淡灰色（10YR 7/1，干），灰黄棕色（7.5YR 6/1，润），粉质黏壤土，大棱块结构，坚实，结构面有铁斑纹（15%），很少极细根，pH 6.17，向下清晰平滑过渡。

Br： 44~110cm，黑棕色（10YR 3/1，干），黑棕色（7.5YR 2/2，润），粉质黏土，小块状结构，坚实，结构体内有铁斑纹，结构面有极多氧化铁胶膜，无根系，pH 6.44，向下渐变平滑过渡。

八五八系代表性单个土体剖面

Cg：110~150cm，淡灰色（10YR 7/1，干），棕灰色（7.5YR 5/1，润），粉质黏土，小块状结构，坚实，结构体内有少量模糊扩散的铁斑纹（5%），无根系，pH 6.58。

### 八五八系代表性单个土体物理性质

| 土层 | 深度/cm | 细土颗粒组成（粒径：mm)/(g/kg) | | | 质地 | 容重/(g/cm³) |
|---|---|---|---|---|---|---|
| | | 砂粒 2~0.05 | 粉粒 0.05~0.002 | 黏粒 <0.002 | | |
| Ap1 | 0~20 | 27 | 624 | 349 | 粉质黏壤土 | 1.12 |
| Ap2 | 20~31 | 11 | 660 | 330 | 粉质黏壤土 | 1.24 |
| E | 31~44 | 5 | 661 | 334 | 粉质黏壤土 | 1.32 |
| Br | 44~110 | 13 | 524 | 463 | 粉质黏土 | 1.33 |
| Cg | 110~150 | 21 | 517 | 462 | 粉质黏土 | 1.51 |

### 八五八系代表性单个土体化学性质

| 深度/cm | pH (H₂O) | 有机碳/(g/kg) | 全氮(N)/(g/kg) | 全磷(P)/(g/kg) | 全钾(K)/(g/kg) | 阳离子交换量/(cmol/kg) |
|---|---|---|---|---|---|---|
| 0~20 | 5.74 | 35.2 | 2.76 | 0.827 | 19.5 | 23.4 |
| 20~31 | 5.88 | 29.6 | 2.49 | 0.752 | 22.5 | 22.6 |
| 31~44 | 6.17 | 16.8 | 1.10 | 0.441 | 23.6 | 18.8 |
| 44~110 | 6.44 | 5.8 | 0.64 | 0.341 | 20.4 | 29.3 |
| 110~150 | 6.58 | 7.3 | 0.82 | 0.386 | 21.4 | 25.9 |

### 5.1.2　吉祥系（Jixiang Series）

土　族：黏质伊利石混合型冷性-漂白简育水耕人为土
拟定者：翟瑞常，辛　刚

吉祥系典型景观

**分布与环境条件**　吉祥系为稻田土壤，分布于乌苏里江及其支流松阿察河、穆棱河、七虎林河、阿布沁河等河流的冲积平原。地势平坦，垦前植被主要是沼泽植被沼柳、三棱草、小叶章等。冲积淤积母质，质地较重，排水不畅。中温带大陆性季风气候，冷性土壤温度状况和人为滞水土壤水分状况。年平均降水量561.5mm，年平均蒸发量为1112.4～1336mm。年平均日照时数 2500h，年均气温 2.7℃，无霜期 135 天，≥10℃的积温 2310～2400℃。50cm 深处土壤温度年平均 5.6℃，夏季 16.3℃，冬季–4.1℃，冬夏温差 20.4℃。

**土系特征与变幅**　本土系是漂白冷凉淋溶土淹水种稻后发育形成的，原土腐殖质层较薄。具水耕表层、漂白层和水耕氧化还原层。耕层结构分散，多根孔锈纹；Ap2 层有较多锈纹锈斑。土壤质地多黏壤土-黏土，透水性差。耕层容重在 1.2～1.3g/cm³，有机碳含量 16.7～30.7g/kg。

**对比土系**　八五八系。两土系都是漂白冷凉淋溶土淹水种稻后发育形成的。吉祥系腐殖质层薄，漂白层出现位置浅，其水耕表层下部亚层（犁底层）出现在原漂白层。而八五八系的腐殖质层厚，漂白层出现位置在土表 30cm 以下。

**利用性能综述**　本土系腐殖质层薄，质地黏重，有机质等养分含量相对较低，土壤微团聚体较差，有漂白层存在，土壤通气透水性不良，耕性不良。应深耕打破漂白层，提高土壤通气性；增施有机肥，培肥土壤。

**参比土种**　厚层白浆土型淹育水稻土。

**代表性单个土体**　位于黑龙江省虎林市八五八农场第三管理区十二生产队西 5-3 号地。45°44′59.3″N，133°17′19.7″E，海拔 54m。稻田，已收获。野外调查时间为 2011 年 9 月 27 日，编号 23-104。

Ap1: 0~21cm，灰黄棕色（10YR 6/2，干），黑棕色（7.5YR 3/2，润），粉质黏壤土，棱块结构，坚实，结构面有少量明显清楚的铁斑纹，很少细根，pH 6.02，向下清晰平滑过渡。

Ap2: 21~30cm，淡灰色（10YR 7/1，干），灰黄棕色（7.5YR 6/1，润），粉质黏土，大棱块结构，极坚实，结构体内有较多明显的铁斑纹，很少极细根，pH 5.98，向下清晰平滑过渡。

E: 30~38cm，淡灰色（10YR 7/1，干），灰黄棕色（7.5YR 6/1，润），粉质黏土，大棱块结构，坚实，结构体内有较多明显的铁斑纹，很少极细根，pH 5.98，向下渐变平滑过渡。

Br: 38~84cm，灰黄棕色（10YR 4/2，干），黑棕色（7.5YR 2/2，润），粉质黏土，鲕状结构，坚实，少量的铁斑纹，结构面有极多氧化铁胶膜，无根系，pH 6.30，向下模糊平滑过渡。

吉祥系代表性单个土体剖面

BCr: 84~127cm，棕灰色（10YR 5/1，干），棕灰色（7.5YR 4/1，润），粉质黏土，很小的块状结构，坚实，有少量铁斑纹，有很多明显氧化铁胶膜，无根系，pH 6.20，向下渐变平滑过渡。

Cg: 127~163cm，淡灰色（5Y 7/1，干），灰色（5Y 5/1，润），粉质黏壤土，发育程度弱的棱块状结构，坚实，结构体内有铁斑纹，无根系，pH 6.44。

### 吉祥系代表性单个土体物理性质

| 土层 | 深度/cm | 细土颗粒组成（粒径：mm)/(g/kg) | | | 质地 | 容重/(g/cm³) |
| --- | --- | --- | --- | --- | --- | --- |
| | | 砂粒 2~0.05 | 粉粒 0.05~0.002 | 黏粒 <0.002 | | |
| Ap1 | 0~21 | 38 | 641 | 321 | 粉质黏壤土 | 1.27 |
| Ap2 | 21~30 | 5 | 593 | 402 | 粉质黏土 | 1.40 |
| E | 30~38 | 5 | 593 | 402 | 粉质黏土 | 1.24 |
| Br | 38~84 | 6 | 475 | 519 | 粉质黏土 | 1.24 |
| BCr | 84~127 | 10 | 500 | 490 | 粉质黏土 | 1.46 |
| Cg | 127~163 | 22 | 583 | 395 | 粉质黏壤土 | 1.61 |

### 吉祥系代表性单个土体化学性质

| 深度/cm | pH (H₂O) | 有机碳/(g/kg) | 全氮(N)/(g/kg) | 全磷(P)/(g/kg) | 全钾(K)/(g/kg) | 阳离子交换量/(cmol/kg) |
| --- | --- | --- | --- | --- | --- | --- |
| 0~21 | 6.02 | 26.0 | 2.14 | 0.528 | 19.1 | 14.0 |
| 21~30 | 5.98 | 10.6 | 0.87 | 0.241 | 20.3 | 15.1 |
| 30~38 | 5.98 | 10.6 | 0.87 | 0.241 | 20.3 | 15.1 |
| 38~84 | 6.30 | 9.7 | 0.75 | 0.392 | 22.5 | 31.0 |
| 84~127 | 6.20 | 6.7 | 0.71 | 0.316 | 25.0 | 22.5 |
| 127~163 | 6.44 | 4.0 | 0.57 | 0.224 | 27.1 | 18.1 |

# 第6章 火山灰土纲

## 6.1 玻璃简育寒性火山灰土

### 6.1.1 老黑山系（Laoheishan Series）

土　族：浮石质混合型-玻璃简育寒性火山灰土
拟定者：张之一

老黑山系典型景观

**分布与环境条件**　本土系分布在黑龙江省五大连池新期火山锥体附近的熔岩台地上，母质为火山喷出物。中温带湿润季风气候，具寒性土壤温度状况和湿润土壤水分状况。年平均气温 0.0℃，≥10℃积温 2166.8℃，全年降水量 545.8mm，6～9 月降水占全年的 78.5%。无霜期 114 天。50cm 深处土壤温度年平均 3.0℃，夏季平均 13.3℃，冬季平均 –7.0℃，冬夏温差 20.3℃。地面生长地衣、苔藓，还有疏林和草类，主要植物有山杨、柏树、香芹等，覆盖度约 30%～50%。

**土系特征与变幅**　本土系土体厚度 40～90cm，土体构型为 A、AC 和 C。矿质土表至 60cm 土层具火山灰特性，具寒性土壤温度状况，矿质土表至 100cm 范围内土层按颗粒含量加权平均的质地比粉壤土更粗。

**对比土系**　风水山系。风水山系为冷性土壤温度状况，表层为壤质，剖面构型为 Oi、Ah、AB、BC、C，土壤发育程度稍强。老黑山系为寒性土壤温度状况，土体构型为 A、AC 和 C，土壤发育更弱。

**利用性能综述**　由于所处地形坡度较大，腐殖质层薄，不宜作为农、林、牧用地，可作为建筑材料或水泥原料。最佳利用方式是种树种草，防止水土流失，建立良好的生态环境，作为旅游用地。

**参比土种**　火山砾火山灰土。

**代表性单个土体**　位于黑龙江省五大连池市老黑山南侧山脚。126°6′47″E，48°43′4″N。地形为火山锥体，海拔 515m，成土母质为火山砾残积物。自然植被为疏林草地，主要植物有山杨、柏树、香芹等，覆盖度约 30%～50%，内外排水良好（张之一等，2006）。编号 23-131。

A：　0～12cm，灰棕色（7.5YR 4/2，润），稍紧，少量植物根，30%细砾，砂质壤土，结构不明显，向下渐变过渡。

AC：12～32cm，灰棕色（7.5YR 5/2，润），松，30%细砾，砂质壤土，无结构，少量根，向下渐变过渡。

C1：32～50cm，棕色（7.5YR 4/4，润），松，70%砾石，砂土，无结构，少量树根，向下渐变过渡。

C2：50～90cm，灰红色（2.5YR 6/2，润），松，70%砾石，砂土，无结构，少量树根，向下渐变过渡。

C3：90～130cm，灰棕色（5YR 5/2，润），90%砾石，无根。

老黑山系代表性单个土体剖面

### 老黑山系代表性单个土体化学性质

| 土层 | 深度 /cm | pH (H₂O) | 有机碳 /(g/kg) | 全氮(N) /(g/kg) | 全磷(P) /(g/kg) | 全钾(K) /(g/kg) |
|---|---|---|---|---|---|---|
| A | 0～12 | 7.45 | 4.89 | 0.39 | 0.64 | 40.4 |
| AC | 12～32 | 7.90 | 0.95 | 0.08 | 0.29 | 39.5 |
| C1 | 32～50 | 7.20 | 1.11 | 0.11 | 0.18 | 27.6 |
| C2 | 50～90 | 7.75 | 1.10 | 0.11 | 0.47 | 42.0 |
| C3 | 90～130 | 7.80 | 1.10 | 0.06 | 0.28 | 43.2 |

### 老黑山系代表性单个土体细土(<2mm)全量化学组成

| 深度 /cm | 烧失量 /(g/kg) | SiO₂ /(g/kg) | Al₂O₃ /(g/kg) | Fe₂O₃ /(g/kg) | TiO₂ /(g/kg) | MnO₂ /(g/kg) | CaO /(g/kg) | MgO /(g/kg) | K₂O /(g/kg) | Na₂O /(g/kg) | P₂O₅ /(g/kg) |
|---|---|---|---|---|---|---|---|---|---|---|---|
| 0～12 | 26.8 | 536.2 | 156.0 | 84.4 | 12.5 | 0.9 | 48.7 | 56.0 | 48.6 | 23.9 | 1.5 |
| 12～32 | 35.4 | 614.8 | 137.6 | 59.8 | 15.0 | 0.5 | 39.9 | 26.3 | 47.6 | 22.9 | 0.7 |
| 32～50 | 91.2 | 458.8 | 179.5 | 126.0 | 12.2 | 0.5 | 32.9 | 20.2 | 33.2 | 20.4 | 0.4 |
| 50～90 | 24.2 | 523.8 | 161.7 | 76.2 | 12.7 | 1.0 | 52.3 | 57.9 | 50.6 | 32.0 | 1.1 |
| 90～130 | 25.6 | 516.6 | 169.2 | 79.8 | 12.8 | 0.9 | 46.6 | 66.4 | 52.0 | 29.0 | 0.6 |

# 6.2　普通简育湿润火山灰土

### 6.2.1　风水山系（Fengshuishan Series）

土　族：壤质盖火山渣质混合型冷性-普通简育湿润火山灰土
拟定者：翟瑞常，辛　刚

风水山系典型景观

**分布与环境条件**　风水山系土壤总面积不大，主要分布在牡丹江地区的晚期火山活动地域，多见于晚期火山活动的火山口附近和熔岩流下泄区域以及火山熔岩台地上，坡度较大，一般在20°以上，多为有林地，植物种类较多，木本植物有椴、杨、柞、落叶松、山槐、白桦等，草本植物有羊胡子草、蒿等林下杂草。母质多为玄武岩火山灰，质地粉壤土，排水良好。中温带大陆性湿润季风气候，具冷性土壤温度状况和湿润土壤水分状况。年平均降水量 506.4mm，年平均蒸发量 1500mm。年平均日照时数 2655.5h，年均气温 3.5℃，无霜期 120 天，≥10℃的积温 2433℃。日平均气温稳定通过 0℃日期平均在 4 月 6 日，结束在 10 月 27 日。日平均气温稳定通过 10℃的初日在 4 月 12 日，终日在 9 月 23 日。地温变化和气温一致，每年冻结时间长达 4~5 个月，最深冻土可达 200cm，平均冻深为 160cm。

**土系特征与变幅**　本土系矿质土表至 60cm 土层具火山灰特性，土壤剖面发育弱，可划分为 Oi、Ah、AB、BC、C 层，Ah 层厚度≤15cm，Ah 层腐殖化作用明显，粒状和团块状结构，较疏松；AB、BC 层为核块状结构。表层容重在 0.7~0.8g/cm³，疏松，多根系，通气透水性强。

**对比土系**　老黑山系。老黑山系为寒性土壤温度状况，土体构型为 A、AC 和 C，土壤发育很弱。风水山系为冷性土壤温度状况，表层为壤质，剖面构型为 Oi、Ah、AB、BC、C，土壤发育程度稍强。

**利用性能综述**　土壤所处地形坡陡，土层薄，不宜做农业和牧业用地，要保护好现有的森林植被，涵养水源，防止水土流失，建立良好的生态系统。可开采作为建筑材料，如作为房屋保温材料或生产砖的原料。

**参比土种**　火山砾火山灰土。

**代表性单个土体**　位于黑龙江省宁安市宁安农场第十生产队西 2km（当地群众称之为风水山）。43°57′49.5″N，129°21′29.0″E，海拔 733m。现为林地。野外调查时间为 2011 年 9 月 23 日，编号 23-090。

Oi:　+3～0cm，暗棕色（7.5YR 3/3，干），极暗棕色（7.5YR 2/3，润），稍润，未腐解的枯枝落叶，向下清晰平滑过渡。

Ah:　0～13cm，极暗红棕色（2.5YR 2/2，干），红黑色（2.5YR 2/1，润），粉壤土，发育好的团粒结构，松软，少量很粗根，少量小角状浮岩风化碎屑，pH 6.29，向下渐变平滑过渡。

AB:　13～35cm，浊橙色（2.5YR 6/3，干），浊红棕色（2.5YR 4/3，润），粉壤土，中度发育的小核状结构，稍硬，中量中根系，很多中角状浮岩风化碎屑，pH 6.64，向下渐变平滑过渡。

BC:　35～87cm，暗红棕色（2.5YR 3/3，干），极暗红棕色（2.5YR 2/4，润），壤土，中度发育的小核状结构，稍硬，中量中根系，极多大角状浮岩风化碎屑，pH 6.64。

C:　87cm 以下，火山碎屑物质。

风水山系代表性单个土体剖面

### 风水山系代表性单个土体物理性质

| 土层 | 深度 /cm | 石砾 (>2mm，体积分数)/% | 细土颗粒组成（粒径：mm)/(g/kg) | | | 质地 | 容重 /(g/cm³) |
|---|---|---|---|---|---|---|---|
| | | | 砂粒 2～0.05 | 粉粒 0.05～0.002 | 黏粒 <0.002 | | |
| Ah | 0～13 | 2 | 231 | 551 | 217 | 粉壤土 | 0.78 |
| AB | 13～35 | 60 | 82 | 672 | 247 | 粉壤土 | 未测 |
| BC | 35～87 | 80 | 377 | 453 | 170 | 壤土 | 未测 |

### 风水山系代表性单个土体化学性质

| 深度 /cm | pH (H₂O) | 有机碳 /(g/kg) | 全氮(N) /(g/kg) | 全磷(P) /(g/kg) | 全钾(K) /(g/kg) | 阳离子交换量 /(cmol/kg) |
|---|---|---|---|---|---|---|
| 0～13 | 6.29 | 53.1 | 3.82 | 1.13 | 16.9 | 33.9 |
| 13～35 | 6.64 | 15.0 | 1.24 | 0.78 | 18.9 | 18.4 |
| 35～87 | 6.64 | 14.0 | 1.17 | 1.06 | 11.9 | 30.1 |

# 第 7 章  盐 成 土 纲

## 7.1  弱盐潮湿碱积盐成土

### 7.1.1  孤榆系（Guyu Series）

土　族：黏质蒙脱石混合型冷性-弱盐潮湿碱积盐成土
拟定者：翟瑞常，辛　刚

孤榆系典型景观

**分布与环境条件**　孤榆系土壤零星分布在松花江平原低平地的碟形洼地处，面积较小。地下水位较高，为 1.5～2.0m，排水不良。含碳酸盐的黄土状母质，质地黏重。周围为轻度盐化的或石灰性的均腐土所环绕。生长星星草、蒿草和芦苇等耐盐碱植被。中温带大陆性湿润季风气候，具冷性土壤温度状况和潮湿土壤水分状况。年平均降水量 510mm，年平均气温 3.7℃，≥10℃积温为 2707℃，50cm 深处年平均土壤温度 5.2℃。

**土系特征与变幅**　土体构型为 Ahr、Btn、BCr 和 Cr。Btn 为碱积层，一般出现在 40cm 以下。土壤表层为块状结构，土壤容重大，为 1.4～1.6g/cm³。土壤通气透水性差。碱积层碱化度最高，为 30%～40%。pH 在 10 左右。表层全盐量为 3.0g/kg 左右。

**对比土系**　花园乡系。花园乡系碱积层一般出现在 40cm 以上，以复区形式呈斑状分布在其他土壤中，植被主要为羊草群落。而孤榆系碱积层一般出现在 40cm 以下，斑点状分布于平原的低洼处，整个剖面可见小铁锰结核，植物主要为芦苇群落。

**利用性能综述**　孤榆系土壤呈圆斑状零星分布在松花江平原低平地的碟形洼地上。周围为轻度盐化或石灰性均腐土所环绕，尤其是位于大块耕地中的这类土壤，影响机械作业。需采取排水、平整土地等措施改良。

**参比土种**　苏打碱化盐土。

**代表性单个土体** 位于黑龙江省双鸭山市友谊县友谊农场三区四队 3 号地孤榆树西1000m，46°49′47.0″N，131°41′34.8″E，海拔 65m。平原低平地上的碟形洼地，母质为黄土状母质。植被为芦苇群落。野外调查时间为 2010 年 9 月 18 日，编号 23-038。

Ahr1：0～28cm，灰棕色（7.5YR 4/2，干），黑棕色（7.5YR 2/2，润），粉质黏土，小块状结构，很坚实，很少量粗根，极少量小铁锰结核，弱石灰反应，pH 9.86，向下渐变平滑过渡。

Ahr2：28～52cm，棕灰色（7.5YR 4/1，干），黑棕色（7.5YR 2/2，润），粉质黏壤土，小块状结构，很坚实，很少量粗根，少量小铁锰结核，弱石灰反应，pH 9.80，向下模糊平滑过渡。

Btn：52～88cm，棕灰色（7.5YR 4/1，干），黑棕色（7.5YR 3/2，润），粉质黏土，小棱柱状结构，坚实，很少量粗根，很少量铁锰结核，结构面有很少量腐殖质胶膜，白色形状不规则石灰斑，弱石灰反应，pH 10.00，向下模糊波状过渡。

BCr：88～122cm，灰棕色（7.5YR 4/2，干），棕色（7.5YR 4/3，润），粉质黏土，很小棱块状结构，坚实，无根系，很少量小铁锰结核，结构面有很少量腐殖质胶膜，较少明显铁斑纹，弱石灰反应，pH 9.96，向下模糊平滑过渡。

孤榆系代表性单个土体剖面

Cr：122～145cm，浊棕色（7.5YR 5/3，干），浊棕色（7.5YR 5/4，润），粉质黏土，很小棱块状结构，坚实，无根系，很少量铁锰结核，较少明显铁斑纹，弱石灰反应，pH 10.00。

### 孤榆系代表性单个土体物理性质

| 土层 | 深度/cm | 细土颗粒组成 (粒径：mm)/(g/kg) | | | 质地 | 容重/(g/cm³) |
| --- | --- | --- | --- | --- | --- | --- |
| | | 砂粒 2～0.05 | 粉粒 0.05～0.002 | 黏粒 <0.002 | | |
| Ahr1 | 0～28 | 86 | 459 | 455 | 粉质黏土 | 1.51 |
| Ahr2 | 28～52 | 82 | 538 | 380 | 粉质黏壤土 | 1.45 |
| Btn | 52～88 | 60 | 402 | 538 | 粉质黏土 | 1.57 |
| BCr | 88～122 | 48 | 436 | 516 | 粉质黏土 | 1.60 |
| Cr | 122～145 | 47 | 511 | 441 | 粉质黏土 | 1.62 |

孤榆系代表性单个土体化学性质

| 深度<br>/cm | pH<br>(H$_2$O) | 有机碳<br>/(g/kg) | 全氮(N)<br>/(g/kg) | 全磷(P)<br>/(g/kg) | 全钾(K)<br>/(g/kg) | 阳离子<br>交换量<br>/(cmol/kg) | 交换性钠<br>饱和度<br>/% | 全盐量<br>/(g/kg) | 电导率<br>/(mS/cm) | 碳酸钙<br>相当物<br>/(g/kg) |
|---|---|---|---|---|---|---|---|---|---|---|
| 0～28 | 9.86 | 20.1 | 2.23 | 0.578 | 17.2 | 33.1 | 29.5 | 2.45 | 0.770 | 29 |
| 28～52 | 9.80 | 11.3 | 1.30 | 0.671 | 18.7 | 33.1 | 27.0 | 2.03 | 0.622 | 11 |
| 52～88 | 10.00 | 9.0 | 0.98 | 0.483 | 20.4 | 35.7 | 41.4 | 3.33 | 1.031 | 28 |
| 88～122 | 9.96 | 6.2 | 0.83 | 0.488 | 19.0 | 37.9 | 37.0 | 3.24 | 1.014 | 18 |
| 122～145 | 10.00 | 4.8 | 0.73 | 0.634 | 17.5 | 29.9 | 41.1 | 2.41 | 0.765 | 36 |

### 7.1.2 花园乡系（Huayuanxiang Series）

土　族：黏质蒙脱石混合型冷性-弱盐潮湿碱积盐成土
拟定者：辛　刚，翟瑞常

**分布与环境条件**　本土系主要分布在黑龙江省松嫩平原中的富裕、林甸、肇源、肇东、肇州、兰西、青冈、安达和大庆等市县，地形为平原中低洼地的稍高处，以复区形式呈斑状分布在其他土壤中。成土母质为第四纪湖相沉积物，质地黏重。中温带大陆性季风气候，具冷性土壤温度状况和潮湿土壤水分状况。年平均气温 2.3℃，≥10℃积温 2681.8℃，年平均降水量为 460.3mm，6～9 月降水占全年的

花园乡系典型景观

85.2%，无霜期 125 天。50cm 深处年平均土壤温度 4.2℃。自然植被为羊草群落，间有虎尾草、碱蒿和星星草等，长势差。

**土系特征与变幅**　表层有 3～10cm 厚的生草层，其下为柱状碱积层，厚 30～50cm，再下为 BC 过渡层，整个剖面有强或极强石灰反应。可溶盐含量 2～5g/kg，表层最低，下层较高，盐分组成中以 Na$^+$ 和 HCO$_3^-$ 为主，碱化度为 10%～59%，以碱化层最高，表层最低，pH 8.0～10.0，也以碱化层最高。

**对比土系**　孤榆系。孤榆系碱积层一般出现在 40cm 以下，斑点状分布于平原的低洼处，整个剖面可见小铁锰结核，植物主要为芦苇群落。而花园乡系碱积层一般出现在 40cm 以上，以复区形式呈斑状分布在其他土壤中，植被主要为羊草群落。

**利用性能综述**　本土系生草层薄，生草层被破坏后就形成什么也不长的光板地，呈强碱性，因此不宜开垦，可做放牧地或割草场。

**参比土种**　浅位柱状草甸碱土。

**代表性单个土体**　位于黑龙江省大庆市林甸县花园乡南 5km，46°55′36.4″N，125°55′32.0″E。母质为第四纪湖相沉积物，平原，海拔 153m。碱草草原。野外调查时间为 2009 年 10 月 13 日，编号 23-019。

23-019

花园乡系代表性单个土体剖面

Ah: 0～8cm，棕灰色（10YR 4/1，干），黑色（10YR 2/1，润），黏壤土，块状结构，很硬，稍干，很少量极细根，强石灰反应，pH 8.16，向下清晰平滑过渡。

Btn1: 8～24cm，棕灰色（10YR 4/1，干），黑色（10YR 2/1，润），黏壤土，柱状结构，硬，稍干，很少量极细根，极强石灰反应，pH 8.18，向下渐变平滑过渡。

Btn2: 24～84 cm，棕灰色（10YR 5/1，干），黑棕色（10YR 3/1，润），黏土，核块状结构，坚实，稍润，很少极细根，极强石灰反应，pH 9.86，向下模糊不规则过渡。

BC1: 84～124cm，棕灰色（10YR 6/1，干），灰黄棕色（10YR 4/2，润），黏土，核块状结构，坚实，润，无根系，极强石灰反应，很少量锈斑，pH 9.74，向下模糊不规则过渡。

BC2: 124～162cm，浊黄橙色（10YR 6/3，干），浊黄棕色（10YR 4/3，润），粉质黏壤土，核状结构，很坚实，润，无根系，极强石灰反应，很少量锈斑，pH 9.52，向下渐变不规则过渡。

C: 162～200cm，浊黄橙色（10YR 6/3，干），浊黄棕色（10YR 5/4，润），黏壤土，无结构，坚实，潮，无根系，极强石灰反应，有中量锈斑，pH 9.43。

### 花园乡系代表性单个土体物理性质

| 土层 | 深度 /cm | 细土颗粒组成（粒径：mm）/(g/kg) | | | 质地 | 容重 /(g/cm³) |
| --- | --- | --- | --- | --- | --- | --- |
| | | 砂粒 2～0.05 | 粉粒 0.05～0.002 | 黏粒 <0.002 | | |
| Ah | 0～8 | 276 | 391 | 333 | 黏壤土 | 1.48 |
| Btn1 | 8～24 | 242 | 387 | 371 | 黏壤土 | 1.56 |
| Btn2 | 24～84 | 109 | 337 | 553 | 黏土 | 1.57 |
| BC1 | 84～124 | 119 | 386 | 495 | 黏土 | 1.61 |
| BC2 | 124～162 | 183 | 439 | 378 | 粉质黏壤土 | 1.75 |

### 花园乡系代表性单个土体化学性质

| 深度 /cm | pH (H₂O) | 有机碳 /(g/kg) | 全氮(N) /(g/kg) | 全磷(P) /(g/kg) | 全钾(K) /(g/kg) | 阳离子交换量 /(cmol/kg) | 交换性钠饱和度 /% | 全盐量 /(g/kg) | 电导率 /(mS/cm) | 碳酸钙相当物 /(g/kg) |
| --- | --- | --- | --- | --- | --- | --- | --- | --- | --- | --- |
| 0～8 | 8.16 | 25.6 | 2.25 | 0.713 | 22.9 | 32.5 | 3.5 | 1.39 | 0.100 | 58 |
| 8～24 | 8.18 | 21.7 | 1.83 | 1.045 | 22.8 | 33.6 | 5.4 | 1.65 | 0.117 | 75 |
| 24～84 | 9.86 | 9.2 | 0.44 | 1.068 | 22.7 | 35.1 | 46.4 | 2.45 | 0.184 | 130 |
| 84～124 | 9.74 | 3.9 | 0.22 | 0.914 | 20.4 | 26.1 | 46.0 | 4.15 | 0.326 | 173 |
| 124～162 | 9.52 | 2.1 | 0.00 | 0.480 | 22.2 | 22.1 | 42.1 | 3.17 | 0.224 | 106 |

# 7.2 弱盐简育碱积盐成土

## 7.2.1 青肯泡系（**Qingkenpao Series**）

土　族：黏质蒙脱石混合型冷性–弱盐简育碱积盐成土
拟定者：翟瑞常，辛　刚

**分布与环境条件**　青肯泡系土壤呈斑块状分布于松嫩平原的低平地中稍高的部位，常与其他盐成土呈复区。分布于安达、齐齐哈尔、杜蒙、大庆等市县，林甸、富裕、依安、龙江、甘南等地也有分布。自然植被以碱草为主，现在多为草场。母质为富含碳酸盐的湖积物，质地黏重。属中温带大陆性季风气候，具冷性土壤温度状况和半干润土壤水分状况。年平均降水量 400～

青肯泡系典型景观

430mm，年蒸发量达 1620mm，年平均日照时数 2800h，年均气温 3.3℃，无霜期 128 天，≥10℃积温 2590℃。50cm 深处土壤温度年平均 4.9℃，夏季 15.9℃，冬季–5.9℃，冬夏温差 21.8℃。

**土系特征与变幅**　青肯泡系土壤腐殖质层薄，为 3～10cm，角块状结构，其下为柱状碱积层，整个剖面呈强石灰性反应。土壤可溶盐含量为 2～5g/kg，表层最低，底层较高，在盐分组成中以 $Na^+$ 和 $HCO_3^-$ 为主，其下是 $Mg^{2+}$ 和 $SO_4^{2-}$，土壤碱化度为 10%～59%，以碱化层最高，表层最低。pH 8.5～10.5，以碱化层最高。

**对比土系**　花园乡系。两土系主要区别在于花园乡系地下水位浅，在剖面下部 1m 土层范围内出现氧化还原层，可见铁锈斑纹。青肯泡系整个剖面没有铁斑纹。

**利用性能综述**　本土系生草层薄，生草层被破坏后就形成什么也不长的光板地，呈强碱性，因此不宜开垦，可做放牧地或割草场。

**参比土种**　浅位苏打草甸碱土。

**代表性单个土体**　位于黑龙江省绥化市安达市青肯泡乡五星村南 1000m。46°28′41.2″N，125°25′52.8″E，海拔 152m。母质为富含碳酸盐的湖积物，质地黏重。现为自然草场。野外调查时间为 2010 年 9 月 28 日，编号 23-044。

青肯泡系代表性单个土体剖面

Ah:　0～8cm，灰棕色（7.5YR 6/2，干），灰棕色（7.5YR 4/2，润），壤土，角块状结构，疏松，有少量细根，强石灰反应，pH 8.74，向下清晰平滑过渡。

Btn1：8～28cm，灰棕色（7.5YR 4/2，干），棕灰色（7.5YR 4/1，润），黏壤土，棱柱状结构，很坚实，很少量极细根，有垂直裂隙，强石灰反应，pH 9.46，向下模糊平滑过渡。

Btn2：28～45cm，灰棕色（7.5YR 5/2，干），灰棕色（7.5YR 4/4，润），黏壤土，小棱柱状结构，很坚实，很少量极细根，有较短小裂隙，强石灰反应，pH 10.06，向下模糊平滑过渡。

BC1：45～68cm，灰棕色（7.5YR 5/2，干），灰棕色（7.5YR 4/2，润），黏壤土，小棱柱状结构，坚实，很少量极细根，强石灰反应，pH 10.16，向下模糊平滑过渡。

BC2：68～101cm，灰棕色（7.5YR 6/2，干），灰棕色（7.5YR 4/2，润），黏壤土，很小棱柱状结构，坚实，无根，强石灰反应，pH 10.00，向下模糊平滑过渡。

C：　101～154cm，淡棕灰色（7.5YR 7/2，干），浊棕色（7.5YR 6/3，润），粉质黏壤土，无结构，坚实，无根，很少灰白色石灰斑，强石灰反应，pH 10.00。

### 青肯泡系代表性单个土体物理性质

| 土层 | 深度/cm | 洗失量/(g/kg) | 细土颗粒组成（粒径：mm)/(g/kg) | | | 质地 | 容重/(g/cm³) |
| --- | --- | --- | --- | --- | --- | --- | --- |
| | | | 砂粒 2～0.05 | 粉粒 0.05～0.002 | 黏粒 <0.002 | | |
| Ah | 0～8 | — | 404 | 424 | 171 | 壤土 | 1.13 |
| Btn1 | 8～28 | — | 272 | 452 | 276 | 黏壤土 | 1.36 |
| Btn2 | 28～45 | 128 | 266 | 367 | 368 | 黏壤土 | 1.40 |
| BC1 | 45～68 | 131 | 236 | 379 | 385 | 黏壤土 | 1.45 |
| BC2 | 68～101 | 162 | 214 | 471 | 315 | 黏壤土 | 1.41 |
| C | 101～154 | 140 | 183 | 437 | 381 | 粉质黏壤土 | 1.56 |

注：土壤碳酸钙含量低，去除碳酸钙土壤质量没有显著减少，表中为"—"。

### 青肯泡系代表性单个土体化学性质

| 深度/cm | pH (H₂O) | 有机碳/(g/kg) | 全氮(N)/(g/kg) | 全磷(P)/(g/kg) | 全钾(K)/(g/kg) | 阳离子交换量/(cmol/kg) | 交换性钠饱和度/% | 全盐量/(g/kg) | 电导率/(mS/cm) | 碳酸钙相当物/(g/kg) |
| --- | --- | --- | --- | --- | --- | --- | --- | --- | --- | --- |
| 0～8 | 8.74 | 25.4 | 2.55 | 0.385 | 23.4 | 18.1 | 8.23 | 0.94 | 0.162 | 14 |
| 8～28 | 9.46 | 26.4 | 3.46 | 0.483 | 21.6 | 31.2 | 25.2 | 3.15 | 0.551 | 17 |
| 28～45 | 10.06 | 10.2 | 1.66 | 0.337 | 19.1 | 22.7 | 74.2 | 9.23 | 1.612 | 92 |
| 45～68 | 10.16 | 13.0 | 1.15 | 0.372 | 18.6 | 20.8 | 82.5 | 10.21 | 1.735 | 108 |
| 68～101 | 10.00 | 9.6 | 0.88 | 0.277 | 19.9 | 17.8 | 87.6 | 9.54 | 1.636 | 146 |
| 101～154 | 10.00 | 13.6 | 0.79 | 0.255 | 19.0 | 18.7 | 57.7 | 5.72 | 0.975 | 117 |

# 7.3 弱碱潮湿正常盐成土

## 7.3.1 马家窑系（Majiayao Series）

土　　族：黏壤质混合型冷性-弱碱潮湿正常盐成土
拟定者：翟瑞常，辛　刚

**分布与环境条件**　马家窑系土壤主要分布在黑龙江省松嫩平原中的齐齐哈尔、富裕、林甸、杜蒙、安达、肇源等市县。地形为河湖漫滩，碱泡子、碱甸子周围。地下水位高，内外排水均不良。成土母质为富含碳酸盐的第四纪湖积物，质地较黏重。自然植被为稀疏的碱蓬、碱蒿等，盐化程度重的地块布满盐斑，地表为裸露的光板地。属中温带大陆性季风气候，具冷性土壤温度状

马家窑系典型景观

况和潮湿土壤水分状况。年平均降水量 400～430mm，6～9 月降水占全年的 81.9%，年蒸发量达 1620mm。年平均日照时数 2800h，年均气温 3.3℃，无霜期 128 天，≥10℃积温 2753.7℃，50cm 深处土壤温度年平均 4.9℃，夏季 15.9℃，冬季–5.9℃，冬夏温差 21.8℃。

**土系特征与变幅**　马家窑系土壤地表有 0.5～2cm 厚的盐霜，层状，棕灰至淡灰色，层次过渡明显；其下为盐积层，结构不明显至微显小块状；土壤上层含盐量较高，在 10g/kg 以上，盐分组成中阴离子以 $HCO_3^-$ 占优势，其次是 $SO_4^{2-}$，阳离子以 $Na^+$ 占优势。土壤 pH 在 10.3～11.0，呈强碱性反应，整个剖面为极强石灰反应。

**对比土系**　青肯泡系。青肯泡系与马家窑系常呈复区分布，青肯泡系分布在微地形部位高处，生长碱草，腐殖质层薄，下为柱状碱积层。马家窑系分布与青肯泡系相邻，地形部位稍低，多为寸草不生的光板地，地表有 0.5～2cm 厚的盐霜，其下为盐积层。

**利用性能综述**　本土系土壤因含盐量高，呈强碱性反应，养分贫乏，不宜植物生长，多为光板地，目前很难利用。

**参比土种**　苏打草甸盐土。

**代表性单个土体**　位于黑龙江省绥化市安达市青肯泡乡五星村南 1000m。46°28′41.2″N，125°25′52.8″E，海拔 152m。现为光板地。野外调查时间为 2010 年 9 月 28 日，编号 23-043。

马家窑系代表性单个土体剖面

Az: +1～0cm，表层为白色盐霜，其下为灰棕色，紧实，干，无根。

Ahz: 0～7cm，黑棕色（7.5YR 2/2，干），黑棕色（7.5YR 2/2，润），黏壤土，小棱块结构，坚实，无根，极强石灰反应，pH 10.56，向下渐变平滑过渡。

ABz: 7～39cm，灰棕色（7.5YR 5/2，干），棕色（7.5YR 4/3，润），黏壤土，中棱块结构，坚实，无根，极强石灰反应，pH 10.60，向下渐变平滑过渡。

B: 39～83cm，浊棕色（7.5YR 6/3，干），浊棕色（7.5YR 5/3，润），黏壤土，小棱块结构，坚实，无根，极强石灰反应，pH 10.70，向下模糊平滑过渡。

C: 83～140cm，浊棕灰色（7.5YR 7/2，干），浊棕色（7.5YR 5/3，润），黏壤土，无结构，坚实，无根，极强石灰反应，pH 10.30。

### 马家窑系代表性单个土体物理性质

| 土层 | 深度 /cm | 洗失量 /(g/kg) | 细土颗粒组成（粒径：mm）/(g/kg) | | | 质地 | 容重 /(g/cm³) |
| | | | 砂粒 2～0.05 | 粉粒 0.05～0.002 | 黏粒 <0.002 | | |
| --- | --- | --- | --- | --- | --- | --- | --- |
| Ahz | 0～7 | 85 | 342 | 315 | 343 | 黏壤土 | 1.72 |
| ABz | 7～39 | 110 | 299 | 354 | 348 | 黏壤土 | 1.54 |
| B | 39～83 | 101 | 241 | 442 | 317 | 黏壤土 | 1.48 |
| C | 83～140 | 141 | 230 | 464 | 306 | 黏壤土 | 1.50 |

### 马家窑系代表性单个土体化学性质

| 深度 /cm | pH (H₂O) | 有机碳 /(g/kg) | 全氮(N) /(g/kg) | 全磷(P) /(g/kg) | 全钾(K) /(g/kg) | 阳离子交换量 /(cmol/kg) | 交换性钠饱和度 /% | 全盐量 /(g/kg) | 电导率 /(mS/cm) | 碳酸钙相当物 /(g/kg) |
| --- | --- | --- | --- | --- | --- | --- | --- | --- | --- | --- |
| 0～7 | 10.56 | 17.7 | 1.18 | 0.379 | 22.5 | 27.1 | 25.1 | 11.6 | 5.54 | 64 |
| 7～39 | 10.60 | 13.6 | 0.99 | 0.372 | 20.4 | 24.2 | 21.8 | 10.3 | 3.27 | 80 |
| 39～83 | 10.70 | 9.9 | 0.75 | 0.319 | 21.8 | 17.7 | 21.1 | 5.6 | 1.20 | 86 |
| 83～140 | 10.30 | 16.6 | 0.68 | 0.462 | 17.0 | 17.8 | 16.8 | 4.5 | 0.98 | 127 |

# 第8章 潜育土纲

## 8.1 纤维有机滞水潜育土

### 8.1.1 白河系（Baihe Series）

土　族：壤质混合型寒性-纤维有机滞水潜育土

拟定者：翟瑞常，辛　刚

**分布与环境条件**　白河系土壤分布于小兴安岭山地至松嫩平原的过渡地带，地势为起伏漫岗平原中的河流两岸或碟形洼地，排水性极差，土壤长期饱和且季节性积水。植被为以小叶章为主的沼泽植被。冲积物或黄土状母质。以五大连池、北安、逊克、黑河、克山、克东等县为多，其周围县市也有分布。属中温带大陆性季风气候，具寒性土壤温度状况和滞水土壤水分状况。年平

白河系典型景观

均降水量 545.8mm，6～9 月降水占全年的 78.5%，年平均蒸发量 1197mm。年平均日照时数 2600h，年均气温 0℃，无霜期 115～125 天，≥10℃的积温 2167℃。日平均气温稳定通过 0℃日期平均在 4 月 8 日，结束在 10 月 20 日。日平均气温稳定通过 10℃的初日在 4 月 6～9 日，终日在 9 月 20 日前后。地温变化和气温一致，每年冻结时间长达 5～6 个月，最深冻土可达 246cm，平均冻深为 200～220cm，50cm 深处年平均土壤温度 3.0℃。

**土系特征与变幅**　白河系土壤表层为泥炭层，厚度为 20～40cm，其下为潜育层。泥炭层松软多孔，容重在 0.5～0.7g/cm³，有机碳含量为 112～299g/kg。

**对比土系**　龙门农场系。龙门农场系表层泥炭层厚度<20cm，其下为腐殖质层，矿质土层质地为黏壤质。白河系泥炭层，厚度为 20～40cm，其下为潜育层，矿质土层为壤质。

**利用性能综述**　地势低洼，地表经常积水，沼泽植物生长繁茂，宜发展牧业生产。在排水条件下，可开垦为耕地。

**参比土种**　厚层泥炭沼泽土。

**代表性单个土体**　位于黑龙江省黑河市五大连池市南 2000m。48°29′50.2″N，126°12′9.2″E，海拔 261m。现为沼泽地。野外调查时间为 2010 年 10 月 3 日，编号 23-057。

Oe：0～27cm，暗棕色（7.5YR 3/3，干），暗棕色（7.5YR 3/3，润），疏松有弹性，有机碳含量为 293.0g/kg，很少量细根，向下突然平滑过渡。

Cg：27～90cm，棕灰色（7.5YR 5/1，干），棕灰色（7.5YR 5/1，润），粉壤土，无结构，坚实，很少量细根，少量铁斑纹，深蓝色亚铁反应，pH 6.84。

白河系代表性单个土体剖面

### 白河系代表性单个土体物理性质

| 土层 | 深度/cm | 细土颗粒组成（粒径：mm）/(g/kg) | | | 质地 | 容重/(g/cm³) |
| --- | --- | --- | --- | --- | --- | --- |
| | | 砂粒 2～0.05 | 粉粒 0.05～0.002 | 黏粒 <0.002 | | |
| Oe | 0～27 | — | — | — | — | 0.50 |
| Cg | 27～90 | 38 | 775 | 186 | 粉壤土 | 1.40 |

注：有机土壤物质不测定机械组成，不划分质地类型，表中为"—"。

### 白河系代表性单个土体化学性质

| 深度/cm | pH(H₂O) | 有机碳/(g/kg) | 全氮(N)/(g/kg) | 全磷(P)/(g/kg) | 全钾(K)/(g/kg) | 阳离子交换量/(cmol/kg) |
| --- | --- | --- | --- | --- | --- | --- |
| 0～27 | — | 293.0 | 17.5 | — | — | — |
| 27～90 | 6.84 | 20.7 | 0.92 | 0.180 | 23.7 | 29.9 |

注：未测定数据，表中为"—"。

# 8.2　暗沃简育滞水潜育土

## 8.2.1　五七农场系（Wuqinongchang Series）

土　族：砂质硅质混合型冷性–暗沃简育滞水潜育土
拟定者：翟瑞常，辛　刚

**分布与环境条件**　五七农场系主要分布于杜蒙、齐齐哈尔东部、泰来东北部等地。地形为松嫩平原低洼沼泽地带，地表常年积水，植被为长势良好的芦苇，母质为风积物。全年盛行西北风和西南风，年平均风速 4.1m/s，风积母质系由大风搬运嫩江河流冲积物形成；属中温带大陆性季风气候，具冷性土壤温度状况和滞水土壤水分状况。年平均降水量 385~425mm，年平均蒸发量达 1756.7mm，年平均日照时数 2865h，年均气温 3.6℃，无

五七农场系典型景观

霜期 145 天，≥10 ℃的积温 2845℃，九月下旬出现早霜，五月上旬终止。50cm 深处年平均土壤温度 6.1℃。

**土系特征与变幅**　五七农场系土壤表层为腐泥层，厚度一般为 20~60cm，整个剖面有亚铁反应，无石灰反应，母质为松散无结构的细砂。表层有机碳含量 15.5~50.4g/kg。

**对比土系**　龙门农场系。龙门农场系表层有<20cm 厚的泥炭层，其下为腐殖质层，矿质土层颗粒组成为黏壤质，具寒性土壤温度状况。五七农场系土壤表层为腐泥层，厚度一般为 20~60cm，土壤颗粒组成为砂质，具冷性土壤温度状况。

**利用性能综述**　五七农场系主要分布于松嫩平原低洼沼泽地带，地表常年积水，植被为长势良好的芦苇，可发展渔业，或作为芦苇地。宜作为湿地保护起来，发挥其生态功能。

**参比土种**　厚层砂底草甸沼泽土。

**代表性单个土体**　位于黑龙江省大庆市杜尔伯特蒙古族自治县克尔台乡文教五七农场路北，46°53′9.7″N，124°4′25.0″E。母质为风积物，平原，海拔136m，生长芦苇、三棱草。野外调查时间为 2009 年 10 月 10 日，编号 23-011。

Ah: 　0～60cm，黑棕色（10YR 3/1，干），黑色（10YR 2/1，润），砂质壤土，无结构，疏松，湿，多量细根，微蓝亚铁反应，无石灰反应，pH 7.87，向下模糊平滑过渡。

ABh：60～100cm，黑棕色（10YR 3/2，干），黑棕色（10YR 2/2，润），砂质壤土，无结构，疏松，湿，少量极细根，微蓝亚铁反应，无石灰反应，pH 7.79，向下模糊不规则过渡。

C: 　100～130cm，浊黄橙色（10YR 7/2，干），浊黄橙色（10YR 6/4，润），砂土，无结构，松散，湿，无根系，微蓝亚铁反应，无石灰反应，pH 8.28。

五七农场系代表性单个土体剖面

### 五七农场系代表性单个土体物理性质

| 土层 | 深度 /cm | 细土颗粒组成（粒径：mm)/(g/kg) | | | 质地 | 容重 /(g/cm³) |
|---|---|---|---|---|---|---|
| | | 砂粒 2～0.05 | 粉粒 0.05～0.002 | 黏粒 <0.002 | | |
| Ah | 0～60 | 591 | 275 | 134 | 砂质壤土 | 1.11 |
| ABh | 60～100 | 675 | 184 | 141 | 砂质壤土 | 1.60 |
| C | 100～130 | 941 | 48 | 11 | 砂土 | 1.56 |

### 五七农场系代表性单个土体化学性质

| 深度 /cm | pH (H₂O) | 有机碳 /(g/kg) | 全氮(N) /(g/kg) | 全磷(P) /(g/kg) | 全钾(K) /(g/kg) | 阳离子交换量 /(cmol/kg) |
|---|---|---|---|---|---|---|
| 0～60 | 7.87 | 30.6 | 2.29 | 0.682 | 25.0 | 23.0 |
| 60～100 | 7.79 | 14.8 | 0.96 | 0.408 | 25.6 | 15.8 |
| 100～130 | 8.28 | 2.5 | 0.03 | 0.157 | 24.2 | 9.4 |

# 8.3　普通简育滞水潜育土

## 8.3.1　半站系（Banzhan Series）

土　族：黏质伊利石混合型冷性–普通简育滞水潜育土
拟定者：翟瑞常，辛　刚

**分布与环境条件**　半站系为稻田土壤，分布于乌苏里江及其支流松阿察河、穆棱河、七虎林河、阿布沁河等河流的冲积平原区域，土壤以密山、宝清、饶河、虎林等市县为多，周边市县也有分布。地势平坦，垦前植被主要是沼泽植被沼柳、三棱草、小叶章等。冲积、淤积母质，质地较重，排水不畅。中温带大陆性季风气候，具冷性土壤温度状况和人为滞水土壤水分状况。年平均

半站系典型景观

降水量 561.5mm，年平均蒸发量 1112.4～1336mm。年平均日照时数 2500h，年均气温 2.7℃，无霜期 135 天，≥10℃的积温 2310～2400℃。日平均气温稳定通过 0℃日期平均在 4 月初，结束在 10 月末。日平均气温稳定通过 10℃的初日在 4 月中旬，终日在 9 月下旬。地温变化和气温一致，每年冻结时间长达 5 个多月，最深冻土可达 187cm，平均冻深为 148cm。50cm 深处土壤温度年平均 5.6℃，夏季 16.3℃，冬季–4.1℃，冬夏温差 20.4℃。

**土系特征与变幅**　本土系土壤为稻田土壤，表层为腐殖质层（耕作层），由于种稻时间较短，未发育为水耕表层，土层薄，为 15cm 左右，质地黏重，土壤结构差，土壤通气透水性差，下为潜育层，青灰色，有较多锈斑锈纹。

**对比土系**　五七农场系。五七农场系地形为低洼沼泽地带，地表常年积水，植被为长势良好的芦苇，滞水土壤水分状况，土壤表层为腐泥层，厚度一般为 20～60cm，土壤颗粒组成为砂质。半站系为稻田，人为滞水土壤水分状况，表层为耕作层，薄，厚 15cm 左右，质地黏重。

**利用性能综述**　本土系土壤耕作层薄，为 15cm 左右，下为潜育层。土壤质地黏重，土壤结构差，土壤通气透水性差，土壤冷僵，养分释放慢，水稻易感病，产量低，为 6000～6750kg/hm$^2$。应注意降低地下水位，加强排水。

**参比土种**　薄层沼泽土型潜育水稻土。

**代表性单个土体**　位于黑龙江省虎林市八五八农场第四管理区西南 5km。45°32′15.8″N，133°4′55.2″E，海拔 56m。现为水稻田。野外调查时间为 2011 年 9 月 27 日，编号 23-102。

Ap：0～17cm，棕灰色（10YR 5/1，干），黑棕色（7.5YR 2/2，润），粉质黏土，无结构，坚实，很少量细根，根围有较多明显清楚的铁斑纹，pH 5.94，向下清晰波状过渡。

Cg：17～120cm，淡灰色（10YR 7/1，干），棕灰色（7.5YR 5/1，润），粉质黏土，无结构，坚实，土体内有较多明显清楚的铁斑纹，无根系，pH 6.55。

半站系代表性单个土体剖面

### 半站系代表性单个土体物理性质

| 土层 | 深度 /cm | 细土颗粒组成（粒径：mm）/(g/kg) | | | 质地 | 容重 /(g/cm³) |
|---|---|---|---|---|---|---|
| | | 砂粒 2～0.05 | 粉粒 0.05～0.002 | 黏粒 <0.002 | | |
| Ap | 0～17 | 28 | 529 | 443 | 粉质黏土 | 1.01 |
| Cg | 17～120 | 25 | 531 | 444 | 粉质黏土 | 1.34 |

### 半站系代表性单个土体化学性质

| 深度 /cm | pH (H₂O) | 有机碳 /(g/kg) | 全氮(N) /(g/kg) | 全磷(P) /(g/kg) | 全钾(K) /(g/kg) | 阳离子交换量 /(cmol/kg) |
|---|---|---|---|---|---|---|
| 0～17 | 5.94 | 41.7 | 3.28 | 0.321 | 23.7 | 27.8 |
| 17～120 | 6.55 | 5.5 | 0.63 | 0.294 | 24.1 | 24.7 |

### 8.3.2　龙门农场系（Longmennongchang Series）

土　族：黏壤质混合型寒性–普通简育滞水潜育土
拟定者：翟瑞常，辛　刚

**分布与环境条件**　龙门农场系土壤分布于小兴安岭山地至松嫩平原的过渡地带，地形为起伏漫岗。龙门农场系分布在河流两岸的泛滥平原和沟谷洼地，排水性极差，土壤长期饱和且季节性积水。植被为以小叶章为主的沼泽植被。母质为冲积物。以五大连池、北安、逊克、黑河、克山、克东等县为多，其周围县市也有分布。属中温带大陆性季风气候，具寒性土壤温度状况和滞水

龙门农场系典型景观

土壤水分状况。年平均降水量 545.8mm，6～9 月降水占全年的 78.5%，年平均蒸发量 1197mm。年平均日照时数 2600h，年均气温 0℃，无霜期 115～125 天，≥10℃的积温 2167℃。日平均气温稳定通过 0℃日期平均在 4 月 8 日，结束在 10 月 20 日。日平均气温稳定通过 10℃的初日在 4 月 6～9 日，终日在 9 月 20 日前后。土壤每年冻结时间长达 5～6 个月，50cm 深处年平均土壤温度 3.0℃。

**土系特征与变幅**　龙门农场系土壤表层泥炭层厚度<20cm，其下为腐殖质层，厚度为 13～50cm，腐殖质层下为母质层，具潜育特征。表层有机碳含量 74～242g/kg，土壤容重为 0.50～0.75g/cm³；腐殖质层有机碳含量 17.3～65.2g/kg，土壤容重为 0.7～1.4g/cm³。

**对比土系**　白河系。白河系泥炭层，厚度为 20～40cm，其下为潜育层，矿质土层颗粒组成为壤质。龙门农场系表层泥炭层厚度<20cm，其下为腐殖质层，矿质土层颗粒组成为黏壤质。

**利用性能综述**　地势低洼，常年或季节性积水，为宜牧地。通过开沟排水，降低地下水位后，可开垦为农田，但要注意排涝。若有水源，可发展水稻生产。

**参比土种**　薄层泥炭腐殖质沼泽土。

**代表性单个土体**　位于黑龙江省黑河市五大连池市龙门农场北 7000m。48°55′38.2″N，126°53′48.4″E，海拔 370m。现为沼泽地。野外调查时间为 2010 年 10 月 3 日，编号 23-061。

Oe：0～12cm，暗棕色（7.5YR 3/2，干），黑棕色（7.5YR 2/2，润），疏松有弹性，有机碳含量为208.2g/kg，多量细根，向下清晰平滑过渡。

Ahg：12～62cm，棕灰色（7.5YR 5/1，干），棕灰色（7.5YR 4/1，润），黏壤土，小粒状结构，坚实，很少细根，少量铁斑纹，pH 6.60，向下清晰波状过渡。

Cg：62～112cm，淡棕灰色（7.5YR 7/1，干），棕灰色（7.5YR 6/1，润），黏壤土，无结构，坚实，很少量细根，较多铁斑纹，pH 6.50。

龙门农场系代表性单个土体剖面

## 龙门农场系代表性单个土体物理性质

| 土层 | 深度 /cm | 细土颗粒组成（粒径：mm)/(g/kg) | | | 质地 | 容重 /(g/cm³) |
| --- | --- | --- | --- | --- | --- | --- |
| | | 砂粒 2～0.05 | 粉粒 0.05～0.002 | 黏粒 <0.002 | | |
| Oe | 0～12 | — | — | — | — | 0.75 |
| Ahg | 12～62 | 248 | 470 | 282 | 黏壤土 | 1.35 |
| Cg | 62～112 | 199 | 497 | 304 | 黏壤土 | 1.39 |

注：有机土壤物质不测定机械组成，不划分质地类型，表中为"—"。

## 龙门农场系代表性单个土体化学性质

| 深度 /cm | pH (H₂O) | 有机碳 /(g/kg) | 全氮(N) /(g/kg) | 全磷(P) /(g/kg) | 全钾(K) /(g/kg) | 阳离子交换量 /(cmol/kg) |
| --- | --- | --- | --- | --- | --- | --- |
| 0～12 | — | 208.2 | 11.76 | — | — | — |
| 12～62 | 6.60 | 17.3 | 1.07 | 0.584 | 22.2 | 27.8 |
| 62～112 | 6.50 | 14.9 | 1.40 | 0.446 | 23.9 | 27.6 |

注：未测定数据，表中为"—"。

# 8.4 纤维有机正常潜育土

## 8.4.1 松阿察河系（Song'achahe Series）

土　族：黏质伊利石混合型冷性-纤维有机正常潜育土
拟定者：翟瑞常，辛　刚

**分布与环境条件**　松阿察河系土壤以密山、宝清、饶河、虎林等市县为多，周边市县也有分布。本土系分布于乌苏里江及其支流松阿察河、穆棱河、七虎林河、阿布沁河等河流的冲积平原区域低洼地，冲积、淤积母质，质地较重，排水不畅。垦前植被主要是沼泽植被小叶章、沼柳、三棱草等。人工排水后开垦成旱田。中温带大陆性季风气候，具冷性土壤温度状况和潮湿土壤水分状况。年平均降水量

松阿察河系典型景观

561.5mm，年平均蒸发量 1112.4～1336mm。年平均日照时数 2500h，年均气温 2.7℃，无霜期 135 天，≥10℃的积温 2310～2400℃。日平均气温稳定通过 0℃日期平均在 4 月初，结束在 10 月末。日平均气温稳定通过 10℃的初日在 4 月中旬，终日在 9 月下旬。地温变化和气温一致，每年冻结时间长达 5 个多月，最深冻土可达 187cm，平均冻深为 148cm。50cm 深处土壤温度年平均 5.6℃，夏季 16.3℃，冬季–4.1℃，冬夏温差 20.4℃。

**土系特征与变幅**　本土系土壤发生层可分为有机表层和潜育层，有机表层厚度为 20～40cm，潜育层，青灰色，有根孔状锈斑。有机表层土壤容重很小，为 0.27～0.67g/cm$^3$，有机碳含量 130～320g/kg。

**对比土系**　白河系。白河系为寒性土壤温度状况和滞水土壤水分状况，矿质土层颗粒组成为壤质。松阿察河系为冷性土壤温度状况，人工排水后形成潮湿土壤水分状况，矿质土层颗粒组成为黏质。

**利用性能综述**　本土系地势低洼，易涝，应加强排水。表层为有机表层，矿质养分少，土壤易缺乏铜、锌等微量元素。作物产量较低，大豆单产为 1125～1875g/kg。

**参比土种**　厚层泥炭沼泽土。

**代表性单个土体**　位于黑龙江省鸡西市虎林市八五八农场第十管理区六号地。

45°38′9.3″N，133°13′32.0″E，海拔 58m。现为大豆地。野外调查时间为 2011 年 9 月 27 日，编号 23-100。

O1: 0~20cm，暗棕色（7.5YR 3/3，干），黑棕色（7.5YR 3/2，润），纤维土壤有机物质，少量极细根，向下清晰平滑过渡。

O2: 20~30cm，黑棕色（7.5YR 2/2，干），黑色（7.5YR 2/1，润），高腐有机土壤物质，紧实，很少量极细根，pH 5.64，向下清晰平滑过渡。

Cg: 30~90cm，淡灰色（10YR 7/1，干），灰黄棕色（7.5YR 6/2，润），粉质黏土，无结构，坚实，很少量极细根，pH 5.89。

松阿察河系代表性单个土体剖面

## 松阿察河系代表性单个土体物理性质

| 土层 | 深度 /cm | 细土颗粒组成（粒径：mm）/(g/kg) | | | 质地 | 容重 /(g/cm³) |
| | | 砂粒 2~0.05 | 粉粒 0.05~0.002 | 黏粒 <0.002 | | |
| --- | --- | --- | --- | --- | --- | --- |
| O1 | 0~20 | — | — | — | — | 0.28 |
| O2 | 20~30 | — | — | — | — | 0.96 |
| Cg | 30~90 | 6 | 522 | 472 | 粉质黏土 | 1.20 |

注：有机土壤物质不测定机械组成，不划分质地类型，表中为"—"。

## 松阿察河系代表性单个土体化学性质

| 深度 /cm | pH (H₂O) | 有机碳 /(g/kg) | 全氮(N) /(g/kg) | 全磷(P) /(g/kg) | 全钾(K) /(g/kg) | 阳离子交换量 /(cmol/kg) |
| --- | --- | --- | --- | --- | --- | --- |
| 0~20 | — | 316.5 | 20.17 | 1.346 | 4.8 | — |
| 20~30 | 5.64 | 71.6 | 6.63 | 0.319 | 17.2 | 38.9 |
| 30~90 | 5.89 | 10.9 | 0.91 | 0.298 | 23.0 | 26.0 |

注：未测定数据，表中为"—"。

# 第9章 均腐土纲

## 9.1 普通寒性干润均腐土

### 9.1.1 同义系（Tongyi Series）

土　　族：黏质伊利石混合型-普通寒性干润均腐土
拟定者：翟瑞常，辛　刚

**分布与环境条件**　同义系土壤集中分布于讷河市南部，海拔为220～230m的嫩江二级阶地上，呈漫岗状起伏。黄土状母质，含碳酸钙，黏土-粉质黏土，质地较重。原始植被为羊草、黄蒿、柴胡、牛毛草等耐旱、耐盐碱植物。现多被开垦为农田，种植玉米、大豆、小麦等农作物。属中温带大陆性季风气候，寒性土壤温度状况和半干润土壤水分状况。年均降水量 425～440mm，年平均日照时数 2800h，年均气温 1℃ ，无霜期 124～139

同义系典型景观

天，≥10℃的积温 2450℃。50cm 深处土壤温度年平均 3.2℃，夏季 14.2℃，冬季–7.9℃。

**土系特征与变幅**　本土系土壤暗沃表层（Ah+AB）厚度≥25cm，淀积层有碳酸钙的淋溶淀积，有碳酸钙的假菌丝体，但碳酸钙含量低，不符合钙积层的标准，整个剖面有少量铁锰结核，表层最多。耕层容重在 1.1～1.4g/cm³，表层有机碳含量为 18.4～27.1g/kg。

**对比土系**　永革系。永革系分布于同义系东部、东北部，降水量高于同义系，土壤淋溶作用强，永革系淀积层没有碳酸钙，母质层有碳酸钙的假菌丝体，分布不均匀，碳酸钙含量低。同义系淀积层有碳酸钙的淋溶淀积，有碳酸钙的假菌丝体。

**利用性能综述**　土壤腐殖质层厚，养分丰富，但土壤质地黏重，通气透水性差，易板结，耕性不良，应深耕深松，促进通气透水和养分转化，提高供肥性能。适宜种植大豆、玉米、甜菜，大豆单产为 2250～3375kg/hm²。

**参比土种**　中层黄土质黑钙土。

**代表性单个土体**　　位于黑龙江省齐齐哈尔市讷河市同义镇保国村西 1km。48°10′35.0″N，124°41′50.9″E，海拔 236m。现为大豆地。野外调查时间为 2010 年 8 月 7 日，编号 23-026。

23-026

同义系代表性单个土体剖面

Ah：0～30cm，黑棕色（7.5YR 2/2，干），黑色（7.5YR 2/1，润），粉质黏土，小团粒结构，坚实，少量细根，少量铁锰结核，无石灰反应，pH 7.44，向下模糊舌状过渡。

AB：30～44cm，黑棕色（7.5YR 3/2，干），黑棕色（7.5YR 3/2，润），粉质黏土，小团粒结构，坚实，很少量极细根，少量铁锰结核，无石灰反应，pH 7.80，向下模糊波状过渡。

Bk：44～110cm，浊棕色（7.5YR 6/3，干），棕色（7.5YR 4/3，润），粉质黏土，小棱块结构，坚实，很少量极细根，很少量铁锰结核，丰度为 2% 的碳酸钙假菌丝体，强石灰反应，pH 8.30，向下渐变平滑过渡。

BC：110～127cm，浊棕色（7.5YR 5/3，干），棕色（7.5YR 4/3，润），粉质黏土，很弱小棱块结构，坚实，无根，很少量铁锰结核，丰度为 1% 的碳酸钙假菌丝体，强石灰反应，pH 8.44，向下渐变平滑过渡。

C：127～155cm，浊棕色（7.5YR 5/4，干），棕色（7.5YR 4/4，润），粉质黏土，很弱小棱块结构，坚实，无根，很少量铁锰结核，强石灰反应，pH 8.52。

### 同义系代表性单个土体物理性质

| 土层 | 深度/cm | 洗失量/(g/kg) | 细土颗粒组成（粒径：mm）/(g/kg) | | | 质地 | 容重/(g/cm³) |
|---|---|---|---|---|---|---|---|
| | | | 砂粒 2～0.05 | 粉粒 0.05～0.002 | 黏粒 <0.002 | | |
| Ah | 0～30 | — | 144 | 450 | 407 | 粉质黏土 | 1.38 |
| AB | 30～44 | — | 133 | 463 | 404 | 粉质黏土 | 1.22 |
| Bk | 44～110 | 76 | 122 | 471 | 406 | 粉质黏土 | 1.40 |
| BC | 110～127 | | 132 | 459 | 409 | 粉质黏土 | 1.47 |
| C | 127～155 | | 109 | 473 | 418 | 粉质黏土 | 1.58 |

注：土壤没有碳酸钙或含量低，不需要去除碳酸钙或去除碳酸钙土壤质量没有显著减少，表中为"—"。

### 同义系代表性单个土体化学性质

| 深度/cm | pH(H₂O) | 有机碳/(g/kg) | 全氮(N)/(g/kg) | 全磷(P)/(g/kg) | 全钾(K)/(g/kg) | 阳离子交换量/(cmol/kg) | 碳酸钙相当物/(g/kg) |
|---|---|---|---|---|---|---|---|
| 0～30 | 7.44 | 22.6 | 2.31 | 0.672 | 20.7 | 40.8 | 0 |
| 30～44 | 7.80 | 16.0 | 1.73 | 0.467 | 19.4 | 40.1 | 0 |
| 44～110 | 8.30 | 5.5 | 0.84 | 0.340 | 19.5 | 29.5 | 45 |
| 110～127 | 8.44 | 4.4 | 0.70 | 0.342 | 19.8 | 29.2 | 29 |
| 127～155 | 8.52 | 4.0 | 0.65 | 0.335 | 20.1 | 28.4 | 18 |

### 9.1.2　永革系（Yongge Series）

土　　族：黏质伊利石混合型–普通寒性干润均腐土
拟定者：翟瑞常，辛　刚

**分布与环境条件**　永革系土壤分布于讷河市东南部，海拔为 220～230m 的嫩江二级阶地上，呈漫岗状起伏。黄土状母质，含碳酸钙，质地较重。原始植被为羊草、黄蒿、柴胡、牛毛草等耐旱植物，现多被开垦为农田。中温带大陆性季风气候，具寒性土壤温度状况和半干润土壤水分状况。年平均降水量 425～440mm，年均气温 1℃，无霜期 124～139 天，≥10℃的有效积温 2450℃。日平均气温稳定通过 10℃的初日在 5 月 13 日，终

永革系典型景观

日在 9 月 24 日。地温变化和气温一致，每年冻结时间长达 6～7 个月，最深冻土可达 288cm，平均冻深为 230cm。50cm 深处土壤温度年平均 3.2℃，夏季 14.2℃，冬季–7.9℃，冬夏温差 22.1℃。

**土系特征与变幅**　本土系土壤暗沃表层（Ah+AB）厚度≥50cm，淀积层没有碳酸钙，母质层有碳酸钙的假菌丝体，分布不均匀，碳酸钙含量低；整个剖面有很少量小铁锰结核。耕层容重在 1.0g/cm³ 左右，表层有机碳含量为 11.5～22.5g/kg。

**对比土系**　同义系。永革系分布于同义系东部、东北部，降水量高于同义系，土壤淋溶作用强。同义系淀积层有碳酸钙的淋溶淀积，有碳酸钙的假菌丝体。永革系淀积层没有碳酸钙，母质层有碳酸钙的假菌丝体，分布不均匀，碳酸钙含量低。

**利用性能综述**　本土系土壤腐殖质层厚，养分贮量丰富，土壤结构好，是比较好的农业土壤，玉米产量可达 7500～9000kg/hm²，易发生春旱。生产中应合理耕作，多施有机肥，防止土壤肥力下降，结构被破坏。本土系土壤坡度不大，但坡较长，应注意防止水土流失。

**参比土种**　厚层黄土质淋溶黑钙土。

**代表性单个土体**　位于黑龙江省齐齐哈尔市讷河市通南镇永革村北 1km。48°8′20.4″N，124°58′37.6″E，海拔 230m。现为大豆地。野外调查时间为 2010 年 8 月 7 日，编号 23-027。

永革系代表性单个土体剖面

Ah：0～50cm，黑棕色（7.5YR 3/2，干），黑色（7.5YR 2/1，润），粉质黏土，小团粒结构，坚实，少量细根，很少量小铁锰结核，无石灰反应，pH 6.54，向下模糊波状过渡。

AB：50～70cm，灰棕色（7.5YR 5/2，干），灰棕色（7.5YR 3/2，润），粉质黏土，小团粒结构，坚实，很少量极细根，很少量铁锰结核，无石灰反应，pH 6.68，向下模糊波状过渡。

B：70～103cm，棕色（7.5YR 4/3，干），灰棕色（7.5YR 4/3，润），粉质黏土，棱块结构，坚实，很少量极细根，很少量小铁锰结核，结构面有三氧化二物黏粒胶膜，无石灰反应，pH 7.10，向下渐变平滑过渡。

BC：103～152cm，棕色（7.5YR 4/3，干），棕色（7.5YR 4/4，润），粉质黏土，棱块结构，坚实，无根，很少量小铁锰结核，结构面有三氧化二物黏粒胶膜，弱石灰反应，pH 7.12，向下渐变平滑过渡。

C：152～170cm，浊棕色（7.5YR 5/3，干），棕色（7.5YR 4/4，润），粉质黏土，中棱块结构，坚实，无根，很少量小铁锰结核，结构面有三氧化二物黏粒胶膜，有碳酸钙假菌丝体，分布不均匀，强石灰反应，pH 7.20。

### 永革系代表性单个土体物理性质

| 土层 | 深度 /cm | 细土颗粒组成 (粒径：mm)/(g/kg) | | | 质地 | 容重 /(g/cm³) |
| --- | --- | --- | --- | --- | --- | --- |
| | | 砂粒 2～0.05 | 粉粒 0.05～0.002 | 黏粒 <0.002 | | |
| Ah | 0～50 | 61 | 469 | 470 | 粉质黏土 | 1.19 |
| AB | 50～70 | 65 | 457 | 478 | 粉质黏土 | 1.12 |
| B | 70～103 | 61 | 466 | 474 | 粉质黏土 | 1.48 |
| BC | 103～152 | 54 | 436 | 510 | 粉质黏土 | 1.47 |
| C | 152～170 | 61 | 418 | 522 | 粉质黏土 | 1.35 |

### 永革系代表性单个土体化学性质

| 深度 /cm | pH (H₂O) | 有机碳 /(g/kg) | 全氮(N) /(g/kg) | 全磷(P) /(g/kg) | 全钾(K) /(g/kg) | 阳离子交换量 /(cmol/kg) |
| --- | --- | --- | --- | --- | --- | --- |
| 0～50 | 6.54 | 11.6 | 2.39 | 0.520 | 20.0 | 44.8 |
| 50～70 | 6.68 | 7.8 | 1.19 | 0.313 | 20.3 | 39.9 |
| 70～103 | 7.10 | 6.8 | 0.92 | 0.324 | 20.8 | 35.6 |
| 103～152 | 7.12 | 8.2 | 1.06 | 0.349 | 21.0 | 38.6 |
| 152～170 | 7.20 | 6.9 | 1.00 | 0.399 | 21.4 | 39.8 |

# 9.2 斑纹-钙积暗厚干润均腐土

## 9.2.1 明水系（Mingshui Series）

土　　族：黏质伊利石混合型冷性-斑纹-钙积暗厚干润均腐土
拟定者：翟瑞常，辛　刚

**分布与环境条件**　明水系土壤分布于松嫩平原西部的依安、拜泉、甘南、龙江、富裕、杜蒙、兰西、明水、肇东、青冈等地。地形为波状平原岗坡中上部；富含碳酸钙的黄土状母质；草甸草原植被，羊草群落，针茅-兔毛蒿群落。现多开垦为耕地，种植玉米、大豆、杂粮。中温带大陆性季风气候，具冷性土壤温度状况和半干润土壤水分状况。年平均降水量 400～

明水系典型景观

470mm，年平均蒸发量 1460mm。年均气温 2.4℃，无霜期 125 天，≥10℃的积温 2590℃。50cm 深处年平均土壤温度 3.9℃。

**土系特征与变幅**　本土系土壤土体构型为 Ah、ABh、Bk、BC 和 C。（Ah+ABh）层为暗沃表层，厚 50～75cm，Bk 层有少量碳酸钙假菌丝体；Ah 层无石灰反应，其他发生层为强-极强石灰性反应。整个剖面有很少量黑色铁锰结核。耕层容重在 1.1～1.3g/cm³，表层有机碳含量为 13.6～5.3g/kg。

**对比土系**　双兴系。双兴系和明水系为同一土族。明水系（Ah+ABh）为暗沃表层，厚 50～75cm，Ah 层无石灰反应，其下为强-极强石灰反应，Bk 层有少量碳酸钙假菌丝体，全剖面有很少量铁锰结核。双兴系（Ap+Ah+ABh）为暗沃表层，厚≥75cm，Ap、Ah 层有弱石灰反应，其下为极强石灰反应，C 层为中度石灰反应，Bk、BCk、C 层有很少量碳酸钙假菌丝体，Ah 层以下有很少量铁锰结核。

**利用性能综述**　土壤腐殖质层厚，养分贮量丰富，是比较好的农业土壤，适宜种植大豆、玉米、甜菜，玉米单产为 7500～9000kg/hm²。利用中应注意防止水土流失，保护土壤结构和培肥土壤。易发生春旱，有条件发展灌溉农业。

**参比土种**　中层黄土质黑钙土。

**代表性单个土体**　位于黑龙江省绥化市明水县城北 5000m。47°13′46.3″N，125°53′50.6″E，海拔 232m。波状平原岗坡中上部，坡度 1°～2°；黄土状母质，富含碳酸钙；现在为耕地，种植大豆、玉米、杂粮。土壤调查时为收获的大豆地。野外调查时间为 2010 年 9 月 30 日，编号 23-049。

明水系代表性单个土体剖面

Ah：　0～36cm，黑棕色（7.5YR 3/2，干），黑棕色（7.5YR 2/2，润），粉质黏壤土，团粒结构，疏松，很少量极细根，很少量黑色铁锰结核，无石灰反应，pH 8.06，向下渐变平滑过渡。

ABh：36～58cm，灰棕色（7.5YR 5/3，干），黑棕色（7.5YR 3/2，润），粉质黏壤土，小粒状结构，疏松，很少量极细根，很少量黑色铁锰结核，强石灰反应，pH 8.32，向下模糊波状过渡。

Bk：　58～112cm，浊棕色（7.5YR 6/3，干），浊棕色（7.5YR 5/3，润），粉质黏土，小棱块结构，疏松，很少量极细根，很少量黑色铁锰结核，少量碳酸钙假菌丝体，极强石灰反应，pH 8.20，向下渐变平滑过渡。

BC：　112～148cm，浊棕色（7.5YR 6/3，干），浊棕色（7.5YR 5/3，润），粉质黏土，小棱块结构，疏松，无根系，很少量黑色铁锰结核，极强石灰反应，pH 8.30，向下渐变平滑过渡。

C：148～180cm，浊橙色（7.5YR 6/4，干），浊棕色（7.5YR 5/4，润），粉质黏土，棱块结构，疏松，很少量黑色铁锰结核，极强石灰反应。

## 明水系代表性单个土体物理性质

| 土层 | 深度 /cm | 洗失量 /(g/kg) | 细土颗粒组成（粒径：mm)/(g/kg) | | | 质地 | 容重 /(g/cm³) |
| --- | --- | --- | --- | --- | --- | --- | --- |
| | | | 砂粒 2～0.05 | 粉粒 0.05～0.002 | 黏粒 <0.002 | | |
| Ah | 0～36 | — | 112 | 505 | 383 | 粉质黏壤土 | 1.22 |
| ABh | 36～58 | — | 101 | 516 | 383 | 粉质黏壤土 | 1.11 |
| Bk | 58～112 | 69 | 141 | 441 | 418 | 粉质黏土 | 1.32 |
| BC | 112～148 | — | 29 | 484 | 487 | 粉质黏土 | 1.33 |
| C | 148～180 | 52 | 113 | 487 | 400 | 粉质黏土 | 1.42 |

注：土壤没有碳酸钙或含量低，不需要去除碳酸钙或去除碳酸钙土壤质量没有显著减少，表中为"—"。

## 明水系代表性单个土体化学性质

| 深度 /cm | pH (H₂O) | 有机碳 /(g/kg) | 全氮(N) /(g/kg) | 全磷(P) /(g/kg) | 全钾(K) /(g/kg) | 阳离子交换量 /(cmol/kg) | 碳酸钙 相当物 /(g/kg) |
| --- | --- | --- | --- | --- | --- | --- | --- |
| 0～36 | 8.06 | 25.3 | 2.59 | 0.618 | 17.8 | 41.9 | 0 |
| 36～58 | 8.32 | 18.0 | 1.99 | 0.426 | 19.3 | 34.7 | 25 |
| 58～112 | 8.20 | 15.9 | 1.31 | 0.440 | 19.5 | 30.4 | 45 |
| 112～148 | 8.30 | 12.3 | 0.95 | 0.416 | 20.7 | 27.7 | 29 |
| 148～180 | 8.30 | 17.0 | 0.85 | 0.363 | 20.0 | 26.5 | 34 |

## 9.2.2 双兴系（Shuangxing Series）

土　族：黏质伊利石混合型冷性-斑纹-钙积暗厚干润均腐土
拟定者：翟瑞常，辛　刚

**分布与环境条件**　双兴系土壤
主要分布于松嫩平原的青冈、明
水、望奎、兰西、绥化等市县，
甘南、拜泉也有分布。地形为缓
坡漫岗平原，坡度多在 2°～3°。
黄土状母质，含碳酸钙，黏土-
粉质黏土。开垦前为草甸草原植
被，以羊草为主，伴有狼尾草、
委陵菜、小叶章等。多开垦为耕
地。中温带大陆性季风气候，具
冷性土壤温度状况和半干润土
壤水分状况。年平均降水量

双兴系典型景观

400～470mm，年平均蒸发量 1460mm。年平均日照时数 2800h，年均气温 2.4℃，无霜
期 125 天，≥10℃的积温 2590℃。50cm 深处年平均土壤温度 3.9℃。

**土系特征与变幅**　双兴系土壤暗沃表层（Ah+ABh）≥50cm，100cm 土层范围内出现钙
积层，有碳酸钙假菌丝体。耕层容重在 1.1～1.3g/cm³，表层有机碳含量 13.6～31.9 g/kg。

**对比土系**　富牧东系。富牧东系整个土壤剖面无锈纹锈斑和铁锰结核。双兴系土壤剖面
25cm 以下有很少量小铁锰结核，具氧化还原特性。

**利用性能综述**　本土系土壤黑土层深厚，有机质含量高，养分贮量高，土壤结构好，肥
力高，适宜种植大豆、玉米、小麦、甜菜，玉米单产为 7500～9000kg/hm²。但土壤质地
较黏重，通气透水性不良，春季土壤养分转化慢，供肥性差，耕性不良。应深耕、深松，
增施有机肥，实行秸秆还田，培肥土壤。

**参比土种**　厚层黄土质草甸黑钙土。

**代表性单个土体**　位于黑龙江省绥化市明水县双兴镇姜家店村东 2000m。47°3′13.4″N，
125°40′50.2″E，海拔 247m。现为玉米地。野外调查时间为 2010 年 9 月 29 日，编号 23-048。

双兴系代表性单个土体剖面

Ap: 0~25cm，黑棕色（7.5YR 3/2，干），黑棕色（7.5YR 2/2，润），粉质黏壤土，小团粒结构，疏松，很少量细根，弱石灰反应，pH 8.06，向下渐变平滑过渡。

Ah: 25~56cm，黑棕色（7.5YR 3/2，干），黑棕色（7.5YR 2/2，润），粉质黏壤土，小团粒结构，疏松，很少量极细根，很少量黑色小铁锰结核，弱石灰反应，pH 8.00，向下渐变平滑过渡。

ABh: 56~81cm，灰棕色（7.5YR 5/3，干），黑棕色（7.5YR 3/2，润），粉质黏土，小粒状结构，疏松，很少量极细根，很少量黑色小铁锰结核，极强石灰反应，pH 8.22，向下模糊波状过渡。

Bk: 81~131cm，灰棕色（7.5YR 6/2，干），浊棕色（7.5YR 5/3，润），粉质黏土，小棱块结构，疏松，很少量极细根，很少量黑色小铁锰结核，少量碳酸钙假菌丝体，极强石灰反应，pH 8.36，向下模糊平滑过渡。

BCk: 131~151cm，浊橙色（7.5YR 6/4，干），浊棕色（7.5YR 5/4，润），粉质黏壤土，小棱块结构，疏松，很少量极细根，很少量黑色小铁锰结核，很少量碳酸钙假菌丝体，极强石灰反应，pH 8.34，向下模糊平滑过渡。

C: 151~175cm，浊棕色（7.5YR 6/3，干），浊棕色（7.5YR 5/4，润），粉质黏壤土，小棱块结构，疏松，无根，很少量黑色小铁锰结核，很少量碳酸钙假菌丝体，中度石灰反应，pH 8.28。

### 双兴系代表性单个土体物理性质

| 土层 | 深度 /cm | 洗失量 /(g/kg) | 细土颗粒组成（粒径：mm）/(g/kg) | | | 质地 | 容重 /(g/cm³) |
| | | | 砂粒 2~0.05 | 粉粒 0.05~0.002 | 黏粒 <0.002 | | |
| --- | --- | --- | --- | --- | --- | --- | --- |
| Ap | 0~25 | — | 87 | 520 | 393 | 粉质黏壤土 | 1.26 |
| Ah | 25~56 | — | 82 | 529 | 389 | 粉质黏壤土 | 1.03 |
| ABh | 56~81 | 60 | 92 | 469 | 438 | 粉质黏土 | 1.31 |
| Bk | 81~131 | 68 | 77 | 508 | 414 | 粉质黏土 | 1.30 |
| BCk | 131~151 | 68 | 85 | 516 | 399 | 粉质黏壤土 | 1.33 |

注：土壤碳酸钙含量低，去除碳酸钙土壤质量没有显著减少，表中为"—"。

### 双兴系代表性单个土体化学性质

| 深度 /cm | pH (H₂O) | 有机碳 /(g/kg) | 全氮(N) /(g/kg) | 全磷(P) /(g/kg) | 全钾(K) /(g/kg) | 阳离子交换量 /(cmol/kg) | 碳酸钙相当物 /(g/kg) |
| --- | --- | --- | --- | --- | --- | --- | --- |
| 0~25 | 8.06 | 31.9 | 2.57 | 0.489 | 18.6 | 39.0 | 2 |
| 25~56 | 8.00 | 19.8 | 2.21 | 0.405 | 20.2 | 36.5 | 0 |
| 56~81 | 8.22 | 14.6 | 1.52 | 0.419 | 18.5 | 31.0 | 37 |
| 81~131 | 8.36 | 12.2 | 0.21 | 0.353 | 19.0 | 26.3 | 55 |
| 131~151 | 8.34 | 8.3 | 0.91 | 0.375 | 20.4 | 25.2 | 48 |

# 9.3 钙积暗厚干润均腐土

## 9.3.1 富牧东系（Fumudong Series）

土　族：黏质伊利石混合型冷性-钙积暗厚干润均腐土
拟定者：翟瑞常，辛　刚

**分布与环境条件**　富牧东系土壤集中分布于松嫩平原西部的齐齐哈尔、依安、富裕、龙江、拜泉、兰西、肇源、肇州、明水、肇东等地。地形微有起伏，黄土状母质，含碳酸钙。原始植被属于草甸草原，植物有羊草、大针茅、黄蒿、兔毛蒿植物。现多被开垦为农田，种植玉米、大豆、小麦、谷子等农作物。中温带大陆性季风气候，属冷性土壤温度状况和半干润土壤水分状况。年平均降水量 427mm，6～9 月降

富牧东系典型景观

水占全年的 81.0%。年平均蒸发量 1589mm。年平均日照时数 2743h，年均气温 2.0℃，无霜期 130 天，≥10℃的积温 2580℃。日平均气温稳定通过 0℃日期平均在 4 月 6 日，结束在 10 月 24 日。日平均气温稳定通过 10℃的初日在 5 月 9 日，终日在 9 月 25 日。50cm 深处土壤温度年平均 4.7℃，夏季 17.1℃，冬季–8.0℃，冬夏温差 25.1℃。

**土系特征与变幅**　富牧东系土壤暗沃表层（Ah+ABh）≥50cm，100cm 土层范围内出现钙积层，有碳酸钙假菌丝体。土壤整个剖面具强或极强石灰反应。耕层容重在 1.1～1.5g/cm³，表层有机碳含量为 12.5～27.4 g/kg，pH 8.0～8.6。

**对比土系**　富牧西系。富牧西系和富牧东系土壤都集中分布于松嫩平原西部，地形微有起伏，母质为第三纪、第四纪河流冲积物形成的黄土状母质，富含碳酸钙。（Ah+ABh）层≥50cm，100cm 土层范围内出现钙积层。富牧西系土族控制层段颗粒粒级组成为黏壤质，Ah、ABh 层无石灰反应，淀积层才出现石灰反应。而富牧东系土族控制层段颗粒粒级组成为黏质，表层有极强石灰反应。

**利用性能综述**　本土系土层深厚，质地较黏重，土壤养分含量较高，土壤保水保肥能力强，肥力较持久，适宜种植大豆、玉米、甜菜、向日葵等作物。玉米单产 7500～9000kg/hm²。

**参比土种**　中层黄土质石灰性黑钙土。

**代表性单个土体**　位于黑龙江省齐齐哈尔市富裕县富裕牧场东南 3km 处。47°49′40.9″N，124°40′50.8″E，海拔 170m。现为大豆地。野外调查时间为 2010 年 8 月 6 日，编号 23-025。

23-025

Ah:　0～31cm，灰棕色（7.5YR 4/2，干），黑棕色（7.5YR 3/2，润），黏壤土，发育中等的中团粒结构，疏松，很少量极细根，极强石灰反应，pH 8.20，向下渐变平滑过渡。

ABh：31～50cm，浊棕色（7.5YR 5/3，干），棕色（7.5YR 3/3，润），黏壤土，弱发育的很小团粒结构，疏松，很少量极细根，丰度为 5%的碳酸钙假菌丝体，pH 8.10，向下渐变波状过渡。

Bk：　50～160cm，浊棕色（7.5YR 5/3，干），浊棕色（7.5YR 5/4，润），黏壤土，小棱块结构，坚实，很少极细根，丰度为 15%的碳酸钙假菌丝体，强石灰反应，pH 8.60，向下渐变平滑过渡。

Ck：　160～180cm，浊棕色（7.5YR 5/4，干），亮棕色（7.5YR 5/6，润），黏土，很小棱块结构，坚实，无根，丰度为 2%的碳酸钙假菌丝体，强石灰反应，pH 8.50。

富牧东系代表性单个土体剖面

### 富牧东系代表性单个土体物理性质

| 土层 | 深度/cm | 洗失量/(g/kg) | 细土颗粒组成 (粒径：mm)/(g/kg) | | | 质地 | 容重/(g/cm³) |
| --- | --- | --- | --- | --- | --- | --- | --- |
| | | | 砂粒 2～0.05 | 粉粒 0.05～0.002 | 黏粒 <0.002 | | |
| Ah | 0～31 | 106 | 321 | 337 | 343 | 黏壤土 | 1.22 |
| ABh | 31～50 | 144 | 239 | 381 | 380 | 黏壤土 | 1.28 |
| Bk | 50～160 | 137 | 230 | 384 | 386 | 黏壤土 | 1.37 |
| Ck | 160～180 | 61 | 176 | 373 | 450 | 黏土 | 1.40 |

### 富牧东系代表性单个土体化学性质

| 深度/cm | pH(H₂O) | 有机碳/(g/kg) | 全氮(N)/(g/kg) | 全磷(P)/(g/kg) | 全钾(K)/(g/kg) | 阳离子交换量/(cmol/kg) | 碳酸钙相当物/(g/kg) |
| --- | --- | --- | --- | --- | --- | --- | --- |
| 0～31 | 8.20 | 19.4 | 2.06 | 0.413 | 18.1 | 33.9 | 67 |
| 31～50 | 8.10 | 10.8 | 1.01 | 0.339 | 18.6 | 28.2 | 114 |
| 50～160 | 8.60 | 7.6 | 0.65 | 0.346 | 19.5 | 26.6 | 104 |
| 160～180 | 8.50 | 4.2 | 0.51 | 0.527 | 21.0 | 30.8 | 38 |

### 9.3.2 富牧西系（Fumuxi Series）

土　族：黏壤质混合型冷性–钙积暗厚干润均腐土
拟定者：翟瑞常，辛　刚

**分布与环境条件**　富牧西系土壤
集中分布于松嫩平原西部的齐齐
哈尔、依安、富裕、龙江、青冈、
兰西、肇源、明水等地。地形微有
起伏，黄土状母质，含碳酸钙。原
始植被属于草甸草原，植物有羊
草、大针茅、黄蒿、兔毛蒿植物。
现多被开垦为农田，种植玉米、大
豆、小麦等农作物。中温带大陆性
季风气候，属冷性土壤温度状况和
半干润土壤水分状况。年平均降水
量 427mm，6～9 月降水占全年的
81.0%。年平均蒸发量 1589mm。

富牧西系典型景观

年平均日照时数 2743h，年均气温 2.0℃，无霜期 130 天，≥10℃的积温 2580℃。日平均
气温稳定通过 0℃日期平均在 4 月 6 日，结束在 10 月 24 日。日平均气温稳定通过 10℃
的初日在 5 月 9 日，终日在 9 月 25 日。50cm 深处土壤温度年平均 4.7℃，夏季 17.1℃，
冬季–8.0℃，冬夏温差 25.1℃。

**土系特征与变幅**　富牧西系土壤暗沃表层（Ah+ABh）≥50cm，100cm 土层范围内出现
钙积层，有碳酸钙假菌丝体。整个剖面无锈斑锈纹和铁锰结核。耕层容重在 1.1～1.4g/cm$^3$，
表层有机碳含量为 11.2～24.0 g/kg，pH 7.3～8.5。

**对比土系**　富牧东系。富牧东系和富牧西系土壤都集中分布于松嫩平原西部，地形微
有起伏，母质为第三纪、第四纪河流冲积物形成的黄土状母质，富含碳酸钙。（Ah+ABh）
层≥50cm，100cm 土层范围内出现钙积层。富牧东系土族控制层段颗粒粒级组成为黏质，
表层有极强石灰反应。而富牧西系土族控制层段颗粒粒级组成为黏壤质，Ah、ABh 层无
石灰反应，淀积层才出现石灰反应。

**利用性能综述**　本土系土层深厚，质地较黏重，土壤养分含量较高，土壤保水保肥能力强，
肥力较持久，适宜种植大豆、玉米、甜菜、向日葵等作物。玉米单产 7500～9000kg/hm$^2$。

**参比土种**　厚层黄土质黑钙土。

**代表性单个土体**　位于黑龙江省齐齐哈尔市富裕县富裕牧场西 2km 处。47°50′14.7″N，
124°36′29.2″E，海拔 174m。现为玉米地。野外调查时间为 2010 年 8 月 6 日，编号 23-024。

Ah:　　0～66cm，暗棕色（7.5YR 3/4，干），黑棕色（7.5YR 3/2，润），砂质黏壤土，发育程度弱的小团粒结构，疏松，很少量细根，无石灰反应，pH 7.88，向下渐变平滑过渡。

ABh：66～87cm，浊棕色（7.5YR 5/3，干），棕色（7.5YR 3/3，润），黏壤土，弱发育的很小团粒结构，疏松，很少量极细根，无石灰反应，pH 8.04，向下渐变波状过渡。

Bk:　　87～163cm，浊橙色（7.5YR 7/3，干），浊棕色（7.5YR 5/4，润），粉壤土，棱块结构，疏松，很少量极细根，丰度为 5%的碳酸钙假菌丝体，强石灰反应，pH 8.10，向下渐变平滑过渡。

Ck:　　163～185cm，浊橙色（7.5YR 6/4，干），浊棕色（7.5YR 5/4，润），砂质黏壤土，很小棱块结构，疏松，无根，丰度为 2%的碳酸钙假菌丝体，强石灰反应，pH 8.48。

富牧西系代表性单个土体剖面

### 富牧西系代表性单个土体物理性质

| 土层 | 深度 /cm | 洗失量 /(g/kg) | 细土颗粒组成 (粒径：mm)/(g/kg) | | | 质地 | 容重 /(g/cm³) |
| --- | --- | --- | --- | --- | --- | --- | --- |
| | | | 砂粒 2～0.05 | 粉粒 0.05～0.002 | 黏粒 <0.002 | | |
| Ah | 0～66 | — | 589 | 197 | 214 | 砂质黏壤土 | 1.38 |
| ABh | 66～87 | — | 400 | 298 | 303 | 黏壤土 | 1.34 |
| Bk | 87～163 | 180 | 397 | 501 | 103 | 粉壤土 | 1.39 |
| Ck | 163～185 | — | 567 | 201 | 231 | 砂质黏壤土 | 1.65 |

注：土壤没有碳酸钙或含量低，不需要去除碳酸钙或去除碳酸钙土壤质量没有显著减少，表中为"—"。

### 富牧西系代表性单个土体化学性质

| 深度 /cm | pH (H₂O) | 有机碳 /(g/kg) | 全氮(N) /(g/kg) | 全磷(P) /(g/kg) | 全钾(K) /(g/kg) | 阳离子交换量 /(cmol/kg) | 碳酸钙 相当物 /(g/kg) |
| --- | --- | --- | --- | --- | --- | --- | --- |
| 0～66 | 7.88 | 11.5 | 1.29 | 0.205 | 23.5 | 21.1 | 0 |
| 66～87 | 8.04 | 6.9 | 0.89 | 0.181 | 18.3 | 26.2 | 0 |
| 87～163 | 8.10 | 5.0 | 0.65 | 0.201 | 21.6 | 19.7 | 134 |
| 163～185 | 8.48 | 3.6 | 0.51 | 0.180 | 23.3 | 15.4 | 12 |

# 9.4 普通暗厚干润均腐土

## 9.4.1 林业屯系（Linyetun Series）

土　族：砂质硅质混合型石灰性冷性-普通暗厚干润均腐土
拟定者：翟瑞常，辛　刚

**分布与环境条件**　林业屯系主
要分布在黑龙江省松嫩平原中的
泰来、杜蒙、大庆等县市。地形
为沙丘顶部坡，坡度约 3°～5°，
成土母质为风积沙。中温带大陆
性季风气候，具冷性土壤温度状
况和半干润土壤水分状况。年平
均气温 3.8℃，≥10℃积温
2862.8℃，年平均降水量
458.3mm，6～9 月降水占全年的
81.6%，无霜期 144 天；50cm 深
处土壤温度年平均 6.1℃，夏季
20.9℃，冬季–9.6℃，冬夏温差
30.5℃。自然植被为草原，主要

林业屯系典型景观

植物有碱草、防风、大针茅、冰草、早熟禾、胡枝子等，覆盖度 40%～80%，有 1/2 的
面积已开垦为农田。

**土系特征与变幅**　本土系土体构型为 Ah、AB、BC 和 C 层，Ah 层厚≥25cm，Ah、AB、
BC 层质地为砂质壤土，BC 层有石灰反应，其他层无石灰反应，母质层为砂土。表层有
机碳含量（10.1±3.8）g/kg（$n=6$），土壤容重（1.3±0.2）g/cm³。土壤 pH 7.5～8.5，呈碱
性反应。

**对比土系**　哈木台系。两土系均为风积形成的沙丘，但分属不同的土纲。哈木台系是普
通简育干润雏形土，表土层为淡薄表层。林业屯系是普通暗厚干润均腐土，表层为暗沃
表层，厚度≥50cm。

**利用性能综述**　本土系土体较厚，疏松，易耕作，适合种植玉米、薯类，但土壤易受风
蚀、易干旱、土壤基础肥力低，作物产量不高，玉米单产为 6000～7500kg/hm²。应抗旱
保墒，培肥土壤，营造防风林，防风固沙，防止沙化面积扩大。

**参比土种**　厚层固定草甸风沙土。

**代表性单个土体**　位于黑龙江省大庆市杜尔伯特蒙古族自治县克尔台乡林业屯西北

4000m 路南沙丘顶部，46°53′13.3″N，124°6′46.0″E，海拔 140m。地形为沙丘顶部，母质为风积沙。土壤调查地块种植玉米。野外调查时间为 2009 年 10 月 7 日，编号 23-007。

Ah:　0～80cm，黑棕色（10YR 2/3，干），黑棕色（10YR 2/2，润），砂质壤土，无结构，疏松，润，很少量细根，无石灰反应，pH 7.99，向下渐变不规则过渡。

AB:　80～106cm，浊黄橙色（10YR 6/4，干），浊黄棕色（10YR 5/4，润），砂质壤土，无结构，疏松，润，很少细根，无石灰反应，pH 8.69，向下渐变平滑过渡。

BC: 106～162cm，浊黄橙色（10YR 7/4，干），黄棕色（10YR 5/6，润），砂质壤土，无结构，疏松，润，很少细根，中度石灰反应，pH 8.95，向下模糊平滑过渡。

C:　162～180cm，浊橙色（10YR 7/4，干），亮黄棕色（10YR 6/8，润），砂土，无结构，疏松，润，无根系，无石灰反应，pH 9.12。

林业屯系代表性单个土体剖面

### 林业屯系代表性单个土体物理性质

| 土层 | 深度 /cm | 细土颗粒组成 (g/kg)（粒径：mm） | | | 质地 | 容重 /(g/cm³) |
| --- | --- | --- | --- | --- | --- | --- |
| | | 砂粒 2～0.05 | 粉粒 0.05～0.002 | 黏粒 <0.002 | | |
| Ah | 0～80 | 768 | 138 | 94 | 砂质壤土 | 1.50 |
| AB | 80～106 | 772 | 142 | 86 | 砂质壤土 | 1.56 |
| BC | 106～162 | 757 | 149 | 94 | 砂质壤土 | 1.74 |
| C | 162～180 | 910 | 52 | 37 | 砂土 | 1.53 |

### 林业屯系代表性单个土体化学性质

| 深度 /cm | pH (H₂O) | 有机碳 /(g/kg) | 全氮(N) /(g/kg) | 全磷(P) /(g/kg) | 全钾(K) /(g/kg) | 阳离子交换量 /(cmol/kg) | 碳酸钙相当物 /(g/kg) |
| --- | --- | --- | --- | --- | --- | --- | --- |
| 0～80 | 7.99 | 6.5 | 0.48 | 0.862 | 24.2 | 12.0 | 0 |
| 80～106 | 8.69 | 3.7 | 0.11 | 0.155 | 26.8 | 9.0 | 0 |
| 106～162 | 8.95 | 1.1 | 0.00 | 0.167 | 26.7 | 6.0 | 48 |
| 162～180 | 9.12 | 1.2 | 0.00 | 0.098 | 27.5 | 3.0 | 0 |

### 9.4.2 示范村系（Shifancun Series）

土　族：黏质伊利石混合型石灰性冷性-普通暗厚干润均腐土
拟定者：翟瑞常，辛　刚

**分布与环境条件**　示范村系主要
分布在黑龙江省松嫩平原中的龙
江、杜蒙、富裕、林甸、依安、泰
来、青冈、安达、大庆、肇源等市
县。地形为平原中的低平地，成土
母质为含碳酸盐的河湖沉积物。中
温带大陆性季风气候，具冷性土壤
温度状况和半干润土壤水分状况。
年平均气温 3.8℃，≥10℃积温
2862.8℃，年平均降水量458.3mm，
6～9 月降水占全年的 81.6%，无霜
期 144 天；50cm 深处土壤温度年平
均 6.1℃，夏季 20.9℃，冬季-9.6℃，

示范村系典型景观

冬夏温差 30.5℃。自然植被为以碱草为主的杂类草群落，覆盖度 60%～70%。少部分已开垦
为农田，大部分为放牧地。

**土系特征与变幅**　本土系土体构型为 Ahn、AB、BCr 和 C。暗沃表层厚度≥50cm，亚表
层有碱积现象，BCr 层有少量锈斑锈纹，具氧化还原特征，出现深度为 50～100cm。全
剖面有强-中度石灰反应。土壤呈碱性至强碱性反应，pH 8.5～10.0。Ahn 层有机碳含量
（25.5±10.8）g/kg（$n$=11），容重（1.3±0.2）g/cm$^3$。

**对比土系**　安达系。安达系为斑纹钙积干润均腐土，Ah 层为暗沃表层，厚 25～50cm，
有钙积层 Bk，Cr 层有铁斑纹，具有氧化还原特征，出现深度为 100～150cm。示范村系
为普通暗厚干润均腐土，暗沃表层厚度≥50cm，亚表层有碱积现象，BCr 层有少量锈斑
锈纹，具氧化还原特征，出现深度为 50～100cm。

**利用性能综述**　本土系呈碱性和强碱性反应，不适于作物生长，宜做放牧地。对已经开
垦为耕地的要进行改良，主要是适当深耕，结合施用有机肥和酸性肥料，增厚活土层，
种植甜菜、向日葵等耐碱的作物，有水源的地方，可发展水稻生产。

**参比土种**　中度苏打碱化草甸土。

**代表性单个土体**　位于黑龙江省大庆市杜尔伯特蒙古族自治县克尔台乡示范村西南
1000m，46°54′24.7″N，124°19′45.8″E，海拔 162m。地形为平原中的低平地，成土母质
为含碳酸盐的河湖沉积物。植被为以碱草为主的杂类草群落，覆盖度 60%～70%，为放

牧地。野外调查时间为 2009 年 10 月 8 日，编号 23-008。

示范村系代表性单个土体剖面

Ahn：0~28cm，黑棕色（7.5YR 3/1，干），黑色（7.5YR 2/1，润），黏土，碎块状结构，很坚实，润，很少极细根，强石灰反应，pH 9.35，向下渐变平滑过渡。

AB：28~67cm，灰棕色（7.5YR 3/1，干），黑色（7.5YR 2/1，润），黏土，碎块状结构，很坚实，潮，很少极细根，强石灰反应，pH 9.17，向下模糊不规则过渡。

BCr：67~120cm，灰棕色（7.5YR 6/2，干），浊棕色（7.5YR 5/3，润），粉质黏土，无结构，很坚实，潮，很少极细根，不明显锈纹，强石灰反应，pH 9.10，向下模糊平滑过渡。

C：120~162cm，淡棕灰色（7.5YR 7/2，干），浊棕色（7.5YR 6/3，润），黏土，无结构，很坚实，湿，无根系，中度石灰反应，pH 8.94，向下清晰平滑过渡。

2C：162~180cm，淡棕灰色（7.5YR 7/2，干），浊棕色（7.5YR 6/3，润），砂质壤土，无结构，坚实，湿，无根系，中度石灰反应，pH 8.92。

### 示范村系代表性单个土体物理性质

| 土层 | 深度/cm | 细土颗粒组成 (粒径：mm)/(g/kg) | | | 质地 | 容重/(g/cm³) |
|---|---|---|---|---|---|---|
| | | 砂粒 2~0.05 | 粉粒 0.05~0.002 | 黏粒 <0.002 | | |
| Ahn | 0~28 | 64 | 338 | 598 | 黏土 | 1.17 |
| AB | 28~67 | 237 | 341 | 422 | 黏土 | 1.25 |
| BCr | 67~120 | 86 | 416 | 497 | 粉质黏土 | 1.41 |
| C | 120~162 | 171 | 362 | 468 | 黏土 | 1.49 |

### 示范村系代表性单个土体化学性质

| 深度/cm | pH (H₂O) | 有机碳/(g/kg) | 全氮(N)/(g/kg) | 全磷(P)/(g/kg) | 全钾(K)/(g/kg) | 阳离子交换量/(cmol/kg) | 碳酸钙相当物/(g/kg) |
|---|---|---|---|---|---|---|---|
| 0~28 | 9.35 | 16.1 | 1.37 | 0.748 | 22.1 | 35.3 | 95 |
| 28~67 | 9.17 | 12.2 | 1.07 | 0.469 | 22.6 | 27.1 | 43 |
| 67~120 | 9.10 | 4.0 | 0.19 | 0.570 | 20.2 | 25.2 | 109 |
| 120~162 | 8.94 | 3.4 | 0.10 | 0.420 | 20.4 | 25.5 | 56 |

# 9.5　斑纹钙积干润均腐土

## 9.5.1　安达系（Anda Series）

土　族：黏质蒙脱石混合型冷性-斑纹钙积干润均腐土
拟定者：翟瑞常，辛　刚

**分布与环境条件**　安达系主要
分布在松嫩平原中的龙江、杜
蒙、富裕、林甸、依安、泰来、
青冈、安达等市县。地形为平原
中的低平地，成土母质为含碳酸
盐的河湖沉积物。中温带大陆性
季风气候，具冷性土壤温度状况
和半干润土壤水分状况。年平均
气温 3.2℃，≥10℃ 积温
2753.7℃，年平均降水量
475.0mm，6～9 月降水占全年的
81.9%，无霜期 138 天，50cm 深

安达系典型景观

处土壤温度年平均 4.9℃，夏季 15.9℃，冬季–5.9℃，冬夏温差 21.8℃。自然植被为以羊草
为主的杂类草群落，覆盖度 70%～80%，约有 1/5 的面积已开垦为耕地。

**土系特征与变幅**　本土系土体构型为 Ah、Bk、BC 和 Cr。暗沃表层（Ah）厚 25～50cm，
Bk 层为钙积层，Cr 层有铁斑纹，具有氧化还原特征，出现深度为 100～150cm，全剖面
有极强石灰反应，Ah 层土壤 pH 为 8.5 左右，其下土层 pH 为 9.0 左右，土壤碱性强。
Ah 层有机碳含量为（18.1±7.0）g/kg（$n$=5），容重为（1.3±0.1）g/cm$^3$。

**对比土系**　示范村系。示范村系为普通暗厚干润均腐土，暗沃表层厚度≥50cm，亚表层
有碱积现象，BCr 层有少量锈斑锈纹，具氧化还原特征，出现深度为 50～100cm。安达
系为斑纹钙积干润均腐土，Ah 层为暗沃表层，厚 25～50cm，有钙积层 Bk，Cr 层有铁
斑纹，具有氧化还原特征，出现深度为 100～150cm。

**利用性能综述**　本土系呈碱性反应，一般作物难以生长，可做放牧地或割草场。如开垦
为耕地，应排水除涝和改良土壤盐碱性，有条件的地区可发展水田，种植水稻，以稻治
涝，以稻治盐碱，能取得较好的效果。

**参比土种**　中度苏打盐化草甸土。

**代表性单个土体**　位于黑龙江省绥化市安达市青肯泡乡五星村南 1000m。46°28′41.2″N，
125°25′52.8″E，海拔 152m。地形为松嫩平原中的低平地。成土母质为含碳酸盐的河湖沉

积物。自然植被为以羊草为主的杂类草群落，覆盖度 70%～80%。本单个土体现为盐碱斑中的草场，放牧地。野外调查时间为 2010 年 9 月 28 日，编号 23-045。

安达系代表性单个土体剖面

Ah: 0～27cm，棕灰色（7.5YR 4/1，干），黑棕色（7.5YR 2/2，润），黏土，棱块结构，坚实，少量细根，极强石灰反应，pH 8.34，向下渐变波状过渡。

Bk: 27～80cm，棕灰色（7.5YR 6/1，干），灰棕色（7.5YR 4/2，润），黏壤土，小粒结构，疏松，很少量极细根，少量灰白色石灰斑，极强石灰反应，pH 9.14，向下渐变波状过渡。

BC: 80～108cm，灰棕色（7.5YR 6/2，干），浊棕色（7.5YR 5/4，润），粉质黏壤土，小粒结构，疏松，很少量极细根，很少量灰白色石灰斑，极强石灰反应，pH 9.00，向下渐变平滑过渡。

Cr: 108～155cm，浊棕色（7.5YR 5/4，干），棕色（7.5YR 4/4，润），粉壤土，无结构，坚实，无根，明显铁斑纹多，极强石灰反应，pH 9.20。

### 安达系代表性单个土体物理性质

| 土层 | 深度 /cm | 洗失量 /(g/kg) | 细土颗粒组成 (粒径：mm)/(g/kg) | | | 质地 | 容重 /(g/cm³) |
|---|---|---|---|---|---|---|---|
| | | | 砂粒 2～0.05 | 粉粒 0.05～0.002 | 黏粒 <0.002 | | |
| Ah | 0～27 | 123 | 119 | 327 | 554 | 黏土 | 1.20 |
| Bk | 27～80 | 181 | 237 | 392 | 371 | 黏壤土 | 1.27 |
| BC | 80～108 | 167 | 186 | 462 | 353 | 粉质黏壤土 | 1.44 |
| Cr | 108～155 | 130 | 289 | 399 | 312 | 粉壤土 | 1.46 |

### 安达系代表性单个土体化学性质

| 深度 /cm | pH (H₂O) | 有机碳 /(g/kg) | 全氮(N) /(g/kg) | 全磷(P) /(g/kg) | 全钾(K) /(g/kg) | 阳离子交换量 /(cmol/kg) | 碳酸钙相当物 /(g/kg) |
|---|---|---|---|---|---|---|---|
| 0～27 | 8.34 | 19.3 | 2.74 | 0.635 | 20.1 | 31.2 | 88 |
| 27～80 | 9.14 | 9.7 | 0.59 | 0.259 | 18.6 | 21.2 | 153 |
| 80～108 | 9.00 | 8.1 | 0.79 | 0.269 | 18.4 | 18.5 | 139 |
| 108～155 | 9.20 | 5.2 | 0.59 | 0.249 | 20.8 | 16.5 | 111 |

## 9.5.2 龙江系（Longjiang Series）

土 族： 黏质伊利石混合型冷性-斑纹钙积干润均腐土

拟定者： 翟瑞常，辛 刚

**分布与环境条件** 龙江系土壤集中分布于松嫩平原西部的富裕、林甸、龙江、依安、杜蒙、拜泉、肇州、兰西、肇东等地。地形微有起伏，黄土状母质，质地黏重，含碳酸钙。原始植被属于草甸草原，植物有碱草、大针茅、黄蒿、兔毛蒿植物。现多开垦为农田，种植玉米、大豆、小麦、谷子等农作物。中温带大陆性季风气候，冬季漫长、严寒且干燥，春季风大、少雨干旱，夏季短促、炎热、降雨集中，秋季

龙江系典型景观

降温剧烈、霜早，属冷性土壤温度状况和半干润土壤水分状况。年平均降水量 440mm，年平均日照时数 2750h，年均气温 3.5℃，无霜期 132 天，≥10℃的积温 2500℃。50cm 深处土壤温度年平均 5.2℃，夏季 18.8℃，冬季–8.6℃，冬夏温差 27.4℃。

**土系特征与变幅** 本土系土壤（Ah+ABh）层为暗沃表层，厚 25～50cm。100cm 土层范围内出现钙积层。Ah 层为弱石灰反应，ABh 层为强石灰反应，Bk 层为钙积层，强石灰反应，有碳酸钙结核，碳酸钙假菌丝体，BCk 层有碳酸钙假菌丝体，中度石灰反应；母质层为弱石灰反应；ABh 层以下均有很少量铁锰结核。表层有机碳含量为 11.9～22.0 g/kg，pH 为 7.5～8.5。

**对比土系** 龙江北系。龙江北系与龙江系为同土族土壤。龙江北系土壤地形部位低，Ah、AB、Bkr 层均为强石灰反应，Bkr、Cr 层有中量铁锈锈纹。龙江系比龙江北系分布地形部位高，剖面中没有锈斑锈纹，ABh 层及 ABh 层以下均有很少量铁锰结核，表层仅弱石灰反应，Bk 层为钙积层，强石灰反应，有碳酸钙结核，碳酸钙假菌丝体，BCk 层有碳酸钙假菌丝体，中度石灰反应。

**利用性能综述** 黑土层薄，土壤质地较黏重，通透性能差，养分贮量相对较少，易受风蚀，作物产量相对较低。应营造防风林带，防止土壤风蚀危害。增施有机肥，注重磷肥的施用，培肥土壤，提高作物产量。加深耕作层，提高土壤通透性，促进土壤养分释放。

**参比土种** 薄层黄土质石灰性黑钙土。

**代表性单个土体** 位于黑龙江省齐齐哈尔市龙江县东南 2 km 路北，47°18′23.1″N，123°147.1″E。黄土状母质，平原，海拔194m，玉米地。野外调查时间为 2009 年 10 月 11 日，编号 23-013。

龙江系代表性单个土体剖面

Ah:　0～17cm，棕色（7.5YR 4/3，干），黑棕色（7.5YR 3/2，润），黏壤土，团粒结构，疏松，润，很少量细根，弱石灰反应，pH 7.79，向下模糊不规则过渡。

ABh: 17～60cm，棕色（7.5YR 4/3，干），黑棕色（7.5YR 3/2，润），粉质黏土，棱块状结构，坚实，润，很少量极细根，很少量铁锰结核，很少量碳酸钙结核，强石灰反应，pH 8.01，向下渐变不规则过渡。

Bk:　60～87cm，浊棕色（7.5YR 5/4，干），棕色（7.5YR 4/6，润），粉质黏土，棱块状结构，坚实，润，很少量极细根，很少量铁锰结核，很少量碳酸钙结核、碳酸钙假菌丝体，强石灰反应，pH 8.13，向下渐变平滑过渡。

BCk: 87～147cm，亮棕色（7.5YR 5/6，干），棕色（7.5YR 4/6，润），粉质黏土，棱块状结构，坚实，润，很少量极细根，少量铁锰结核，少量石灰粉末，中度石灰反应，pH 8.15，向下模糊平滑过渡。

C：147～160cm，亮棕色（7.5YR 5/6，干），棕色（7.5YR 4/4，润），黏土，棱块状结构，坚实，润，无根系，很少量铁锰结核，弱石灰反应，pH 8.08。

### 龙江系代表性单个土体物理性质

| 土层 | 深度 /cm | 洗失量 /(g/kg) | 细土颗粒组成（粒径：mm）/(g/kg) | | | 质地 | 容重 /(g/cm³) |
| | | | 砂粒 2～0.05 | 粉粒 0.05～0.002 | 黏粒 <0.002 | | |
|---|---|---|---|---|---|---|---|
| Ah | 0～17 | — | 200 | 431 | 369 | 黏壤土 | 1.16 |
| ABh | 17～60 | 56 | 167 | 403 | 430 | 粉质黏土 | 1.32 |
| Bk | 60～87 | 36 | 128 | 405 | 466 | 粉质黏土 | 1.30 |
| BCk | 87～147 | 24 | 132 | 412 | 455 | 粉质黏土 | 1.42 |
| C | 147～160 | — | 149 | 357 | 494 | 黏土 | 1.42 |

注：土壤碳酸钙含量低，去除碳酸钙土壤质量没有显著减少，表中为"—"。

### 龙江系代表性单个土体化学性质

| 深度 /cm | pH (H₂O) | 有机碳 /(g/kg) | 全氮(N) /(g/kg) | 全磷(P) /(g/kg) | 全钾(K) /(g/kg) | 阳离子交换量 /(cmol/kg) | 碳酸钙相当物 /(g/kg) |
|---|---|---|---|---|---|---|---|
| 0～17 | 7.79 | 21.6 | 1.81 | 0.816 | 21.1 | 35.6 | 16 |
| 17～60 | 8.01 | 9.2 | 0.67 | 0.373 | 19.0 | 29.5 | 52 |
| 60～87 | 8.13 | 4.1 | 0.28 | 0.358 | 20.7 | 31.3 | 37 |
| 87～147 | 8.15 | 3.9 | 0.28 | 0.413 | 21.5 | 32.1 | 23 |
| 147～160 | 8.08 | 4.9 | 0.28 | 0.558 | 22.8 | 28.8 | 7 |

### 9.5.3 龙江北系（Longjiangbei Series）

土　族：黏质伊利石混合型冷性-斑纹钙积干润均腐土
拟定者：翟瑞常，辛　刚

**分布与环境条件**　龙江北系土壤集中分布于松嫩平原西部的龙江、依安、克山、杜蒙、拜泉、肇州、肇源、兰西、肇东、青冈、明水等地。地形微有起伏，黄土状母质，质地黏重，含碳酸钙。原始植被属于草甸草原，植物有碱草、大针茅、黄蒿、兔毛蒿植物。现多被开垦为农田，种植玉米、大豆、小麦、谷子等农作物。中温带大陆性季风气候，冬季漫长、严寒且干燥，春季风大、少雨干旱，夏季短促、炎热、降雨集中，秋季降温剧烈、霜早，属

龙江北系典型景观

冷性土壤温度状况和半干润土壤水分状况。年平均降水量 440mm，年平均日照时数 2750h，年均气温 3.5℃，无霜期 132 天，≥10℃的积温 2500℃。50cm 深处土壤温度年平均 5.2℃，夏季 18.8℃，冬季–8.6℃，冬夏温差 27.4℃。

**土系特征与变幅**　本土系土壤 Ah 层为暗沃表层，层厚 25～50cm。100cm 土层范围内出现钙积层 Bkr 层。Ah、AB、Bkr 层均为强石灰反应，母质层弱石灰反应，Bkr、Cr 层有中量铁锈锈纹。耕层容重在 1.2～1.4g/cm³，表层有机碳含量为 13.9～26.1g/kg，pH 为 7.5～8.5。

**对比土系**　龙江系。龙江系与龙江北系为同土族土壤。龙江系比龙江北系分布地形部位高，剖面中没有锈斑锈纹，ABh 层及 ABh 层以下均有很少量铁锰结核，表层仅弱石灰反应，Bk 层为钙积层，强石灰反应，有碳酸钙结核，碳酸钙假菌丝体，BCk 层有碳酸钙假菌丝体，中度石灰反应。龙江北系土壤地形部位低，Ah、AB、Bkr 层均为强石灰反应，Bkr、Cr 层有中量铁锈锈纹。

**利用性能综述**　黑土层厚，有机质、养分含量高，养分贮量丰富，保水保肥性良好，适宜种植大豆、玉米、小麦等作物。玉米产量为 7500～9000kg/hm²。但土壤质地较黏重，应增施有机肥，合理耕作，防止土壤结构被破坏，培肥土壤。还要采取措施，防止土壤水蚀和风蚀。

**参比土种**　厚层黄土质石灰性草甸黑钙土。

**代表性单个土体**　位于黑龙江省齐齐哈尔市龙江县东北 4km，47°18′46.5″N，

123°14′54.2″E。黄土状母质，平原，海拔 192m，草甸草原植被。野外调查时间为 2009 年 10 月 12 日，编号 23-014。

Ah:　0～42cm，灰棕色（7.5YR 4/2，干），黑棕色（7.5YR 2/2，润），黏壤土，屑粒结构，坚实，润，很少量极细根，强石灰反应，pH 8.38，向下模糊波状过渡。

AB:　42～65cm，灰棕色（7.5YR 4/2，干），黑棕色（7.5YR 3/2，润），黏壤土，屑粒状结构，坚实，润，很少量极细根，强石灰反应，pH 8.48，向下模糊平滑过渡。

Bkr:　65～140cm，浊棕色（7.5YR 5/3，干），棕色（7.5YR 4/3，润），黏壤土，棱块状结构，很坚实，润，很少量极细根，中量锈斑锈纹，强石灰反应，pH 8.41，向下模糊平滑过渡。

Cr:　140～200cm，浊橙色（7.5YR 6/4，干），浊棕色（7.5YR 5/4，润），黏土，棱块状结构，很坚实，润，无根系，中量铁锈斑锈纹，弱石灰反应，pH 8.23。

龙江北系代表性单个土体剖面

### 龙江北系代表性单个土体物理性质

| 土层 | 深度 /cm | 细土颗粒组成（粒径：mm)/(g/kg) | | | 质地 | 容重 /(g/cm³) |
| --- | --- | --- | --- | --- | --- | --- |
| | | 砂粒 2～0.05 | 粉粒 0.05～0.002 | 黏粒 <0.002 | | |
| Ah | 0～42 | 288 | 324 | 388 | 黏壤土 | 1.23 |
| AB | 42～65 | 332 | 277 | 391 | 黏壤土 | 1.36 |
| Bkr | 65～140 | 277 | 355 | 368 | 黏壤土 | 1.50 |
| Cr | 140～200 | 233 | 354 | 414 | 黏土 | 1.32 |

### 龙江北系代表性单个土体化学性质

| 深度 /cm | pH (H₂O) | 有机碳 /(g/kg) | 全氮(N) /(g/kg) | 全磷(P) /(g/kg) | 全钾(K) /(g/kg) | 阳离子交换量 /(cmol/kg) | 碳酸钙相当物 /(g/kg) |
| --- | --- | --- | --- | --- | --- | --- | --- |
| 0～42 | 8.38 | 13.9 | 1.18 | 0.531 | 19.3 | 28.6 | 105 |
| 42～65 | 8.48 | 9.3 | 0.64 | 0.454 | 19.6 | 29.9 | 78 |
| 65～140 | 8.41 | 5.4 | 0.36 | 0.549 | 17.8 | 27.6 | 150 |
| 140～200 | 8.23 | 2.7 | 0.10 | 0.325 | 21.3 | 26.0 | 3 |

### 9.5.4　前库勒系（Qiankule Series）

土　　族：黏壤质混合型冷性-斑纹钙积干润均腐土
拟定者：翟瑞常，辛　　刚

**分布与环境条件**　前库勒系土
壤分布于松嫩平原西部的齐齐
哈尔市郊、杜蒙、林甸、依安、
龙江、安达、兰西、青冈、肇州、
肇东等地。地形平坦，黄土状母
质，含碳酸钙。原始植被属于草
甸草原，植物有羊草、大针茅、
黄蒿、兔毛蒿。现多开垦为农田，
种植玉米、大豆、谷子等农作物。
中温带大陆性季风气候，属冷性
土壤温度状况和半干润土壤水分
状况。年平均降水量 415.5mm，
6～8 月降水占全年的 70%。年
平均蒸发量 1483mm。年平均日

前库勒系典型景观

照时数 2867 h，年均气温 3.2℃，无霜期 136 天，≥10℃的积温 2590℃。50cm 深处年平
均土壤温度 4.5℃。

**土系特征与变幅**　本土系土壤从表层起就有石灰反应，100cm 土层内有斑纹，具暗沃表
层，厚 25～50cm，弱至中石灰反应；ABhk 层为强石灰反应，有石灰斑。Bk 棱块状结
构，有石灰斑，石灰反应强烈；BCr 过渡层开始出现锈斑锈纹，越往下丰度越大；母质
层无石灰反应。

**对比土系**　龙江北系。龙江北系土族控制层段颗粒粒级组成为黏质。前库勒系土族控制
层段颗粒粒级组成为黏壤质。

**利用性能综述**　由于暗沃表层较厚，养分贮量丰富，适合种植小麦、玉米、甜菜等作物，
小麦每公顷产量为 1500～2250kg。但因质地黏重，土壤过湿，春季土温低，不利于养分
释放，影响幼苗生长。应采取耕作措施和增施有机肥料，改善土壤物理性状和培肥土壤。

**参比土种**　中层石灰性草甸黑钙土。

**代表性单个土体**　位于黑龙江省齐齐哈尔市富拉尔基区前库勒村西 1000m 路南，
47°13′24.8″N，123°22′45.1″E。黄土状母质，平原，海拔 155m，玉米地。野外调查时间
为 2009 年 10 月 11 日，编号 23-012。

23-012

前库勒系代表性单个土体剖面

Ap:　0～20cm，黑棕色（10YR 3/2，干），黑色（10YR 2/1，润），黏壤土，团粒状结构，疏松，润，很少量极细根，中度石灰反应，pH 7.84，向下突然平滑过渡。

ABhk：20～34cm，灰黄棕色（10YR 5/2，干），黑棕色（10YR 3/2，润），黏壤土，团粒结构，坚实，润，很少量极细根，有石灰斑，强石灰反应，pH 8.17，向下模糊不规则过渡。

Bk:　34～55cm，灰黄棕色（10YR 6/2，干），灰黄棕色（10YR 5/2，润），黏壤土，棱块状结构，坚实，润，很少量极细根，有石灰斑，强石灰反应，pH 8.25，向下模糊不规则过渡。

BCr1：55～88cm，灰黄棕色（10YR 6/2，干），灰黄棕色（10YR 4/2，润），黏壤土，棱块状结构，坚实，润，很少量极细根，很少量铁锈纹，强石灰反应，pH 8.27，向下模糊平滑过渡。

BCr2：88～112cm，浊黄棕色（10YR 7/3，干），浊黄棕色（10YR 6/3，润），壤土，棱块状结构，坚实，润，无根系，强石灰反应，中量铁锈斑锈纹，pH 8.29，向下模糊平滑过渡。

Cr:　112～147cm，浊黄棕色（10YR 7/3，干），浊黄棕色（10YR 6/3，润），黏壤土，棱块状结构，坚实，潮，无根系，大量锈斑锈纹，无石灰反应，pH 8.31。

### 前库勒系代表性单个土体物理性质

| 土层 | 深度 /cm | 洗失量 /(g/kg) | 细土颗粒组成（粒径：mm)/(g/kg) | | | 质地 | 容重 /(g/cm³) |
| --- | --- | --- | --- | --- | --- | --- | --- |
| | | | 砂粒 2～0.05 | 粉粒 0.05～0.002 | 黏粒 <0.002 | | |
| Ap | 0～20 | 38 | 283 | 356 | 361 | 黏壤土 | 1.47 |
| ABhk | 20～34 | 137 | 314 | 360 | 326 | 黏壤土 | 1.46 |
| Bk | 34～55 | 145 | 285 | 399 | 317 | 黏壤土 | 1.47 |
| BCr1 | 55～88 | 188 | 284 | 426 | 289 | 黏壤土 | 1.49 |
| BCr2 | 88～112 | 143 | 287 | 443 | 270 | 壤土 | 1.56 |
| Cr | 112～147 | — | 309 | 413 | 278 | 黏壤土 | 1.62 |

注：土壤没有碳酸钙，表中为"—"。

前库勒系代表性单个土体化学性质

| 深度 /cm | pH (H₂O) | 有机碳 /(g/kg) | 全氮(N) /(g/kg) | 全磷(P) /(g/kg) | 全钾(K) /(g/kg) | 阳离子交换量 /(cmol/kg) | 碳酸钙相当物 /(g/kg) |
|---|---|---|---|---|---|---|---|
| 0～20 | 7.84 | 19.2 | 1.76 | 0.518 | 22.4 | 27.7 | 33 |
| 20～34 | 8.17 | 14.4 | 1.12 | 0.384 | 20.1 | 18.8 | 144 |
| 34～55 | 8.25 | 9.0 | 0.83 | 0.411 | 18.9 | 14.4 | 271 |
| 55～88 | 8.27 | 5.1 | 0.22 | 0.306 | 18.1 | 15.3 | 192 |
| 88～112 | 8.29 | 2.0 | 0.00 | 0.252 | 19.1 | 13.9 | 156 |
| 112～147 | 8.31 | 0.9 | 0.00 | 0.616 | 25.1 | 15.9 | 0 |

# 9.6　普通钙积干润均腐土

## 9.6.1　升平系（Shengping Series）

土　族：黏质伊利石混合型冷性-普通钙积干润均腐土
拟定者：辛　刚，翟瑞常

**分布与环境条件**　升平系分布于松嫩平原西部的富裕、林甸、依安、杜蒙、拜泉、肇州、肇东、兰西，大庆市、安达县也有小面积分布。地形为波状平原低岗地，垦前植被为羽茅、兔毛蒿群落，覆盖度为50%～60%，现多开垦为耕地。黄土状母质，质地黏重，富含碳酸钙。中温带大陆性季风气候，具冷性土壤温度状况和半干润土壤水分状况。年平均降水量429mm，6～9月降水占全年的81.9%，年平均日照时数2800h，年均气温3.3℃，无

升平系典型景观

霜期128天，≥10℃的积温2590℃。50cm深处土壤温度年平均4.9℃，夏季15.9℃，冬季–5.9℃，冬夏温差21.8℃。

**土系特征与变幅**　本土系（Ah+ABhk）层为暗沃表层，为37～50cm，AB、Bk层为钙积层，整个剖面为强-极强石灰反应；耕层容重为1.0～1.3g/cm³，表层有机碳含量为11.9～20.0g/kg，pH 7.5～8.5。

**对比土系**　中和系。升平系与中和系为同一土族，升平系土壤钙积层浅于25cm出现，而中和系土壤钙积层出现在25cm以下。

**利用性能综述**　本土系土壤质地较黏重，通气透水性能差，耕性不良，但黑土层很厚，有机质贮量多，土壤结构好，适宜种植大豆、玉米等作物。玉米单产为7500～9000kg/hm²。应适当深耕，结合增施有机肥，不断培肥土壤，改善土壤结构。

**参比土种**　薄层黄土质石灰性黑钙土。

**代表性单个土体**　位于黑龙江省绥化市安达市升平良种场北2 km路东，46°15′53.7″N，125°17′54.7″E。黄土状母质，平原，海拔152m，玉米地。野外调查时间为2009年10月18日，编号23-021。

Ap: 0～18cm，灰棕色（7.5YR 5/2，干），黑棕色（7.5YR 2/2，润），黏壤土，团粒结构，疏松，润，很少量极细根，强石灰反应，pH 8.09，向下模糊不规则过渡。

ABhk：18～48cm，灰棕色（7.5YR 5/2，干），暗棕色（7.5YR 3/3，润），黏壤土，团块结构，疏松，润，很少量极细根，少量碳酸钙假菌丝体，极强石灰反应，pH 8.37，向下模糊不规则过渡。

Bk: 48～111cm，浊棕色（7.5YR 6/3，干），棕色（7.5YR 4/4，润），粉质黏壤土，棱块状结构，坚实，润，很少量极细根，中量碳酸钙假菌丝体，极强石灰反应，pH 8.22，向下模糊平滑过渡。

BC: 111～171cm，灰棕色（7.5YR 6/2，干），暗棕色（7.5YR 3/3，润），黏壤土，棱块状结构，坚实，润，无根系，少量碳酸钙假菌丝体，极强石灰反应，pH 8.50，向下模糊平滑过渡。

升平系代表性单个土体剖面

C： 171～200cm，浊棕色（7.5YR 6/3，干），亮棕色（7.5YR 5/6，润），黏壤土，棱块状结构，坚实，潮，无根系，极强石灰反应，pH 8.40。

### 升平系代表性单个土体物理性质

| 土层 | 深度/cm | 洗失量/(g/kg) | 砂粒 2～0.05 | 粉粒 0.05～0.002 | 黏粒 <0.002 | 质地 | 容重/(g/cm³) |
|---|---|---|---|---|---|---|---|
| Ap | 0～18 | 105 | 289 | 372 | 339 | 黏壤土 | 1.07 |
| ABhk | 18～48 | 176 | 219 | 398 | 383 | 黏壤土 | 1.33 |
| Bk | 48～111 | 140 | 176 | 443 | 381 | 粉质黏壤土 | 1.42 |
| BC | 111～171 | 90 | 307 | 376 | 317 | 黏壤土 | 1.49 |
| C | 171～200 | 146 | 245 | 426 | 329 | 黏壤土 | 1.47 |

### 升平系代表性单个土体化学性质

| 深度/cm | pH(H₂O) | 有机碳/(g/kg) | 全氮(N)/(g/kg) | 全磷(P)/(g/kg) | 全钾(K)/(g/kg) | 阳离子交换量/(cmol/kg) | 碳酸钙相当物/(g/kg) |
|---|---|---|---|---|---|---|---|
| 0～18 | 8.09 | 16.5 | 1.42 | 1.099 | 19.7 | 26.2 | 82 |
| 18～48 | 8.37 | 7.1 | 0.47 | 0.574 | 19.6 | 23.0 | 172 |
| 48～111 | 8.22 | 3.8 | 0.19 | 0.555 | 21.3 | 21.8 | 133 |
| 111～171 | 8.50 | 2.4 | 0.13 | 0.387 | 23.5 | 19.2 | 81 |
| 171～200 | 8.40 | 2.2 | 0.15 | 0.482 | 20.9 | 20.1 | 147 |

### 9.6.2 中和系（Zhonghe Series）

土　　族：黏质伊利石混合型冷性-普通钙积干润均腐土
拟定者：翟瑞常，辛　刚

中和系典型景观

**分布与环境条件**　中和系土壤分布于松嫩平原西部的龙江、依安、拜泉、肇州、兰西、肇东、明水、肇源等地。地形为波状平原岗坡中上部；富含碳酸钙的黄土状母质；草甸草原植被，羊草群落，针茅-兔毛蒿群落。现多开垦为耕地，种植玉米、大豆、杂粮。中温带大陆性季风气候，具冷性土壤温度状况和半干润土壤水分状况。年均气温 2.4℃，无霜期 125 天，≥10℃的积温 2570℃。年平均降水量 477mm，年平均蒸发量为 1464mm，6～9 月降水占全年的 84.2%。50cm 深处土壤温度年平均 4.5℃，夏季 15.7℃，冬季 –6.4℃。

**土系特征与变幅**　本土系自然土壤土体构型为 Ah、ABhk、Bk1、Bk2、BCk 和 Ck。（Ah+ABhk）层为暗沃表层，厚 37～50cm，钙积层，厚度为 30～60cm，出现在 25cm 以下，Bk1 层有很少量碳酸钙假菌丝体；Bk2 层有少量碳酸钙假菌丝体；BCk 层和 Ck 层有少量至很少量碳酸钙假菌丝体，整个剖面有极强石灰反应。耕层容重为 1.1～1.5g/cm³。表层有机碳含量为 12.5～27.4 g/kg，pH 7.5～8.5。

**对比土系**　升平系。升平系与中和系为同一土族，升平系土壤钙积层浅于 25cm 出现，而中和系土壤钙积层出现在 25cm 以下。

**利用性能综述**　本土系土壤质地较黏重，通气透水性能差，耕性不良，但黑土层很厚，有机质贮量多，土壤结构好，适宜种植大豆、玉米等作物。玉米单产为 7500～9000kg/hm²。应适当深耕，结合增施有机肥，不断培肥土壤，改善土壤结构。

**参比土种**　中层黄土质石灰性黑钙土。

**代表性单个土体**　位于黑龙江省绥化市青冈县中和镇南 2500m。46°51′18.8″N，125°40′52.0″E，海拔192m。波状平原岗坡中上部，坡度 1°～2°，地下水位在 3.0m 左右或更深；母质为黏重的黄土状沉积物，富含碳酸钙；土壤调查时为收获的玉米地。野外调查时间为 2010 年 9 月 29 日，编号 23-047。

Ah:　0～25cm，黑棕色（7.5YR 3/2，干），黑棕色（7.5YR 2/2，润），粉质黏壤土，小团粒结构，疏松，很少量细根，极强石灰反应，pH 7.90，向下渐变平滑过渡。

ABhk：25～44cm，浊棕色（7.5YR 5/3，干），暗棕色（7.5YR 3/3，润），粉质黏壤土，很小团粒结构，疏松，很少量细根，极强石灰反应，pH 8.20，向下模糊平滑过渡。

Bk1：　44～68cm，浊棕色（7.5YR 5/3，干），棕色（7.5YR 4/4，润），粉质黏壤土，小棱块结构，疏松，很少量细根，很少量碳酸钙假菌丝体，极强石灰反应，pH 8.14，向下模糊平滑过渡。

Bk2：　68～100cm，浊橙色（7.5YR 7/4，干），浊棕色（7.5YR 5/4，润），粉质黏土，小棱块结构，疏松，无根系，少量碳酸钙假菌丝体，极强石灰反应，pH 8.18，向下模糊平滑过渡。

中和系代表性单个土体剖面

BCk：100～161cm，浊橙色（7.5YR 7/4，干），浊橙色（7.5YR 7/4，润），粉质黏壤土，棱块结构，疏松，无根系，少量碳酸钙假菌丝体，极强石灰反应，pH 8.22，向下模糊平滑过渡。

Ck：　161～180cm，浊橙色（7.5YR 6/4，干），浊棕色（7.5YR 5/4，润），粉质黏壤土，小棱块结构，疏松，无根系，很少量碳酸钙假菌丝体，极强石灰反应，pH 8.24。

### 中和系代表性单个土体物理性质

| 土层 | 深度 /cm | 洗失量 /(g/kg) | 砂粒 2～0.05 | 粉粒 0.05～0.002 | 黏粒 <0.002 | 质地 | 容重 /(g/cm³) |
|---|---|---|---|---|---|---|---|
| Ah | 0～25 | — | 160 | 496 | 343 | 粉质黏壤土 | 1.17 |
| ABhk | 25～44 | 145 | 121 | 511 | 369 | 粉质黏壤土 | 1.09 |
| Bk1 | 44～68 | 136 | 144 | 464 | 392 | 粉质黏壤土 | 1.16 |
| Bk2 | 68～100 | 89 | 125 | 460 | 415 | 粉质黏土 | 1.35 |
| BCk | 100～161 | 97 | 133 | 482 | 385 | 粉质黏壤土 | 1.32 |
| Ck | 161～180 | — | 128 | 472 | 400 | 粉质黏壤土 | 1.50 |

注：土壤碳酸钙含量低，去除碳酸钙土壤质量没有显著减少，表中为"—"。

### 中和系代表性单个土体化学性质

| 深度 /cm | pH (H₂O) | 有机碳 /(g/kg) | 全氮(N) /(g/kg) | 全磷(P) /(g/kg) | 全钾(K) /(g/kg) | 阳离子交换量 /(cmol/kg) | 碳酸钙相当物 /(g/kg) |
|---|---|---|---|---|---|---|---|
| 0～25 | 7.90 | 22.5 | 2.70 | 0.776 | 19.3 | 33.3 | 26 |
| 25～44 | 8.20 | 12.6 | 1.62 | 0.316 | 19.3 | 27.4 | 112 |
| 44～68 | 8.14 | 10.4 | 0.97 | 0.257 | 20.2 | 25.4 | 112 |
| 68～100 | 8.18 | 9.7 | 0.80 | 0.227 | 19.8 | 25.7 | 62 |
| 100～161 | 8.22 | 14.0 | 0.68 | 0.222 | 20.2 | 25.4 | 77 |
| 161～180 | 8.24 | 10.7 | 0.69 | 0.304 | 20.1 | 25.0 | 7 |

### 9.6.3　冯家围子系（Fengjiaweizi Series）

土　　族：壤质混合型冷性-普通钙积干润均腐土
拟定者：翟瑞常，辛　刚

冯家围子系典型景观

**分布与环境条件**　冯家围子系土壤分布于松嫩平原西部的杜蒙、林甸、富裕、甘南、肇源等地。地形平坦，母质为含碳酸盐的河流冲积物、湖积物。原始植被属于草甸草原，植物有羊草、大针茅等。现多开垦为农田，种植玉米、大豆等农作物。中温带大陆性季风气候，属冷性土壤温度状况和半干润土壤水分状况。年平均降水量 458.3mm，6~9 月降水占全年的 81.6%。年平均蒸发量 1757mm。年平均日照时数 2865h，年均气温 3.8℃，无霜期 144 天，≥10℃的积温 2863℃。50cm 深处土壤温度年平均 6.1℃，夏季 20.9℃，冬季 –9.6℃，冬夏温差 30.5℃。

**土系特征与变幅**　本土系土壤（Ap+ABhk）层为暗沃表层，层厚 25~50cm。100cm 土层范围内出现钙积层。ABhk 为钙积层，有石灰斑；Bk1 层为钙积层，有碳酸钙假菌丝体；Bk2、BC 层有碳酸钙假菌丝体，Ap、ABhk、Bk1、Bk2、BC 层为均极强石灰反应。耕层容重在为 1.2~1.4g/cm³，表层有机碳含量为 9.4~18.9 g/kg，pH 7.5~8.5。

**对比土系**　升平系。升平系和冯家围子系同为普通钙积干润均腐土亚类。升平系控制层段颗粒粒级组成为黏质。冯家围子系控制层段颗粒粒级组成为壤质。

**利用性能综述**　土壤质地适中，耕性较好，适合种植各种农作物。但黑土层薄，养分含量低，土壤易干旱，有风蚀，作物产量不稳定。该地区应多植树种草，防风固沙。土壤应增施有机肥和磷肥，培肥土壤，协调土壤养分平衡。

**参比土种**　薄层砂壤质石灰性黑钙土。

**代表性单个土体**　位于黑龙江省大庆市杜尔伯特蒙古族自治县杜尔伯特镇冯家围子村西北 1000m，46°48′21.3″N，124°25′16.8″E。含碳酸钙的黄土状母质，平原，海拔 142m，红小豆地。野外调查时间为 2009 年 10 月 8 日，编号 23-009。

Ap: 0～18cm，灰棕色（7.5YR 5/2，干），暗棕色（7.5YR 3/3，润），砂质黏壤土，团粒状结构，疏松，稍润，很少量极细根，极强石灰反应，pH 8.23，向下突然平滑过渡。

ABhk: 18～29cm，浊棕色（7.5YR 5/3，干），暗棕色（7.5YR 3/3，润），黏壤土，屑粒状结构，坚实，稍润，很少量极细根，有石灰斑，极强石灰反应，pH 8.21，向下渐变不规则过渡。

Bk1: 29～50cm，橙色（7.5YR 8/2，干），橙色（7.5YR 6/6，润），粉壤土，棱块状结构，坚实，润，无根系，极强石灰反应，有碳酸钙假菌丝体，pH 8.19，向下渐变平滑过渡。

Bk2: 50～74cm，浊橙色（7.5YR 7/4，干），亮棕色（7.5YR 5/6，润），壤土，棱块状结构，坚实，润，无根系，极强石灰反应，有碳酸钙假菌丝体，pH 8.40，向下模糊平滑过渡。

冯家围子系代表性单个土体剖面

BC: 74～125cm，亮棕色（7.5YR 5/6，干），亮棕色（7.5YR 5/8，润），砂质壤土，棱块状结构，坚实，润，无根系，极强石灰反应，有碳酸钙假菌丝体，pH 8.41，向下模糊平滑过渡。

C: 125～150cm，亮棕色（7.5YR 5/8，干），红棕色（7.5YR 4/8，润），砂质壤土，无结构，坚实，润，无根系，中度石灰反应，pH 8.40。

### 冯家围子系代表性单个土体物理性质

| 土层 | 深度 /cm | 洗失量 /(g/kg) | 细土颗粒组成(粒径：mm)/(g/kg) | | | 质地 | 容重 /(g/cm³) |
| --- | --- | --- | --- | --- | --- | --- | --- |
| | | | 砂粒 2～0.05 | 粉粒 0.05～0.002 | 黏粒 <0.002 | | |
| Ap | 0～18 | 125 | 527 | 262 | 211 | 砂质黏壤土 | 1.31 |
| ABhk | 18～29 | 288 | 246 | 435 | 319 | 黏壤土 | 1.02 |
| Bk1 | 29～50 | 238 | 300 | 646 | 54 | 粉壤土 | 1.30 |
| Bk2 | 50～74 | 123 | 414 | 361 | 225 | 壤土 | 1.39 |
| BC | 74～125 | 77 | 451 | 469 | 80 | 砂质壤土 | 1.55 |
| C | 125～150 | 17 | 625 | 214 | 161 | 砂质壤土 | 1.78 |

### 冯家围子系代表性单个土体化学性质

| 深度 /cm | pH (H₂O) | 有机碳 /(g/kg) | 全氮(N) /(g/kg) | 全磷(P) /(g/kg) | 全钾(K) /(g/kg) | 阳离子交换量 /(cmol/kg) | 碳酸钙相当物 /(g/kg) |
| --- | --- | --- | --- | --- | --- | --- | --- |
| 0～18 | 8.23 | 12.3 | 1.08 | 0.568 | 21.1 | 13.5 | 110 |
| 18～29 | 8.21 | 8.4 | 0.64 | 0.946 | 16.6 | 16.0 | 287 |
| 29～50 | 8.19 | 6.9 | 0.45 | 0.403 | 16.7 | 14.6 | 242 |
| 50～74 | 8.40 | 3.9 | 0.55 | 0.724 | 21.1 | 13.2 | 114 |
| 74～125 | 8.41 | 2.9 | 0.04 | 0.726 | 22.0 | 12.2 | 77 |
| 125～150 | 8.40 | 2.1 | 0.02 | 0.443 | 24.5 | 9.2 | 12 |

# 9.7　普通简育干润均腐土

## 9.7.1　老虎岗系（Laohugang Series）

土　　族：黏质伊利石混合型石灰性冷性-普通简育干润均腐土
拟定者：翟瑞常，辛　刚

老虎岗系典型景观

**分布与环境条件**　老虎岗系土壤分布于松嫩平原西部的龙江、依安、拜泉、肇州、兰西、肇东、安达、明水、肇源等地。地形为平坦-波状平原岗坡中上部；含碳酸钙的黄土状母质；草甸草原植被，羊草群落，针茅-兔毛蒿群落。现多开垦为耕地，种植玉米、大豆、杂粮。中温带大陆性季风气候，具冷性土壤温度状况和半干润土壤水分状况。年平均降水量 429mm，6～9 月降水占全年的 81.9%，年平均日照时数 2800 h，年均气温 3.3℃，无霜期 128 天，≥10℃的积温 2590℃。50cm 深处土壤温度年平均 4.9℃，夏季 15.9℃，冬季–5.9℃，冬夏温差 21.8℃。

**土系特征与变幅**　本土系土壤土体构型为 Ah、ABhk、Bk、BCk 和 C 层。（Ah+ABhk）层为暗沃表层，厚 25～50cm，ABhk、Bk 层碳酸钙含量较多，但未达到钙积层标准，ABhk、Bk、BCk 层有很少-少量碳酸钙假菌丝体，Bk 层还有石灰斑；整个剖面有极强石灰反应。耕层容重 1.1～1.5g/cm³。表层有机碳含量 12.5～27.4 g/kg，pH 7.5～28.5。

**对比土系**　明水系。明水系（Ah+ABhk）为暗沃表层，厚 50～75cm，Ah 层无石灰反应，其下为强-极强石灰反应，Bk 层有少量碳酸钙假菌丝体，全剖面有很少量铁锰结核。老虎岗系（Ah+ABhk）层为暗沃表层，厚 25～50cm，全剖面有极强石灰反应，ABhk、Bk、BCk 层有很少-少量碳酸钙假菌丝体，Bk 层有石灰斑，全剖面无锰结核。

**利用性能综述**　本土系土壤质地较黏重，通气透水性能差，耕性不良，但黑土层很厚，有机质贮量多，土壤结构好，适宜种植大豆、玉米等作物。玉米单产为 7500～9000kg/hm²。应适当深耕，结合增施有机肥，不断培肥土壤，改善土壤结构。

**参比土种**　中层黄土质石灰性黑钙土。

**代表性单个土体**　位于黑龙江省绥化市安达市老虎岗镇本利村东 1000m。46°45′44.9″N，125°35′13.0″E，海拔182m。波状平原低岗地中上部，坡度 2°～3°；黄土状母质，质地黏重，富含碳酸钙，土壤调查地块为收获的玉米地。野外调查时间为 2010 年 9 月 29 日，编号 23-046。

Ah:　0~28cm，灰棕色（7.5YR 4/2，干），黑棕色（7.5YR 3/2，润），粉质黏壤土，小团粒结构，疏松，很少量细根，极强石灰反应，pH 8.04，向下渐变平滑过渡。

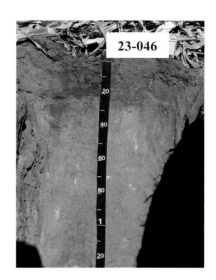

ABhk:　28~45cm，浊棕色（7.5YR 5/3，干），浊棕色（7.5YR 3/3，润），粉质黏壤土，小团粒结构，疏松，很少量细根，很少量碳酸钙假菌丝体，极强石灰反应，pH 8.20，向下模糊波状过渡。

Bk:　45~136cm，浊棕色（7.5YR 6/3，干），浊棕色（7.5YR 5/4，润），粉质黏壤土，小棱块结构，疏松，很少细根，少量碳酸钙假菌丝体和石灰斑，极强石灰反应，pH 8.16，向下模糊平滑过渡。

老虎岗系代表性单个土体剖面

BCk:　136~170cm，浊橙色（7.5YR 7/4，干），亮棕色（7.5YR 5/6，润），粉质黏壤土，棱块结构，疏松，很少量碳酸钙假菌丝体，极强石灰反应，pH 8.14，向下渐变平滑过渡。

C:　170~185cm，浊橙色（7.5YR 7/3，干），浊橙色（7.5YR 6/4，润），粉壤土，棱块结构，疏松，无根系，极强石灰反应，pH 8.24。

### 老虎岗系代表性单个土体物理性质

| 土层 | 深度 /cm | 洗失量 /(g/kg) | 细土颗粒组成（粒径：mm）/(g/kg) | | | 质地 | 容重 /(g/cm³) |
| --- | --- | --- | --- | --- | --- | --- | --- |
| | | | 砂粒 2~0.05 | 粉粒 0.05~0.002 | 黏粒 <0.002 | | |
| Ah | 0~28 | 85 | 195 | 416 | 389 | 粉质黏壤土 | 1.36 |
| ABhk | 28~45 | 188 | 154 | 456 | 391 | 粉质黏壤土 | 1.12 |
| Bk | 45~136 | 94 | 155 | 467 | 378 | 粉质黏壤土 | 1.30 |
| BCk | 136~170 | 88 | 164 | 514 | 322 | 粉质黏壤土 | 1.45 |
| C | 170~185 | 115 | 167 | 706 | 127 | 粉壤土 | 1.52 |

### 老虎岗系代表性单个土体化学性质

| 深度 /cm | pH (H₂O) | 有机碳 /(g/kg) | 全氮(N) /(g/kg) | 全磷(P) /(g/kg) | 全钾(K) /(g/kg) | 阳离子交换量 /(cmol/kg) | 碳酸钙相当物 /(g/kg) |
| --- | --- | --- | --- | --- | --- | --- | --- |
| 0~28 | 8.04 | 21.1 | 2.79 | 0.666 | 19.1 | 30.7 | 55 |
| 28~45 | 8.20 | 9.7 | 1.36 | 0.339 | 17.8 | 24.5 | 80 |
| 45~136 | 8.16 | 8.2 | 0.79 | 0.239 | 20.4 | 23.4 | 67 |
| 136~170 | 8.14 | 8.7 | 0.70 | 0.193 | 22.2 | 21.6 | 65 |
| 170~185 | 8.24 | 7.9 | 0.64 | 0.252 | 21.1 | 19.9 | 91 |

# 9.8　暗厚滞水湿润均腐土

## 9.8.1　卧里屯系（Wolitun Series）

土　族：黏壤质混合型石灰性冷性-暗厚滞水湿润均腐土
拟定者：翟瑞常，辛　刚

**分布与环境条件**　卧里屯系土壤分布于杜蒙、泰来、富裕、林甸、肇源、安达等地。地形为河谷低洼地和湿地边缘，地下水位浅，地表有短时间积水，母质为河流冲积物、湖积物；草甸植被，生长植物有芦苇、羊草、小叶章、薹草等，少部分开垦为耕地，种植玉米、大豆等作物。中温带大陆性季风气候，具冷性土壤温度状况和滞水土壤水分状况。年均气温 3.3℃，无霜期 128 天，

卧里屯系典型景观

≥10℃的积温 2796.6℃。年平均降水量 428.7mm，年平均蒸发量 1624mm，6～9 月降水占全年的 81.8%。50cm 深处土壤温度年平均 4.9℃，夏季 15.9℃，冬季-5.9℃，冬夏温差 21.8℃。

**土系特征与变幅**　本土系自然土壤土体构型为 Ah、ABh、BC 和 C。（Ah+ABh）层为暗沃表层，厚≥50cm，整个剖面有强石灰反应，BC 和 C 层有少量-中量铁锈斑。本土系耕层容重在 1.0～1.4g/cm$^3$，表层有机碳含量为 16.8～35.7g/kg，全氮 2.04～3.80g/kg，全磷 0.22～0.63g/kg，全钾 19.2～30.4g/kg，阳离子交换量为 25～40cmol/kg。耕层土壤碱解氮 54～24mg/kg，速效磷 2～14mg/kg，速效钾 102～242mg/kg，pH 7.5～9.5。

**对比土系**　示范村系。示范村系具半干润土壤水分状况。卧里屯系分布的地形部位比示范村系低，具滞水土壤水分状况。

**利用性能综述**　本土系土壤质地黏重，易板结，通透性能差，易内涝，耕性差，为宜牧地。已开垦耕地应注意排水防涝，防止土壤次生盐渍化。

**参比土种**　薄层石灰性潜育草甸土。

**代表性单个土体**　位于黑龙江省大庆市龙凤区卧里屯北 6km，46°30′9.5″N，125°14′8.4″E，海拔 143m。现为打苇场，地形为湿地边缘，地下水位浅，地表有短时间积水；草甸植被，生长植物有芦苇、羊草。野外调查时间为 2011 年 10 月 12 日，编号 23-068。

Ah: 0～24cm，灰黄棕色（10YR 4/2，干），黑棕色（7.5YR 2/2，润），黏壤土，发育程度弱的小团块结构，潮，疏松，少量中根，强石灰反应，pH 9.04，向下模糊平滑过渡。

ABh: 24～55cm，黄灰色（2.5Y 4/1，干），黑棕色（2.5Y 3/1，润），黏壤土，发育程度弱的小粒状结构，潮，坚实，少量中根，有很少量石灰斑，强石灰反应，pH 9.70，向下模糊平滑过渡。

BC: 55～91cm，黄灰色（2.5Y 6/1，干），黄灰色（2.5Y 5/1，润），壤土，发育程度弱的小粒状结构，湿，坚实，很少量中根，少量铁锈斑，强石灰反应，pH 9.70，向下渐变平滑过渡。

C: 91～120cm，灰黄色（2.5Y 7/2，干），浊黄色（2.5Y 6/3，润），粉质黏壤土，发育程度弱的小粒状结构，湿，坚实，很少量中根，中量铁锈斑，强石灰反应，pH 9.38。

卧里屯系代表性单个土体剖面

### 卧里屯系代表性单个土体物理性质

| 土层 | 深度 /cm | 洗失量 /(g/kg) | 细土颗粒组成（粒径：mm)/(g/kg) | | | 质地 | 容重 /(g/cm³) |
| --- | --- | --- | --- | --- | --- | --- | --- |
| | | | 砂粒 2～0.05 | 粉粒 0.05～0.002 | 黏粒 <0.002 | | |
| Ah | 0～24 | 93 | 366 | 322 | 312 | 黏壤土 | 1.12 |
| ABh | 24～55 | 171 | 331 | 347 | 323 | 黏壤土 | 1.32 |
| BC | 55～91 | 167 | 401 | 338 | 261 | 壤土 | 1.43 |
| C | 91～120 | 172 | 193 | 472 | 335 | 粉质黏壤土 | 1.33 |

### 卧里屯系代表性单个土体化学性质

| 深度 /cm | pH (H₂O) | 有机碳 /(g/kg) | 全氮(N) /(g/kg) | 全磷(P) /(g/kg) | 全钾(K) /(g/kg) | 阳离子交换量 /(cmol/kg) | 碳酸钙相当物 /(g/kg) |
| --- | --- | --- | --- | --- | --- | --- | --- |
| 0～24 | 9.04 | 24.9 | 3.10 | 0.624 | 20.7 | 26.6 | 59 |
| 24～55 | 9.70 | 10.8 | 1.38 | 0.436 | 21.0 | 21.4 | 152 |
| 55～91 | 9.70 | 5.4 | 0.74 | 0.289 | 22.1 | 15.3 | 153 |
| 91～120 | 9.38 | 3.6 | 0.64 | 0.285 | 20.1 | 18.5 | 165 |

# 9.9    漂白黏化湿润均腐土

## 9.9.1    逊克场北系（Xunkechangbei Series）

土　族：黏质伊利石混合型寒性-漂白黏化湿润均腐土
拟定者：翟瑞常，辛　刚

逊克场北系典型景观

**分布与环境条件**　逊克场北系土壤分布于逊克县。地形为漫岗平原岗坡中部；黄土状母质；草原草甸植被，为以小叶章为主的杂类草，部分开垦为耕地，种植玉米、大豆、小麦。中温带大陆性季风气候，具寒性土壤温度状况和湿润土壤水分状况。年平均气温 –1 ℃，≥ 10 ℃积温 2266.8 ℃，年平均降水量 510.0mm，6～9 月降水占全年 80.1%，无霜期 115 天。50cm 深处年平均地壤温度 4.5℃

**土系特征与变幅**　本土系土壤土体构型为 Ah、E、Bt、BC 和 C。Ah 层为暗沃表层，厚 25～37cm；E 层为白浆层，厚度为 20cm 左右，颜色浅，片状结构；Bt 层为淀积黏化层，有中量锈斑锈纹，团粒结构，有铁、锰和黏粒胶膜；BC 和 C 层有多量锈斑锈纹。耕层容重在 1.20～1.45g/cm³，表层有机碳含量 21.0～36.1g/kg，全氮 1.7～3.25g/kg，全磷 0.87～1.24g/kg，全钾 21.4～27.6g/kg，阳离子交换量为 25～40cmol/kg。耕层土壤碱解氮 99～209mg/kg，速效磷 4～8mg/kg，速效钾 137～145mg/kg，pH 5.5～6.5。

**对比土系**　卫星农场系。卫星农场系具冷性土壤温度状况，逊克场北系具寒性土壤温度状况。

**利用性能综述**　本土系土壤地势平坦，黑土层深厚，适合作为农业用地，但土壤养分贮量不高，应培肥土壤，增施磷肥。气候寒冷，无霜期短，玉米种植要选早熟品种，产量 6000～7500kg/hm²。

**参比土种**　厚层黏质草甸白浆土。

**代表性单个土体**　位于黑龙江省黑河市逊克县逊克农场一分场北 500m 第六队 2 号地。49°17′10.8″N，128°15′52.6″E，海拔257m。地形为漫岗平原岗坡中部，坡度 1°～2°；黄土状母质；自然植被为以小叶章为主的杂类草，现开垦为耕地，种植玉米、大豆、小麦，土壤调查时种植的小麦已收获，并完成整地。野外调查时间为 2010 年 10 月 05 日，编号 23-064。

Ah: 0～30cm，灰棕色（7.5YR 4/2，干），黑棕色（7.5YR 2/2，润），粉质黏壤土，团粒结构，疏松，很少细根，有犁底层，pH 5.94，向下清晰平滑过渡。

E: 30～50cm，淡棕灰色（7.5YR 7/2，干），棕色（7.5YR 4/3，润），粉质黏壤土，片状结构，疏松，很少细根，pH 6.02，向下渐变波状过渡。

Bt: 50～95cm，浊棕色（7.5YR 5/3，干），暗棕色（7.5YR 3/3，润），粉质黏土，粒状结构，坚实，很少极细根，有铁斑纹和很少量三氧化二物胶膜，pH 6.06，向下模糊平滑过渡。

BC: 95～123cm，浊棕色（7.5YR 5/4，干），棕色（7.5YR 4/4，润），粉质黏壤土，小核状结构，坚实，无根系，很少小裂隙，有较多铁斑纹和少量三氧化二物胶膜，pH 6.30，向下模糊平滑过渡。

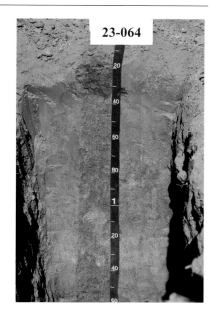

逊克场北系代表性单个土体剖面

C: 123～165cm，浊棕色（7.5YR 5/3，干），棕色（7.5YR 4/3，润），粉质黏壤土，核状结构，坚实，无根系，有较多铁斑纹和较多三氧化二物胶膜，pH 6.44。

### 逊克场北系代表性单个土体物理性质

| 土层 | 深度 /cm | 细土颗粒组成（粒径：mm)/(g/kg) | | | 质地 | 容重 /(g/cm³) |
| | | 砂粒 2～0.05 | 粉粒 0.05～0.002 | 黏粒 <0.002 | | |
| --- | --- | --- | --- | --- | --- | --- |
| Ah | 0～30 | 45 | 599 | 356 | 粉质黏壤土 | 1.26 |
| E | 30～50 | 45 | 661 | 294 | 粉质黏壤土 | 1.36 |
| Bt | 50～95 | 39 | 557 | 403 | 粉质黏土 | 1.34 |
| BC | 95～123 | 47 | 656 | 297 | 粉质黏壤土 | 1.44 |
| C | 123～165 | 42 | 622 | 336 | 粉质黏壤土 | 1.59 |

### 逊克场北系代表性单个土体化学性质

| 深度 /cm | pH (H₂O) | 有机碳 /(g/kg) | 全氮(N) /(g/kg) | 全磷(P) /(g/kg) | 全钾(K) /(g/kg) | 阳离子交换量 /(cmol/kg) |
| --- | --- | --- | --- | --- | --- | --- |
| 0～30 | 5.94 | 36.1 | 3.25 | 0.870 | 21.4 | 34.9 |
| 30～50 | 6.02 | 13.3 | 1.07 | 0.574 | 22.0 | 35.0 |
| 50～95 | 6.06 | 13.2 | 0.97 | 0.593 | 22.9 | 32.7 |
| 95～123 | 6.30 | 12.3 | 0.93 | 0.608 | 22.9 | 30.2 |
| 123～165 | 6.44 | 11.7 | 0.93 | 0.595 | 21.7 | 31.9 |

### 9.9.2　共乐系（Gongle Series）

土　　族：黏质伊利石混合型冷性-漂白黏化湿润均腐土
拟定者：翟瑞常，辛　刚

共乐系典型景观

**分布与环境条件**　共乐系土壤分布于尚志、延寿、方正、密山、虎林、宝清、依兰、桦川。地形为波状平原；黄土状母质；自然植被为草甸草原，生长杂类草，群众称之为"五花草塘"。现多开垦为耕地，种植玉米、大豆、杂粮。中温带大陆性季风气候，具冷性土壤温度状况和湿润土壤水分状况。年平均气温 2.5～2.9℃，≥10℃ 积温 2310～2400℃，无霜期 129～139 天，年平均降水量 552.2～565.8mm，6～9 月降水占全年降水量的 66.8%～72.3%，50cm 深处土壤温度年平均 5.6℃，夏季 16.3℃，冬季-4.1℃。

**土系特征与变幅**　本土系土壤土体构型为 Ah、E、Bt、BC、和 C。Ah 层为暗沃表层，厚 25～37cm；E 层为漂白层，厚 20cm 左右，颜色浅，片状结构；Bt 层为淀积黏化层，小粒状结构；BC、C 层有锈斑锈纹。耕层容重在 1.0～1.4g/cm³，表层有机碳含量 14.6～31.7 g/kg，pH 5.5～6.5。

**对比土系**　卫星农场系。共乐系与卫星农场系属同一土族。共乐系暗沃表层厚 25～37cm，BC、C 层有锈斑锈纹，出现在 1m 土层内。卫星农场系暗沃表层厚 37～50cm，整个剖面没有一层有锈斑锈纹。

**利用性能综述**　本土系地形平坦，黑土层厚，土壤养分含量高，适合生长各种农作物，是较好的农业土壤，玉米单产为 6750～9000kg/hm²。但因白浆层障碍，质地黏重，通透性差，所以春季冷浆，板结易旱，夏秋易涝，影响作物产量的提高。应合理深耕，疏松土壤，增施有机肥料，培肥土壤。

**参比土种**　厚层黏质草甸白浆土。

**代表性单个土体**　位于黑龙江省虎林市宝东镇共乐村西 1km。45°43′18.7″N，132°44′51.3″E，海拔 76m。地形为波状平原，黄土状母质，土壤调查地块为已收获的大豆地。野外调查时间为 2011 年 10 月 14 日，编号 23-119。

Ah: 0～26cm，灰棕色（7.5YR 5/2，干），黑棕色（7.5YR 3/2，润），粉质黏壤土，小团粒结构，疏松，少量细根，pH 6.31，向下清晰平滑过渡。

E: 26～46cm，橙白色（7.5YR 8/1，干），灰棕色（7.5YR 6/2，润），粉质黏壤土，发育强的片状结构，坚实，土体中有很少很小球形棕黑色软质铁锰结核，很少极细根，pH 6.56，向下渐变平滑过渡。

Bt: 46～85cm，灰棕色（7.5YR 4/2，干），黑棕色（7.5YR 3/2，润），粉质黏土，小粒状结构，坚实，很少极细根，pH 6.69，向下渐变平滑过渡。

BC: 85～117cm，灰棕色（7.5YR 5/2，干），灰棕色（7.5YR 4/2，润），粉质黏土，小粒状结构，坚实，很少极细根，结构体内有较多明显清楚的铁斑纹，pH 6.86，向下渐变平滑过渡。

共乐系代表性单个土体剖面

C: 117～150cm，棕灰色（7.5YR 6/1，干），棕灰色（7.5YR 4/1，润），粉质黏壤土，小粒状结构，坚实，结构体内有很多明显清楚的铁斑纹，无根系，pH 7.05。

### 共乐系代表性单个土体物理性质

| 土层 | 深度 /cm | 细土颗粒组成 (粒径：mm)/(g/kg) | | | 质地 | 容重 /(g/cm³) |
| --- | --- | --- | --- | --- | --- | --- |
| | | 砂粒 2～0.05 | 粉粒 0.05～0.002 | 黏粒 <0.002 | | |
| Ah | 0～26 | 118 | 571 | 311 | 粉质黏壤土 | 1.36 |
| E | 26～46 | 89 | 593 | 318 | 粉质黏壤土 | 1.42 |
| Bt | 46～85 | 49 | 421 | 530 | 粉质黏土 | 1.34 |
| BC | 85～117 | 65 | 510 | 425 | 粉质黏土 | 1.50 |
| C | 117～150 | 85 | 522 | 393 | 粉质黏壤土 | 1.55 |

### 共乐系代表性单个土体化学性质

| 深度 /cm | pH (H₂O) | 有机碳 /(g/kg) | 全氮(N) /(g/kg) | 全磷(P) /(g/kg) | 全钾(K) /(g/kg) | 阳离子交换量 /(cmol/kg) |
| --- | --- | --- | --- | --- | --- | --- |
| 0～26 | 6.31 | 19.3 | 1.72 | 0.655 | 18.7 | 18.6 |
| 26～46 | 6.56 | 8.4 | 0.23 | 0.455 | 21.1 | 16.5 |
| 46～85 | 6.69 | 6.5 | 0.63 | 0.525 | 18.3 | 34.6 |
| 85～117 | 6.86 | 4.3 | 0.49 | 0.448 | 19.5 | 27.2 |
| 117～150 | 7.05 | 3.0 | 0.36 | 0.444 | 19.3 | 25.5 |

### 9.9.3　裴德系（Peide Series）

土　族：黏质伊利石混合型冷性–漂白黏化湿润均腐土
拟定者：翟瑞常，辛　刚

**分布与环境条件**　裴德系土壤分布于虎林、密山、佳木斯、萝北、同江、富锦、宝清、饶河、绥滨、依兰、集贤、宾县、五常、方正、木兰等市县。地形为沟谷平地及河岸阶地，地形部位较低；黄土状母质，质地较黏重；自然植被为草甸，生长以小叶章为主的杂类草；现多开垦为耕地。中温带大陆性季风气候，具冷性土壤温度状况和湿润土壤水分状况。年平均气温 3.1℃，≥10℃积

裴德系典型景观

温 2501.6℃，年平均降水量 556.0mm，6～9 月降水占全年的 76.0%，无霜期 140 天。50cm 深处土壤温度年平均 5.3℃，夏季 16.7℃，冬季–5.5℃，冬夏温差 22.2℃。

**土系特征与变幅**　本土系土壤土体构型为 Ah、（E）、Bt、BC 和 C。Ah 层为暗沃表层，厚 25～37cm；（E）层为漂白层，厚 20cm 左右，颜色浅，为不明显的片状结构；Bt 层为淀积黏化层，粒状结构；（E）层有很少小铁锰结核，（E）、Bt 层有很少锈斑，BC、C 层有较多锈斑锈纹，具氧化还原特征，出现深度为 50～100cm 或更浅。Bt 层原为埋藏土壤的腐殖质层，但埋藏时间较长，发育为 Bt 层。

**对比土系**　共乐系。裴德系分布的地形部位低，地下水位浅，土壤从（E）层开始往下，有锈斑锈纹，出现深度浅于 50cm。而共乐系从 BC 层开始往下，有锈斑锈纹，出现深度≥50cm。

**利用性能综述**　本土系地形平缓，黑土层较厚，养分含量高，适宜种植大豆、玉米等作物，玉米单产为 7500～9000 kg/hm²。由于（E）层紧实、板结、冷浆、通气透水性不良，不利于根系伸展和幼苗生长，影响作物产量的提高。应深耕疏松土壤，增施有机肥，实行秸秆还田，培肥土壤。

**参比土种**　中层黏壤质白浆化草甸土。

**代表性单个土体**　位于黑龙江省鸡西市密山市裴德镇农大科研所西 1km。45°38′31.8″N，131°51′37.8″E，海拔 124m。地形为沟谷平地，地形部位较低；质地较黏重，黄土状母质；自然植被为以小叶章为主的杂类草，现开垦为耕地，种植大豆、玉米，一年一熟。土壤调查时为收获的小麦地。野外调查时间为 2011 年 9 月 25 日，编号 23-095。

Ah: 0～27cm，灰棕色（7.5YR 4/2，干），黑棕色（7.5YR 2/2，润），粉质黏壤土，发育程度中等的小团粒结构，疏松，很少量极细根，pH 5.87，向下清晰平滑过渡。

(E)：27～44cm，棕灰色（7.5YR 6/1，干），灰棕色（7.5YR 4/2，润），粉质黏壤土，发育较弱的片状结构，坚实，很少量极细根，结构体内有很少量很小的铁斑纹，结构体表面有很多明显的三氧化二物胶膜，很少黑色小铁锰结核，pH 6.26，向下清晰平滑过渡。

Bt：44～80cm，黑棕色（7.5YR 3/1，干），黑色（7.5YR 2/1，润），粉质黏土，粒状结构，坚实，很少量铁斑纹，较多黏粒胶膜，很少极细根，pH 6.31，向下渐变平滑过渡。

BC：80～107cm，浊黄橙色（7.5YR 6/3，干），浊黄棕色（7.5YR 5/3，润），粉质黏壤土，粒状结构，坚实，结构体内有明显清楚的铁斑纹，无根系，pH 6.51，向下渐变平滑过渡。

裴德系代表性单个土体剖面

C：107～150cm，亮棕色（7.5YR 7/1，干），灰黄棕色（7.5YR 4/2，润），粉质黏壤土，发育程度弱的小棱块状结构，坚实，结构体内有明显清楚的铁斑纹，无根系，pH 6.72。

**裴德系代表性单个土体物理性质**

| 土层 | 深度/cm | 砂粒 2～0.05 | 粉粒 0.05～0.002 | 黏粒 <0.002 | 质地 | 容重/(g/cm³) |
|---|---|---|---|---|---|---|
| Ah | 0～27 | 130 | 536 | 334 | 粉质黏壤土 | 1.32 |
| (E) | 27～44 | 131 | 524 | 345 | 粉质黏壤土 | 1.49 |
| Bt | 44～80 | 75 | 456 | 469 | 粉质黏土 | 1.34 |
| BC | 80～107 | 30 | 592 | 378 | 粉质黏壤土 | 1.43 |
| C | 107～150 | 32 | 570 | 398 | 粉质黏壤土 | 1.43 |

**裴德系代表性单个土体化学性质**

| 深度/cm | pH(H₂O) | 有机碳/(g/kg) | 全氮(N)/(g/kg) | 全磷(P)/(g/kg) | 全钾(K)/(g/kg) | 阳离子交换量/(cmol/kg) |
|---|---|---|---|---|---|---|
| 0～27 | 5.87 | 21.6 | 1.64 | 0.805 | 22.2 | 24.2 |
| 27～44 | 6.26 | 10.3 | 0.85 | 0.440 | 20.9 | 23.4 |
| 44～80 | 6.31 | 12.6 | 0.72 | 0.487 | 18.0 | 34.4 |
| 80～107 | 6.51 | 3.4 | 0.61 | 0.406 | 20.0 | 27.2 |
| 107～150 | 6.72 | 5.5 | 0.46 | 0.381 | 19.9 | 26.7 |

### 9.9.4　卫星农场系（Weixingnongchang Series）

土　族：黏质伊利石混合型冷性–漂白黏化湿润均腐土
拟定者：翟瑞常，辛　刚

卫星农场系典型景观

**分布与环境条件**　卫星农场系土壤分布于尚志、延寿、方正、密山、虎林、东宁。地形为漫岗平原岗坡中上部；黄土状母质；自然植被为疏林草甸，木本植物有柞、桦、榛子、胡枝子等，林下植物繁茂。现多开垦为耕地，种植玉米、大豆、杂粮。中温带大陆性季风气候，具冷性土壤温度状况和湿润土壤水分状况。年平均气温 2.5～2.9℃，≥10℃积温 2310～2400℃，无霜期 129～139 天，年平均降水量 552.2～565.8mm，6～9 月降水占全年降水量的 66.8%～72.3%，50cm 深处土壤温度年平均 5.6℃，夏季 16.3℃，冬季–4.1℃。

**土系特征与变幅**　本土系土壤土体构型为 Ah、E、Bt、BC 和 C。Ah 层为暗沃表层，厚 37～50cm；E 层为漂白层，厚 20cm 左右，颜色浅，片状结构；Bt 层为淀积黏化层，小核状结构，结构体表面有三氧化二物和黏粒胶膜；整个剖面有很少量小圆形玄武岩风化砾石和鹅卵石。耕层容重在 1.0～1.25g/cm³。表层有机碳含量 15.8～36.8g/kg，pH 6.0～7.0。

**对比土系**　共乐系。两土系属同一土族，共乐系暗沃表层厚 25～37cm，BC、C 层有锈斑锈纹，出现在 1m 土体内。卫星农场系暗沃表层厚 37～50cm，整个剖面没有一层有锈斑锈纹。

**利用性能综述**　本土系土壤黑土层深厚，土壤有机质含量高，养分贮量高，但因白浆层障碍，质地黏重，通透性差，所以春季冷浆，板结易旱，夏秋易涝，影响作物生长发育。应合理深耕，疏松土壤，增施有机肥料，培肥土壤。

**参比土种**　厚层黄土质白浆土。

**代表性单个土体**　位于黑龙江省鸡西市虎林市八五〇农场（卫星农场）第二管理区南 1km。45°46′16.5″N，132°23′59.0″E，海拔 118m。地形为漫岗平原岗坡中上部，黄土状母质，土壤调查地块为收获的大豆地，已完成秋整地。野外调查时间为 2011 年 9 月 25 日，编号 23-118。

Ah: 0~37cm，灰棕色（7.5YR 5/2，干），黑棕色（7.5YR 3/2，润），粉质黏壤土，小团粒结构，疏松，很少量圆形粗砾，很少量细根，pH 6.31，向下清晰平滑过渡。

E: 37~55cm，淡棕灰色（7.5YR 7/2，干），浊棕色（7.5YR 6/3，润），粉质黏壤土，片状结构，坚实，很少量圆形粗砾，很少量极细根，pH 6.67，向下渐变平滑过渡。

Bt: 55~89cm，棕色（7.5YR 4/3，干），暗棕色（7.5YR 3/3，润），粉质黏土，小核状结构，坚实，很少量圆形粗砾，很少量极细根，结构体表面有极多明显三氧化二物胶膜，pH 6.60，向下清晰平滑过渡。

BC: 89~124cm，棕色（7.5YR 4/4，干），暗棕色（7.5YR 3/4，润），粉质黏土，核状结构，坚实，很少量圆形粗砾，很少量极细根，结构体表面有很多明显三氧化二物胶膜，pH 6.91，向下清晰平滑过渡。

卫星农场系代表性单个土体剖面

C: 124~140cm，浊棕色（7.5YR 5/4，干），棕色（7.5YR 4/6，润），粉质黏土，无结构，坚实，很少量圆形粗砾，无根系，pH 7.00。

### 卫星农场系代表性单个土体物理性质

| 土层 | 深度/cm | 石砾(>2mm，体积分数)/% | 细土颗粒组成（粒径：mm)/(g/kg) | | | 质地 | 容重/(g/cm³) |
| | | | 砂粒 2~0.05 | 粉粒 0.05~0.002 | 黏粒 <0.002 | | |
| --- | --- | --- | --- | --- | --- | --- | --- |
| Ah | 0~37 | 1 | 103 | 545 | 352 | 粉质黏壤土 | 1.23 |
| E | 37~55 | 1 | 123 | 565 | 312 | 粉质黏壤土 | 1.46 |
| Bt | 55~89 | 1 | 39 | 376 | 585 | 粉质黏土 | 1.32 |
| BC | 89~124 | 1 | 24 | 448 | 528 | 粉质黏土 | 1.52 |
| C | 124~140 | 1 | 34 | 456 | 510 | 粉质黏土 | 1.53 |

### 卫星农场系代表性单个土体化学性质

| 深度/cm | pH(H₂O) | 有机碳/(g/kg) | 全氮(N)/(g/kg) | 全磷(P)/(g/kg) | 全钾(K)/(g/kg) | 阳离子交换量/(cmol/kg) |
| --- | --- | --- | --- | --- | --- | --- |
| 0~37 | 6.31 | 22.1 | 1.78 | 1.014 | 18.2 | 22.3 |
| 37~55 | 6.67 | 8.6 | 0.72 | 0.533 | 18.4 | 17.7 |
| 55~89 | 6.60 | 8.6 | 0.84 | 0.546 | 16.7 | 33.2 |
| 89~124 | 6.91 | 7.0 | 0.60 | 0.595 | 17.0 | 31.4 |
| 124~140 | 7.00 | 5.8 | 0.62 | 0.574 | 17.1 | 28.9 |

### 9.9.5　落马湖系（Luomahu Series）

土　　族：黏壤质混合型冷性−漂白黏化湿润均腐土
拟定者：翟瑞常，辛　刚

落马湖系典型景观

**分布与环境条件**　落马湖系土壤分布于桦川、饶河、密山、虎林等地。地形为沟谷平地或低阶地，地形平坦；冲积母质，上黏下砂；自然植被为草甸植被，小叶章群落，现多开垦为耕地，种植玉米、大豆、杂粮。中温带大陆性季风气候，具冷性土壤温度状况和湿润土壤水分状况。年平均气温 3.1℃，≥10℃积温 2501.6℃，年平均降水量 556.0mm，6～9 月降水占全年的 76.0%，无霜期 140 天。50cm 深处土壤温度年平均 5.3℃，夏季 16.7℃，冬季−5.5℃，冬夏温差 22.2℃。

**土系特征与变幅**　本土系土壤为冲积母质，上黏下砂；土体构型为 Ah、2E、3Bt 和 4C。Ah 层为暗沃表层，厚 37～50cm；2E 层为漂白层，发育较弱的片状结构，有少量的锈斑锈纹；3Bt 层为淀积黏化层，核状结构，结构体表面有三氧化二物和黏粒胶膜，有较多的锈斑锈纹；4C 层为砂层或砂砾层。本土系耕层容重在 1.1～1.3g/cm$^3$。表层有机碳含量 16.1～22.6g/kg，全氮 1.63～2.15g/kg，全磷 0.87～1.10g/kg，全钾 12.0～22.9g/kg。耕层土壤碱解氮 48～217mg/kg，速效磷 3～15.77mg/kg，速效钾 76～376mg/kg，pH 5.6～6.5。

**对比土系**　卫星农场系。卫星农场系土族控制层段颗粒粒级组成为黏质。而落马湖系土族控制层段颗粒粒级组成为黏壤质。

**利用性能综述**　本土系土壤黑土层较厚，土壤有机质含量高，养分贮量高，但地形低洼，排水不良，白浆化层通透性差，土壤过湿，冷浆，影响作物苗期生长和作物产量，玉米单产 6750～8250kg/hm$^2$。应注意挖排水沟，降低地下水位，防止内涝。

**参比土种**　厚层砂砾底白浆化草甸土。

**代表性单个土体**　位于黑龙江省鸡西市密山市裴德镇双峰农场三队南 1km（俗称落马湖）。45°39′5.5″N，131°58′50.3″E，海拔 112m。穆棱河高河漫滩和一阶地，地形平坦，地下水位为 1.5m 左右；母质为冲积母质，上黏下砂；自然植被为以小叶章为主的杂类草，现开垦为耕地，种植大豆、玉米，一年一熟。土壤调查时为收获的玉米地。野外调查时间为 2011 年 9 月 25 日，编号 23-117。

Ah: 0~42cm，浊棕色（7.5YR 5/3，干），暗棕色（7.5YR 3/3，润），黏壤土，发育程度中等的小团粒结构，疏松，很少量细根，pH 5.96，向下清晰平滑过渡。

2E: 42~68cm，橙白色（7.5YR 8/1，干），灰棕色（7.5YR 6/2，润），壤土，发育较弱的片状结构，坚实，无根系，结构体内有少量明显清楚的铁斑纹，pH 6.59，向下清晰平滑过渡。

3Bt: 68~107cm，灰棕色（7.5YR 4/2，干），黑棕色（7.5YR 3/2，润），壤土，核状结构，坚实，结构体内有较多（20%）明显清楚的铁斑纹，结构体表面有较多明显的三氧化二物胶膜，无根系，pH 6.56，向下清晰平滑过渡。

4C: 107~120cm，棕色（7.5YR 4/4，干），暗棕色（7.5YR 3/4，润），壤质砂土，很多圆形细砾，无结构，极坚实，无根系，pH 6.60。

落马湖系代表性单个土体剖面

### 落马湖系代表性单个土体物理性质

| 土层 | 深度 /cm | 石砾 (>2mm，体积分数)/% | 细土颗粒组成 (粒径: mm)/(g/kg) | | | 质地 | 容重 /(g/cm³) |
|---|---|---|---|---|---|---|---|
| | | | 砂粒 2~0.05 | 粉粒 0.05~0.002 | 黏粒 <0.002 | | |
| Ah | 0~42 | — | 384 | 331 | 285 | 黏壤土 | 1.14 |
| 2E | 42~68 | — | 473 | 391 | 136 | 壤土 | 1.78 |
| 3Bt | 68~107 | — | 311 | 452 | 236 | 壤土 | 1.58 |
| 4C | 107~120 | 65 | 890 | 27 | 83 | 壤质砂土 | 未测 |

注: 土壤没有石砾或含量极少，表中为"—"。

### 落马湖系代表性单个土体化学性质

| 深度 /cm | pH (H₂O) | 有机碳 /(g/kg) | 全氮(N) /(g/kg) | 全磷(P) /(g/kg) | 全钾(K) /(g/kg) | 阳离子交换量 /(cmol/kg) |
|---|---|---|---|---|---|---|
| 0~42 | 5.96 | 22.6 | 2.15 | 0.869 | 22.9 | 18.0 |
| 42~68 | 6.59 | 4.0 | 0.27 | 0.224 | 27.1 | 6.4 |
| 68~107 | 6.56 | 3.1 | 0.22 | 0.198 | 25.0 | 18.2 |
| 107~120 | 6.60 | 2.0 | 0.16 | 0.270 | 27.3 | 6.5 |

中国土系志·黑龙江卷

# 9.10 斑纹黏化湿润均腐土

## 9.10.1 逊克场南系（Xunkechangnan Series）

土　族：黏质伊利石混合型寒性-斑纹黏化湿润均腐土
拟定者：翟瑞常，辛　刚

逊克场南系典型景观

**分布与环境条件**　逊克场南系土壤分布于逊克、黑河。地形为漫岗平原岗坡下部；黄土状母质；草甸植被，植物有小叶章、大叶章、三棱草等，部分开垦为耕地，种植大豆、小麦、玉米。中温带大陆性季风气候，具寒性土壤温度状况和湿润土壤水分状况。年平均气温-1.0℃，≥10℃积温2266.8℃，年平均降水量510.0mm，6～9月降水占全年的80.1%，无霜期115天，50cm深处年年均土壤温度4.5℃。

**土系特征与变幅**　本土系土壤土体构型为Ah、AEh、Btr、BCr和Cr。（Ah+AEh）层为暗沃表层，厚37～50cm；AEh层为过渡层，颜色稍浅；Btr层为淀积黏化层，黏粒含量高，结构体表面有很多三氧化二物和黏粒胶膜；BCr层结构体表面有较多三氧化二物和黏粒胶膜，Btr层、BCr层和Cr层有中量-多量锈斑锈纹，具氧化还原特征。耕层容重在1.1～1.35g/cm³。表层有机碳含量33.2～69.0g/kg，pH 5.5～6.5。

**对比土系**　逊克场北系。逊克场北系土壤土体构型为Ah、E、Bt、BC和C，暗沃表层Ah层厚25～37cm；E层为白浆层，厚度为20cm左右，颜色浅，片状结构。逊克场南系土壤土体构型为Ah、AEh、Btr、BCr和Cr，暗沃表层（Ah+AEh）厚37～50cm；AEh层为过渡层，仅仅是颜色稍浅，未形成白浆层。

**利用性能综述**　本土系所处地区地势平坦，黑土层较厚，适合作为农业用地，但土壤养分贮量不高，应培肥土壤，增施磷肥。气候寒冷，无霜期短，玉米种植要选早熟品种，产量6000～7500kg/hm²。

**参比土种**　中层黏壤质白浆化草甸土。

**代表性单个土体**　位于黑龙江省黑河市逊克县逊克农场第二十二队东南4000m。49°14′56.1″N，128°12′6.7″E，海拔271m。地形为漫岗平原岗坡下部，黄土状母质，土壤调查地块为已收获大豆地。野外调查时间为 2010 年 10 月 5 日，编号 23-066。

Ah: 0～25cm，黑棕色（7.5YR 3/2，干），黑棕色（7.5YR 2/2，润），粉质黏壤土，小团粒结构，疏松，很少量细根，有犁底层，pH 6.00，向下清晰平滑过渡。

AEh: 25～43cm，浊棕色（7.5YR 5/3，干），浊棕色（7.5YR 3/3，润），粉质黏壤土，片状结构，疏松，很少量细根，pH 5.94，向下渐变平滑过渡。

Btr: 43～90cm，浊棕色（7.5YR 5/3，干），棕色（7.5YR 4/3，润），粉质黏壤土，粒状结构，坚实，很少量极细根，中量铁斑纹和很多三氧化二物胶膜，pH 6.00，向下模糊平滑过渡。

BCr: 90～122cm，浊橙色（7.5YR 6/4，干），棕色（7.5YR 4/4，润），粉质黏壤土，小核状结构，坚实，无根系，多量铁斑纹和较多三氧化二物胶膜，pH 5.98，向下模糊平滑过渡。

逊克场南系代表性单个土体剖面

Cr: 122～160cm，橙白色（7.5YR 8/2，干），浊橙色（7.5YR 7/3，润），粉壤土，核状结构，坚实，无根系，多量铁斑纹，pH 6.02。

逊克场南系代表性单个土体物理性质

| 土层 | 深度/cm | 细土颗粒组成 (粒径：mm)/(g/kg) | | | 质地 | 容重/(g/cm³) |
| | | 砂粒 2～0.05 | 粉粒 0.05～0.002 | 黏粒 <0.002 | | |
|---|---|---|---|---|---|---|
| Ah | 0～25 | 150 | 526 | 324 | 粉质黏壤土 | 1.22 |
| AEh | 25～43 | 141 | 496 | 363 | 粉质黏壤土 | 1.44 |
| Btr | 43～90 | 154 | 453 | 393 | 粉质黏壤土 | 1.34 |
| BCr | 90～122 | 142 | 540 | 319 | 粉质黏壤土 | 1.47 |
| Cr | 122～160 | 214 | 668 | 118 | 粉壤土 | 1.50 |

逊克场南系代表性单个土体化学性质

| 深度/cm | pH(H₂O) | 有机碳/(g/kg) | 全氮(N)/(g/kg) | 全磷(P)/(g/kg) | 全钾(K)/(g/kg) | 阳离子交换量/(cmol/kg) |
|---|---|---|---|---|---|---|
| 0～25 | 6.00 | 38.6 | 3.82 | 0.947 | 18.7 | 35.4 |
| 25～43 | 5.94 | 16.1 | 1.52 | 0.538 | 21.7 | 29.5 |
| 43～90 | 6.00 | 15.4 | 1.00 | 0.447 | 21.2 | 34.3 |
| 90～122 | 5.98 | 14.2 | 0.76 | 0.368 | 19.5 | 32.6 |
| 122～160 | 6.02 | 1.9 | 0.56 | 0.382 | 24.7 | 31.1 |

### 9.10.2　大唐系（Datang Series）

土　族：黏质伊利石混合型冷性-斑纹黏化湿润均腐土
拟定者：翟瑞常，辛　刚

**分布与环境条件**　大唐系土壤分布于虎林、穆棱、宁安、海林、牡丹江市郊区。地形为山地、丘陵坡积裙部位，坡度相对较缓；母质为黄土状沉积物，夹有很少量砾石；自然植被为疏林草甸，生长稀疏柞树、桦树、杨树等阔叶林，林下有胡枝子、榛子、鞑子香等灌木林，因林木稀疏，草甸植物生长茂盛，现大多开垦为耕地，种植玉米、大豆、杂粮。中温带大陆性季风气候，

大唐系典型景观

具冷性土壤温度状况和湿润土壤水分状况。年平均气温 3.8℃，≥10℃积温 3054.6℃，年平均降水量 598.1mm，6～9 月降水占全年的 75.2%，无霜期 147 天，50cm 深处土壤温度年平均 6.7℃，夏季 16.7℃，冬季–3.9℃，冬夏温差 20.6℃。

**土系特征与变幅**　本土系土壤土体构型为 Ah、Bt、BC 和 C。Ah 层为暗沃表层，厚 25～37cm，Bt 层为淀积黏化层，Bt、BC 和 C 层均为棱块状结构，结构体表面有三氧化二物和黏粒胶膜；整个剖面有很少小铁锰结核，C 层有锈斑锈纹。耕层容重在 1.0～1.5g/cm³。表层有机碳含量 2.7～48.3g/kg，pH 5.5～6.5。

**对比土系**　逊克场南系。两土系同属于斑纹黏化湿润均腐土亚类，逊克场南系暗沃表层（Ah+AEh）厚 37～50cm，具寒性土壤温度状况。大唐系暗沃表层（Ah）厚 25～37cm，具冷性土壤温度状况。

**利用性能综述**　本土系土壤由于处于山坡下部，易受山水冲刷，水土流失严重，基础肥力较低，不耐种，开垦前几年作物生长良好，产量较高，3～5 年后，土壤肥力迅速减退，产量很低，因此，较陡地块宜作为林业用地，缓坡可开垦为耕地，但应挖截流沟，同时增施有机肥，培肥土壤。

**参比土种**　厚层亚暗矿质草甸暗棕壤。

**代表性单个土体**　位于黑龙江省牡丹江市宁安市江南乡大唐村西南 2km。44°17′32.1″N，129°31′27.6″E，海拔 295m。地形为山地、丘陵坡积裙部位，坡度相对较缓；母质为黄土状沉积物，夹有很少量砾石；自然植被为疏林杂类草草甸，现开垦为耕地，种植大豆、玉米、杂粮。土壤调查地块种植菇茑。野外调查时间为 2011 年 9 月 24 日，编号 23-094。

Ah：0～25cm，棕色（7.5YR 4/4，干），暗棕色（7.5YR 3/4，润），粉质黏壤土，发育程度中等的小团粒结构，稍坚硬，很少量小角状岩石碎屑，很少量细根，很少量黑色小铁锰结核，pH 5.79，向下渐变平滑过渡。

Bt：25～66cm，浊棕色（7.5YR 5/4，干），棕色（7.5YR 4/4，润），粉质黏壤土，发育程度强的小棱块状结构，结构体表面有明显的三氧化二物胶膜，坚硬，很少量极细根，很少量小角状岩石碎屑，很少量黑色小铁锰结核，pH 6.28，向下模糊平滑过渡。

BC：66～109cm，亮棕色（7.5YR 5/6，干），棕色（7.5YR 4/6，润），粉质黏壤土，发育程度强的小棱块状结构，结构体表面有明显的三氧化二物胶膜，坚硬，很少量极细根，很少量小角状岩石碎屑，很少量黑色小铁锰结核，pH 6.25，向下清晰平滑过渡。

大唐系代表性单个土体剖面

C：109～120cm，亮棕色（7.5YR 5/8，干），亮棕色（7.5YR 5/6，润），粉质黏壤土，发育程度强的棱块状结构，结构体内有明显清楚的铁斑纹，结构体表面有明显的三氧化二物胶膜，坚硬，很少量小角状岩石碎屑，很少量黑色小铁锰结核，无根系，pH 6.38。

### 大唐系代表性单个土体物理性质

| 土层 | 深度/cm | 石砾(>2mm，体积分数)/% | 细土颗粒组成 (粒径：mm)/(g/kg) | | | 质地 | 容重/(g/cm³) |
| | | | 砂粒 2～0.05 | 粉粒 0.05～0.002 | 黏粒 <0.002 | | |
| --- | --- | --- | --- | --- | --- | --- | --- |
| Ah | 0～25 | 1 | 182 | 489 | 329 | 粉质黏壤土 | 1.02 |
| Bt | 25～66 | 1 | 138 | 467 | 395 | 粉质黏壤土 | 1.41 |
| BC | 66～109 | 1 | 138 | 496 | 365 | 粉质黏壤土 | 1.44 |
| C | 109～120 | 1 | 76 | 566 | 359 | 粉质黏壤土 | 1.50 |

### 大唐系代表性单个土体化学性质

| 深度/cm | pH(H₂O) | 有机碳/(g/kg) | 全氮(N)/(g/kg) | 全磷(P)/(g/kg) | 全钾(K)/(g/kg) | 阳离子交换量/(cmol/kg) |
| --- | --- | --- | --- | --- | --- | --- |
| 0～25 | 5.79 | 12.7 | 1.16 | 0.534 | 22.5 | 21.4 |
| 25～66 | 6.28 | 8.5 | 0.71 | 0.580 | 25.0 | 25.4 |
| 66～109 | 6.25 | 6.1 | 0.57 | 0.537 | 20.6 | 25.5 |
| 109～120 | 6.38 | 4.0 | 0.46 | 0.435 | 22.4 | 25.5 |

### 9.10.3　铁力系（Tieli Series）

土　族：黏壤质混合型冷性-斑纹黏化湿润均腐土
拟定者：翟瑞常，辛　刚

铁力系典型景观

**分布与环境条件**　铁力系土壤分布于宾县、五常、巴彦、通河、庆安、铁力、依兰、富锦、宝清等地。地形为波状平原岗坡中下部，坡度 1°~2°；黄土状母质；自然植被为草原草甸植被，生长以小叶章为主的杂类草，现多开垦为耕地，垦殖率高，种植玉米、大豆、杂粮。中温带大陆性季风气候，具冷性土壤温度状况和湿润土壤水分状况。年平均降水量 582.5mm，年平均蒸发量 1549.5mm，年平均日照时数 2577h，年均气温 1.6℃，无霜期 128 天，≥10℃的积温 2518℃。50cm 深处年平均土壤温度 4.9℃。

**土系特征与变幅**　本土系土壤土体构型为 Ah、AEhr、Btr、和 Cr。（Ah+ AEhr）层为暗沃表层，厚 37~50cm；AEhr 层颜色相对较浅，有铁锰还原淋溶，但未达到漂白层标准；从 AEhr 层往下有中-多量锈斑锈纹，出现在 50~150cm 或更浅处，具氧化还原特征。耕层容重在 1.0~1.4g/cm³。表层有机碳含量为 11.0~39.5g/kg，pH 5.5~6.5。

**对比土系**　大唐系。大唐系和铁力系同为斑纹黏化湿润均腐土亚类。大唐系土壤分布于丘陵缓坡处，疏林草甸植被，暗沃表层（Ah）厚 25~37cm，整个剖面有很少小铁锰结核，C 层有锈斑锈纹。铁力系土壤分布在波状平原中下部，草原草甸植被，暗沃表层（Ah+AEhr），厚 37~50cm；AEhr 层颜色相对较浅，有铁锰还原淋溶，但未达到漂白层标准；从 AEhr 层往下有中-多量锈斑锈纹，出现在 50~150cm 或更浅处，具氧化还原特征。

**利用性能综述**　本土系所处地区地势低平，AEhr 层的存在导致通气透水性不良，不利于幼苗生长；土壤易板结，耕性不良；排水不畅，夏季易涝。在农业生产中要注意排水，采取深耕、深松，加深耕层，增施有机肥，实行秸秆还田，培肥土壤。

**参比土种**　薄层黄土质白浆化黑土。

**代表性单个土体**　位于黑龙江省伊春市铁力市北 4000m。47°0′55.5″N，128°3′16.4″E，海拔 228m。地形为波状平原低平处，坡度 1°~2°，黄土状母质，调查地块为收获的大豆地。野外调查时间为 2010 年 10 月 16 日，编号 23-076。

Ah: 0～22cm，灰棕色（7.5YR 4/2，干），黑色（7.5YR 2/1，润），粉质黏壤土，小团粒结构，疏松，很少量细根，pH 5.66，向下清晰平滑过渡。

AEhr: 22～49cm，灰棕色（7.5YR 6/2，干），黑棕色（7.5YR 3/2，润），粉质黏壤土，片状结构，疏松，很少量极细根，有铁斑纹，pH 5.60，向下渐变平滑过渡。

Btr1: 49～88cm，淡棕灰色（7.5YR 7/2，干），灰棕色（7.5YR 5/2，润），粉质黏壤土，小核状结构，坚实，很少量极细根，有铁斑纹和较多铁锰胶膜，pH 5.70，向下渐变平滑过渡。

Btr2: 88～127cm，灰棕色（7.5YR 6/2，干），灰棕色（7.5YR 4/2，润），粉质黏壤土，核状结构，坚实，无根系，有较多铁斑纹和很多铁锰胶膜，pH 5.96，向下模糊平滑过渡。

23-076

铁力系代表性单个土体剖面

Cr: 127～175cm，橙白色（7.5YR 8/2，干），灰棕色（7.5YR 6/2，润），粉质黏壤土，大棱块结构，坚实，无根系，有较多铁斑纹和很多铁锰胶膜，pH 5.94。

### 铁力系代表性单个土体物理性质

| 土层 | 深度 /cm | 细土颗粒组成（粒径：mm）/(g/kg) | | | 质地 | 容重 /(g/cm³) |
| --- | --- | --- | --- | --- | --- | --- |
| | | 砂粒 2～0.05 | 粉粒 0.05～0.002 | 黏粒 <0.002 | | |
| Ah | 0～22 | 113 | 599 | 288 | 粉质黏壤土 | 1.08 |
| AEhr | 22～49 | 63 | 579 | 357 | 粉质黏壤土 | 1.19 |
| Btr1 | 49～88 | 13 | 641 | 347 | 粉质黏壤土 | 1.32 |
| Btr2 | 88～127 | 28 | 670 | 301 | 粉质黏壤土 | 1.54 |
| Cr | 127～175 | 33 | 663 | 304 | 粉质黏壤土 | 1.51 |

### 铁力系代表性单个土体化学性质

| 深度 /cm | pH (H₂O) | 有机碳 /(g/kg) | 全氮(N) /(g/kg) | 全磷(P) /(g/kg) | 全钾(K) /(g/kg) | 阳离子交换量 /(cmol/kg) |
| --- | --- | --- | --- | --- | --- | --- |
| 0～22 | 5.66 | 39.5 | 1.36 | 1.225 | 17.4 | 36.3 |
| 22～49 | 5.60 | 15.2 | 0.57 | 0.750 | 20.3 | 31.9 |
| 49～88 | 5.70 | 5.6 | 0.40 | 0.450 | 20.4 | 26.5 |
| 88～127 | 5.96 | 3.6 | 0.45 | 0.515 | 20.6 | 30.6 |
| 127～175 | 5.94 | 3.6 | 0.33 | 0.526 | 22.8 | 28.6 |

中国土系志·黑龙江卷

# 9.11 斑纹简育湿润均腐土

## 9.11.1 大西江系（Daxijiang Series）

土　族：黏质伊利石混合型寒性-斑纹简育湿润均腐土
拟定者：翟瑞常，辛　刚

**分布与环境条件**　大西江系土壤分布于克山、克东、讷河、北安、五大连池、嫩江等地。地形为漫岗平原岗坡中部；黄土状母质；草原化草甸植被，群落内植物可达 40 多种，主要有薹草、裂叶蒿、细叶白头翁、地榆、野豌豆、野火球、蓬子菜、黄花菜、柴胡、蔓委陵菜、棉团铁线莲等，群众称为"五花草甸"，现多开垦为耕地，种植玉米、大豆、杂粮。中温带大陆性季风气候，具寒性土壤温度状况和湿润土壤水分状况。年均气温–0.4℃，无

大西江系典型景观

霜期 100 天，≥10℃的积温 2100℃，年平均降水量 484.5mm，年平均蒸发量 1200mm，50cm 深处年平均土壤温度 2.8℃。

**土系特征与变幅**　本土系土壤土体构型为 Ah、ABh、BC1、BC2 和 C。（Ah+ABh）层为暗沃表层，厚 50～75cm；Ah、ABh、BC1、BC2 层有很少量-少量小铁锰结核，具有氧化还原特征；耕层容重 0.98～1.24g/cm³。表层有机碳含量 28.4～43.9g/kg，pH 5.5～6.5。

**对比土系**　嫩江系。嫩江系和大西江系同为黏质伊利石混合型寒性-斑纹简育湿润均腐土土族。嫩江系暗沃表层（Ah+ABh）厚 25～50cm。大西江系暗沃表层（Ah+ABh）厚 50～75cm。

**利用性能综述**　本土系土壤黑土层较厚，肥力较高，各种养分丰富，土壤物理性质较好，微酸性至中性反应，适合各种作物生长。虽然土壤坡度不大，为 2°～3°，但坡较长，易发生水土流失，需要采取水土保持措施。

**参比土种**　中层黄土质黑土。

**代表性单个土体**　位于黑龙江省黑河市嫩江县大西江农场畜牧一队南 500m。48°58′2.5″N，125°0′19.5″E，海拔 264m。地形为漫岗平原岗坡中部、中上部，黄土状母质，土壤调查地块为收获后的小麦地，已完成秋整地。野外调查时间为 2010 年 8 月 9 日，编号 23-031。

Ah:　0～37cm，黑棕色（7.5YR 3/1，干），黑色（7.5YR 2/1，润），粉质黏土，少量圆形中砾，团粒结构，疏松，少量极细根，很少量小铁锰结核，pH 6.04，向下渐变平滑过渡。

ABh：37～68cm，棕灰色（7.5YR 4/1，干），黑棕色（7.5YR 3/1，润），粉质黏土，少量圆形中砾，少量二氧化硅粉末，小团粒状结构，疏松，很少量极细根，少量小铁锰结核，pH 6.00，向下渐变平滑过渡。

BC1：68～108cm，黑棕色（7.5YR 3/2，干），黑棕色（7.5YR 2/2，润），粉质黏土，少量圆形中砾，少量白色二氧化硅粉末，很小块状结构，疏松，很少量极细根系，少量小铁锰结核，pH 6.00，向下渐变不规则过渡。

BC2：108～139cm，棕色（7.5YR 4/4，干），棕色（7.5YR 4/6，润），粉质黏土，少量圆形中砾，小棱块结构，坚实，无根系，很少量小铁锰结核，pH 6.02，向下渐变平滑过渡。

大西江系代表性单个土体剖面

C:　139～180cm，浊棕色（7.5YR 5/3，干），浊棕色（7.5YR 5/4，润），粉质黏壤土，棱块状结构，坚实，无根系，pH 6.00。

### 大西江系代表性单个土体物理性质

| 土层 | 深度/cm | 石砾(>2mm，体积分数)/% | 细土颗粒组成（粒径：mm)/(g/kg) | | | 质地 | 容重/(g/cm³) |
|---|---|---|---|---|---|---|---|
| | | | 砂粒2～0.05 | 粉粒0.05～0.002 | 黏粒<0.002 | | |
| Ah | 0～37 | 4 | 82 | 506 | 412 | 粉质黏土 | 1.04 |
| ABh | 37～68 | 4 | 66 | 484 | 450 | 粉质黏土 | 1.24 |
| BC1 | 68～108 | 4 | 63 | 455 | 483 | 粉质黏土 | 1.30 |
| BC2 | 108～139 | 4 | 56 | 464 | 480 | 粉质黏土 | 1.30 |
| C | 139～180 | — | 109 | 513 | 378 | 粉质黏壤土 | 1.39 |

注：土壤没有石砾或含量极少，表中为"—"。

### 大西江系代表性单个土体化学性质

| 深度/cm | pH(H₂O) | 有机碳/(g/kg) | 全氮(N)/(g/kg) | 全磷(P)/(g/kg) | 全钾(K)/(g/kg) | 阳离子交换量/(cmol/kg) |
|---|---|---|---|---|---|---|
| 0～37 | 6.04 | 43.9 | 3.62 | 0.884 | 19.7 | 41.7 |
| 37～68 | 6.00 | 24.5 | 2.43 | 0.799 | 19.0 | 37.5 |
| 68～108 | 6.00 | 18.5 | 1.88 | 0.779 | 18.8 | 42.9 |
| 108～139 | 6.02 | 11.9 | 1.27 | 1.025 | 18.9 | 45.3 |
| 139～180 | 6.00 | 7.0 | 1.13 | 0.691 | 20.2 | 43.5 |

### 9.11.2　克东系（Kedong Series）

土　　族：黏质伊利石混合型寒性–斑纹简育湿润均腐土
拟定者：翟瑞常，辛　刚

克东系典型景观

**分布与环境条件**　克东系土壤分布于克山、克东、讷河、北安、五大连池、嫩江等地。地形为漫岗平原岗坡上部；黄土状母质；自然植被为草原草甸植被，生长以杂类草为主的草甸植物，群落内植物可达 40 多种，1m² 内即多达 30 多种，主要有薹草、裂叶蒿、细叶白头翁、地榆、野豌豆、野火球、蓬子菜、黄花菜、柴胡、蔓委陵菜、棉团铁线莲等，群众称为"五花草甸"，现多开垦为耕地，垦殖率高，种植玉米、大豆、杂粮。中温带大陆性季风气候，具寒性土壤温度状况和湿润土壤水分状况。年平均气温 1.1℃，≥10℃的积温 2381.6℃，无霜期 133 天，年平均降水量 586.6mm。6～9 月降水占全年的 82.8%。50cm 深处土壤温度年平均 3.1℃，夏季平均 13.3℃，冬季平均 –7.1℃，冬夏温差 20.4℃。

**土系特征与变幅**　本土系土壤土体构型为 Ah、ABh、BC 和 C。（Ah+ABh）层为暗沃表层，厚 75～100cm；全剖面有很少量–少量铁锰结核，具有氧化还原特征；耕层土壤容重在 1.0～1.25g/cm³，表层有机碳含量为 22.7～35.5g/kg，pH 6.0～7.0。

**对比土系**　大西江系。大西江系和克东系同为黏质伊利石混合型寒性–斑纹简育湿润均腐土土族。大西江系暗沃表层（Ah+ABh）厚 50～75cm。克东系土壤层暗沃表层（Ah+ABh）厚 75～100cm。

**利用性能综述**　本土系位于漫岗平原岗坡的上部，开垦较久，水土流失较重，Ah 层较薄，一般 20～30cm，土壤相对瘠薄，但热量条件较好，适种耐旱作物，如谷子、糜子、芸豆等。

**参比土种**　薄层黄土质黑土。

**代表性单个土体**　位于黑龙江省齐齐哈尔市克东县东北 3000m。48°4′22.7″N，126°23′41.5″E，海拔277m。地形为漫岗平原岗坡上部，黄土状母质，土壤调查地块当季种植大豆，已收获。野外调查时间为 2010 年 10 月 2 日，编号 23-056。

Ah: 0～28cm，黑棕色（7.5YR 3/2，干），黑棕色（7.5YR 2/2，润），粉质黏壤土，小团粒结构，疏松，很少量极细根，有犁底层，很少量黑棕色小铁锰结核，pH 6.00，向下模糊平滑过渡。

ABh: 28～83cm，灰棕色（7.5YR 4/2，干），黑棕色（7.5YR 3/2，润），粉质黏壤土，小粒状结构，疏松，很少量极细根，少量二氧化硅粉末，很少量黑棕色小铁锰结核，pH 6.24，向下模糊平滑过渡。

BC: 83～123cm，棕色（7.5YR 4/4，干），暗棕色（7.5YR 3/4，润），粉壤土，小棱块状结构，坚实，无根系，有鼠穴，少量黑棕色小铁锰结核，pH 6.40，向下模糊平滑过渡。

C: 123～170cm，浊棕色（7.5YR 5/4，干），棕色（7.5YR 4/4，润），粉壤土，无结构，坚实，无根系，很少量黑棕色小铁锰结核，pH 6.58。

克东系代表性单个土体剖面

**克东系代表性单个土体物理性质**

| 土层 | 深度 /cm | 细土颗粒组成（粒径：mm)/(g/kg) | | | 质地 | 容重 /(g/cm³) |
| --- | --- | --- | --- | --- | --- | --- |
| | | 砂粒 2～0.05 | 粉粒 0.05～0.002 | 黏粒 <0.002 | | |
| Ah | 0～28 | 65 | 607 | 328 | 粉质黏壤土 | 1.23 |
| ABh | 28～83 | 45 | 573 | 383 | 粉质黏壤土 | 1.23 |
| BC | 83～123 | 29 | 711 | 259 | 粉壤土 | 1.39 |
| C | 123～170 | 18 | 723 | 258 | 粉壤土 | 1.50 |

**克东系代表性单个土体化学性质**

| 深度 /cm | pH (H₂O) | 有机碳 /(g/kg) | 全氮(N) /(g/kg) | 全磷(P) /(g/kg) | 全钾(K) /(g/kg) | 阳离子交换量 /(cmol/kg) |
| --- | --- | --- | --- | --- | --- | --- |
| 0～28 | 6.00 | 31.2 | 2.46 | 0.682 | 22.7 | 34.7 |
| 28～83 | 6.24 | 24.6 | 1.43 | 0.455 | 23.0 | 32.7 |
| 83～123 | 6.40 | 12.8 | 1.13 | 0.417 | 18.0 | 30.6 |
| 123～170 | 6.58 | 10.8 | 0.92 | 0.418 | 24.6 | 28.9 |

### 9.11.3　嫩江系（Nenjiang Series）

土　族：黏质伊利石混合型寒性–斑纹简育湿润均腐土
拟定者：翟瑞常，辛　刚

嫩江系典型景观

**分布与环境条件**　嫩江系土壤分布于克山、克东、讷河、北安、五大连池、嫩江等地。地形为漫岗平原岗坡中上部；黄土状母质；自然植被为草原草甸植被，生长以杂类草为主的草甸植物，群落内植物可达 40 多种，1m² 内即多达 30 多种，主要有薹草、裂叶蒿、细叶白头翁、地榆、野豌豆、野火球、蓬子菜、黄花菜、柴胡、蔓委陵菜、棉团铁线莲等，群众称为"五花草甸"，现多开垦为耕地，垦殖率高，种植玉米、大豆、杂粮。中温带大陆性季风气候，具寒性土壤温度状况和湿润土壤水分状况。年均气温–0.4℃，无霜期 100 天，≥10℃的积温 2100℃，年平均降水量 484.5mm，年平均蒸发量 1200mm，50cm 深处年平均土壤温度 2.8℃。

**土系特征与变幅**　本土系土壤土体构型为 Ah、ABh、B、BC 和 2C。（Ah+ABh）层为暗沃表层，厚 25～50cm；ABh、B 层有很少量小铁锰结核，具有氧化还原特征；耕层容重在 1.0～1.3g/cm³，表层有机碳含量 24.8～40.0g/kg，pH 5.5～6.5。

**对比土系**　大西江系。大西江系和嫩江系同为黏质伊利石混合型寒性–斑纹简育湿润均腐土土族。嫩江系暗沃表层（Ah+ABh）厚 25～50cm。大西江系暗沃表层（Ah+ABh）厚 50～75cm。

**利用性能综述**　本土系黑土层较厚，肥力较高，各种养分丰富，土壤物理性质较好，微酸性至中性反应，适合各种作物生长。虽然土壤坡度不大，为 2°～3°，但坡较长，易发生水土流失，需要采取水土保持措施。

**参比土种**　中层砂底黑土。

**代表性单个土体**　位于黑龙江省黑河市嫩江县大西江农场畜牧四队东南 500m。48°59′51.6″N，125°0′5.0″E，海拔 241m。地形为漫岗平原岗坡中部、中上部，黄土状母质，土壤调查地块为大豆地。野外调查时间为 2010 年 8 月 9 日，编号 23-032。

Ah：　0～23cm，黑棕色（7.5YR 3/1，干），黑色（7.5YR 2/1，润），粉质黏壤土，小团粒结构，极疏松，很少量细根，pH 6.04，向下渐变平滑过渡。

ABh：23～38cm，棕灰色（7.5YR 4/1，干），黑棕色（7.5YR 3/1，润），粉质黏土，小团粒状结构，疏松，很少量细根，很少量很小铁锰结核，pH 5.98，向下渐变平滑过渡。

B：　38～102cm，黑棕色（7.5YR 3/2，干），黑棕色（7.5YR 2/2，润），粉质黏土，丰度为中等的白色二氧化硅粉末，小粒状结构，疏松，很少量极细根系，很少量很小铁锰结核，pH 6.06，向下渐变不规则过渡。

BC：102～130cm，黑棕色（7.5YR 3/2，干），黑棕色（7.5YR 2/2，润），粉质黏土，小棱块结构，疏松，很少量极细根，pH 6.32，向下渐变平滑过渡。

2C：130～160cm，浊棕色（7.5YR 5/3，干），暗棕色（7.5YR 3/3，润），砂质壤土，中量圆形细砾，棱块状结构，坚实，无根系，pH 6.56。

23-032

嫩江系代表性单个土体剖面

## 嫩江系代表性单个土体物理性质

| 土层 | 深度/cm | 石砾（>2mm，体积分数）/% | 细土颗粒组成（粒径：mm）/(g/kg) | | | 质地 | 容重/(g/cm³) |
|---|---|---|---|---|---|---|---|
| | | | 砂粒 2～0.05 | 粉粒 0.05～0.002 | 黏粒 <0.002 | | |
| Ah | 0～23 | — | 119 | 481 | 399 | 粉质黏壤土 | 1.12 |
| ABh | 23～38 | — | 90 | 465 | 445 | 粉质黏土 | 1.12 |
| B | 38～102 | — | 77 | 465 | 458 | 粉质黏土 | 1.16 |
| BC | 102～130 | — | 123 | 470 | 407 | 粉质黏土 | 1.50 |
| 2C | 130～160 | 10 | 582 | 271 | 147 | 砂质壤土 | 1.38 |

注：土壤没有石砾或含量极少，表中为"—"。

## 嫩江系代表性单个土体化学性质

| 深度/cm | pH(H₂O) | 有机碳/(g/kg) | 全氮(N)/(g/kg) | 全磷(P)/(g/kg) | 全钾(K)/(g/kg) | 阳离子交换量/(cmol/kg) |
|---|---|---|---|---|---|---|
| 0～23 | 6.04 | 40.0 | 3.86 | 0.757 | 20.2 | 44.7 |
| 23～38 | 5.98 | 25.9 | 2.45 | 0.670 | 20.9 | 40.0 |
| 38～102 | 6.06 | 17.9 | 1.81 | 0.640 | 20.3 | 38.0 |
| 102～130 | 6.32 | 11.6 | 1.25 | 0.407 | 21.5 | 34.9 |
| 130～160 | 6.56 | 5.2 | 0.77 | 0.352 | 21.8 | 19.9 |

### 9.11.4　丰产屯系（Fengchantun Series）

土　族：黏壤质混合型寒性–斑纹简育湿润均腐土
拟定者：翟瑞常，辛　刚

丰产屯系典型景观

**分布与环境条件**　丰产屯系土壤分布于克山、克东、讷河、北安、五大连池、嫩江等地。地形为漫岗平原岗坡中部、中上部；黄土状母质；自然植被为草原草甸植被，生长以杂类草为主的草甸植物，群落内植物可达 40 多种，$1m^2$ 内即多达 30 多种，主要有贝加尔针茅、羊草、披碱草、溚草、薹草、裂叶蒿、细叶白头翁、地榆、野豌豆、野火球、蓬子菜、黄花菜、柴胡、蔓委陵菜、棉团铁线莲等。现多开垦为耕地，垦殖率高，种植玉米、大豆、杂粮。中温带大陆性季风气候，具寒性土壤温度状况和湿润土壤水分状况。年平均气温 0.7℃，≥10℃的积温 2391.6℃，无霜期 122 天左右，年平均降水量 463.1mm，6～9 月降水占全年的 80.7%。50cm 深处土壤温度年平均 3.2℃，夏季平均 14.2℃，冬季平均–7.9℃，冬夏温差 22.1℃。

**土系特征与变幅**　本土系土壤土体构型为 Ah、ABh、B、BC 和 C。（Ah+ABh）层为暗沃表层，厚 50～75cm；BC 层有小铁锰结核，有氧化还原特征；C 层有中量锈斑和小铁锰结核。耕层容重在 1.00～1.35g/cm³，表层有机碳含量 16.4～40.7g/kg，pH 6.0～7.0。

**对比土系**　花园农场系。两土系同为黏壤质混合型寒性–斑纹简育湿润均腐土土族。花园农场系 Ah、ABh、BC 和 C 层都有很少量小铁锰结核，无锈斑锈纹，即从土表往下，具有氧化还原特征。丰产屯系 Ah、ABh、B 层无铁锰结核和锈斑锈纹；BC 层有小铁锰结核，有氧化还原特征；C 层有中量锈斑和小铁锰结核，具氧化还原特征土层出现在100cm 以下。

**利用性能综述**　本土系黑土层较通气、透水性良好，有机质、养分含量较高，土壤供肥性能好，易耕性好，适宜种植各种作物。但作物易受旱、涝、低温等自然灾害影响，产量不稳定。土壤坡度不大，但坡较长，易水土流失，应加强水土保持。

**参比土种**　中层黄土质黑土。

**代表性单个土体**　位于黑龙江省齐齐哈尔市讷河市学田镇丰产屯村西 1000m 路南。48°41′17.7″N，124°49′42.1″E，海拔236m。地形为漫岗平原岗坡中部、中上部，黄土状母质，自然植被为草原草甸植被，现已开垦为耕地，种植作物以大豆、小麦、玉米为主。土壤调查时为大豆地。野外调查时间为 2010 年 8 月 8 日，编号 23-030。

Ah:　0～39cm，黑棕色（10YR 2/2，干），黑色（7.5YR 3/3，润），粉质黏壤土，团粒结构，疏松，少量细根，pH 6.04，向下模糊平滑过渡。

ABh：39～69cm，暗棕色（10YR 3/3，干），暗棕色（7.5YR 3/3，润），粉质黏壤土，小团粒状结构，坚实，很少量极细根，pH 6.54，向下模糊波状过渡。

B:　69～126cm，暗棕色（7.5YR 3/3 干），暗棕色（7.5YR 3/4，润），粉质黏壤土，发育弱的小棱块结构，坚实，很少量极细根系，pH 6.70，向下渐变平滑过渡。

BC:　126～177cm，黄棕色（7.5YR 5/6，干），黄棕色（7.5YR 5/8，润），粉壤土，发育弱小棱块结构，坚实，很少量极细根，可见小铁锰结核，pH 6.60，向下渐变平滑过渡。

C:　177～200cm，浊黄棕色（7.5YR 5/4，干），黄棕色（7.5YR 5/6，润），粉壤土，无结构，坚实，无根系，结构体内有中量锈斑，可见小软铁锰结核，pH 6.70。

丰产屯系代表性单个土体剖面

### 丰产屯系代表性单个土体物理性质

| 土层 | 深度 /cm | 细土颗粒组成 （粒径：mm)/(g/kg) | | | 质地 | 容重 /(g/cm³) |
| --- | --- | --- | --- | --- | --- | --- |
| | | 砂粒 2～0.05 | 粉粒 0.05～0.002 | 黏粒 <0.002 | | |
| Ah | 0～39 | 128 | 546 | 326 | 粉质黏壤土 | 1.20 |
| ABh | 39～69 | 129 | 551 | 320 | 粉质黏壤土 | 1.26 |
| B | 69～126 | 106 | 562 | 331 | 粉质黏壤土 | 1.39 |
| BC | 126～177 | 183 | 579 | 238 | 粉壤土 | 1.50 |
| C | 177～200 | 156 | 723 | 121 | 粉壤土 | 1.58 |

### 丰产屯系代表性单个土体化学性质

| 深度 /cm | pH (H₂O) | 有机碳 /(g/kg) | 全氮(N) /(g/kg) | 全磷(P) /(g/kg) | 全钾(K) /(g/kg) | 阳离子交换量 /(cmol/kg) |
| --- | --- | --- | --- | --- | --- | --- |
| 0～39 | 6.04 | 40.7 | 2.72 | 0.611 | 21.6 | 34.6 |
| 39～69 | 6.54 | 17.8 | 1.94 | 0.488 | 20.3 | 34.0 |
| 69～126 | 6.70 | 10.2 | 1.16 | 0.367 | 20.9 | 32.8 |
| 126～177 | 6.60 | 5.5 | 0.87 | 0.432 | 21.2 | 29.0 |
| 177～200 | 6.70 | 1.8 | 0.72 | 0.353 | 21.5 | 24.0 |

### 9.11.5　花园农场系（Huayuannongchang Series）

土　族：黏壤质混合型寒性-斑纹简育湿润均腐土
拟定者：翟瑞常，辛　刚

花园农场系典型景观

**分布与环境条件**　花园农场系土壤分布于克山、克东、讷河、北安、五大连池、嫩江等地。地形为漫岗平原岗坡中部、中上部；黄土状母质；自然植被为草原草甸植被，生长以杂类草为主的草甸植物，群落内植物可达40多种，1m² 内即多达30多种，主要有薹草、裂叶蒿、细叶白头翁、地榆、野豌豆、野火球、蓬子菜、黄花菜、柴胡、蔓委陵菜、棉团铁线莲等。现多开垦为耕地，垦殖率高，种植玉米、大豆、杂粮。中温带大陆性季风气候，具寒性土壤温度状况和湿润土壤水分状况。年平均降水量 545.8mm，6～9 月降水占全年的 78.5%，年平均蒸发量 1197mm。年平均日照时数 2600h，年均气温 0℃，无霜期 115～125 天，≥10℃的积温 2167℃。50cm 深处土壤温度年平均 3.0℃，夏季 13.3℃，冬季–7.0℃，冬夏温差 20.3℃。

**土系特征与变幅**　本土系土壤土体构型为 Ah、ABh、BC 和 C。（Ah+ABh）层为暗沃表层，厚 50～75cm；Ah、ABh、BC 和 C 层都有很少量小铁锰结核，具有氧化还原特征；耕层容重在 1.00～1.35g/cm³。表层有机碳含量 25.2～70.6g/kg，pH 5.5～6.5。

**对比土系**　丰产屯系。丰产屯系和花园农场系同为黏壤质混合型寒性-斑纹简育湿润均腐土土族。花园农场系 Ah、ABh、BC 和 C 层都有很少量小铁锰结核，无锈斑锈纹，即从土表往下，具有氧化还原特征。丰产屯系 Ah、ABh、B 层无铁锰结核和锈斑锈纹；BC 层有小铁锰结核，有氧化还原特征；C 层有中量锈斑和小铁锰结核，具氧化还原特征土层出现在 100cm 以下。

**利用性能综述**　地势平坦，土壤水分条件较好，耕层养分含量较高，整个土体养分总贮量丰富，微酸性至中性反应，土壤结构好，通气透水性良好，保水保肥性能强，土温稳定，土壤疏松，耕性好，适合各种作物生长，是最理想的农业土壤。

**参比土种**　中层黄土质黑土。

**代表性单个土体**　位于黑龙江省黑河市五大连池市花园农场西 3000m。48°24′51.4″N，

126°12′23.1″E，海拔 303m。地形为漫岗平原岗坡中部、中上部，黄土状母质，自然植被为草原草甸植被，现已开垦为耕地，种植作物以大豆、小麦、玉米为主。土壤调查时大豆已收获，已经完成秋整地。野外调查时间为 2010 年 10 月 3 日，编号 23-058。

Ah:　0～45cm，黑棕色（7.5YR 3/2，干），黑棕色（7.5YR 2/2，润），粉质黏壤土，小团粒结构，疏松，很少量细根，有犁底层，很少量黑棕色小铁锰结核，pH 6.02，向下渐变平滑过渡。

ABh:　45～72cm，浊棕色（7.5YR 5/3，干），棕色（7.5YR 3/3，润），粉质黏壤土，小粒状结构，疏松，很少量极细根，少量二氧化硅粉末，很少量黑棕色小铁锰结核，pH 5.92，向下渐变波状过渡。

BC:　72～115cm，浊橙色（7.5YR 6/4，干），棕色（7.5YR 4/4，润），粉质黏壤土，小棱块状结构，坚实，无根系，有铁斑纹，很少量黑棕色小铁锰结核，pH 6.00，向下模糊平滑过渡。

C:　115～180cm，浊棕色（7.5YR 6/3，干），浊棕色（7.5YR 5/3，润），粉壤土，小棱块状结构，坚实，无根系，较多铁斑纹，很少量黑棕色小铁锰结核，pH 6.38。

花园农场系代表性单个土体剖面

### 花园农场系代表性单个土体物理性质

| 土层 | 深度 /cm | 细土颗粒组成（粒径：mm）/(g/kg) | | | 质地 | 容重 /(g/cm³) |
| --- | --- | --- | --- | --- | --- | --- |
| | | 砂粒 2～0.05 | 粉粒 0.05～0.002 | 黏粒 <0.002 | | |
| Ah | 0～45 | 35 | 669 | 296 | 粉质黏壤土 | 1.20 |
| ABh | 45～72 | 18 | 592 | 390 | 粉质黏壤土 | 1.32 |
| BC | 72～115 | 25 | 674 | 301 | 粉质黏壤土 | 1.40 |
| C | 115～180 | 52 | 725 | 223 | 粉壤土 | 1.49 |

### 花园农场系代表性单个土体化学性质

| 深度 /cm | pH (H₂O) | 有机碳 /(g/kg) | 全氮(N) /(g/kg) | 全磷(P) /(g/kg) | 全钾(K) /(g/kg) | 阳离子交换量 /(cmol/kg) |
| --- | --- | --- | --- | --- | --- | --- |
| 0～45 | 6.02 | 30.0 | 2.99 | 0.965 | 20.7 | 40.7 |
| 45～72 | 5.92 | 21.4 | 1.33 | 0.549 | 20.9 | 33.1 |
| 72～115 | 6.00 | 14.5 | 0.90 | 0.394 | 23.6 | 31.2 |
| 115～180 | 6.38 | 14.6 | 1.03 | 0.387 | 23.4 | 28.9 |

### 9.11.6　学田系（Xuetian Series）

土　　族：黏壤质混合型寒性-斑纹简育湿润均腐土
拟定者：翟瑞常，辛　刚

**分布与环境条件**　学田系土壤分布于克山、克东、讷河、北安及整个黑河地区。地形为河漫滩和低阶地；近代冲积母质，由于沉积的水流流速的变化，以及冲积次数和时间的差异，可见土壤剖面有多层砂黏相间的层次；自然植被为草甸植被，植物有小叶章、三棱草、芦苇、黄瓜香、旱柳、地榆等植物，大部分开垦为耕地，种植玉米、大豆、杂粮。中温带大陆性季风气候，具寒性土壤温度状况和湿润土壤水分状况。年平均气温 0.7℃，≥10℃

学田系典型景观

积温 2391.6℃，无霜期 122 天左右，年平均降水量 463.1mm，6～9 月降水占全年的 80.7%。50cm 深处土壤温度年平均 3.2℃，夏季平均 14.2℃，冬季平均–7.9℃，冬夏温差 22.1℃。

**土系特征与变幅**　本土系土壤土体构型为 Ap、ABh、BCr、2Cr 和 3Cr。（Ap+ABh）层为暗沃表层，厚≥50cm；BCr、2Cr 和 3Cr 层有锈斑；母质为近代冲积物，土壤剖面有明显的质地层次性。耕层容重在 1.19～1.47g/cm³。表层有机碳含量 15.3～43.6g/kg，pH 6.0～7.0。

**对比土系**　丰产屯系。丰产屯系和学田系同为黏壤质混合型寒性-斑纹简育湿润均腐土土族。由于母质不同，学田系为近代冲积母质，发育土壤后，土壤质地有明显的层次性。而丰产屯系为黄土状母质，土壤剖面上下质地较均一。

**利用性能综述**　本土系土壤质地多为壤-黏壤土，但不同剖面差异较大，土壤通气透水性良好，保水保肥性能良好，适宜作物生长，大豆产量为 2250～3750kg/hm²。应当合理深耕，增施有机肥，不断培肥土壤。

**参比土种**　薄层层状草甸土。

**代表性单个土体**　位于黑龙江省齐齐哈尔市讷河市学田镇东 2km 路南。48°41′13.5″N，124°49′10.7″E，海拔 224m。地形为河漫滩和低阶地；近代冲积母质，土壤剖面有多层砂黏相间的层次；自然植被为草甸植被，土壤调查地块已开垦为耕地，种植作物以大豆、小麦、玉米为主，一年一熟。土壤调查时为大豆地。野外调查时间为 2010 年 8 月 8 日，编号 23-029。

Ap: 0～18cm，灰棕色（7.5YR 4/2，干），黑棕色（7.5YR 3/2，润），壤土，小团粒结构，疏松，少量细根，pH 6.60，向下清晰平滑过渡。

ABh: 18～52cm，灰棕色（7.5YR 4/2，干），黑棕色（7.5YR 2/2，润），粉质黏壤土，小棱块状结构，坚实，很少量细根，pH 6.70，向下渐变平滑过渡。

BCr: 52～90cm，黑棕色（7.5YR 3/2，干），极暗棕色（7.5YR 2/3，润），黏壤土，发育弱的小棱块结构，坚实，很少量极细根系，结构体内有很少量铁锈斑，pH 6.56，向下渐变平滑过渡。

2Cr: 90～143cm，灰色（7.5YR 4/2，干），暗棕色（7.5YR 3/3，润），壤土，发育弱小棱块状结构，坚实，很少量极细根，结构体内有中量铁锈斑，pH 6.60，向下渐变平滑过渡。

学田系代表性单个土体剖面

3Cr: 143～200cm，棕色（7.5YR 4/3，干），暗棕色（7.5YR 3/3，润），壤土，发育弱的小棱块状结构，坚实，无根系，结构体内有多量锈斑，pH 6.60。

### 学田系代表性单个土体物理性质

| 土层 | 深度 /cm | 石砾 (>2mm，体积分数)/% | 细土颗粒组成 (粒径: mm)/(g/kg) | | | 质地 | 容重 /(g/cm³) |
| --- | --- | --- | --- | --- | --- | --- | --- |
| | | | 砂粒 2～0.05 | 粉粒 0.05～0.002 | 黏粒 <0.002 | | |
| Ap | 0～18 | — | 385 | 425 | 190 | 壤土 | 1.47 |
| ABh | 18～52 | — | 121 | 554 | 325 | 粉质黏壤土 | 1.19 |
| BCr | 52～90 | — | 256 | 470 | 274 | 黏壤土 | 1.12 |
| 2Cr | 90～143 | 87 | 352 | 385 | 262 | 壤土 | 1.49 |
| 3Cr | 143～200 | — | 474 | 301 | 225 | 壤土 | 1.45 |

注：土壤没有石砾或含量极少，表中为"—"。

### 学田系代表性单个土体化学性质

| 深度 /cm | pH (H₂O) | 有机碳 /(g/kg) | 全氮(N) /(g/kg) | 全磷(P) /(g/kg) | 全钾(K) /(g/kg) | 阳离子交换量 /(cmol/kg) |
| --- | --- | --- | --- | --- | --- | --- |
| 0～18 | 6.60 | 16.3 | 1.52 | 0.488 | 24.7 | 24.8 |
| 18～52 | 6.70 | 20.1 | 2.10 | 0.525 | 22.7 | 31.5 |
| 52～90 | 6.56 | 15.0 | 1.63 | 0.490 | 23.0 | 31.0 |
| 90～143 | 6.60 | 8.8 | 1.01 | 0.411 | 24.2 | 28.5 |
| 143～200 | 6.60 | 8.1 | 0.94 | 0.469 | 23.4 | 22.4 |

### 9.11.7 永和村系（Yonghecun Series）

土　族：黏壤质混合型寒性-斑纹简育湿润均腐土
拟定者：翟瑞常，辛　刚

永和村系典型景观

**分布与环境条件**　永和村系土壤分布于五大连池、北安、德都、逊克、黑河等县市。地形为丘陵上部较平缓处；黄土状母质，质地较黏重；疏林草甸植被，林木以柞树、桦树为主，林下有棒子、胡枝子等，由于森林受到破坏，生长稀疏，草本植物随之侵入；土壤肥力水平较高，作林业土壤或农业用地均可。中温带大陆性季风气候，具寒性土壤温度状况和湿润土壤水分状况。年平均降水量 545.8mm，6～9 月降水占全年的 78.5%，年平均蒸发量 1197mm。年均气温 0℃，无霜期 115～125 天，≥10℃积温 2167℃。50cm 深处土壤温度年平均 3.0℃，夏季 13.3℃，冬季 –7.0℃，冬夏温差 20.3℃。

**土系特征与变幅**　本土系土壤土体构型为 Oi、Ah、ABh、B、BCr 和 C。（Ah+ABh）层为暗沃表层，厚 25～50cm；BCr 层有铁斑纹，B、BCr 和 C 层有小铁锰结核，具有氧化还原特征；耕层容重在 1.00～1.35g/cm³，表层有机碳含量为 19.2～98.6g/kg，pH 5.5～6.5。

**对比土系**　丰产屯系。丰产屯系和永和村系为同一土族。丰产屯系暗沃表层（Ah+ABh）厚 50～75cm；Ah、ABh、B 层无铁锰结核和锈斑锈纹，BC 层有小铁锰结核，C 层有中量锈斑和小铁锰结核，具氧化还原特征土层出现在 100cm 以下。永和村系土壤暗沃表层（Ah+ABh）厚 25～50cm；BCr 层有铁斑纹，B、BCr 和 C 层都有很少量小铁锰结核，氧化还原特征土层出现在 50cm 以内。

**利用性能综述**　土壤腐殖质较厚，养分总贮量高，大部分可开垦为农田，垦后作物产量较高。但土壤有 5° 左右的坡度，易发生水土流失。本土系土壤所处地区林木生长稀疏，林下草本植物茂盛，适合放牧；本土系土壤林业上可用来培育速生优质树木，林木自然生长率很高。

**参比土种**　中层黄土质草甸暗棕壤。

**代表性单个土体**　位于黑龙江省黑河市五大连池市新发乡永和村南 2000m。48°23′17.9″N，126°13′13.4″E，海拔 303m。地形为低矮丘陵上部较平缓处，黄土状母质，疏林草甸植被，林木以柞树、桦树为主，林下有棒子、胡枝子等。野外调查时间为 2010 年 10 月 3 日，编号 23-059。

Oi: +3～0cm，暗棕色（7.5YR 3/3，干），极暗棕色（7.5YR 2/3，润），未分解和低分解的枯枝落叶。

Ah: 0～19cm，棕色（7.5YR 4/3，干），暗棕色（7.5YR 3/3，润），黏壤土，小团粒结构，疏松，少量中度粗细根，pH 5.94，向下渐变平滑过渡。

ABh: 19～36cm，浊棕色（7.5YR 5/3，干），暗棕色（7.5YR 3/3，润），黏壤土，小粒状结构，坚实，少量中根，pH 6.04，向下渐变平滑过渡。

B: 36～63cm，棕色（7.5YR 4/4，干），暗棕色（7.5YR 3/4，润），黏壤土，小粒状结构，坚实，很少量细根，很少量黑棕色小铁锰结核，pH 5.96，向下渐变平滑过渡。

BCr: 63～100cm，浊棕色（7.5YR 5/4，干），棕色（7.5YR 4/4，润），壤土，无结构，坚实，很少量细根，有铁斑纹，很少量小铁锰结核，pH 5.92，向下渐变平滑过渡。

永和村系代表性单个土体剖面

C: 100～145cm，浊橙色（7.5YR 7/3，干），浊棕色（7.5YR 6/3，润），砂质壤土，无结构，坚实，无根系，较多铁斑纹，很少量黑棕色小铁锰结核，pH 6.04。

### 永和村系代表性单个土体物理性质

| 土层 | 深度 /cm | 细土颗粒组成 (粒径：mm)/(g/kg) | | | 质地 | 容重 /(g/cm³) |
| --- | --- | --- | --- | --- | --- | --- |
| | | 砂粒 2～0.05 | 粉粒 0.05～0.002 | 黏粒 <0.002 | | |
| Ah | 0～19 | 222 | 495 | 283 | 黏壤土 | 1.13 |
| ABh | 19～36 | 286 | 416 | 298 | 黏壤土 | 1.26 |
| B | 36～63 | 346 | 313 | 342 | 黏壤土 | 1.46 |
| BCr | 63～100 | 470 | 299 | 231 | 壤土 | 1.51 |
| C | 100～145 | 722 | 160 | 118 | 砂质壤土 | 1.69 |

### 永和村系代表性单个土体化学性质

| 深度 /cm | pH (H₂O) | 有机碳 /(g/kg) | 全氮(N) /(g/kg) | 全磷(P) /(g/kg) | 全钾(K) /(g/kg) | 阳离子交换量 /(cmol/kg) |
| --- | --- | --- | --- | --- | --- | --- |
| 0～19 | 5.94 | 33.3 | 3.21 | 0.673 | 24.2 | 34.4 |
| 19～36 | 6.04 | 17.1 | 1.44 | 0.361 | 26.7 | 26.9 |
| 36～63 | 5.96 | 17.3 | 1.07 | 0.251 | 24.7 | 32.6 |
| 63～100 | 5.92 | 9.4 | 0.80 | 0.204 | 27.4 | 27.7 |
| 100～145 | 6.04 | 7.4 | 0.47 | 0.129 | 29.5 | 26.3 |

中国土系志·黑龙江卷

### 9.11.8 青冈系（Qinggang Series）

土　族：黏质伊利石混合型石灰性冷性-斑纹简育湿润均腐土
拟定者：翟瑞常，辛　刚

**分布与环境条件**　青冈系土壤主要分布在黑龙江省依安、龙江、杜蒙、双城、五常、明水、拜泉、肇东、青冈、望奎、兰西、肇源等市县，地形为漫岗平原或波状平原下部低平地，地下水一般在 3m 左右，雨季在 1.5m 左右。母质为第四纪河湖沉积物，质地黏重，含碳酸盐。自然植被为草甸植被，以小叶章为主的杂类草群落或芦苇、羊草群落，覆盖度 90%～100%，大部分已开

青冈系典型景观

垦为农田，种植大豆、玉米、杂粮。中温带大陆性季风气候，具冷性土壤温度状况和潮湿土壤水分状况。年平均气温 2.2℃，≥10℃积温 2570.1℃，年平均降水量 488.6mm，6～9 月降水占全年的 84.2%，春季多风，土壤易受风蚀。50cm 深处土壤温度年平均 4.5℃，夏季 15.7℃，冬季–6.4℃。

**土系特征与变幅**　本土系土壤土体构型为 Ah、ABh、B 和 C。（Ah+ABh）层为暗沃表层，厚 75～100cm，全剖面有很少量小铁锰结核，具有氧化还原特征，出现深度为 50～150cm 或更浅。Ah 层为弱石灰反应，其下土层有极强-强石灰反应。表层有机质含量一般在 13.8～34.1g/kg，pH 7.5～8.5。

**对比土系**　新生系。青冈系土壤（Ah+ABh）层为暗沃表层，厚 75～100cm，全剖面有很少量小铁锰结核，具有氧化还原特征，出现深度为 50～150cm 或更浅；Ah 层为弱石灰反应，其下土层有极强-强石灰反应。新生系土壤（Ah+Ahb+ABhb）层为暗沃表层，厚≥100cm，Ahb 层有很少量小铁锰结核，Ahb、ABhb 和 BCb 层有锈斑锈纹，具有氧化还原特征，出现深度为 50～150cm 或更浅，Ah 层无石灰反应，Ahb、ABhb 和 BCb 层有强-弱石灰反应，出现深度为 25～150cm 或更浅。

**利用性能综述**　本土系腐殖层深厚，养分贮量丰富，适合种植小麦、大豆、玉米等作物，由于钾、钠离子丰富，向日葵、甜菜生长良好，玉米单产 7500～9000kg/hm²。春季地温低，不利于速效养分释放。要注意防止土壤结构被破坏，使土壤物理性质变坏。

**参比土种**　厚层黏壤质石灰性草甸土。

**代表性单个土体**　位于黑龙江省绥化市青冈县东 2km，46°41′48.2″N，126°7′37.8″E，海拔 207m。波状平原下部低平地，母质为第四纪河湖沉积物，质地黏重，含碳酸盐。土壤调查地块为收获的玉米地。野外调查时间为 2011 年 10 月 12 日，编号 23-069。

Ah:　0～64cm，灰棕色（7.5YR 4/2，干），黑棕色（7.5YR 2/2，润），粉质黏壤土，团粒块结构，润，疏松，少量细根，有很少量黑色小铁锰结核，弱石灰反应，pH 8.10，向下渐变平滑过渡。

ABh:　64～89cm，灰棕色（7.5YR 5/2，干），灰棕色（7.5YR 3/2，润），粉质黏土，发育弱的小团粒结构，润，疏松，很少量极细根，有少量黑色小铁锰结核，极强石灰反应，pH 8.24，向下模糊波状过渡。

B:　89～141cm，浊棕色（7.5YR 5/3，干），棕色（7.5YR 4/3，润），粉质黏壤土，小棱块状结构，润，疏松，有很少量小铁锰结核，极强石灰反应，pH 8.30，向下模糊平滑过渡。

C:　141～170cm，浊棕色（7.5YR 6/3，干），浊棕色（7.5YR 5/3，润），粉质黏壤土，中棱块状结构，润，疏松，有很少量黑色小铁锰结核，强石灰反应，pH 8.34，渐变平滑过渡。

青冈系代表性单个土体剖面

### 青冈系代表性单个土体物理性质

| 土层 | 深度 /cm | 洗失量 /(g/kg) | 细土颗粒组成 (粒径: mm)/(g/kg) | | | 质地 | 容重 /(g/cm³) |
|---|---|---|---|---|---|---|---|
| | | | 砂粒 2～0.05 | 粉粒 0.05～0.002 | 黏粒 <0.002 | | |
| Ah | 0～64 | — | 89 | 527 | 383 | 粉质黏壤土 | 1.13 |
| ABh | 64～89 | 89 | 117 | 481 | 401 | 粉质黏土 | 1.37 |
| B | 89～141 | — | 51 | 557 | 392 | 粉质黏壤土 | 1.42 |
| C | 141～170 | — | 88 | 549 | 363 | 粉质黏壤土 | 1.51 |

注：土壤没有石砾或含量极少，表中为"—"。

### 青冈系代表性单个土体化学性质

| 深度 /cm | pH (H₂O) | 有机碳 /(g/kg) | 全氮(N) /(g/kg) | 全磷(P) /(g/kg) | 全钾(K) /(g/kg) | 阳离子交换量 /(cmol/kg) | 碳酸钙相当物 /(g/kg) |
|---|---|---|---|---|---|---|---|
| 0～64 | 8.10 | 24.4 | 2.61 | 0.443 | 18.2 | 40.3 | 7 |
| 64～89 | 8.24 | 16.7 | 1.88 | 0.359 | 20.7 | 30.7 | 79 |
| 89～141 | 8.30 | 7.9 | 1.01 | 0.773 | 23.2 | 33.0 | 1 |
| 141～170 | 8.34 | 6.6 | 0.88 | 0.456 | 21.7 | 23.9 | 28 |

### 9.11.9 新发北系（**Xinfabei Series**）

土　　族：黏质伊利石混合型石灰性冷性–斑纹简育湿润均腐土
拟定者：翟瑞常，辛　刚

新发北系典型景观

**分布与环境条件**　新发北系土壤分布于友谊、集贤、富锦、宝清等地。地形为松花江冲积平原低平地，地势低，土壤排水不良；黄土状母质，质地较黏重，含碳酸盐；原始植被为草甸，小叶章群落，现开垦为稻田，种稻时间短。中温带大陆性季风气候，具冷性土壤温度状况和人为滞水土壤水分状况。年平均气温1.8℃，≥10℃积温 2465.4℃，无霜期 133.5 天，全年平均降水量 524.4mm，6～9 月降水占全年的 74.2%，50cm 深处土壤温度年平均 5.2℃，夏季 15.4℃，冬季–4.1℃，冬夏温差 19.5℃。

**土系特征与变幅**　本土系土壤土体构型为 Ah、ABh、BC 和 C。（Ah+ABh）层为暗沃表层，厚 50～75cm，整个剖面有很少量铁锰结核，Cr 层有较多明显铁斑纹；Ah、Cr 层无石灰反应，ABh 层有石灰斑，中度石灰反应，BC 层为弱石灰反应；耕层容重在 1.0～1.4g/cm³，表层有机碳含量为 7.9～48.2 g/kg，pH 7.5～8.5。

**对比土系**　伟东系。新发北系土壤（Ah+ABh）层为暗沃表层，厚 50～75cm，Ah、Cr 层无石灰反应，ABh 层有钙结核，中度石灰反应，BC 层为弱石灰反应。伟东系土壤（Ah+ABh）层为暗沃表层，厚 37～50cm，全剖面无石灰反应。

**利用性能综述**　本土系黑土层较厚，有机质含量高，养分贮量高，土壤潜在肥力高，是肥沃的水稻田，单产 7500～9000kg/hm²。利用中应增施有机肥，培肥土壤，防止土壤肥力下降。

**参比土种**　中层草甸土型淹育水稻土。

**代表性单个土体**　位于黑龙江省双鸭山市友谊县友谊农场二区五队 7 号地（二分场北500m），46°48′35.5″N，131°44′30.9″E，海拔 66m。地形为松花江冲积平原低平地，地势低，土壤排水不良，母质为质地黏重、含碳酸盐的黄土状母质，自然植被为小叶章群落，开垦为旱田，后又改为稻田，土壤调查时仅种稻两年。野外调查时间为 2010 年 9 月 17日，编号 23-037。

Ah:　0～25cm，黑棕色（7.5YR 3/1，干），黑色（7.5YR 2/1，润），粉质黏土，无结构，坚实，很少极细根系，很少量黑棕色小铁锰结核，无石灰反应，pH 8.00，向下渐变平滑过渡。

ABh：25～62cm，灰棕色（7.5YR 4/2，干），黑棕色（7.5YR 2/2，润），粉质黏土，无结构，疏松，很少极细根系，很少量黑棕色中型铁锰结核，很少量形状不规则的石灰斑，中度石灰反应，pH 8.40，向下模糊波状过渡。

BC：　62～109cm，浊棕色（7.5YR 6/3，干），橙色（7.5YR 6/6，润），粉质黏土，中等棱块结构，坚实，无根系，很少量黑棕色大铁锰结核，弱石灰反应，pH 8.66，向下模糊平滑过渡。

Cr：　109～155cm，浊橙色（7.5YR 7/4，干），浊橙色（7.5YR 7/4，润），粉质黏土，小棱块结构，坚实，无根系，细孔，很少量黑棕色大铁锰结核，较多明显铁斑纹，无石灰反应，pH 8.60。

新发北系代表性单个土体剖面

### 新发北系代表性单个土体物理性质

| 土层 | 深度 /cm | 细土颗粒组成（粒径：mm）/(g/kg) | | | 质地 | 容重 /(g/cm³) |
| | | 砂粒 2～0.05 | 粉粒 0.05～0.002 | 黏粒 <0.002 | | |
| --- | --- | --- | --- | --- | --- | --- |
| Ah | 0～25 | 94 | 419 | 487 | 粉质黏土 | 1.31 |
| ABh | 25～62 | 116 | 413 | 471 | 粉质黏土 | 1.42 |
| BC | 62～109 | 95 | 442 | 463 | 粉质黏土 | 1.50 |
| Cr | 109～155 | 107 | 489 | 404 | 粉质黏土 | 1.29 |

### 新发北系代表性单个土体化学性质

| 深度 /cm | pH (H₂O) | 有机碳 /(g/kg) | 全氮(N) /(g/kg) | 全磷(P) /(g/kg) | 全钾(K) /(g/kg) | 阳离子交换量 /(cmol/kg) | 碳酸钙相当物 /(g/kg) |
| --- | --- | --- | --- | --- | --- | --- | --- |
| 0～25 | 8.00 | 21.1 | 2.02 | 0.975 | 18.9 | 44.5 | 0 |
| 25～62 | 8.40 | 8.9 | 1.04 | 0.459 | 18.5 | 37.0 | 29 |
| 62～109 | 8.66 | 4.6 | 0.76 | 0.652 | 15.0 | 31.6 | 11 |
| 109～155 | 8.60 | 3.3 | 0.62 | 0.656 | 23.7 | 28.6 | 0 |

### 9.11.10　宁安系（Ning'an Series）

土　族：黏质伊利石混合型冷性-斑纹简育湿润均腐土
拟定者：翟瑞常，辛　刚

宁安系典型景观

**分布与环境条件**　宁安系土壤分布于甘南、绥棱、庆安、海伦、桦南、依兰、桦川、集贤、同江、通河、宾县、五常、巴彦、方正、木兰、延寿、宁安、穆陵等地。地形为山间开阔地的平原，地势较平坦，坡度不大，一般小于 2°；黄土状母质，质地黏重；自然植被为草甸植被，生长有小叶章-杂类草群落，现多开垦为耕地，种植玉米、大豆、杂粮。中温带大陆性季风气候，具冷性土壤温度状况和湿润土壤水分状况。年平均气温 3.8℃，≥10℃积温 3054.6℃，年平均降水量 598.1mm，6～9 月降水占全年的 75.2%，无霜期 147 天，50cm 深处土壤温度年平均 6.7℃，夏季 16.7℃，冬季–3.9℃，冬夏温差 20.6℃。

**土系特征与变幅**　本土系土壤土体构型为 Ahr、ABhr、BCr 和 Cr。（Ahr+ABhr）层为暗沃表层，厚 50～75cm，全剖面有很少量小铁锰结核，具有氧化还原特征，出现深度为 50～150cm 或更浅。耕层容重在 1.1～1.3g/cm$^3$。表层有机碳含量为 13.3～46.3g/kg，pH 6.0～7.0。

**对比土系**　庆丰系。庆丰系土壤（Ah+ABh）层为暗沃表层，厚 75～100cm，BC、Cr 层有弱石灰反应。宁安系土壤（Ahr+ABhr）层为暗沃表层，厚 50～75cm，全剖面无石灰反应。

**利用性能综述**　本土系黑土层深厚，有机质含量高，养分贮量高，土壤肥力较高，适宜种植大豆、玉米等作物，玉米单产 7500～9000kg/hm$^2$。但地形平缓，质地黏重，通气透水性差，耕性不良，易积水内涝，春季土壤温度低，养分转化慢，不利于幼苗生长，应注意排水防涝。耕性不良，应深耕、深松，增施有机肥，实行秸秆还田，培肥土壤。

**参比土种**　中层黏壤质草甸土。

**代表性单个土体**　位于黑龙江省牡丹江市宁安市宁安农场第四生产队东 0.8km。44°5′22.5″N，129°22′1.8″E，海拔 424m。地形为山间开阔地的平原，地势平坦；黄土状母质，质地黏重；土壤调查地块为水浇地，种植圆葱，已收获。野外调查时间为 2011 年 9 月 23 日，编号 23-091。

Ahr: 0～35cm，灰棕色（7.5YR 5/2，干），黑棕色（7.5YR 3/2，润），粉质黏土，发育程度中等的小团粒结构，疏松，少量细根，很少量黑色小铁锰结核，pH 6.29，有很少地膜碎屑，向下渐变平滑过渡。

ABhr: 35～60cm，浊棕色（7.5YR 5/3，干），暗棕色（7.5YR 3/3，润），粉质黏壤土，发育程度中等的中粒状结构，坚实，极少极细根，结构体内有很少量很小铁斑纹，很少量黑色小铁锰结核，pH 6.26，向下渐变平滑过渡。

BCr: 60～120cm，浊棕色（7.5YR 5/3，干），棕色（7.5YR 4/3，润），粉质黏土，发育程度弱的小棱块状结构，坚实，无根系，结构体内有较少量较小铁斑纹，很少量黑色小铁锰结核，pH 6.75，向下模糊平滑过渡。

Cr: 120～165cm，浊橙色（7.5YR 6/4，干），浊棕色（7.5YR 5/4，润），粉壤土，无结构，坚实，无根系，结构体内有较小铁斑纹，很少量黑色小铁锰结核，pH 6.96。

宁安系代表性单个土体剖面

### 宁安系代表性单个土体物理性质

| 土层 | 深度 /cm | 细土颗粒组成（粒径：mm）/(g/kg) | | | 质地 | 容重 /(g/cm³) |
| --- | --- | --- | --- | --- | --- | --- |
| | | 砂粒 2～0.05 | 粉粒 0.05～0.002 | 黏粒 <0.002 | | |
| Ahr | 0～35 | 42 | 557 | 401 | 粉质黏土 | 1.17 |
| ABhr | 35～60 | 28 | 592 | 381 | 粉质黏壤土 | 1.33 |
| BCr | 60～120 | 30 | 549 | 421 | 粉质黏土 | 1.48 |
| Cr | 120～165 | 17 | 723 | 260 | 粉壤土 | 1.45 |

### 宁安系代表性单个土体化学性质

| 深度 /cm | pH (H₂O) | 有机碳 /(g/kg) | 全氮(N) /(g/kg) | 全磷(P) /(g/kg) | 全钾(K) /(g/kg) | 阳离子交换量 /(cmol/kg) |
| --- | --- | --- | --- | --- | --- | --- |
| 0～35 | 6.29 | 15.6 | 1.34 | 0.761 | 22.3 | 26.9 |
| 35～60 | 6.26 | 11.1 | 0.75 | 0.544 | 22.8 | 29.3 |
| 60～120 | 6.75 | 9.7 | 0.65 | 0.601 | 20.7 | 28.4 |
| 120～165 | 6.96 | 5.0 | 0.36 | 0.602 | 20.7 | 27.6 |

### 9.11.11　庆丰系（Qingfeng Series）

土　族：黏质伊利石混合型冷性-斑纹简育湿润均腐土
拟定者：翟瑞常，辛　刚

**分布与环境条件**　庆丰系主要分布在双城、五常、巴彦、庆安、望奎、海伦、绥化、甘南、佳木斯市郊区、集贤、友谊、富锦、宝清等市县。地形为漫岗平原或波状平原下部，坡度3°～5°，黄土状母质。自然植被为草原草甸植被，以禾本科和菊科为主的杂类草群落，覆盖度为90%，大部分已开垦为耕地。中温带大陆性季风气候，具有冷性土壤温度状况和湿润土壤水分状况。年平均气温 3.7 ℃，≥10 ℃ 积温 2717.9 ℃，年平均降水量

庆丰系典型景观

509.8mm，6～9月降水占全年的73.9%，无霜期137天。50cm 深处土壤温度年平均5.5℃，夏季16.4℃，冬季–4.9℃，冬夏温差21.3℃。

**土系特征与变幅**　本土系土壤土体构型为 Ah、ABh、BC 和 Cr。（Ah+ABh）层为暗沃表层，厚 75～100cm，整个剖面有很少小铁锰结核，Cr 层有少量锈斑锈纹，具有氧化还原特征，出现深度为 50～150cm，或更浅。BC、Cr 层有弱石灰反应。耕层容重在 1.0～1.5g/cm³，表层有机碳含量为18.5～32.4g/kg，pH 6.0～7.0。

**对比土系**　新北新系。新北新系土壤（Ah+ABh）层为暗沃表层，厚 37～50cm，BCr 和 Cr 层有锈斑锈纹，具有氧化还原特征，出现深度为 50～150cm，ABh、B、BCr 层有极弱-弱石灰反应。庆丰系土壤（Ah+ABh）层为暗沃表层，厚 75～100cm，整个剖面有很少量小铁锰结核，Cr 层有少量锈斑锈纹，具有氧化还原特征，出现深度为 50～150cm，或更浅，BC、Cr 层有弱石灰反应。

**利用性能综述**　本土系腐殖层较厚，潜在肥力高，适种小麦、大豆、玉米等作物，有水源的地方最适宜种植水稻。作为旱田利用时，要注意防止季节性土壤过湿，又加上土质黏重，往往因湿耕湿种，破坏了土壤结构，而使土壤物理性质变坏。

**参比土种**　中层黄土质草甸黑土。

**代表性单个土体**　位于黑龙江省双鸭山市友谊县友谊农场五分场三队 2 号地（庆丰乡富

裕村东北 1500m），46°42′22.8″N，131°50′49.5″E，海拔 78m。地形为漫岗平原或波状平原下部，坡度 3°～5°，母质为第四纪黄土状亚黏土。土壤调查地块为大豆地。野外调查时间为 2010 年 9 月 19 日，编号 23-040。

Ah: 0～39cm，黑棕色（7.5YR 3/2，干），黑棕色（7.5YR 2/2，润），黏壤土，团粒状结构，疏松，很少极细根系，细孔，很少量黑棕色小铁锰结核，无石灰反应，pH 6.30，向下渐变平滑过渡。

ABh: 39～95cm，灰棕色（7.5YR 4/2，干），黑棕色（7.5YR 3/2，润），黏土，小团粒状结构，坚实，很少极细根系，很少量黑棕色小铁锰结核，可见细碎云母，无石灰反应，pH 6.84，向下模糊波状过渡。

BC: 95～122cm，灰棕色（7.5YR 5/2，干），灰棕色（7.5YR 4/2，润），粉质黏土，小棱块结构，坚实，无根系，很少量黑棕色小铁锰结核，弱石灰反应，pH 6.96，向下模糊平滑过渡。

Cr: 122～160cm，浊棕色（7.5YR 6/3，干），棕色（7.5YR 4/3，润），粉质黏土，小棱块结构，坚实，无根系，很少量黑棕色小铁锰结核，有少量铁斑纹，弱石灰反应，pH 6.96。

庆丰系代表性单个土体剖面

### 庆丰系代表性单个土体物理性质

| 土层 | 深度/cm | 砂粒 2～0.05 | 粉粒 0.05～0.002 | 黏粒 <0.002 | 质地 | 容重/(g/cm³) |
|---|---|---|---|---|---|---|
| Ah | 0～39 | 395 | 326 | 279 | 黏壤土 | 1.49 |
| ABh | 39～95 | 212 | 363 | 425 | 黏土 | 1.39 |
| BC | 95～122 | 137 | 412 | 451 | 粉质黏土 | 1.47 |
| Cr | 122～160 | 86 | 440 | 474 | 粉质黏土 | 1.51 |

### 庆丰系代表性单个土体化学性质

| 深度/cm | pH(H₂O) | 有机碳/(g/kg) | 全氮(N)/(g/kg) | 全磷(P)/(g/kg) | 全钾(K)/(g/kg) | 阳离子交换量/(cmol/kg) | 碳酸钙相当物/(g/kg) |
|---|---|---|---|---|---|---|---|
| 0～39 | 6.30 | 22.2 | 1.61 | 0.661 | 24.1 | 23.5 | 0 |
| 39～95 | 6.84 | 11.4 | 0.84 | 0.507 | 22.4 | 28.8 | 0 |
| 95～122 | 6.96 | 9.5 | 0.88 | 0.526 | 19.3 | 33.4 | 0 |
| 122～160 | 6.96 | 9.6 | 0.83 | 0.301 | 20.7 | 32.0 | 1 |

### 9.11.12　伟东系（Weidong Series）

土　族：黏质伊利石混合型冷性-斑纹简育湿润均腐土
拟定者：辛　刚，翟瑞常

伟东系典型景观

**分布与环境条件**　伟东系主要分布在双城、通河、巴彦，庆安、甘南、佳木斯市郊区、集贤、富锦、宝清等市县。大部分已开垦为耕地。漫岗地形，坡度 3°～5°，黄土状母质。中温带大陆性季风气候，具有冷性土壤温度状况和湿润土壤水分状况。年平均气温 2.4℃，≥10℃积温 2562.9℃，年平均降水量 476.5mm，6～9 月降水占全年的 84.4%，无霜期 146 天。50cm 深处土壤温度年平均 5.2℃，夏季平均 18.8℃，冬季平均 –8.6℃，冬夏温差 27.4℃。自然植被为以禾本科和菊科为主的杂类草群落，覆盖度为 90%。

**土系特征与变幅**　本土系土壤土体构型为 Ah、ABh、BC 和 C。（Ah+ABh）层为暗沃表层，厚 37～50cm，全剖面有很少量铁锰结核，具有氧化还原特征，出现深度为 50～150cm，或更浅。Ah 层有机碳含量为 6.6～28.9g/kg，容重为 1.1～1.4g/cm³，pH 6.0～7.0。

**对比土系**　新发北系。新发北系土壤（Ah+ABh）层为暗沃表层，厚 50～75cm，Ah、Cr 层无石灰反应，ABh 层有石灰斑，中度石灰反应，BC 层为弱石灰反应。伟东系土壤（Ah+ABh）层为暗沃表层，厚 37～50cm，全剖面无石灰反应。

**利用性能综述**　本土系水分条件较好，土壤肥力较高，适合种植玉米、小麦、大豆等各类作物，春小麦每公顷产量在 3000～3750kg，但腐殖质层较薄，潜在肥力较低，开垦为耕地之后，肥减退得较快，应增施有机物料，培肥土壤，合理深耕，增厚耕层，并注意土壤保持。

**参比土种**　薄层黄土质草甸黑土。

**代表性单个土体**　位于黑龙江省齐齐哈尔市甘南县长山乡伟东村南 500m 路南，47°44′39.6″N，123°20′40.3″E，海拔 187m。黄土状母质。土壤调查地块为已收获的大豆地。野外调查时间为 2009 年 10 月 12 日，编号 23-017。

Ah: 0～20cm，黑棕色（7.5YR 3/2，干），黑棕色（7.5YR 2/2，润），黏土，小团粒结构，稍硬，润，很少量极细根，很少量很小铁锰结核，无石灰反应，pH 6.80，向下清晰平滑过渡。

ABh：20～40cm，黑棕色（7.5YR 3/3，干），暗棕色（7.5YR 2/3，润），黏土，小团粒结构，坚硬，润，很少量极细根，很少量小铁锰结核，无石灰反应，pH 6.96，向下模糊不规则过渡。

BC1：40～80cm，浊棕色（7.5YR 5/4，干），暗棕色（7.5YR 3/4，润），黏土，小棱块状结构，很硬，润，很少量极细根，很少量很小铁锰结核，无石灰反应，pH 6.68，向下模糊平滑过渡。

BC2：80～120cm，棕色（7.5YR 4/3，干），黑棕色（7.5YR 3/2，润），黏土，小棱块状结构，很硬，润，很少量极细根，很少量小铁锰结核，无石灰反应，pH 6.52，向下模糊平滑过渡。

C: 120～160cm，浊棕色（7.5YR 5/4，干），棕色（7.5YR 4/4，润），黏土，无结构，很硬，润，无根系，很少量铁锰结核，无石灰反应，pH 6.72。

伟东系代表性单个土体剖面

### 伟东系代表性单个土体物理性质

| 土层 | 深度/cm | 细土颗粒组成 (粒径：mm)/(g/kg) | | | 质地 | 容重/(g/cm³) |
| --- | --- | --- | --- | --- | --- | --- |
| | | 砂粒 2～0.05 | 粉粒 0.05～0.002 | 黏粒 <0.002 | | |
| Ah | 0～20 | 144 | 376 | 480 | 黏土 | 1.39 |
| ABh | 20～40 | 137 | 366 | 497 | 黏土 | 1.28 |
| BC1 | 40～80 | 106 | 380 | 514 | 黏土 | 1.40 |
| BC2 | 80～120 | 84 | 369 | 547 | 黏土 | 1.45 |
| C | 120～160 | 62 | 374 | 564 | 黏土 | 1.53 |

### 伟东系代表性单个土体化学性质

| 深度/cm | pH (H₂O) | 有机碳/(g/kg) | 全氮(N)/(g/kg) | 全磷(P)/(g/kg) | 全钾(K)/(g/kg) | 阳离子交换量/(cmol/kg) |
| --- | --- | --- | --- | --- | --- | --- |
| 0～20 | 6.80 | 6.6 | 1.17 | 0.650 | 19.3 | 43.7 |
| 20～40 | 6.96 | 6.9 | 0.57 | 0.845 | 19.2 | 44.0 |
| 40～80 | 6.68 | 7.1 | 0.35 | 0.908 | 20.6 | 42.6 |
| 80～120 | 6.52 | 4.5 | 0.22 | 0.600 | 20.5 | 40.7 |
| 120～160 | 6.72 | 2.4 | 0.25 | 0.459 | 22.7 | 38.7 |

### 9.11.13　新北新系（Xinbeixin Series）

土　族：黏质伊利石混合型冷性-斑纹简育湿润均腐土
拟定者：翟瑞常，辛　刚

新北新系典型景观

**分布与环境条件**　新北新系土壤主要分布在黑龙江省三江平原的集贤、宝清、桦川、富锦等市县，地形低平，母质为第四纪河湖沉积物，质地黏重，含碳酸盐。中温带大陆性季风气候，具冷性土壤温度状况和湿润土壤水分状况。年平均气温 3.7℃，≥10℃积温 2717.9℃，年平均降水量 509.8mm，6～9 月降水占全年的 73.9%，无霜期 137 天。50cm 深处土壤温度年平均 5.5℃，夏季 16.4℃，冬季–4.9℃，冬夏温差 21.3℃。自然植被为以小叶章为主的杂类草群落，覆盖度 90%～100%，有一半以上已开垦为农田。

**土系特征与变幅**　本土系土壤土体构型为 Ah、ABh、B、BCr 和 Cr。（Ah+ABh）层为暗沃表层，厚 37～50cm，BCr 和 Cr 层有锈斑锈纹，具有氧化还原特征，出现深度为 50～150cm。ABh、B、BCr 层有极弱-弱石灰反应。Ah 层有机碳含量为（27.2±1.90）g/kg（$n$=6），容重为（1.2±0.15）g/cm³，pH 7.0～8.5。

**对比土系**　庆丰系。新北新系土壤（Ah+ABh）层为暗沃表层，厚 37～50cm，BCr 和 Cr 层有锈斑锈纹，具有氧化还原特征，出现深度为 50～150cm，全剖面有极弱-弱石灰反应。庆丰系土壤（Ah+ABh）层为暗沃表层，厚 75～100cm，整个剖面有很少量铁锰结核，Cr 层有少量锈斑锈纹，具有氧化还原特征，出现深度为 50～150cm，或更浅，BC、Cr 层有弱石灰反应。

**利用性能综述**　本土系腐殖层较厚，潜在肥力高，适合种植小麦、大豆、玉米等作物，有水源的地方最适宜种植水稻。作为旱田利用时，要注意防止季节性土壤过湿，又加上土质黏重，往往因湿耕湿种，破坏了土壤结构，而使土壤物理性质变坏。此外，因土壤呈微碱性，也应注意改良。未开垦的荒地可做放牧地或割草场。

**参比土种**　中层黏壤质石灰性草甸土。

**代表性单个土体**　位于黑龙江省双鸭山市友谊县友谊农场二分场九队 0 号地南端，46°51′33.4″N，131°43′7.1″E。地形为三江平原中的平地。母质为河湖沉积含碳酸盐的黏土。土壤调查地块为玉米地。野外调查时间为 2010 年 9 月 18 日，编号 23-039。

Ah:　0～27cm，黑棕色（7.5YR 3/1，干），黑色（7.5YR 2/1，润），粉质黏土，小团块结构，坚实，很少细根系，无石灰反应，pH 8.40，向下渐变平滑过渡。

ABh：27～48cm，灰棕色（7.5YR 4/2，干），黑棕色（7.5YR 2/1，润），粉质黏土，很小粒状结构，疏松，很少极细根系，很少石灰斑，极弱石灰反应，pH 8.76，向下渐变波状过渡。

B：　48～75cm，灰棕色（7.5YR 5/2，干），棕色（7.5YR 4/3，润），粉质黏壤土，小粒状结构，疏松，无根系，较少石灰斑，弱石灰反应，pH 9.30，向下模糊平滑过渡。

BCr：75～103cm，灰棕色（7.5YR 6/2，干），棕色（7.5YR 4/3，润），粉质黏土，小粒状结构，疏松，无根系，结构体内有少量铁斑纹，很少石灰斑，弱石灰反应，pH 8.02，向下模糊平滑过渡。

新北新系代表性单个土体剖面

Cr：　103～125cm，灰棕色（7.5YR 6/2，干），浊棕色（7.5YR 5/3，润），粉质黏土，粒状结构，疏松，无根系，少量明显铁斑纹，无石灰反应，pH 8.06。

### 新北新系代表性单个土体物理性质

| 土层 | 深度/cm | 洗失量/(g/kg) | 细土颗粒组成（粒径：mm）/(g/kg) | | | 质地 | 容重/(g/cm³) |
| --- | --- | --- | --- | --- | --- | --- | --- |
| | | | 砂粒 2～0.05 | 粉粒 0.05～0.002 | 黏粒 <0.002 | | |
| Ah | 0～27 | — | 26 | 553 | 421 | 粉质黏土 | 1.34 |
| ABh | 27～48 | 62 | 64 | 453 | 483 | 粉质黏土 | 1.31 |
| B | 48～75 | 77 | 104 | 502 | 394 | 粉质黏壤土 | 1.37 |
| BCr | 75～103 | — | 59 | 484 | 456 | 粉质黏土 | 1.40 |
| Cr | 103～125 | — | 25 | 558 | 417 | 粉质黏土 | 1.44 |

注：土壤没有碳酸钙或含量低，不需要去除碳酸钙或去除碳酸钙土壤质量没有显著减少，表中为"—"。

### 新北新系代表性单个土体化学性质

| 深度/cm | pH(H₂O) | 有机碳/(g/kg) | 全氮(N)/(g/kg) | 全磷(P)/(g/kg) | 全钾(K)/(g/kg) | 阳离子交换量/(cmol/kg) | 碳酸钙相当物/(g/kg) |
| --- | --- | --- | --- | --- | --- | --- | --- |
| 0～27 | 8.40 | 29.1 | 3.45 | 0.846 | 18.3 | 43.9 | 0 |
| 27～48 | 8.76 | 9.6 | 1.13 | 0.383 | 17.8 | 38.6 | 52 |
| 48～75 | 9.30 | 10.7 | 1.23 | 0.489 | 17.5 | 31.5 | 67 |
| 75～103 | 8.02 | 4.6 | 0.74 | 0.442 | 19.0 | 31.0 | 18 |
| 103～125 | 8.06 | 3.9 | 0.68 | 0.548 | 21.2 | 29.4 | 0 |

## 9.11.14　新生系（Xinsheng Series）

土　族：黏质伊利石混合型冷性-斑纹简育湿润均腐土
拟定者：翟瑞常，辛　刚

新生系典型景观

**分布与环境条件**　新生系土壤主要分布在黑龙江省宝清、富锦、依安、泰来、龙江、杜蒙、明水、拜泉、肇东、青冈、望奎、兰西、肇源等市县，地形为漫岗平原下部低平地，母质为第四纪河湖沉积物，质地黏重，含碳酸盐。中温带大陆性季风气候，具冷性土壤温度状况和湿润土壤水分状况。年平均降水量488.2mm，年平均蒸发量1334mm，年平均日照时数2730h，年均气温1.2℃，无霜期122天，≥10℃积温2441℃，50cm深处年平均土壤温度3.1℃。自然植被为草甸植被，以小叶章为主的杂类草群落或芦苇、羊草群落，覆盖度90%～100%，大部分已开垦为农田。

**土系特征与变幅**　本土系土壤土体构型为Ah、Ahb、ABhb和BCb。（Ah+Ahb+ABhb）层为暗沃表层，厚≥100cm，Ahb层有很少量小铁锰结核，Ahb、ABhb和BCb层有锈斑锈纹，具有氧化还原特征，出现深度为50～150cm，或更浅。Ah层无石灰反应，Ahb、ABhb和BCb层有强-弱石灰反应，出现深度为25～150cm，或更浅。耕层容重在1.1～1.3g/cm³，表层有机碳含量为26.3～30.8g/kg，pH 7.5～8.5。

**对比土系**　青冈系。青冈系土壤（Ah+ABh）层为暗沃表层，厚75～100cm，全剖面有很少量小铁锰结核。Ah层为弱石灰反应，其下土层有极强-强石灰反应。新生系土壤（Ah+Ahb+ABhb）层为暗沃表层，厚≥100cm，Ahb层有很少量小铁锰结核，Ahb、ABhb和BCb层有锈斑锈纹，Ah层无石灰反应，Ahb、ABhb和BCb层有强-弱石灰反应。

**利用性能综述**　本土系腐殖层深厚，养分贮量丰富，潜在肥力高，适合种植小麦、大豆、玉米等作物，有水源的地方最适宜种植水稻。作为旱田利用时，要注意防止季节性土壤过湿和土壤结构被破坏。春季地温低，不利于速效养分释放。未开垦的荒地可做放牧地或割草场。

**参比土种**　厚层黏壤质石灰性草甸土。

**代表性单个土体**　位于黑龙江省齐齐哈尔市拜泉县新生乡自新村西2000m。47°25′10.5″N，126°3′52.0″E，海拔262m。地形为平原中低平地，母质为第四纪河湖沉积物，质地黏重，含碳酸盐，坡上土壤被侵蚀，在此处堆积。土壤调查地块为收获的大豆地。野外调查时间为2010年9月30日，编号23-050。

Ah: 0～36cm，灰棕色（7.5YR 4/2，干），黑棕色（7.5YR 3/2，润），粉质黏壤土，小团粒结构，坚实，很少极细根，无石灰反应，pH 7.96，向下清晰平滑过渡。

Ahb: 36～73cm，黑棕色（7.5YR 3/1，干），黑色（7.5YR 2/1，润），粉质黏壤土，小粒状结构，疏松，很少极细根，很少量黑色小铁锰结核，结构体内有少量铁斑纹，强石灰反应，pH 8.00，向下渐变平滑过渡。

ABhb: 73～111cm，黑棕色（7.5YR 3/2，干），黑色（7.5YR 2/1，润），粉质黏土，小棱块结构，疏松，无根系，结构体内有铁斑纹，强石灰反应，pH 8.12，向下模糊平滑过渡。

BCb1: 111～150cm，黑棕色（7.5YR 3/2，干），黑色（7.5YR 2/1，润），粉质黏土，小棱块结构，疏松，无根系，结构体内有铁斑纹，中度石灰反应，pH 8.08，向下模糊平滑过渡。

新生系代表性单个土体剖面

BCb2: 150～175cm，灰棕色（7.5YR 4/2，干），黑棕色（7.5YR 3/2，润），粉质黏土，小棱块结构，疏松，无根系，结构体内有铁斑纹，弱石灰反应，pH 8.20。

### 新生系代表性单个土体物理性质

| 土层 | 深度 /cm | 洗失量 /(g/kg) | 细土颗粒组成（粒径：mm)/(g/kg) | | | 质地 | 容重 /(g/cm³) |
| | | | 砂粒 2～0.05 | 粉粒 0.05～0.002 | 黏粒 <0.002 | | |
| --- | --- | --- | --- | --- | --- | --- | --- |
| Ah | 0～36 | — | 70 | 570 | 360 | 粉质黏壤土 | 1.30 |
| Ahb | 36～73 | — | 33 | 661 | 306 | 粉质黏壤土 | 1.03 |
| ABhb | 73～111 | 95 | 86 | 506 | 409 | 粉质黏土 | 1.30 |
| BCb1 | 111～150 | 56 | 80 | 505 | 415 | 粉质黏土 | 1.38 |
| BCb2 | 150～175 | — | 59 | 524 | 417 | 粉质黏土 | 1.32 |

注：土壤没有碳酸钙或含量低，不需要去除碳酸钙或去除碳酸钙土壤质量没有显著减少，表中为"—"。

### 新生系代表性单个土体化学性质

| 深度 /cm | pH (H₂O) | 有机碳 /(g/kg) | 全氮(N) /(g/kg) | 全磷(P) /(g/kg) | 全钾(K) /(g/kg) | 阳离子交换量 /(cmol/kg) | 碳酸钙相当物 /(g/kg) |
| --- | --- | --- | --- | --- | --- | --- | --- |
| 0～36 | 7.96 | 30.8 | 2.69 | 0.763 | 20.2 | 37.6 | 0 |
| 36～73 | 8.00 | 35.8 | 3.93 | 0.984 | 19.3 | 48.0 | 4 |
| 73～111 | 8.12 | 28.3 | 2.08 | 0.667 | 18.6 | 34.3 | 79 |
| 111～150 | 8.08 | 21.1 | 1.62 | 0.665 | 18.4 | 40.0 | 43 |
| 150～175 | 8.20 | 26.3 | 1.25 | 0.548 | 20.3 | 37.2 | 22 |

### 9.11.15　北新发系（Beixinfa Series）

土　族：黏壤质混合型石灰性冷性-斑纹简育湿润均腐土
拟定者：翟瑞常，辛　刚

北新发系典型景观

**分布与环境条件**　北新发系土壤分布于富锦、集贤、桦川、宝清等地。地形为江河两岸低阶地，地形平坦，地势低，地下水位一般在 2m 左右，雨季在 1～1.5m；母质为冲积物、沉积物，质地较黏重，含碳酸盐；自然植被为草甸植被，小叶章-杂类草群落，现部分开垦为耕地，种植玉米、大豆、杂粮。中温带大陆性季风气候，具冷性土壤温度状况和湿润土壤水分状况。年平均气温 1.8℃，≥10℃积温 2465.4℃，无霜期 133.5 天，年平均降水量 524.4mm，6～9 月降水占全年的 74.2%，50cm 深处土壤温度年平均 5.2℃，夏季 15.4℃，冬季-4.1℃，冬夏温差 19.5℃。

**土系特征与变幅**　本土系土壤土体构型为 Ah、AB、BCr 和 Cr。Ah 层为暗沃表层，厚 25～37cm；整个土壤剖面有很少量铁锰结核，从 BCr 往下土层有中量锈斑锈纹，具有氧化还原特征；整个土壤剖面有弱-中度石灰反应。耕层容重为 1.0～1.45g/cm³。表层有机碳含量为 18.0～20.9 g/kg，pH 7.5～8.5。

**对比土系**　友谊农场系。友谊农场系土壤暗沃表层（Ap+Ah+ABh）厚 75～100cm；母质层为冲积砂层，出现在 100cm 以下，全剖面无石灰反应。北新发系暗沃表层 Ah 厚 25～37cm，整个土壤剖面有弱-中度石灰反应。

**利用性能综述**　本土系黑土层较厚，养分贮量丰富，适宜种植大豆、玉米，玉米单产 7500～9000kg/hm²。但土壤质地较黏重，通气透水性不良，春季地温低，春季土壤养分转化慢，供肥性差。耕性不良。应深耕、深松，增施有机肥，实行秸秆还田，培肥土壤。

**参比土种**　中层黏壤质石灰性草甸土。

**代表性单个土体**　位于黑龙江省双鸭山市友谊县友谊农场二区二站 2 号地（北新发北 1500m），46°47′37.2″N，131°44′42.5″E，海拔 68m；地形为江河两岸低阶地，地形平坦，地势低，地下水位一般在 2m 左右，雨季在 1～1.5m；母质为冲积物、沉积物，质地较黏重，含碳酸盐；土壤调查地块为大豆地。野外调查时间为 2010 年 9 月 17 日，编号 23-036。

Ah: 0～27cm，黑棕色（10YR 3/2，干），黑棕色（10YR 2/2，润），黏壤土，小团粒状结构，疏松，很少量极细根系，很少量黑棕色小铁锰结核，弱石灰反应，pH 8.34，向下渐变平滑过渡。

AB: 27～58cm，浊黄棕色（10YR 4/3，干），黑棕色（10YR 3/2，润），黏壤土，很小团粒状结构，疏松，很少极细根系，很少量黑棕色小铁锰结核，中度石灰反应，pH 9.08，向下模糊波状过渡。

BCr: 58～97cm，浊黄橙色（10YR 6/4，干），黄棕色（10YR 5/6，润），砂质壤土，中等块状结构，疏松，少量极细根系，很少量黑棕色小铁锰结核，很少量中度大小铁斑纹，弱石灰反应，pH 9.20，向下模糊平滑过渡。

Cr: 97～140cm，浊黄橙色（10YR 7/3，干），灰黄棕色（10YR 6/2，润），砂质壤土，无结构，疏松，无根系，很少量黑棕色小铁锰结核，丰度为中等程度的较大铁斑纹，弱石灰反应，pH 8.10。

北新发系代表性单个土体剖面

### 北新发系代表性单个土体物理性质

| 土层 | 深度 /cm | 洗失量 /(g/kg) | 细土颗粒组成（粒径：mm)/(g/kg) | | | 质地 | 容重 /(g/cm³) |
| --- | --- | --- | --- | --- | --- | --- | --- |
| | | | 砂粒 2～0.05 | 粉粒 0.05～0.002 | 黏粒 <0.002 | | |
| Ah | 0～27 | — | 290 | 338 | 372 | 黏壤土 | 1.45 |
| AB | 27～58 | 84 | 398 | 315 | 288 | 黏壤土 | 1.52 |
| BCr | 58～97 | — | 617 | 203 | 180 | 砂质壤土 | 1.57 |
| Cr | 97～140 | — | 632 | 189 | 179 | 砂质壤土 | 1.50 |

注：土壤没有碳酸钙或含量低，不需要去除碳酸钙或去除碳酸钙土壤质量没有显著减少，表中为"—"。

### 北新发系代表性单个土体化学性质

| 深度 /cm | pH (H₂O) | 有机碳 /(g/kg) | 全氮(N) /(g/kg) | 全磷(P) /(g/kg) | 全钾(K) /(g/kg) | 阳离子交换量 /(cmol/kg) | 碳酸钙相当物 /(g/kg) |
| --- | --- | --- | --- | --- | --- | --- | --- |
| 0～27 | 8.34 | 18.0 | 1.89 | 1.019 | 19.6 | 31.5 | 17 |
| 27～58 | 9.08 | 5.1 | 0.66 | 0.728 | 18.7 | 19.4 | 58 |
| 58～97 | 9.20 | 2.2 | 0.40 | 0.957 | 21.0 | 12.6 | 9 |
| 97～140 | 8.10 | 3.2 | 0.43 | 0.965 | 21.5 | 13.5 | 0 |

## 9.11.16　宾州系（Binzhou Series）

土　族：黏壤质混合型冷性-斑纹简育湿润均腐土
拟定者：翟瑞常，辛　刚

宾州系典型景观

**分布与环境条件**　宾州系土壤分布于绥化、海伦、绥棱、明水、庆安、拜泉、依安、五常、双城、宾县、巴彦等地。地形为漫岗平原岗坡中下部，坡度 4°～5°；黄土状母质；自然植被为草原化草甸植被，生长以杂类草为主的草甸植物，群众称为"五花草甸"，现多开垦为耕地，种植玉米、大豆、杂粮。属中温带大陆性季风气候，具冷性土壤温度状况和湿润土壤水分状况。年平均降水量 548.5mm，年平均蒸发量 1624.3mm。年平均日照时数 2500h，年均气温 4℃，无霜期 148 天，≥10℃的积温 2826℃，50cm 深处年平均土壤温度 6.5℃。

**土系特征与变幅**　本土系土壤土体构型为 Ah、ABh、B、BC 和 C。Ah 层为暗沃表层，厚 25～50cm；ABh、B 层有很少量小铁锰结核，具氧化还原特征，出现在 50～150cm，或更浅；从 B 层往下，为埋藏黑土，但时间已经很长，发育为淀积层。耕层容重在 1.0～1.4g/cm³，表层有机碳含量为 13.3～23.3g/kg，pH 6.5～7.5。

**对比土系**　兴福系。宾州系土壤 Ah 层为暗沃表层，厚 25～50cm，ABh、B 层有很少量小铁锰结核，具氧化还原特征，出现在 50～150cm，或更浅；从 B 层往下，为埋藏黑土，但时间已经很长，发育为淀积层。兴福系土壤（Ah+ ABh）层为暗沃表层，厚 50～75cm；整个剖面有很少量很小的铁锰结核，具氧化还原特征。

**利用性能综述**　本土系黑土层较厚，有机质、养分含量较高，结构好，土壤肥力高，适宜种植大豆、玉米。但水土流失严重，应加强水土保持措施。土壤易受旱、涝、低温等自然灾害的影响，应深耕、深松，增施有机肥，实行秸秆还田，培肥土壤，防止土壤肥力退化。

**参比土种**　中层黄土质黑土。

**代表性单个土体**　位于黑龙江省哈尔滨市宾县宾州镇宝丰村北 1km。45°46′29.5″N，127°34′21.3″E，海拔 176m。地形为漫岗平原岗坡中下部，坡度 4°～5°，片蚀作用形成的浅凹地形；黄土状母质；土壤调查地块为收获的玉米地。野外调查时间为 2011 年 10 月 9 日，编号 23-105。

Ah: 0～40cm，浊棕色（7.5YR 5/3，干），暗棕色（7.5YR 3/3，润），粉壤土，团粒结构，疏松，少量细根，pH 6.95，向下清晰平滑过渡。

ABh: 40～73cm，浊棕色（7.5YR 6/3，干），棕色（7.5YR 4/3，润），粉壤土，片状结构，土体内有很少量黑色小铁锰结核，疏松，很少量极细根，pH 7.40，向下清晰平滑过渡。

B: 73～113cm，灰棕色（7.5YR 5/2，干），黑棕色（7.5YR 3/2，润），粉壤土，片状结构，土体内有很少量黑色小铁锰结核，疏松，很少量极细根，pH 7.35，向下渐变平滑过渡。

BC: 113～160cm，灰棕色（7.5YR 5/2，干），黑棕色（7.5YR 3/2，润），粉质黏壤土，发育程度弱的很小块状结构，疏松，无根系，pH 7.72，向下清晰平滑界面。

C: 160～180cm，浊橙色（7.5Y 6/4，干），棕色（7.5Y 4/4，润），粉壤土，发育程度弱的小棱块状结构，坚实，无根系，pH 7.97。

宾州系代表性单个土体剖面

### 宾州系代表性单个土体物理性质

| 土层 | 深度 /cm | 细土颗粒组成（粒径：mm)/(g/kg) | | | 质地 | 容重 /(g/cm³) |
|---|---|---|---|---|---|---|
| | | 砂粒 2～0.05 | 粉粒 0.05～0.002 | 黏粒 <0.002 | | |
| Ah | 0～40 | 124 | 647 | 229 | 粉壤土 | 1.29 |
| ABh | 40～73 | 66 | 701 | 232 | 粉壤土 | 1.44 |
| B | 73～113 | 75 | 679 | 246 | 粉壤土 | 1.35 |
| BC | 113～160 | 64 | 612 | 324 | 粉质黏壤土 | 1.33 |
| C | 160～180 | 58 | 697 | 245 | 粉壤土 | 1.40 |

### 宾州系代表性单个土体化学性质

| 深度 /cm | pH (H₂O) | 有机碳 /(g/kg) | 全氮(N) /(g/kg) | 全磷(P) /(g/kg) | 全钾(K) /(g/kg) | 阳离子交换量 /(cmol/kg) |
|---|---|---|---|---|---|---|
| 0～40 | 6.95 | 13.3 | 1.15 | 0.524 | 25.4 | 18.5 |
| 40～73 | 7.40 | 12.2 | 0.93 | 0.416 | 26.6 | 18.7 |
| 73～113 | 7.35 | 20.0 | 1.60 | 0.562 | 24.7 | 23.3 |
| 113～160 | 7.72 | 17.0 | 1.01 | 0.582 | 25.4 | 23.9 |
| 160～180 | 7.97 | 4.2 | 0.51 | 0.417 | 26.1 | 19.0 |

### 9.11.17　十间房系（Shijianfang Series）

土　族：黏壤质混合型冷性-斑纹简育湿润均腐土
拟定者：翟瑞常，辛　刚

十间房系典型景观

**分布与环境条件**　十间房系土壤分布于宾县、五常、巴彦、通河、庆安、铁力等地。地形为波状平原岗坡中上部，坡度 1°～2°；黄土状母质；自然植被为草原草甸植被，生长以杂类草为主的草甸植物，植物种类繁多，群众称为"五花草甸"，现多开垦为耕地，种植玉米、大豆、杂粮。中温带大陆性季风气候，具冷性土壤温度状况和湿润土壤水分状况。年平均降水量 582.5mm，年平均蒸发量 1549.5mm，年平均日照时数 2577h，年均气温 1.6℃，无霜期 128 天，≥10℃的积温 2518℃。50cm 深处土壤温度年平均 4.9℃。

**土系特征与变幅**　本土系土壤土体构型为 Ah、AEh、B、BC 和 C。（Ah+AEh）层为暗沃表层，厚 37～50cm；AEh 层颜色相对较浅，有铁锰还原淋溶，但未达到漂白层标准；B、BC 层有很少量很小铁锰结核，具氧化还原特征，出现在 50～150cm。耕层容重在 1.0～1.45g/cm$^3$。表层有机碳含量为 11.0～32.7g/kg，pH 5.5～6.5。

**对比土系**　兴福系。十间房系和兴福系同为黏壤质混合型冷性-斑纹简育湿润均腐土土族。十间房系（Ah+AEh）层为暗沃表层，厚 37～50cm；AEh 层颜色相对较浅，有铁锰还原淋溶，但未达到漂白层标准。兴福系土壤（Ah+ABh）层为暗沃表层，厚 50～75cm。

**利用性能综述**　本土系土壤易生水土流失，农业生产中要注意水土保持。耕性不良，土壤易板结，由于 AEh 层的存在，导致通气透水性不良，春季易旱，夏季易涝。应采取少耕、深松，加深耕层，增施有机肥，实行秸秆还田，培肥土壤。

**参比土种**　中层黄土质白浆化黑土。

**代表性单个土体**　位于黑龙江省绥化市庆安县庆安镇十间房村南 1000m。46°49′37.6″N，127°26′27.8″E，海拔 195m。地形为波状平原岗坡中上部，坡度 1°～2°；黄土状母质；土壤调查地块为收获的玉米地。野外调查时间为 2010 年 10 月 15 日，编号 23-075。

Ah: 0～30cm，灰棕色（7.5YR 4/2，干），黑棕色（7.5YR 2/2，润），粉壤土，团粒结构，疏松，很少细根，pH 6.16，向下清晰平滑过渡。

AEh: 30～50cm，黑棕色（7.5YR 3/2，干），黑棕色（7.5YR 2/2，润），粉质黏壤土，片状结构，疏松，很少细根，灰白色二氧化硅粉末，pH 6.38，向下渐变平滑过渡。

B: 50～93cm，灰棕色（7.5YR 5/2，干），黑棕色（7.5YR 3/2，润），粉壤土，小棱块状结构，疏松，很少极细根，很少量很小棕黑色铁锰结核，灰白色二氧化硅粉末，pH 6.20，向下模糊平滑过渡。

BC: 93～145cm，浊橙色（7.5YR 7/3，干），浊棕色（7.5YR 5/3，润），粉壤土，大棱块状结构，坚实，无根系，很少量很小铁锰结核，灰白色二氧化硅粉末，pH 6.30，向下模糊平滑过渡。

十间房系代表性单个土体剖面

C: 145～180cm，浊橙色（7.5YR 7/4，干），浊橙色（7.5YR 6/4，润），粉壤土，大棱块状结构，坚实，无根系，pH 6.54。

### 十间房系代表性单个土体物理性质

| 土层 | 深度 /cm | 细土颗粒组成（粒径：mm)/(g/kg) | | | 质地 | 容重 /(g/cm³) |
| --- | --- | --- | --- | --- | --- | --- |
| | | 砂粒 2～0.05 | 粉粒 0.05～0.002 | 黏粒 <0.002 | | |
| Ah | 0～30 | 87 | 653 | 259 | 粉壤土 | 1.43 |
| AEh | 30～50 | 56 | 654 | 290 | 粉质黏壤土 | 1.30 |
| B | 50～93 | 47 | 690 | 263 | 粉壤土 | 1.50 |
| BC | 93～145 | 39 | 795 | 166 | 粉壤土 | 1.64 |
| C | 145～180 | 71 | 777 | 152 | 粉壤土 | 1.59 |

### 十间房系代表性单个土体化学性质

| 深度 /cm | pH (H₂O) | 有机碳 /(g/kg) | 全氮(N) /(g/kg) | 全磷(P) /(g/kg) | 全钾(K) /(g/kg) | 阳离子交换量 /(cmol/kg) |
| --- | --- | --- | --- | --- | --- | --- |
| 0～30 | 6.16 | 24.3 | 2.17 | 0.772 | 20.3 | 33.9 |
| 30～50 | 6.38 | 17.9 | 1.31 | 0.432 | 22.3 | 28.7 |
| 50～93 | 6.20 | 10.0 | 0.78 | 0.502 | 20.5 | 29.0 |
| 93～145 | 6.30 | 4.4 | 0.48 | 0.665 | 22.1 | 31.7 |
| 145～180 | 6.54 | 2.7 | 0.37 | 0.464 | 23.7 | 25.7 |

### 9.11.18　围山系（Weishan Series）

土　族：黏壤质混合型冷性-斑纹简育湿润均腐土
拟定者：翟瑞常，辛　刚

围山系典型景观

**分布与环境条件**　围山系土壤分布于黑龙江省东部张广才岭、老爷岭山地边缘相邻的缓坡漫岗上部，坡度不大，一般为 3°～5°；黄土状母质，常夹有数量不等的砾石；自然植被为疏林杂类草草甸植被，生长稀疏柞树、桦树、杨树等阔叶林，林下有胡枝子、榛子、兴安杜鹃等灌木林，因林木稀疏，草甸植物生长茂盛，部分开垦为耕地，种植玉米、大豆、杂粮及经济作物，有轻度至中度土壤侵蚀。中温带大陆性季风气候，具冷性土壤温度状况和湿润土壤水分状况。年平均气温 3.8℃，≥10℃积温 3054.6℃，年平均降水量 598.1mm，6～9 月降水占全年的 75.2%，无霜期 147 天，50cm 深处土壤温度年平均 6.7℃，夏季 16.7℃，冬季–3.9℃，冬夏温差 20.6℃。

**土系特征与变幅**　本土系土壤土体构型为 Ah、ABh、B 和 C。（Ah+ABh）层为暗沃表层，厚 37～50cm，ABh 和 B 层有很少量小铁锰结核，具有氧化还原特征，出现深度为 50～150cm，或更浅。Ah 层有机碳含量为（18.6±4.3）g/kg（$n=6$），容重（1.3±0.3）g/cm$^3$，pH 6.0～7.0。

**对比土系**　大唐系。大唐系土壤 Ah 层为暗沃表层，厚 25～37cm，Bt 层为淀积黏化层，整个剖面有很少量小铁锰结核，C 层有锈斑锈纹，具氧化还原特征，为斑纹黏化湿润均腐土亚类，土族控制层段颗粒粒级组成为黏质。围山系土壤（Ah+ABh）层为暗沃表层，厚 37～50cm，ABh 和 B 层有很少量小铁锰结核，具有氧化还原特征，出现深度为 50～150cm，或更浅；B 层不是黏化层，为斑纹简育湿润均腐土，土族控制层段颗粒粒级组成为黏壤质。

**利用性能综述**　本土系黑土层较厚，有机质、养分含量较高，砾石小，数量也不多，对农业生产影响较小。适宜种植大豆、玉米等作物。地形为缓坡漫岗上部，坡度 3°～5°；易受土壤侵蚀，应采取水土保持措施，如挖截流沟，防止水土流失，同时增施有机肥，培肥土壤。

**参比土种**　厚层草甸暗棕壤。

**代表性单个土体**　位于黑龙江省牡丹江市宁安市宁安农场第五委南 1km。44°4′5.5″N，129°20′6.4″E，海拔 436m。地形为丘陵下部相邻的缓坡漫岗上部，坡度 3°～5°；黄土状母质，夹有少量小角状的砾石；土壤调查地块为西瓜地。野外调查时间为 2011 年 9 月 23 日，编号 23-092。

Ah: 0～22cm，浊棕色（7.5YR 5/4，干），暗棕色（7.5YR 3/3，润），黏壤土，发育弱的团粒结构，坚实，很少量小角状岩石碎屑，很少量细根，很少量铁锰结核，pH 6.49，有很少量地膜碎屑，向下渐变平滑过渡。

ABh: 22～40cm，亮棕色（7.5YR 5/6，干），暗棕色（7.5YR 3/3，润），粉质黏壤土，小棱块状结构，坚实，很少量极细根，少量小角状岩石碎屑，很少量铁锰结核，pH 6.47，向下渐变平滑过渡。

B1: 40～78cm，橙色（7.5YR 6/6，干），棕色（7.5YR 4/6，润），粉壤土，小棱块状结构，坚实，很少极细根，少量小角状岩石碎屑，很少量小铁锰结核，pH 7.27，向下渐变平滑过渡。

B2: 78～118cm，橙色（7.5YR 6/6，干），浊棕色（7.5YR 5/4，润），粉壤土，棱块状结构，坚实，无根系，少量角状岩石风化碎屑，很少量小铁锰结核，pH 7.33，向下渐变平滑过渡。

围山系代表性单个土体剖面

C: 118～138cm，浊橙色（7.5YR 6/4，干），浊棕色（7.5YR 5/4，润），粉壤土，大棱块状结构，坚实，无根系，pH 7.22。

### 围山系代表性单个土体物理性质

| 土层 | 深度 /cm | 细土颗粒组成（粒径：mm)/(g/kg) | | | 质地 | 容重 /(g/cm³) |
| | | 砂粒 2～0.05 | 粉粒 0.05～0.002 | 黏粒 <0.002 | | |
|---|---|---|---|---|---|---|
| Ah | 0～22 | 239 | 425 | 336 | 黏壤土 | 1.21 |
| ABh | 22～40 | 158 | 541 | 301 | 粉质黏壤土 | 1.45 |
| B1 | 40～78 | 183 | 587 | 230 | 粉壤土 | 1.44 |
| B2 | 78～118 | 189 | 627 | 184 | 粉壤土 | 1.40 |
| C | 118～138 | 147 | 633 | 220 | 粉壤土 | 1.57 |

### 围山系代表性单个土体化学性质

| 深度 /cm | pH (H₂O) | 有机碳 /(g/kg) | 全氮(N) /(g/kg) | 全磷(P) /(g/kg) | 全钾(K) /(g/kg) | 阳离子交换量 /(cmol/kg) |
|---|---|---|---|---|---|---|
| 0～22 | 6.49 | 14.3 | 1.16 | 0.589 | 21.9 | 21.1 |
| 22～40 | 6.47 | 9.8 | 0.66 | 0.775 | 23.8 | 23.9 |
| 40～78 | 7.27 | 6.9 | 0.43 | 0.528 | 24.1 | 22.6 |
| 78～118 | 7.33 | 6.7 | 0.46 | 0.491 | 25.1 | 21.9 |
| 118～138 | 7.22 | 6.5 | 0.53 | 0.525 | 25.1 | 23.1 |

### 9.11.19 兴福系（Xingfu Series）

土　族：黏壤质混合型冷性-斑纹简育湿润均腐土
拟定者：翟瑞常，辛　刚

兴福系典型景观

**分布与环境条件**　兴福系土壤分布于绥化、海伦、绥棱、明水、庆安、拜泉、依安、五常、双城、宾县、巴彦、延寿等地。地形为漫岗平原岗坡中部、中上部；黄土状母质；自然植被为草原化草甸植被，生长以杂类草为主的草甸植物，群众称为"五花草甸"，现多开垦为耕地，种植玉米、大豆、杂粮。中温带大陆性季风气候，具冷性土壤温度状况和湿润土壤水分状况。年平均降水量480mm，年平均蒸发量1460mm。年平均日照时数2656 h，年均气温2.1℃，无霜期128天，≥10℃的积温2604.8℃，50cm深处年平均土壤温度5.1℃。

**土系特征与变幅**　本土系土壤土体构型为 Ah、ABh、B、BC 和 C。（Ah+ABh）层为暗沃表层，厚50~75cm；整个剖面有很少量很小铁锰结核，具氧化还原特征。耕层容重在1.0~1.2g/cm³，表层有机碳含量为15.1~33.1g/kg，pH 6.0~7.0。

**对比土系**　宾州系。宾州系土壤 Ah 层为暗沃表层，厚25~50cm，ABh、B 层有很少量小铁锰结核，具氧化还原特征，出现在50~150cm，或更浅；从 B 层往下，为埋藏黑土，但时间已经很长，发育为淀积层。兴福系土壤（Ah+ ABh）层为暗沃表层，厚50~75cm；整个剖面有很少量很小的铁锰结核，具氧化还原特征。

**利用性能综述**　本土系黑土层较厚，有机质、养分含量较高，土壤供肥性能好，土壤结构好，肥力高，适宜种植大豆、玉米，玉米单产7500~9000kg/hm²。但水土流失严重，易受旱、涝、低温等自然灾害的影响，应加强水土保持措施，防止水土流失；采取措施，抗旱保墒、抗低温、促早熟，可获得高产。应深耕、深松，增施有机肥，实行秸秆还田，培肥土壤，防止土壤肥力退化。

**参比土种**　中层黄土质黑土。

**代表性单个土体**　位于黑龙江省绥化市北林区兴福乡民权村北 200m。46°41′28.1″N，127°5′22.4″E，海拔184m。地形为漫岗平原岗坡中部、中上部；黄土状母质，质地黏重；土壤调查地块为收获的大豆地。野外调查时间为2010年10月14日，编号23-073。

Ah:　0～35cm，灰棕色（7.5YR 4/2，干），黑棕色（7.5YR 2/2，润），粉壤土，团粒结构，疏松，少量细根，很少量很小棕黑色铁锰结核，pH 6.46，向下渐变平滑过渡。

ABh：35～59cm，棕色（7.5YR 4/3，干），极暗棕色（7.5YR 2/3，润），粉壤土，小团粒结构，疏松，很少量极细根，很少量很小棕黑色铁锰结核，pH 7.00，向下渐变平滑过渡。

B：　59～108cm，浊棕色（7.5YR 5/3，干），暗棕色（7.5YR 3/3，润），粉壤土，小棱块结构，疏松，很少量极细根，很少量很小棕黑色铁锰结核，pH 6.80，向下模糊平滑过渡。

BC：108～138cm，浊橙色（7.5YR 7/4，干），浊棕色（7.5YR 5/4，润），粉壤土，小棱块结构，疏松，无根系，很少量很小棕黑色铁锰结核，pH 6.40，向下渐变平滑过渡。

C：　138～177cm，浊橙色（7.5YR 6/4，干），棕色（7.5YR 4/4，润），粉壤土，大棱块结构，坚实，无根，很少量很小棕黑色铁锰结核，pH 6.50。

兴福系代表性单个土体剖面

### 兴福系代表性单个土体物理性质

| 土层 | 深度/cm | 细土颗粒组成(粒径: mm)/(g/kg) | | | 质地 | 容重/(g/cm³) |
| | | 砂粒 2～0.05 | 粉粒 0.05～0.002 | 黏粒 <0.002 | | |
|---|---|---|---|---|---|---|
| Ah | 0～35 | 187 | 562 | 251 | 粉壤土 | 1.18 |
| ABh | 35～59 | 102 | 666 | 232 | 粉壤土 | 1.36 |
| B | 59～108 | 78 | 674 | 248 | 粉壤土 | 1.35 |
| BC | 108～138 | 59 | 776 | 165 | 粉壤土 | 1.51 |
| C | 138～177 | 58 | 800 | 143 | 粉壤土 | 1.58 |

### 兴福系代表性单个土体化学性质

| 深度/cm | pH(H₂O) | 有机碳/(g/kg) | 全氮(N)/(g/kg) | 全磷(P)/(g/kg) | 全钾(K)/(g/kg) | 阳离子交换量/(cmol/kg) |
|---|---|---|---|---|---|---|
| 0～35 | 6.46 | 18.4 | 1.79 | 0.611 | 21.9 | 28.6 |
| 35～59 | 7.00 | 10.0 | 1.18 | 0.436 | 22.8 | 29.5 |
| 59～108 | 6.80 | 8.4 | 1.06 | 0.431 | 20.5 | 30.9 |
| 108～138 | 6.40 | 4.1 | 0.73 | 0.497 | 23.6 | 25.4 |
| 138～177 | 6.50 | 3.8 | 0.75 | 0.547 | 20.7 | 24.6 |

## 9.11.20　友谊农场系（Youyinongchang Series）

土　族：黏壤质混合型冷性-斑纹简育湿润均腐土
拟定者：翟瑞常，辛　刚

友谊农场系典型景观

**分布与环境条件**　友谊农场系土壤分布于佳木斯、集贤、桦川、桦南、宝清、双鸭山、绥芬河、鸡西、哈尔滨等地。地形为沟谷平地及江河两岸阶地，地形平坦，地势低，地下水位一般在2.5m左右，雨季在2.0m左右；母质为冲积物，二元结构，上层较黏重，为河漫滩相，下层为冲积砂，河床相；自然植被为草甸植被，小叶章-杂类草群落，现多开垦为耕地，种植玉米、大豆、杂粮。中温带大陆性季风气候，具冷性土壤温度状况和湿润土壤水分状况。年平均气温1.8℃，≥10℃积温2465.4℃，无霜期133.5天，全年平均降水量524.4mm，6～9月降水占全年的74.2%，50cm深处土壤温度年平均5.2℃，夏季15.4℃，冬季-4.1℃，冬夏温差19.5℃。

**土系特征与变幅**　本土系土壤土体构型为Ap、Ah、ABh、B和2C。暗沃表层（Ap+Ah+ABh）厚75～100cm；Ah、ABh、B层有很少量铁锰结核，具有氧化还原特征。耕层容重在1.0～1.35g/cm$^3$。表层有机碳含量为6.0～59.1g/kg，pH 6.0～7.5。

**对比土系**　北新发系。友谊农场系土壤暗沃表层（Ap+Ah+ABh）厚75～100cm；母质层为冲积砂层，出现在100cm以下，全剖面无石灰反应。北新发系暗沃表层Ah厚25～37cm，整个土壤剖面有弱-中度石灰反应。

**利用性能综述**　本土系黑土层深厚，养分贮量丰富，适宜种植大豆、玉米，玉米单产为7500～9000kg/hm$^2$。但土壤质地较黏重，通气透水性不良，宜涝、冷凉，春季地温低，春季速效养分释放慢，耕性不良。应深耕、深松，增施有机肥，实行秸秆还田，培肥土壤。

**参比土种**　厚层砂砾底草甸黑土。

**代表性单个土体**　位于黑龙江省双鸭山市友谊县友谊农场五分场三队5号地西侧，46°41′6.5″N，131°49′39.9″E，海拔72m。地形为江河两岸阶地，地形平坦，地势低，地下水位一般在2.5m左右，雨季在2.0m左右；母质为冲积物，二元结构，上黏下沙；土壤调查地块为玉米地。野外调查时间为2010年9月19日，编号23-042。

Ap: 0～20cm，灰棕色（7.5YR 4/2，干），黑棕色（7.5YR 2/2，润），黏壤土，小团粒状结构，坚实，较多细根，很少量黑棕色小铁锰结核，无石灰反应，pH 6.80，向下渐变平滑过渡。

Ah: 20～53cm，棕灰色（7.5YR 4/1，干），黑棕色（7.5YR 3/1，润），黏壤土，小团块状结构，坚实，很少细根，很少量黑棕色小铁锰结核，无石灰反应，pH 7.10，向下渐变平滑过渡。

ABh: 53～85cm，浊棕色（7.5YR 5/3，干），棕色（7.5YR 3/3，润），黏壤土，小粒状结构，坚实，很少量细根，很少量黑棕色小铁锰结核，无石灰反应，pH 7.22，向下模糊波状过渡。

B: 85～106cm，浊棕色（7.5YR 5/4，干），浊棕色（7.5YR 4/4，润），黏壤土，小粒结构，坚实，很少量极细根系，很少量黑棕色小铁锰结核，很少量铁斑纹，无石灰反应，pH 7.10，向下渐变平滑过渡。

2C: 106～140cm，橙色黄沙。

友谊农场系代表性单个土体剖面

### 友谊农场系代表性单个土体物理性质

| 土层 | 深度/cm | 细土颗粒组成（粒径：mm）/(g/kg) | | | 质地 | 容重/(g/cm³) |
| --- | --- | --- | --- | --- | --- | --- |
| | | 砂粒 2～0.05 | 粉粒 0.05～0.002 | 黏粒 <0.002 | | |
| Ap | 0～20 | 359 | 336 | 305 | 黏壤土 | 1.32 |
| Ah | 20～53 | 332 | 300 | 368 | 黏壤土 | 1.56 |
| ABh | 53～85 | 315 | 334 | 350 | 黏壤土 | 1.57 |
| B | 85～106 | 358 | 365 | 277 | 黏壤土 | 1.52 |

### 友谊农场系代表性单个土体化学性质

| 深度/cm | pH (H₂O) | 有机碳/(g/kg) | 全氮(N)/(g/kg) | 全磷(P)/(g/kg) | 全钾(K)/(g/kg) | 阳离子交换量/(cmol/kg) |
| --- | --- | --- | --- | --- | --- | --- |
| 0～20 | 6.80 | 28.2 | 2.23 | 0.824 | 23.1 | 27.0 |
| 20～53 | 7.10 | 18.2 | 1.24 | 0.520 | 23.7 | 29.4 |
| 53～85 | 7.22 | 14.7 | 0.94 | 0.641 | 22.5 | 26.3 |
| 85～106 | 7.10 | 12.7 | 0.81 | 0.762 | 20.5 | 21.3 |

## 9.11.21　合心系（Hexin Series）

土　　族：壤质混合型冷性-斑纹简育湿润均腐土
拟定者：翟瑞常，辛　刚

合心系典型景观

**分布与环境条件**　合心系土壤分布于绥化、海伦、庆安、望奎、佳木斯、富锦、宝清、双城、巴彦、五常等地。地形为漫岗平原岗坡中下部；黄土状母质；自然植被为草原草甸植被，生长以杂类草为主的草甸植物，群落内植物可达 40 多种，1m² 内即多达 30 多种，主要有贝加尔针茅、羊草、线叶菊、野古草、裂叶蒿、野豌豆、大蓟、小蓟、黄花菜、柴胡、委陵菜、桔梗、问荆、东北龙胆、猪毛菜等，植物种类繁多，群众称为"五花草甸"，现多开垦为耕地，种植玉米、大豆、杂粮。中温带大陆性季风气候，具冷性土壤温度状况和湿润土壤水分状况。年平均降水量488.2mm，年平均蒸发量1334mm，年平均日照时数2730 h，年均气温1.2℃，无霜期 122 天，≥10℃的积温 2441℃，50cm 深处年平均土壤温度 3.1℃。

**土系特征与变幅**　本土系土壤土体构型为 Ah、ABh、BC 和 C。（Ah+ABh）层为暗沃表层，厚 75～100cm；ABh、BC 层有很少量铁锰结核，C 层有少量铁斑纹，具有氧化还原特征；耕层容重在 1.0～1.25g/cm³。表层有机碳平均含量为 18.9g/kg，pH 7.0～8.0。

**对比土系**　兴华系。兴华系和合心系同为壤质混合型冷性-斑纹简育湿润均腐土土族，因为兴华系地形部位低，ABhr、BCr 层有少量锈斑锈纹，出现深度为 50～100cm，或更浅。合心系土壤地形部位比兴华系高，C 层有少量铁斑纹，出现深度≥150cm。

**利用性能综述**　本土系黑土层较深厚，有机质含量高，养分贮量高，土壤肥力高，适宜种植大豆、玉米、小麦、甜菜，大豆单产为 2625～3375kg/hm²。土壤位于漫岗平原岗坡中下部，地形部位低，通气透水性不良，春季土壤养分转化慢，供肥性差。应深耕、深松，增施有机肥，实行秸秆还田，培肥土壤。

**参比土种**　中层黄土质草甸黑土。

**代表性单个土体**　位于黑龙江省齐齐哈尔市拜泉县三道镇北 4000m。47°27′14.3″N，126°23′25.7″E，海拔 281m。地形为漫岗平原岗坡中下部，黄土状母质，土壤调查地块为收获的大豆地。野外调查时间为 2010 年 9 月 30 日，编号 23-051。

Ah:　0～42cm，棕灰色（7.5YR 4/1，干），黑色（7.5YR 2/1，
　　　润），黏壤土，小团粒结构，疏松，很少量细根，无石
　　　灰反应，pH 7.56，向下渐变平滑过渡。

ABh：42～90cm，黑棕色（7.5YR 3/2，干），黑色（7.5YR 2/1，
　　　润），粉土，很小团粒结构，疏松，无根系，很少量黑
　　　色小铁锰结核，无石灰反应，pH 8.28，向下渐变平滑
　　　过渡。

BC：　90～153cm，黑棕色（7.5YR 3/2，干），黑棕色（7.5YR
　　　2/2，润），粉壤土，很小块状结构，疏松，无根系，很
　　　少量黑色小铁锰结核，结构体内有很少量铁斑纹，无石
　　　灰反应，pH 7.96，向下模糊波状过渡。

C：　153～180cm，浊棕色（7.5YR 5/3，干），棕色（7.5YR 4/3，
　　　润），粉壤土，小棱块结构，疏松，无根系，结构体内
　　　有少量铁斑纹，无石灰反应，pH 7.54。

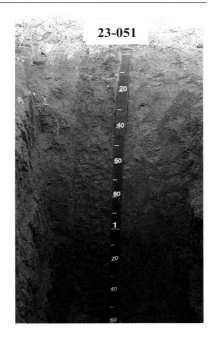

合心系代表性单个土体剖面

### 合心系代表性单个土体物理性质

| 土层 | 深度/cm | 细土颗粒组成 (粒径：mm)/(g/kg) | | | 质地 | 容重/(g/cm³) |
| | | 砂粒 2～0.05 | 粉粒 0.05～0.002 | 黏粒 <0.002 | | |
|---|---|---|---|---|---|---|
| Ah | 0～42 | 25 | 723 | 252 | 黏壤土 | 1.22 |
| ABh | 42～90 | 83 | 805 | 113 | 粉土 | 1.26 |
| BC | 90～153 | 29 | 791 | 180 | 粉壤土 | 1.26 |
| C | 153～180 | 30 | 799 | 172 | 粉壤土 | 1.22 |

### 合心系代表性单个土体化学性质

| 深度/cm | pH (H₂O) | 有机碳/(g/kg) | 全氮(N)/(g/kg) | 全磷(P)/(g/kg) | 全钾(K)/(g/kg) | 阳离子交换量/(cmol/kg) |
|---|---|---|---|---|---|---|
| 0～42 | 7.56 | 30.6 | 2.75 | 0.661 | 20.0 | 43.0 |
| 42～90 | 8.28 | 21.6 | 1.91 | 0.703 | 18.9 | 38.9 |
| 90～153 | 7.96 | 18.9 | 1.37 | 0.562 | 19.8 | 38.3 |
| 153～180 | 7.54 | 15.5 | 1.06 | 0.445 | 20.9 | 32.8 |

中国土系志·黑龙江卷

## 9.11.22 望奎系（Wangkui Series）

土　族：壤质混合型冷性-斑纹简育湿润均腐土
拟定者：翟瑞常，辛　刚

望奎系典型景观

**分布与环境条件**　望奎系土壤分布于拜泉、木兰、巴彦、庆安、海伦、望奎、佳木斯、富锦、宝清、集贤、哈尔滨等地。地形为漫岗平原岗坡下部，地势低，地下水位一般在 2m 左右，雨季在 1～1.5m；黄土状母质；自然植被为草原草甸植被，生长以杂类草为主的草甸植物，植物种类繁多，群众称为"五花草甸"，现多开垦为耕地，垦殖率高，种植玉米、大豆、杂粮。中温带大陆性季风气候，具冷性土壤温度状况和湿润土壤水分状况。年平均降水量 481mm，主要集中于夏季，7～9 月降水量占全年降水量的 70%左右。年均气温 2.1℃，无霜期 128 天，≥10℃的积温 2605℃。春季（3～5 月）多风，土壤易受风蚀。50cm 深处年平均土壤温度 4.5℃。

**土系特征与变幅**　本土系土壤土体构型为 Ah、ABhr、BCr 和 Cr。（Ah+ABhr）层为暗沃表层，厚≥100cm；从 ABhr 往下各土层均有少量锈斑锈纹，具有氧化还原特征。表层有机碳含量为 12.5～29.8g/kg，pH 7.5～8.5。

**对比土系**　兴华系。兴华系和望奎系同为壤质混合型冷性-斑纹简育湿润均腐土土族，兴华系暗沃表层（Ah+ABhr）厚 75~100cm；望奎系暗沃表层（Ah+ABhr）厚≥100cm。

**利用性能综述**　本土系黑土层深厚，疏松湿润，有机质含量高，养分贮量高，土壤结构好，土壤肥力高，适宜种植大豆、玉米、小麦，玉米单产 7500～9000kg/hm²。但土壤机械组成粉砂粒含量较高，土壤易沉实，通气透水性不良，春季土壤养分转化慢，供肥性差。应深耕、深松，增施有机肥，实行秸秆还田，培肥土壤。

**参比土种**　厚层黄土质草甸黑土。

**代表性单个土体**　位于黑龙江省绥化市望奎县东 4km，46°50′8.4″N，126°30′44.5″E，海拔 190m。地形为漫岗平原岗坡下部，地势低，地下水位一般在 2m 左右，雨季在 1～1.5m；黄土状母质；土壤调查地块为收获的大豆地。野外调查时间为 2010 年 10 月 13 日，编号 23-070。

Ah: 0～65cm，黑棕色（7.5YR 3/2，干），黑棕色（7.5YR 2/2，润），粉壤土，发育程度中等的小团粒结构，潮，坚实，很少量细根，pH 8.40，向下渐变平滑过渡。

ABhr：65～103cm，灰棕色（7.5YR 4/2，干），黑棕色（7.5YR 3/2，润），粉壤土，发育程度弱的小团粒结构，湿，坚实，有少量铁锰锈斑，pH 8.00，向下渐变平滑过渡。

BCr：103～130cm，浊棕色（7.5YR 5/3，干），暗棕色（7.5YR 3/3，润），粉壤土，很小块状结构，湿，坚实，有少量铁锰锈斑，pH 7.96，向下渐变平滑过渡。

Cr: 130～160cm，浊棕色（7.5YR 6/3，干），棕色（7.5YR 4/3，润），粉壤土，发育程度中等的小棱块状结构，湿，坚实，有少量铁锰锈斑，pH 7.98。

望奎系代表性单个土体剖面

## 望奎系代表性单个土体物理性质

| 土层 | 深度<br>/cm | 细土颗粒组成（粒径：mm)/(g/kg) | | | 质地 | 容重<br>/(g/cm³) |
| --- | --- | --- | --- | --- | --- | --- |
| | | 砂粒<br>2～0.05 | 粉粒<br>0.05～0.002 | 黏粒<br><0.002 | | |
| Ah | 0～65 | 139 | 764 | 97 | 粉壤土 | 1.19 |
| ABhr | 65～103 | 163 | 781 | 56 | 粉壤土 | 1.38 |
| BCr | 103～130 | 175 | 781 | 44 | 粉壤土 | 1.33 |
| Cr | 130～160 | 157 | 795 | 48 | 粉壤土 | 1.45 |

## 望奎系代表性单个土体化学性质

| 深度<br>/cm | pH<br>(H₂O) | 有机碳<br>/(g/kg) | 全氮(N)<br>/(g/kg) | 全磷(P)<br>/(g/kg) | 全钾(K)<br>/(g/kg) | 阳离子交换量<br>/(cmol/kg) |
| --- | --- | --- | --- | --- | --- | --- |
| 0～65 | 8.40 | 27.1 | 2.66 | 0.653 | 20.6 | 39.6 |
| 65～103 | 8.00 | 8.1 | 1.15 | 0.484 | 19.2 | 34.0 |
| 103～130 | 7.96 | 8.1 | 0.97 | 0.463 | 22.2 | 31.4 |
| 130～160 | 7.98 | 9.1 | 0.77 | 0.498 | 24.1 | 26.3 |

### 9.11.23　兴华系（Xinghua Series）

土　族：壤质混合型冷性-斑纹简育湿润均腐土
拟定者：翟瑞常，辛　刚

兴华系典型景观

**分布与环境条件**　兴华系土壤分布于龙江、拜泉、桦南、依兰、桦川、集贤、同江、宾县、五常、巴彦、延寿、穆棱、宁安、密山等地。地形为沟谷平地及河谷漫滩地；母质为冲积、洪积形成的母质；自然植被为草甸植被，生长有小叶章-杂类草群落，现多开垦为耕地，种植玉米、大豆、杂粮。中温带大陆性季风气候，具冷性土壤温度状况和湿润土壤水分状况。年平均降水量488.2mm，年平均蒸发量1334mm，年平均日照时数2730h，年均气温 1.2℃，无霜期 122 天，≥10℃的积温 2441℃，50cm 深处年平均土壤温度 3.1℃。

**土系特征与变幅**　本土系土壤土体构型为 Ah、ABhr、BCr 和 C。（Ah+ABhr）层为暗沃表层，厚 75~100cm；ABhr、BCr 层有少量锈斑锈纹，具有氧化还原特征。耕层容重在 0.9～1.3g/cm$^3$，表层有机碳平均含量为 18.3～46.2g/kg，pH 7.5～8.5。

**对比土系**　合心系。兴华系和合心系同为壤质混合型冷性-斑纹简育湿润均腐土土族，因为兴华系地形部位低，ABhr、BCr 层有少量锈斑锈纹，出现深度为 50～100cm，或更浅，合心系土壤地形部位比兴华系高，C 层有少量铁斑纹，出现深度≥150cm。

**利用性能综述**　本土系黑土层深厚，结构性好，疏松，易耕作，有机质及养分丰富，基础肥力高，适宜各种农作物生长，小麦单产 3375～4125kg/hm$^2$。但因地势低平，地下水位高，易产生内涝，秋季土壤过湿，易贪青晚熟，影响产量，应注意挖沟排水，防止内涝。

**参比土种**　厚层黏壤质草甸土。

**代表性单个土体**　位于黑龙江省齐齐哈尔市拜泉县兴华乡众家村西 1500m。47°44′36.6″N，126°10′46.1″E，海拔 246m。地形为沟谷平地及河谷漫滩地，母质为冲积、洪积形成的母质，土壤调查地块为收获的大豆地。野外调查时间为 2010 年 10 月 1 日，编号 23-054。

Ah:　0～47cm，黑棕色（7.5YR 3/1，干），黑色（7.5YR 2/1，润），粉壤土，小团粒结构，坚实，很少量细根，很少量铁斑纹，无石灰反应，pH 8.14，向下渐变波状过渡。

23-054

ABhr：47～76cm，灰棕色（7.5YR 4/2，干），黑棕色（7.5YR 2/2，润），粉壤土，小粒状结构，坚实，很少量极细根系，很少量铁斑纹，无石灰反应，pH 8.00，向下模糊平滑过渡。

BCr1：76～117cm，棕灰色（7.5YR 5/1，干），棕灰色（7.5YR 4/1，润），粉壤土，小粒状结构，坚实，很少量极细根系，少量铁斑纹，无石灰反应，pH 7.82，向下模糊平滑过渡。

BCr2：117～156cm，灰棕色（7.5YR 5/2，干），灰棕色（7.5YR 4/2，润），粉壤土，小粒状结构，坚实，无根系，很少量铁斑纹，无石灰反应，pH 7.50，向下模糊平滑过渡。

兴华系代表性单个土体剖面

C:　156～175cm，浊棕色（7.5YR 5/3，干），棕色（7.5YR 4/3，润），粉壤土，无结构，坚实，无根系，无石灰反应，pH 7.32。

### 兴华系代表性单个土体物理性质

| 土层 | 深度/cm | 细土颗粒组成（粒径：mm)/(g/kg) | | | 质地 | 容重/(g/cm³) |
| --- | --- | --- | --- | --- | --- | --- |
| | | 砂粒 2～0.05 | 粉粒 0.05～0.002 | 黏粒 <0.002 | | |
| Ah | 0～47 | 29 | 782 | 189 | 粉壤土 | 1.15 |
| ABhr | 47～76 | 64 | 780 | 156 | 粉壤土 | 1.21 |
| BCr1 | 76～117 | 42 | 763 | 195 | 粉壤土 | 1.35 |
| BCr2 | 117～156 | 69 | 736 | 195 | 粉壤土 | 1.38 |
| C | 156～175 | 75 | 675 | 250 | 粉壤土 | 1.45 |

### 兴华系代表性单个土体化学性质

| 深度/cm | pH(H₂O) | 有机碳/(g/kg) | 全氮(N)/(g/kg) | 全磷(P)/(g/kg) | 全钾(K)/(g/kg) | 阳离子交换量/(cmol/kg) |
| --- | --- | --- | --- | --- | --- | --- |
| 0～47 | 8.14 | 46.2 | 3.12 | 0.790 | 19.9 | 51.1 |
| 47～76 | 8.00 | 20.1 | 1.31 | 0.544 | 20.4 | 36.4 |
| 76～117 | 7.82 | 24.0 | 1.20 | 0.518 | 23.4 | 35.2 |
| 117～156 | 7.50 | 7.7 | 1.17 | 0.726 | 24.8 | 32.9 |
| 156～175 | 7.32 | 20.8 | 1.28 | 0.747 | 25.4 | 31.7 |

### 9.11.24　亚沟系（Yagou Series）

土　族：壤质混合型冷性-斑纹简育湿润均腐土
拟定者：翟瑞常，辛　刚

亚沟系典型景观

**分布与环境条件**　亚沟系土壤分布于哈尔滨、阿城、五常、方正、通河、宾县、木兰、鸡西、虎林等地。地形为江河两岸低阶地，地势低，地下水位一般在 2m 左右，雨季在 1～1.5m；冲积母质；自然植被为草甸植被，生长以小叶章为主的杂类草，现多开垦为耕地，种植玉米、大豆、杂粮。中温带大陆性季风气候，具冷性土壤温度状况和湿润土壤水分状况。年平均降水量 510mm 左右。年平均日照时数 2659h，年均气温 3.2℃，无霜期 146 天，≥10℃的积温 2739℃。50cm 深处年平均土壤温度 4.5℃。

**土系特征与变幅**　本土系土壤土体构型为 Ah、ABhr、Cr 和 2C。Ah 层为暗沃表层，厚 25～37cm；从 ABhr 往下至 Cr 层均有少量锈斑锈纹，具有氧化还原特征。本土系耕层容重在 0.95～1.4g/cm³。表层有机碳含量为 19.7～27.6g/kg，全氮 0.92～3.26g/kg，全磷 0.73～1.39g/kg，全钾 20.1～27.3g/kg，阳离子交换量为 20～40cmol/kg。耕层土壤碱解氮 118～342mg/kg，速效磷 3～31mg/kg，速效钾 88～292mg/kg，pH 6.5～7.6。

**对比土系**　兴华系。兴华系和亚沟系同为壤质混合型冷性-斑纹简育湿润均腐土土族，兴华系暗沃表层（Ah+ ABhr）厚 75～100cm；亚沟系暗沃表层（Ah）厚 25～37cm。

**利用性能综述**　本土系黑土层较厚，土壤养分含量高，适宜各种作物生长，玉米产量 7500～9000kg/hm²。地形为江河两岸低阶地，地势低，应注意防洪，以免受水灾危害，地下水位浅，春季地温低，要挖沟排水，降低地下水位。

**参比土种**　中层砂壤质草甸土。

**代表性单个土体**　位于黑龙江省哈尔滨市阿城区亚沟镇岳沟村西 3km。45°29′0.6″N，126°59′59.9″E，海拔 136m。地形为阿什河西岸低阶地，地势低，地下水位一般在 2m 左右，雨季在 1～1.5m；冲积母质；自然植被为草甸植被，生长以小叶章为主的杂类草，现开垦为耕地，种植玉米、大豆、杂粮。土壤调查时为玉米地。野外调查时间为 2011 年 9 月 20 日，编号 23-083。

Ah: 0～26cm，浊棕色（7.5YR 5/3，干），黑棕色（7.5YR 3/2，润），粉壤土，小团粒结构，稍硬，少量细根，pH 7.55，向下清晰平滑过渡。

ABhr: 26～44cm，灰棕色（7.5YR 6/2，干），灰棕色（7.5YR 4/2，润），粉质黏壤土，薄片状结构，稍硬，很少量极细根，结构体内有明显小铁斑纹，约占体积的 10%，pH 7.28，向下清晰平滑过渡。

Cr: 44～157cm，淡棕灰色（7.5YR 7/2，干），棕色（7.5YR 4/3，润），粉壤土，薄片状结构，稍硬，很少量极细根，结构体内有铁斑纹，约占体积的 20%，pH 7.26，向下突然平滑过渡。

2C: 157～180cm，浊橙色（7.5YR 6/4，干），亮棕色（7.5YR 5/6，润），砂质壤土，无结构，松散，无根系。

亚沟系代表性单个土体剖面

## 亚沟系代表性单个土体物理性质

| 土层 | 深度 /cm | 细土颗粒组成（粒径：mm)/(g/kg) | | | 质地 | 容重 /(g/cm³) |
|---|---|---|---|---|---|---|
| | | 砂粒 2～0.05 | 粉粒 0.05～0.002 | 黏粒 <0.002 | | |
| Ah | 0～26 | 63 | 757 | 180 | 粉壤土 | 0.95 |
| ABhr | 26～44 | 42 | 686 | 272 | 粉质黏壤土 | 1.28 |
| Cr | 44～157 | 128 | 713 | 159 | 粉壤土 | 1.32 |

## 亚沟系代表性单个土体化学性质

| 深度 /cm | pH (H₂O) | 有机碳 /(g/kg) | 全氮(N) /(g/kg) | 全磷(P) /(g/kg) | 全钾(K) /(g/kg) | 阳离子交换量 /(cmol/kg) |
|---|---|---|---|---|---|---|
| 0～26 | 7.55 | 23.4 | 2.18 | 0.748 | 20.1 | 20.9 |
| 26～44 | 7.28 | 14.8 | 1.52 | 0.669 | 22.6 | 21.8 |
| 44～157 | 7.26 | 6.1 | 0.60 | 0.546 | 23.0 | 12.2 |

# 9.12　普通简育湿润均腐土

## 9.12.1　逊克场西系（Xunkechangxi Series）

土　族：粗骨砂质混合型寒性-普通简育湿润均腐土
拟定者：翟瑞常，辛　刚

逊克场西系典型景观

**分布与环境条件**　逊克场西系土壤分布于黑河、逊克。地形平缓岗丘的顶部；上为黄土状母质，下为冲积物。落叶阔叶林，以山杨、白桦为优势种，林下灌木有胡枝子、榛子，林下草本植物生长良好，有轮叶婆婆纳、关苍术、鸢尾、齿叶风毛菊、玉竹、兴安杜鹃、薹草、舞鹤草、铃兰等。部分开垦为耕地，种植大豆、玉米、小麦、杂粮。中温带大陆性季风气候，具寒性土壤温度状况和湿润土壤水分状况。年平均气温 –1℃，≥10℃积温 2266.8℃。50cm 深处年平均土壤温度 4.5℃。

**土系特征与变幅**　本土系土壤土体构型为 Ah、B 和 2C。Ah 层为暗沃表层，厚 18cm，满足当（A+B）<75 cm，暗沃表层厚度应≥18cm，且至少为（A+B）厚度 1/3（暗沃表层厚度条件）；B 层为淀积，片状结构；Ah、B 层有少量圆形小鹅卵石；2C 层为异源母质层，有大量圆形小鹅卵石。耕层容重在 1.0～1.5g/cm$^3$，表层有机碳含量为 22.6～85.6g/kg，pH 5.5～6.5。

**对比土系**　东福兴系。逊克场西系和东福兴系同为普通简育湿润均腐土亚类。因两者母质不同，逊克场西系控制层段颗粒粒级组成为粗骨砂质；东福兴系控制层段颗粒粒级组成为砂质。

**利用性能综述**　本土系由于黑土层薄，养分贮量低，且为坡地，易发生水土流失，较陡地块宜作为林业用地，缓坡可开垦为耕地，但应挖截流沟，同时增施有机肥，培肥土壤。由于气候寒冷，无霜期短，玉米种植要选早熟品种。

**参比土种**　中层砂砾质暗棕壤。

**代表性单个土体**　位于黑龙江省黑河市逊克县逊克农场一分场北第六队西 3000m。49°15′22.6″N，128°13′38.9″E，海拔286m。地形为平缓岗丘顶部，上为黄土状母质，下为冲积砾石。土壤调查地块为芸豆地，已经收获。野外调查时间为 2010 年 10 月 5 日，编号 23-065。

Ah：0~18cm，浊棕色（7.5YR 5/3，干），黑棕色（7.5YR 3/2，润），壤土，小团粒结构，坚实，少量细根，中量圆形中砾，pH 6.06，向下渐变平滑过渡。

B：　18~35cm，浊橙色（7.5YR 6/4，干），棕色（7.5YR 4/4，润），壤土，大片状结构，坚实，中量圆形中砾，很少细根，pH 6.00，向下清晰平滑过渡。

2C：35~90cm，浊橙色（7.5YR 6/4，干），亮棕色（7.5YR 5/6，润），大量圆形中砾，壤质砂土，pH 6.06。

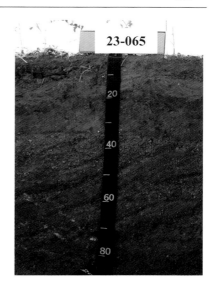

逊克场西系代表性单个土体剖面

### 逊克场西系代表性单个土体物理性质

| 土层 | 深度 /cm | 石砾 (>2mm，体积分数)/% | 细土颗粒组成（粒径：mm)/(g/kg) | | | 质地 | 容重 /(g/cm³) |
| --- | --- | --- | --- | --- | --- | --- | --- |
| | | | 砂粒 2~0.05 | 粉粒 0.05~0.002 | 黏粒 <0.002 | | |
| Ah | 0~18 | 15 | 379 | 461 | 160 | 壤土 | 1.48 |
| B | 18~35 | 15 | 356 | 450 | 195 | 壤土 | 1.79 |
| 2C | 35~90 | 50 | 850 | 84 | 66 | 壤质砂土 | 未测 |

### 逊克场西系代表性单个土体化学性质

| 深度 /cm | pH (H₂O) | 有机碳 /(g/kg) | 全氮(N) /(g/kg) | 全磷(P) /(g/kg) | 全钾(K) /(g/kg) | 阳离子交换量 /(cmol/kg) |
| --- | --- | --- | --- | --- | --- | --- |
| 0~18 | 6.06 | 23.5 | 1.59 | 0.477 | 22.6 | 20.7 |
| 18~35 | 6.00 | 17.2 | 1.65 | 0.378 | 22.9 | 17.4 |
| 35~90 | 6.06 | 7.2 | 0.40 | 0.137 | 23.6 | 7.4 |

### 9.12.2　东福兴系（Dongfuxing Series）

土　族：砂质混合型寒性–普通简育湿润均腐土
拟定者：翟瑞常，辛　刚

东福兴系典型景观

**分布与环境条件**　东福兴系土壤分布于黑河、逊克、嫩江、五大连池、克东、克山、北安等县市。地形为小兴安岭山地至松嫩平原的过渡地带的一些坡度平缓的低丘顶部、上部。母质为砂岩风化物。植被为天然次生林，树种有柞树、杨树、桦树等，林下灌木、草本植物生长繁茂。中温带大陆性季风气候，具寒性土壤温度状况和湿润土壤水分状况。年平均气温 1.1℃，≥10℃年积温 2381.6℃，无霜期 133天，年平均降水量 586.6mm。6～9 月降水占全年的 82.8%。50cm 深处土壤温度年平均 3.1℃，夏季平均 13.3℃，冬季平均–7.1℃，冬夏温差 20.4℃。

**土系特征与变幅**　本土系土壤土体构型为 Oi、Ah、ABh、BC 和 C。（Ah+ABh）层为暗沃表层，厚 37～50cm，土壤质地轻，土壤发育较弱，全剖面无氧化还原特征，无石灰反应。耕层容重在 1.00～1.35g/cm³。表层有机碳含量为 28.0～52.2 g/kg，pH 6.0～7.0。

**对比土系**　逊克场西系。逊克场西系和东福兴系同为普通简育湿润均腐土亚类。因两者母质不同，逊克场西系控制层段颗粒粒级组成为粗骨砂质；东福兴系控制层段颗粒粒级组成为砂质。

**利用性能综述**　土壤质地轻，通透性强，表土层疏松，土壤热潮，养分释放快，水、肥、气、热比较协调。但土壤坡度较大，开垦后易发生水土流失，适宜发展林业生产。

**参比土种**　厚层砾砂质暗棕壤。

**代表性单个土体**　位于黑龙江省齐齐哈尔市克东县东福兴屯南 2000m。48°3′27.2″N，126°20′55.0″E，海拔 280m。地形为低丘顶部、上部；母质为砂岩风化物，质地较轻。植被为天然次生林，树种有柞树、杨树、桦树等，林下灌木、草本植物生长繁茂。野外调查时间为 2010 年 10 月 2 日，编号 23-055。

Oi:　+2～0cm，暗棕色（7.5YR 3/3，干），黑棕色（7.5YR 2/2，润），未分解和低分解的枯枝落叶。

Ah:　0～25cm，灰棕色（7.5YR 4/2，干），黑棕色（7.5YR 2/2，润），壤土，小团粒结构，疏松，少量粗根，pH 6.68，向下渐变平滑过渡。

ABh:　25～38cm，棕色（7.5YR 5/3，干），暗棕色（7.5YR 3/3，润），砂质壤土，小粒状结构，疏松，少量粗根，pH 6.32，向下渐变平滑过渡。

BC:　38～76cm，浊橙色（7.5YR 6/4，干），亮棕色（7.5YR 5/6，润），砂质壤土，无结构，坚实，少量根系，pH 6.50，向下模糊平滑过渡。

C:　76～185cm，浊橙色（7.5YR 7/3，干），浊橙色（7.5YR 6/4，润），壤质砂土，无结构，坚实，无根系，pH 6.50。

东福兴系代表性单个土体剖面

### 东福兴系代表性单个土体物理性质

| 土层 | 深度/cm | 细土颗粒组成（粒径：mm）/(g/kg) | | | 质地 | 容重/(g/cm³) |
| --- | --- | --- | --- | --- | --- | --- |
| | | 砂粒 2～0.05 | 粉粒 0.05～0.002 | 黏粒 <0.002 | | |
| Ah | 0～25 | 457 | 353 | 191 | 壤土 | 1.31 |
| ABh | 25～38 | 568 | 252 | 180 | 砂质壤土 | 1.37 |
| BC | 38～76 | 761 | 153 | 86 | 砂质壤土 | 1.51 |
| C | 76～185 | 831 | 119 | 50 | 壤质砂土 | 1.40 |

### 东福兴系代表性单个土体化学性质

| 深度/cm | pH(H₂O) | 有机碳/(g/kg) | 全氮(N)/(g/kg) | 全磷(P)/(g/kg) | 全钾(K)/(g/kg) | 阳离子交换量/(cmol/kg) |
| --- | --- | --- | --- | --- | --- | --- |
| 0～25 | 6.68 | 28.0 | 2.51 | 0.438 | 26.7 | 26.3 |
| 25～38 | 6.32 | 14.0 | 1.24 | 0.267 | 27.8 | 21.7 |
| 38～76 | 6.50 | 7.7 | 0.58 | 0.095 | 29.6 | 19.5 |
| 76～185 | 6.50 | 7.1 | 0.50 | 0.135 | 27.8 | 19.0 |

### 9.12.3　红星系（Hongxing Series）

土　族：黏壤质混合型冷性-普通简育湿润均腐土
拟定者：翟瑞常，辛　刚

红星系典型景观

**分布与环境条件**　红星系土壤分布于甘南、依安、拜泉、海伦、绥化、五常、双城、木兰、巴彦等地。地形为漫岗平原岗坡中部、中上部；黄土状母质；自然植被为草原草甸植被，生长以杂类草为主的草甸植物，植物种类繁多，群众称为"五花草甸"，现多开垦为耕地，种植玉米、大豆、杂粮。中温带大陆性季风气候，具冷性土壤温度状况和湿润土壤水分状况。年平均降水量488.2mm，年平均蒸发量1334mm，年平均日照时数2730h，年均气温1.2℃，无霜期122天，≥10℃的积温2441℃，50cm深处年平均土壤温度3.1℃。

**土系特征与变幅**　本土系土壤土体构型为 Ah、ABh、BC 和 C。（Ah+ABh）层为暗沃表层，厚75～100cm；整个剖面无氧化还原特征，无石灰反应。耕层容重在1.2～1.4g/cm³。表层有机碳含量为14.8～30.5g/kg，pH 6.5～7.5。

**对比土系**　红一林场系。红一林场系和红星系同为普通简育湿润均腐土亚类。因两者母质不同，红一林场系控制层段颗粒粒级组成为黏壤质盖粗骨质；红星系控制层段颗粒粒级组成为黏壤质。

**利用性能综述**　本土系黑土层深厚，有机质含量高，养分贮量高，土壤结构好，土壤肥力高，适宜种植大豆、玉米、小麦、甜菜，玉米单产7500～9000kg/hm²。但水土流失严重，易受旱、涝、低温等自然灾害的影响，采取措施，抗旱保墒、抗低温、促早熟，可获得高产。应深耕、深松，增施有机肥，实行秸秆还田，培肥土壤，防止土壤肥力退化。

**参比土种**　厚层黄土质黑土。

**代表性单个土体**　位于黑龙江省齐齐哈尔市拜泉县城北5000m 红星村1000m。47°39′6.9″N，126°4′16.7″E，海拔286m。地形为漫岗平原岗坡中部、中上部，黄土状母质，土壤调查地块为收获的大豆地。野外调查时间为2010年10月1日，编号23-052。

Ah：　0～50cm，黑棕色（7.5YR 3/1，干），黑棕色（7.5YR 2/2，润），粉质黏壤土，小团粒结构，疏松，很少细根，无石灰反应，pH 6.86，向下渐变平滑过渡。

ABh：50～76cm，黑棕色（7.5YR 3/1，干），黑棕色（7.5YR 2/2，润），粉质黏壤土，小粒状结构，疏松，很少极细根系，无石灰反应，pH 7.10，向下渐变平滑过渡。

BC1：76～114cm，浊棕灰色（7.5YR 7/2，干），灰棕色（7.5YR 6/2，润），粉壤土，小粒状结构，坚实，无根系，pH 7.28，向下清晰不规则过渡。

BC2：114～157cm，浊棕色（7.5YR 5/3，干），棕色（7.5YR 4/4，润），粉土，小粒状结构，坚实，无根系，pH 6.96，向下清晰平滑过渡。

C：　157～175cm，橙白色（7.5YR 8/2，干），浊橙色（7.5YR 7/3，润），壤土，无结构，坚实，无根系，pH 6.80。

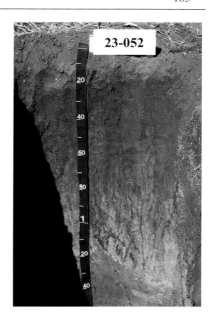

红星系代表性单个土体剖面

### 红星系代表性单个土体物理性质

| 土层 | 深度/cm | 细土颗粒组成 (粒径：mm)/(g/kg) | | | 质地 | 容重/(g/cm³) |
| --- | --- | --- | --- | --- | --- | --- |
| | | 砂粒 2～0.05 | 粉粒 0.05～0.002 | 黏粒 <0.002 | | |
| Ah | 0～50 | 35 | 590 | 374 | 粉质黏壤土 | 1.25 |
| ABh | 50～76 | 45 | 607 | 348 | 粉质黏壤土 | 1.25 |
| BC1 | 76～114 | 213 | 608 | 179 | 粉壤土 | 1.27 |
| BC2 | 114～157 | 71 | 904 | 25 | 粉土 | 1.49 |
| C | 157～175 | 424 | 467 | 109 | 壤土 | 1.24 |

### 红星系代表性单个土体化学性质

| 深度/cm | pH (H₂O) | 有机碳/(g/kg) | 全氮(N)/(g/kg) | 全磷(P)/(g/kg) | 全钾(K)/(g/kg) | 阳离子交换量/(cmol/kg) |
| --- | --- | --- | --- | --- | --- | --- |
| 0～50 | 6.86 | 24.2 | 2.19 | 0.466 | 18.5 | 47.7 |
| 50～76 | 7.10 | 16.9 | 1.27 | 0.340 | 12.8 | 59.2 |
| 76～114 | 7.28 | 14.5 | 0.92 | 0.235 | 10.3 | 68.1 |
| 114～157 | 6.96 | 9.3 | 0.89 | 0.223 | 21.9 | 37.8 |
| 157～175 | 6.80 | 7.3 | 0.60 | 0.181 | 7.3 | 85.5 |

### 9.12.4　红一林场系（Hongyilinchang Series）

土　族：黏壤质盖粗骨质混合型冷性-普通简育湿润均腐土
拟定者：翟瑞常，辛　刚

**分布与环境条件**　红一林场系土壤分布于龙江、拜泉、木兰、方正、延寿等市县。地形为山间沟谷平地及高河漫滩，地势平坦。母质为冲积母质。自然植被为草甸植被，主要为以小叶章、三棱草、薹草为主的喜湿植物。土壤大部分开垦为耕地，主要农作物为玉米、大豆，有水源可种植水稻。中温带大陆性季风气候，具冷性土壤温度状况和湿润土壤水分状况。年平均降水量573.7mm，年平均蒸发量

红一林场系典型景观

1370.2mm，年平均日照时数 2176.9h，年均气温 2.7℃，无霜期 135 天，≥10℃的积温 2525℃。50cm 深处年平均土壤温度 5.5℃。

**土系特征与变幅**　本土系土壤土体构型为 Ah、2Ahb、2ABhb 和 3C。（Ah+2Ahb+2ABhb）层为暗沃表层，厚75～100cm；整个剖面无氧化还原特征，无石灰反应。耕层容重在 0.96～1.4g/cm$^3$。表层有机碳含量为 10.4～42.8g/kg，pH 5.5～7.0。

**对比土系**　红星系。红一林场系和红星系同为普通简育湿润均腐土亚类。因两者母质不同，红一林场系控制层段颗粒粒级组成为黏壤质盖粗骨质；红星系控制层段颗粒粒级组成为黏壤质。

**利用性能综述**　本土系黑土层深厚，有机质含量高，养分贮量高，土壤结构好，土壤肥力高，适宜种植大豆、玉米，玉米单产 7500～9000kg/hm$^2$。为防止土壤结构被破坏，土壤肥力下降，应深耕、深松，结合增施有机肥，秸秆还田，培肥土壤。

**参比土种**　厚层砾底草甸土。

**代表性单个土体**　位于黑龙江省哈尔滨市方正县林业局红一林场东 0.5km。45°48′36.2″N，129°20′49.0″E，海拔198m。地形为山间沟谷平地，地势平坦；母质为冲积母质，有质地层次性。土壤调查地块为收获的玉米地。野外调查时间为 2011 年 10 月 11 日，编号 23-111。

Ah: 0～20cm，灰棕色（7.5YR 5/2，干），黑棕色（7.5YR 2/2，润），粉壤土，小团粒结构，疏松，很少细根，pH 5.56，向下清晰平滑过渡。

2Ahb: 20～38cm，灰棕色（7.5YR 4/2，干），黑棕色（7.5YR 2/2，润），粉壤土，小团粒结构，疏松，很少极细根，pH 6.09，向下渐变平滑过渡。

2ABhb: 38～80cm，棕灰色（7.5YR 5/1，干），黑棕色（7.5YR 3/1，润），粉壤土，小棱块状结构，可见灰白色二氧化硅粉末，坚实，很少极细根，pH 6.57，向下渐变平滑过渡。

3C: 80～100cm，灰棕色（7.5Y 6/2，干），灰棕色（7.5Y 4/2，润），砂质壤土，无结构，极多圆形石砾，松散，无根系，pH 7.13。

红一林场系代表性单个土体剖面

### 红一林场系代表性单个土体物理性质

| 土层 | 深度/cm | 石砾(>2mm, 体积分数)/% | 细土颗粒组成 (粒径：mm)/(g/kg) | | | 质地 | 容重/(g/cm³) |
| | | | 砂粒 2～0.05 | 粉粒 0.05～0.002 | 黏粒 <0.002 | | |
| --- | --- | --- | --- | --- | --- | --- | --- |
| Ah | 0～20 | — | 288 | 526 | 186 | 粉壤土 | 0.96 |
| 2Ahb | 20～38 | — | 85 | 718 | 198 | 粉壤土 | 0.93 |
| 2ABhb | 38～80 | — | 211 | 540 | 250 | 粉壤土 | 1.15 |
| 3C | 80～100 | 80 | 545 | 338 | 117 | 砂质壤土 | 未测 |

注：土壤没有石砾或含量极少，表中为"—"。

### 红一林场系代表性单个土体化学性质

| 深度/cm | pH (H₂O) | 有机碳/(g/kg) | 全氮(N)/(g/kg) | 全磷(P)/(g/kg) | 全钾(K)/(g/kg) | 阳离子交换量/(cmol/kg) |
| --- | --- | --- | --- | --- | --- | --- |
| 0～20 | 5.56 | 42.8 | 4.19 | 1.071 | 21.2 | 24.8 |
| 20～38 | 6.09 | 50.3 | 5.40 | 1.411 | 18.6 | 32.2 |
| 38～80 | 6.57 | 18.4 | 1.54 | 1.090 | 25.0 | 18.1 |
| 80～100 | 7.13 | 8.2 | 0.66 | 0.983 | 26.2 | 9.9 |

# 第 10 章 淋 溶 土 纲

## 10.1 潜育漂白冷凉淋溶土

### 10.1.1 东方红系（Dongfanghong Series）

土　　族：黏质伊利石混合型冷性-潜育漂白冷凉淋溶土

拟定者：翟瑞常，辛　刚

东方红系典型景观

**分布与环境条件**　东方红系土壤分布于虎林、鸡东、宝清、饶河等市县。地形为平原中的低平地，地形部位低，地下水位浅；黄土状母质，质地黏重；草甸植被，以小叶章为主的杂类草；中温带大陆性季风气候，具冷性土壤温度状况和湿润土壤水分状况。年平均气温 2.5～2.9℃，≥10℃积温 2310～2400℃，无霜期 129～139 天，年平均降水量 552.2～565.8mm，6～9 月降水占全年降水量的 66.8%～72.3%。50cm 深处土壤温度年平均 5.6℃，夏季 16.3℃，冬季-4.1℃。

**土系特征与变幅**　本土系土壤土体构型为 Ah、E、Bt、BC 和 C。暗沃表层厚 25～37cm；漂白层厚 20cm 左右，片状结构；Bt 层为 黏化淀积层，有较多潜育斑，有潜育现象，厚度为 50～100cm；Ah 层有机碳含量（33.6±21.1）g/kg（$n$=4），容重（1.14±0.14）g/cm$^3$，pH 5.4～6.7。

**对比土系**　兰桥村系。由于东方红系土壤地形部位低，地下水位浅，Bt 黏化淀积层有较多潜育斑，具潜育现象。兰桥村系土壤 Bt 层只有少量锈斑锈纹，具氧化还原特征。

**利用性能综述**　由于地形低洼，质地黏重，经常处于过湿状态，春季土温低，幼苗生长缓慢，夏季易涝。应排水除涝，在有水源的地区，适宜发展水稻生产。

**参比土种**　厚层黏质潜育白浆土。

**代表性单个土体**　位于黑龙江省鸡西市虎林市东方红镇南 1.5km。46°11′5.5″N，133°4′10.2″E，海拔 85m。地形为平原中的低平地，地形部位低，地下水位浅；黄土状母质，质地黏重；土壤调查地块种植蔬菜，已收获。野外调查时间为 2011 年 10 月 16 日，编号 23-123。

Ah： 0～27cm，灰棕色（7.5YR 6/2，干），黑棕色（7.5YR 3/2，润），粉质黏壤土，团粒结构，疏松，少量细根，pH 6.12，向下突然平滑过渡。

E： 27～66cm，橙白色（7.5YR 8/2，干），浊橙色（7.5YR 7/3，润），粉质黏壤土，发育强的薄片状结构，结构体内有中量明显清楚的小铁斑纹，坚实，土体中有很少量很小棕黑色铁锰结核，很少极细根，pH 6.25，向下清晰平滑过渡。

Bt： 66～120cm，灰棕色（7.5YR 6/2，干），灰棕色（7.5YR 5/2，润），粉质黏壤土，强核状结构，很少极细根，结构体内有潜育斑和多量明显清楚的铁斑纹，结构面有很多明显三氧化二物胶膜，坚实，pH 6.45，向下渐变平滑过渡。

BC： 120～150cm，浊棕色（7.5YR 6/3，干），浊棕色（7.5YR 5/3，润），粉质黏壤土，弱小核状结构，无根系，结构体内有很多潜育斑和明显清楚的铁斑纹，结构面有很多明显三氧化二物胶膜，坚实，pH 6.44，向下渐变平滑过渡。

C： 150～170cm，浊棕灰色（7.5YR 7/1，干），棕灰色（7.5YR 5/1，润），粉质黏壤土，弱棱块状结构，结构体内有中量明显清楚的铁斑纹，坚实，无根系，pH 6.52。

东方红系代表性单个土体剖面

## 东方红系代表性单个土体物理性质

| 土层 | 深度 /cm | 细土颗粒组成（粒径：mm）/(g/kg) | | | 质地 | 容重 /(g/cm³) |
|---|---|---|---|---|---|---|
| | | 砂粒 2～0.05 | 粉粒 0.05～0.002 | 黏粒 <0.002 | | |
| Ah | 0～27 | 70 | 584 | 346 | 粉质黏壤土 | 1.28 |
| E | 27～66 | 18 | 546 | 436 | 粉质黏壤土 | 1.44 |
| Bt | 66～120 | 9 | 484 | 507 | 粉质黏壤土 | 1.51 |
| BC | 120～150 | 25 | 455 | 520 | 粉质黏壤土 | 1.43 |
| C | 150～170 | 4 | 508 | 488 | 粉质黏壤土 | 1.47 |

## 东方红系代表性单个土体化学性质

| 深度 /cm | pH (H₂O) | 有机碳 /(g/kg) | 全氮(N) /(g/kg) | 全磷(P) /(g/kg) | 全钾(K) /(g/kg) | 阳离子交换量 /(cmol/kg) |
|---|---|---|---|---|---|---|
| 0～27 | 6.12 | 30.0 | 2.12 | 1.200 | 20.7 | 20.3 |
| 27～66 | 6.25 | 4.9 | 0.60 | 0.486 | 23.7 | 18.7 |
| 66～120 | 6.45 | 3.2 | 0.35 | 0.300 | 23.1 | 25.2 |
| 120～150 | 6.44 | 5.2 | 0.49 | 0.799 | 22.3 | 26.5 |
| 150～170 | 6.52 | 8.9 | 0.63 | 0.474 | 22.8 | 25.3 |

# 10.2　暗沃漂白冷凉淋溶土

## 10.2.1　宝清系（Baoqing Series）

土　　族：黏质伊利石混合型冷性-暗沃漂白冷凉淋溶土
拟定者：翟瑞常，辛　刚

**分布与环境条件**　宝清系土壤分布于尚志、延寿、方正、阿城、鸡西、密山、虎林、穆棱、宝清、饶河、勃利、桦南、佳木斯等市县。地形为山前漫岗平原上部，坡度一般在 2°～5°；黄土状母质；疏林草甸植被，生长植物有柞、桦、杨、胡枝子、榛子，林下草甸植物生长繁茂，现在多开垦为耕地；中温带大陆性季风气候，具冷性土壤温度状况和湿润土壤水分状况。年平均气温 3.0℃，≥10℃积

宝清系典型景观

温 2517.9℃，年平均降水量 567.3mm，以 6～8 月为多，占全年降水量的 68.5%，50cm 深处土壤温度年平均 5.4℃，夏季 16.6℃，冬季–3.2℃。

**土系特征与变幅**　本土系土壤土体构型为 Ah、E、Bt、BC 和 C。漂白层厚 20cm 左右，片状结构；Bt 黏化淀积层，黏粒含量显著增加，黏粒比 2.0～2.4，厚度为 50～100cm；暗沃表层 Ah 层厚 25～37cm；E 层有很少量很小铁锰结核，BC 和 C 层有少量锈斑锈纹，具氧化还原特征，出现深度为 50～100cm，或更浅。Ah 层有机碳含量（27.0±5.7）g/kg（$n$=13），容重为（1.1±0.2）g/cm$^3$，pH 4.9～6.5。

**对比土系**　虎林系。虎林系和宝清系土壤同为黏质伊利石混合型冷性-暗沃漂白冷凉淋溶土。宝清系土壤由于地形部位稍低，受地下水影响，BC 和 C 层有锈斑锈纹。虎林系土壤地形部位高，不受地下水影响，全剖面无锈斑锈纹。

**利用性能综述**　本土系是漂白淋溶土中肥力较高的土壤，适合种植小麦、玉米、大豆等作物，土壤生产力较高。但质地黏重，亚表层为漂白层，物理性状欠佳，易板结。地形有一定坡度，降雨集中季节易发生水土流失，应采取综合农业措施，保持土壤。

**参比土种**　厚层黄土质白浆土。

**代表性单个土体**　位于黑龙江省双鸭山市宝清县八五二农场一分场东 1km。46°19′8.6″N，132°49′2.0″E，海拔 96m。地形为山前漫岗平原岗上部，坡度一般在 3°～5°，黄土状母质，土壤调查地块为收获的玉米地。野外调查时间为 2011 年 10 月 16 日，编号 23-124。

Ah：0～25cm，灰棕色（7.5YR 5/2，干），黑棕色（7.5YR 2/2，润），粉质黏壤土，小团粒结构，疏松，很少细根，pH 6.14，向下清晰平滑过渡。

E：25～44cm，橙白色（7.5YR 8/2，干），灰棕色（7.5YR 6/2，润），粉质黏壤土，发育强的片状结构，坚实，很少量小棕黑色铁锰结核，很少极细根，pH 6.40，向下清晰平滑过渡。

Bt：44～92cm，灰棕色（7.5YR 4/2，干），黑棕色（7.5YR 3/2，润），粉质黏土，核状结构，很少极细根，结构面有极多（90%）明显铁锰膜，坚实，pH 6.45，向下模糊平滑过渡。

BC：92～127cm，灰棕色（7.5YR 5/2，干），灰棕色（7.5YR 4/2，润），粉质黏土，弱小核状结构，无根系，结构体内有较多（20%）明显清楚的铁斑纹，结构面有很多（40%）明显的三氧化二物胶膜，坚实，pH 6.82，向下渐变平滑过渡。

宝清系代表性单个土体剖面

C：127～165cm，浊棕灰色（7.5YR 7/2，干），灰棕色（7.5YR 6/2，润），粉质黏壤土，棱块状结构，结构体内有多量（25%）明显清楚的大铁斑纹，坚实，无根系，pH 6.88。

### 宝清系代表性单个土体物理性质

| 土层 | 深度/cm | 细土颗粒组成 (粒径：mm)/(g/kg) | | | 质地 | 容重/(g/cm³) |
| --- | --- | --- | --- | --- | --- | --- |
| | | 砂粒 2～0.05 | 粉粒 0.05～0.002 | 黏粒 <0.002 | | |
| Ah | 0～25 | 89 | 602 | 310 | 粉质黏壤土 | 1.25 |
| E | 25～44 | 44 | 613 | 343 | 粉质黏壤土 | 1.59 |
| Bt | 44～92 | 17 | 451 | 532 | 粉质黏土 | 1.52 |
| BC | 92～127 | 10 | 512 | 478 | 粉质黏土 | 1.52 |
| C | 127～165 | 13 | 589 | 398 | 粉质黏壤土 | 1.55 |

### 宝清系代表性单个土体化学性质

| 深度/cm | pH (H₂O) | 有机碳/(g/kg) | 全氮(N)/(g/kg) | 全磷(P)/(g/kg) | 全钾(K)/(g/kg) | 阳离子交换量/(cmol/kg) |
| --- | --- | --- | --- | --- | --- | --- |
| 0～25 | 6.14 | 21.3 | 1.83 | 0.835 | 21.0 | 19.4 |
| 25～44 | 6.40 | 7.8 | 0.69 | 0.357 | 22.3 | 17.8 |
| 44～92 | 6.45 | 6.0 | 0.55 | 0.406 | 21.2 | 31.3 |
| 92～127 | 6.82 | 6.5 | 0.58 | 0.405 | 20.9 | 29.6 |
| 127～165 | 6.88 | 3.7 | 0.47 | 0.307 | 21.1 | 21.8 |

## 10.2.2　古城系（Gucheng Series）

土　族：黏质伊利石混合型冷性-暗沃漂白冷凉淋溶土
拟定者：翟瑞常，辛　刚

古城系典型景观

**分布与环境条件**　古城系主要分布在牡丹江市郊区、海林及林口，在穆棱兴凯平原的密山和虎林市也有分布。地形为丘陵漫岗地上部，坡度 2°～5°，黄土状母质。中温带大陆性季风气候，冷性土壤温度状况和湿润土壤水分状况。年平均降水量 540mm，年平均蒸发量 1266.6mm。年均气温 2.5℃，无霜期 135 天，≥10℃ 的积温 2525℃。50cm 深处年平均土壤温度 5.5℃。自然植被为以柞树为主的落叶阔叶次生林，林冠覆盖度 40%～60%，大部分已开垦为耕地。

**土系特征与变幅**　本土系土壤土体构型为 Ap1、Ap2、E、Bt、BC 和 C。漂白层 E 厚 20cm 左右，片状结构；Bt 黏化淀积层厚度为 30～100cm；暗沃表层厚 25～37cm；Ap、E 层有很少很小铁锰结核，BC 和 C 层有锈斑锈纹，具氧化还原特征，出现深度为 50～100cm，或更浅，因为是老耕地，形成坚硬的犁底层 Ap2。Ap1 层有机碳含量在 15～20g/kg，容重 1.2～1.3g/cm³，pH 5.5～6.8。

**对比土系**　宝清系。宝清系和古城系同为黏质伊利石混合型冷性-暗沃漂白冷凉淋溶土土族。古城系为老耕地，形成坚硬的犁底层 Ap2，而宝清系没有犁底层。

**利用性能综述**　本土系腐殖层较厚，漂白层腐殖质含量也较高，是漂白冷凉淋溶土中肥力较高、改良比较容易的一类土壤，小麦每公顷产量 1500～2250kg。但因质地黏重，通气透水性差，易旱易涝，需要采取农业技术措施进行改良，其中包括深耕、深松、增施有机物料等。

**参比土种**　厚层黄土质暗白浆土。

**代表性单个土体**　位于黑龙江省牡丹江市林口县古城镇北 3km。45°23′24.5″N，130°16′33.4″E，海拔 244m。地形为漫岗，坡度 2°～5°，黄土状母质。本单个土体为老耕地，形成坚硬的犁底层。土壤调查时种植大豆，已收获。野外调查时间为 2011 年 10 月 12 日，编号 23-115。

Ap1: 0～18cm，灰棕色（7.5YR 5/2，干），黑棕色（7.5YR 3/2，润），粉壤土，弱小团粒结构，很少量很小棕黑色铁锰结核，疏松，很少细根，pH 6.57，向下清晰平滑过渡。

Ap2: 18～31cm，灰棕色（7.5YR 5/2，干），黑棕色（7.5YR 3/2，润），粉质黏壤土，片状结构，少量很小棕黑色铁锰结核，坚实，很少极细根，pH 7.18，向下渐变平滑过渡。

E: 31～56cm，灰棕色（7.5YR 6/2，干），棕色（7.5YR 4/3，润），粉质黏壤土，片状结构，疏松，很少量很小棕黑色铁锰结核，很少极细根，pH 6.80，向下渐变平滑过渡。

Bt: 56～87cm，浊棕色（7.5YR 6/3，干），棕色（7.5YR 4/4，润），粉质黏土，粒状结构，很少量很小锰结核，结构面有很多铁锰膜，坚实，很少极细根，pH 6.97，向下渐变平滑过渡。

古城系代表性单个土体剖面

BC: 87～130cm，浊棕色（7.5YR 5/4，干），棕色（7.5YR 4/6，润），粉质黏土，棱块状结构，结构体内有中量铁斑纹，坚实，很少极细根，pH 7.22，向下清晰平滑过渡。

C: 130～160cm，浊橙色（7.5Y 7/4，干），浊棕色（7.5Y 5/4，润），粉质黏土，棱块状结构，结构体内有多量明显扩散的大铁斑纹，坚实，无根系，pH 7.07。

### 古城系代表性单个土体物理性质

| 土层 | 深度 /cm | 细土颗粒组成（粒径：mm)/(g/kg) | | | 质地 | 容重 /(g/cm³) |
| | | 砂粒 2～0.05 | 粉粒 0.05～0.002 | 黏粒 <0.002 | | |
| --- | --- | --- | --- | --- | --- | --- |
| Ap1 | 0～18 | 117 | 632 | 251 | 粉壤土 | 1.24 |
| Ap2 | 18～31 | 65 | 611 | 324 | 粉质黏壤土 | 1.54 |
| E | 31～56 | 51 | 591 | 359 | 粉质黏壤土 | 1.40 |
| Bt | 56～87 | 35 | 506 | 459 | 粉质黏土 | 1.43 |
| BC | 87～130 | 35 | 467 | 498 | 粉质黏土 | 1.53 |
| C | 130～160 | 45 | 468 | 487 | 粉质黏土 | 1.58 |

### 古城系代表性单个土体化学性质

| 深度 /cm | pH (H₂O) | 有机碳 /(g/kg) | 全氮(N) /(g/kg) | 全磷(P) /(g/kg) | 全钾(K) /(g/kg) | 阳离子交换量 /(cmol/kg) |
| --- | --- | --- | --- | --- | --- | --- |
| 0～18 | 6.57 | 15.8 | 1.48 | 0.557 | 25.2 | 18.3 |
| 18～31 | 7.18 | 7.5 | 0.76 | 0.309 | 21.6 | 18.0 |
| 31～56 | 6.80 | 5.6 | 0.65 | 0.325 | 23.8 | 19.5 |
| 56～87 | 6.97 | 4.4 | 0.52 | 0.371 | 18.5 | 26.0 |
| 87～130 | 7.22 | 2.2 | 0.50 | 0.578 | 25.3 | 27.2 |
| 130～160 | 7.07 | 2.2 | 0.52 | 0.625 | 23.1 | 26.1 |

### 10.2.3　虎林系（Hulin Series）

土　族：黏质伊利石混合型冷性-暗沃漂白冷凉淋溶土
拟定者：翟瑞常，辛　刚

虎林系典型景观

**分布与环境条件**　虎林系土壤分布于尚志、延寿、方正、鸡西、密山、虎林、宝清、穆棱、阿城、佳木斯等市县。地形为山前漫岗平原上部，坡度一般在 2°～5°；黄土状母质；疏林草甸植被，生长植物有柞、桦、杨、胡枝子、榛子，林下草甸植物生长繁茂，现在多开垦为耕地；中温带大陆性季风气候，具冷性土壤温度状况和湿润土壤水分状况。年平均气温 2.5～2.9℃，≥10℃积温 2310～2400℃，无霜期 129～139 天，年平均降水量 552.2～565.8mm，6～9 月降水占全年降水量的 66.8%～72.3%。50cm 深处年平均土壤温度 5.6℃，夏季 16.3℃，冬季–4.1℃。

**土系特征与变幅**　本土系土壤土体构型为 Ah、E、Bt、2BC 和 2C。漂白层厚 20cm 左右，片状结构；Bt 黏化淀积层，黏粒比 2.0～2.4，厚度为 50～100cm；暗沃表层 Ah 层厚 25～37cm；E 层有很少量很小铁锰结核，具氧化还原特征，出现深度为 50～100cm，或更浅。表层有机碳含量（26.5±11.7）g/kg（$n$=13），容重（1.1±0.2）g/cm³，pH 4.9～6.5。

**对比土系**　宝清系。虎林系和宝清系土壤同为黏质伊利石混合型冷性-暗沃漂白冷凉淋溶土。宝清系土壤由于地形部位稍低，受地下水影响，BC 和 C 层有锈斑锈纹。虎林系土壤地形部位高，不受地下水影响，全剖面无锈斑锈纹。

**利用性能综述**　本土系是漂白淋溶土中肥力较高的土壤，适合种植小麦、玉米、大豆等作物，一年一熟制，土壤生产力较高，每公顷小麦产量为 2250～3000kg。但质地黏重，亚表层为漂白层，物理性状欠佳，易板结。地形有一定坡度，降雨集中季节易发生水土流失，应采取综合农业措施，保持土壤。

**参比土种**　厚层黄土质白浆土。

**代表性单个土体**　位于黑龙江省鸡西市虎林市八五八农场第七管理区 4-2 号地。45°37′59.3″N，133°22′6.1″E，海拔 51m。地形为山前漫岗平原上部，坡度一般在 2°～5°；黄土状母质；土壤调查地块种植青贮玉米，已收获。野外调查时间为 2011 年 9 月 26 日，编号 23-098。

Ah:　0～34cm，灰棕色（7.5YR 6/2，干），黑棕色（7.5YR 3/2，润），粉壤土，发育程度弱的小团粒结构，松散，很少细根，pH 6.67，向下清晰平滑过渡。

E:　34～56cm，淡黄橙色（10YR 8/3，干），浊黄橙色（10YR 6/3，润），粉壤土，发育较强的片状结构，稍硬，很少极细根，很少量黑色小铁锰结核，pH 6.72，向下清晰平滑过渡。

Bt:　56～94cm，橙色（7.5YR 6/6，干），亮棕色（7.5YR 5/6，润），粉质黏土，核状结构，结构体表面有较多明显的三氧化二物胶膜，稍硬，很少极细根，pH 6.64，向下渐变平滑过渡。

2BC:　94～120cm，浊橙色（7.5YR 6/4，干），浊棕色（7.5YR 5/4，润），砂质壤土，小核状结构，结构体表面有较多明显的三氧化二物胶膜，稍硬，无根系，pH 6.62，向下渐变平滑过渡。

虎林系代表性单个土体剖面

2C:　120～142cm，亮棕色（7.5YR 5/6，干），棕色（7.5YR 4/6，润），壤质砂土，松散，无根系，pH 6.67。

**虎林系代表性单个土体物理性质**

| 土层 | 深度 /cm | 细土颗粒组成（粒径：mm）/(g/kg) | | | 质地 | 容重 /(g/cm³) |
| | | 砂粒 2～0.05 | 粉粒 0.05～0.002 | 黏粒 <0.002 | | |
| --- | --- | --- | --- | --- | --- | --- |
| Ah | 0～34 | 195 | 639 | 165 | 粉壤土 | 0.96 |
| E | 34～56 | 103 | 660 | 237 | 粉壤土 | 1.58 |
| Bt | 56～94 | 108 | 480 | 412 | 粉质黏土 | 1.40 |
| 2BC | 94～120 | 747 | 103 | 149 | 砂质壤土 | 1.49 |
| 2C | 120～142 | 803 | 133 | 64 | 壤质砂土 | 1.46 |

**虎林系代表性单个土体化学性质**

| 深度 /cm | pH (H₂O) | 有机碳 /(g/kg) | 全氮(N) /(g/kg) | 全磷(P) /(g/kg) | 全钾(K) /(g/kg) | 阳离子交换量 /(cmol/kg) |
| --- | --- | --- | --- | --- | --- | --- |
| 0～34 | 6.67 | 14.8 | 1.14 | 0.759 | 21.8 | 12.1 |
| 34～56 | 6.72 | 4.2 | 0.35 | 0.262 | 22.1 | 11.6 |
| 56～94 | 6.64 | 4.4 | 0.45 | 0.408 | 24.2 | 23.1 |
| 94～120 | 6.62 | 1.6 | 0.21 | 0.288 | 28.7 | 9.3 |
| 120～142 | 6.67 | 1.1 | 0.12 | 0.279 | 28.6 | 6.3 |

### 10.2.4　兰桥村系（Lanqiaocun Series）

土　　族：黏质伊利石混合型冷性-暗沃漂白冷凉淋溶土
拟定者：翟瑞常，辛　刚

兰桥村系典型景观

**分布与环境条件**　兰桥村系土壤分布于虎林、鸡东、宝清、饶河、抚远等市县，集中在三江平原和穆棱兴凯平原；地形为平原中的低平地，地形部位低，地下水位浅；黄土状母质，质地黏重；草甸植被为以小叶章为主的杂类草，部分开垦为耕地；中温带大陆性季风气候，具冷性土壤温度状况和湿润土壤水分状况。年平均降水量 574mm，年平均蒸发量 1102.4mm，年平均日照时数 2378h，年均气温 1.6℃，无霜期 130 天，≥10℃ 的积温 2100～2500℃。50cm 深处年平均土壤温度 5.5℃。

**土系特征与变幅**　本土系土壤土体构型为 Ah、E、Bt、BC 和 C。漂白层厚 20cm 左右，片状结构，有锈斑锈纹；Bt 黏化淀积层，厚度为 50～100cm；暗沃表层 Ah 层厚 25～37cm；Ah、E 层有很少量很小铁锰结核，E、Bt、BC 和 C 层有锈斑锈纹。Ah 层有机碳含量（33.6±21.1）g/kg（n=4），容重（1.1～1.35）g/cm$^3$；盐基饱和度为 52%～89%，pH 5.4～6.5。

**对比土系**　东方红系。由于东方红系土壤地形部位低，地下水位浅，Bt 黏化淀积层有较多潜育斑，具潜育现象。兰桥村系土壤 Bt 层有少量锈斑锈纹，具氧化还原特征。

**利用性能综述**　由于地形低洼，质地黏重，经常处于过湿状态，春季土温低，幼苗生长缓慢，夏季易涝，作物贪青晚熟，影响作物产量。应排水除涝，在有水源的地区，最宜发展水稻生产。

**参比土种**　厚层黏质潜育白浆土。

**代表性单个土体**　位于黑龙江省双鸭山市饶河县北 11km 兰桥村南 1km。46°52′29.7″N，133°58′41.7″E，海拔 57m。地形为平原中的低平地，地形部位低，地下水位浅；黄土状母质，质地黏重；土壤调查地块种植红小豆，已收获。野外调查时间为 2011 年 10 月 17 日，编号 23-127。

Ah: 0～30cm，灰棕色（7.5YR 6/2，干），黑棕色（7.5YR 2/2，润），粉质黏壤土，团粒结构，土体内有很少量很小棕黑色铁锰结核，疏松，很少量细根，pH 6.26，向下清晰平滑过渡。

E: 30～55cm，淡棕灰色（7.5YR 8/2，干），灰棕色（7.5YR 6/2，润），粉质黏壤土，发育弱的片状结构，结构体内有 10%明显清楚的小铁斑纹，坚实，土体中有很少量很小铁锰结核，很少极细根，pH 6.56，向下清晰平滑过渡。

Bt: 55～96cm，灰棕色（7.5YR 5/2，干），黑棕色（7.5YR 3/2，润），粉质黏土，小粒状结构，很少极细根，结构体内有少量明显清楚的小铁斑纹，结构面有明显的三氧化二物胶膜，坚实，pH 7.61，向下渐变平滑过渡。

BC: 96～123cm，灰棕色（7.5YR 6/2，干），灰棕色（7.5YR 4/2，润），粉质黏土，小棱块状结构，无根系，结构体内有少量明显清楚的铁斑纹，结构面有明显的三氧化二物胶膜，坚实，pH 7.46，向下渐变平滑过渡。

兰桥村系代表性单个土体剖面

C: 123～160cm，浊棕灰色（7.5YR 7/1，干），棕灰色（7.5YR 6/1，润），粉质黏土，小棱块状结构，结构体内有很多明显清楚的大铁斑纹，坚实，无根系，pH 6.56。

### 兰桥村系代表性单个土体物理性质

| 土层 | 深度/cm | 细土颗粒组成 (粒径：mm)/(g/kg) | | | 质地 | 容重/(g/cm³) |
|---|---|---|---|---|---|---|
| | | 砂粒 2～0.05 | 粉粒 0.05～0.002 | 黏粒 <0.002 | | |
| Ah | 0～30 | 39 | 597 | 364 | 粉质黏壤土 | 1.31 |
| E | 30～55 | 41 | 572 | 387 | 粉质黏壤土 | 1.40 |
| Bt | 55～96 | 11 | 478 | 511 | 粉质黏土 | 1.42 |
| BC | 96～123 | 21 | 512 | 467 | 粉质黏土 | 1.45 |
| C | 123～160 | 24 | 530 | 446 | 粉质黏土 | 1.54 |

### 兰桥村系代表性单个土体化学性质

| 深度/cm | pH (H₂O) | 有机碳/(g/kg) | 全氮(N)/(g/kg) | 全磷(P)/(g/kg) | 全钾(K)/(g/kg) | 阳离子交换量/(cmol/kg) |
|---|---|---|---|---|---|---|
| 0～30 | 6.26 | 25.9 | 2.30 | 0.914 | 18.0 | 21.8 |
| 30～55 | 6.56 | 8.8 | 0.69 | 0.526 | 18.9 | 17.8 |
| 55～96 | 7.61 | 4.5 | 0.60 | 0.467 | 18.5 | 27.1 |
| 96～123 | 7.46 | 5.7 | 0.64 | 0.559 | 19.7 | 23.7 |
| 123～160 | 6.56 | 2.4 | 0.49 | 0.499 | 18.5 | 22.5 |

### 10.2.5　胜利农场系（Shenglinongchang Series）

土　族：黏质伊利石混合型冷性-暗沃漂白冷凉淋溶土
拟定者：翟瑞常，辛　刚

**分布与环境条件**　胜利农场系主要分布在三江平原低平地上，地面坡度<1°，黄土状母质。中温带大陆性季风气候，具冷性土壤温度状况和湿润土壤水分状况。年平均降水量 574mm，年平均蒸发量 1102.4mm，年平均日照时数 2378h，年均气温 1.6℃，无霜期 130 天，≥10℃的积温 2100～2500℃。50cm 深处年平均土壤温度 5.5℃。自然植被为以小叶章为主的杂类草草甸植被群落，覆盖度 90%～

胜利农场系典型景观

100%，部分已开垦为耕地，内外排水较差，无侵蚀，也无堆积。

**土系特征与变幅**　本土系土壤土体构型为 Ah、E、Btr、BCr 和 Cr。漂白层厚 20cm 左右，片状结构；Btr 黏化淀积层，厚度为 50～100cm；暗沃表层 Ah 层厚 25～37cm；E 层有很少量很小铁锰结核，Btr、BCr 和 Cr 层有中-多量锈斑锈纹，具氧化还原特征，出现深度为 50～100cm，或更浅。Ah 层有机碳含量为（27.1±14.6）g/kg（$n$=9），容重为（1.1±0.2）g/cm$^3$，pH 6.0～7.0。

**对比土系**　民乐系。民乐系和胜利农场系同为暗沃漂白冷凉淋溶土亚类，民乐系土族控制层段颗粒粒级组成为壤质；胜利农场系土族控制层段颗粒粒级组成为黏质。

**利用性能综述**　本土系分布的地形平坦，腐殖质层较厚，养分贮量较高，适种各种农作物，是本地区较好的农业土壤，小麦每公顷产量在 3000kg 以上。但土质黏重，排水不良，春季土温低，应采取综合措施，改良土壤物理性质，有水源的地区，宜发展水田。

**参比土种**　厚层黏质草甸白浆土。

**代表性单个土体**　位于黑龙江省双鸭山市饶河县胜利农场东 1km。47°21′39.1″N，133°53′3.7″E，海拔 61m。地形为平原低平地，地面坡度<1°；黄土状母质；土壤调查地块种植玉米，已收获。野外调查时间为 2011 年 10 月 18 日，编号 23-129。

Ah: 0~27cm，灰棕色（7.5YR 6/2，干），黑棕色（7.5YR 3/2，润），粉质黏壤土，小团粒结构，坚实，很少细根，pH 6.45，向下清晰平滑过渡。

E: 27~53cm，浊棕灰色（7.5YR 7/2，干），浊棕色（7.5YR 6/3，润），粉质黏壤土，片状结构，土体中有很少量很小棕黑色铁锰结核，坚实，很少细根，pH 7.25，向下渐变平滑过渡。

Btr: 53~100cm，灰棕色（7.5YR 4/2，干），暗棕色（7.5YR 3/3，润），粉质黏土，核状结构，无根系，结构体内有10%明显清楚的大铁斑纹，结构面有很多明显的三氧化二物胶膜，坚实，pH 6.96，向下模糊平滑过渡。

BCr: 100~133cm，灰棕色（7.5YR 5/2，干），黑棕色（7.5YR 3/2，润），粉质黏土，核状结构，无根系，结构体内有20%明显清楚的铁斑纹，结构面有较多明显的三氧化二物胶膜，坚实，pH 7.35，向下模糊平滑过渡。

胜利农场系代表性单个土体剖面

Cr: 133~162cm，棕灰色（7.5YR 6/1，干），棕灰色（7.5YR 5/1，润），粉质黏壤土，核状结构，结构体内有较多（25%）明显清楚的大铁斑纹，坚实，无根系，pH 7.25。

### 胜利农场系代表性单个土体物理性质

| 土层 | 深度 /cm | 细土颗粒组成（粒径：mm)/(g/kg) | | | 质地 | 容重 /(g/cm³) |
| | | 砂粒 2~0.05 | 粉粒 0.05~0.002 | 黏粒 <0.002 | | |
| --- | --- | --- | --- | --- | --- | --- |
| Ah | 0~27 | 63 | 617 | 320 | 粉质黏壤土 | 1.21 |
| E | 27~53 | 37 | 628 | 335 | 粉质黏壤土 | 1.55 |
| Btr | 53~100 | 12 | 451 | 537 | 粉质黏土 | 1.48 |
| BCr | 100~133 | 25 | 546 | 429 | 粉质黏土 | 1.49 |
| Cr | 133~162 | 59 | 552 | 389 | 粉质黏壤土 | 1.39 |

### 胜利农场系代表性单个土体化学性质

| 深度 /cm | pH (H₂O) | 有机碳 /(g/kg) | 全氮(N) /(g/kg) | 全磷(P) /(g/kg) | 全钾(K) /(g/kg) | 阳离子交换量 /(cmol/kg) |
| --- | --- | --- | --- | --- | --- | --- |
| 0~27 | 6.45 | 20.3 | 1.82 | 0.625 | 27.9 | 19.0 |
| 27~53 | 7.25 | 4.4 | 0.55 | 0.349 | 18.3 | 15.1 |
| 53~100 | 6.96 | 4.9 | 0.58 | 0.396 | 16.5 | 29.5 |
| 100~133 | 7.35 | 5.3 | 0.58 | 1.432 | 18.0 | 27.5 |
| 133~162 | 7.25 | 7.6 | 0.66 | 0.928 | 18.0 | 26.6 |

## 10.2.6　双峰农场系（Shuangfengnongchang Series）

土　族：黏壤质混合型冷性-暗沃漂白冷凉淋溶土
拟定者：翟瑞常，辛　刚

双峰农场系典型景观

**分布与环境条件**　双峰农场系土壤分布在张广才岭、老爷岭、完达山的山前台地上，绥芬河市面积较大，其他山地区域有小面积分布。地形坡度 2°～4°，母质为洪积、坡积物，夹有岩石碎屑。中温带大陆性季风气候，具冷性土壤温度状况和湿润土壤水分状况，年平均气温 3.1℃，≥10℃积温 2501.6℃，年平均降水量 556.0mm，6～9 月降水占全年的 76.0%，无霜期 140 天。50cm 深处土壤温度年平均 5.3℃，夏季 16.7℃，冬季–5.5℃，冬夏温差 22.2℃。自然植被为落叶阔叶次生林，主要树种有柞、桦、椴等，林冠覆盖度为 50%～70%。约有 10% 的面积已开垦为耕地。

**土系特征与变幅**　Ah 层厚度为 25～37cm，漂白层 E 厚 15～25cm，黏化淀积层 Bt 厚 30～60cm，有效土层厚度在 1m 左右。土体上下都含有碎屑，其含量和粒径大小均是从表层往下逐渐增多和加大，至 C 层几乎完全为碎屑物质所组成。植物根系在表层较多，向下锐减，至 Bt 层仍有很少量极细根分布；Ah、E 层有很少量小铁锰结核。Ah 层容重为 1.2～1.5g/cm³，有机碳含量为 14.0～44.2g/kg，pH 5.5～6.8。

**对比土系**　虎林系。虎林系和双峰农场系同为暗沃漂白冷凉淋溶土亚类。虎林系土族控制层段颗粒粒级组成为黏质，双峰农场系土族控制层段颗粒粒级组成为黏壤质，剖面下部有砾石。

**利用性能综述**　该土系有暗沃表层，表土比较疏松，有机质等养分贮量较高，但 Ah 层以下的漂白层和淀积层通气透水性不良，土壤冷浆，影响作物生长，土壤生产能力较低，春小麦每公顷产量 1500～2300kg。土体中的石块对土壤耕层也有影响，属于耕性不良的土壤。要清除较大的石块，以提高田间作业质量，并要修筑山坡截流沟，防止外水入侵，对坡度较大的地方，宜退耕还林、还牧，防止水土流失。

**参比土种**　厚层夹石白浆土。

**代表性单个土体**　位于黑龙江省鸡西市密山市裴德镇双峰农场一队 3 号地。45°39′10.0″N，131°51′35.6″E，海拔 153m。地形为山前台地上，坡度 2°～4°；母质为洪积、坡积物，夹有岩石碎屑；土壤调查地块为玉米地。野外调查时间为 2011 年 9 月 25 日，编号 23-097。

Ah：0～30cm，灰棕色（7.5YR 6/2，干），黑棕色（7.5YR 3/2，润），壤土，发育程度中等的小团粒结构，很少量黑色球形软质小铁锰结核，稍坚硬，少量根系，pH 6.16，向下突然平滑过渡。

E： 30～48cm，淡棕灰色（7.5YR 7/2，干），浊棕色（7.5YR 6/3，润），壤土，发育较强的片状结构，坚硬，很少极细根，少量黑色球状软质小铁锰结核，pH 7.02，向下渐变平滑过渡。

Bt：48～98cm，亮棕色（7.5YR 5/6，干），棕色（7.5YR 4/6，润），壤土，发育程度强的核状结构，结构体表面有较多明显的三氧化二物胶膜，很硬，很少极细根，中量大小为中的次圆形岩石碎屑，pH 6.95，向下模糊平滑过渡。

C： 98～120cm，浊橙色（7.5YR 6/4，干），浊棕色（7.5YR 5/4，润），砂质壤土，发育程度弱的核状结构，坚硬，无根系，少量大小为小的次圆形岩石碎屑，pH 7.07。

双峰农场系代表性单个土体剖面

## 双峰农场系代表性单个土体物理性质

| 土层 | 深度 /cm | 石砾 (>2mm，体积分数)/% | 细土颗粒组成 (粒径：mm)/(g/kg) | | | 质地 | 容重 /(g/cm³) |
|------|---------|------------------------|------------------------------|------|------|------|-------------|
| | | | 砂粒 2～0.05 | 粉粒 0.05～0.002 | 黏粒 <0.002 | | |
| Ah | 0～30 | — | 413 | 410 | 177 | 壤土 | 1.47 |
| E | 30～48 | — | 378 | 406 | 216 | 壤土 | 1.55 |
| Bt | 48～98 | 10 | 403 | 364 | 232 | 壤土 | 1.64 |
| C | 98～120 | 3 | 638 | 222 | 140 | 砂质壤土 | 1.79 |

注：土壤没有石砾或含量极少，表中为"—"。

## 双峰农场系代表性单个土体化学性质

| 深度 /cm | pH (H₂O) | 有机碳 /(g/kg) | 全氮(N) /(g/kg) | 全磷(P) /(g/kg) | 全钾(K) /(g/kg) | 阳离子交换量 /(cmol/kg) |
|---------|----------|---------------|----------------|----------------|----------------|----------------------|
| 0～30 | 6.16 | 14.0 | 1.20 | 0.585 | 23.4 | 11.5 |
| 30～48 | 7.02 | 5.2 | 0.51 | 0.343 | 25.6 | 13.0 |
| 48～98 | 6.95 | 2.8 | 0.33 | 0.236 | 27.4 | 14.6 |
| 98～120 | 7.07 | 1.2 | 0.15 | 0.149 | 24.4 | 10.8 |

## 10.2.7　民乐系（**Minle Series**）

土　族：壤质混合型冷性-暗沃漂白冷凉淋溶土
拟定者：翟瑞常，辛　刚

**分布与环境条件**　民乐系土壤分布于富锦、饶河、抚远、绥滨、同江、鸡西、虎林、密山、木兰、五常、方正、庆安等市县。地形为山前漫岗平原中部平地，坡度一般在 2°～5°；黄土状母质；草原化草甸植被，生长植物种类繁多，群众称为"五花草甸"，现在多开垦为耕地；中温带大陆性季风气候，具冷性土壤温度状况和湿润土壤水分状况。年平均降水量 582.5mm，年平均蒸发量 1549.5mm，年平均日照时数

民乐系典型景观

2577h，年均气温 1.6℃，无霜期 128 天，≥10℃的积温 2518℃。50cm 深处年平均土壤温度 4.9℃。

**土系特征与变幅**　本土系土壤土体构型为 Ah、E、Bt、BCr 和 Cr。漂白层厚 20cm 左右，片状结构；Bt 黏化淀积层，厚度为 50～100cm；暗沃表层 Ah 层厚 25～37cm；Ah、E、Bt、BCr 层有很少量很小铁锰结核，Bt、BCr 和 Cr 有少量锈斑锈纹，具氧化还原特征，出现深度为 50～100cm 或更浅。表层有机碳含量为（23.2±5.7）g/kg（$n$=13），容重为（1.2±0.2）g/cm³，pH 5.5～6.5。

**对比土系**　胜利农场系。民乐系和胜利农场系同为暗沃漂白冷凉淋溶土亚类，民乐系土族控制层段颗粒粒级组成为壤质；胜利农场系土族控制层段颗粒粒级组成为黏质。

**利用性能综述**　本土系腐殖质层较厚，养分贮量适合各种农作物生长，是较好的农业土壤，小麦每公顷产量在 3000kg 以上，但土壤质地黏重，通透性较差，物理性质欠佳，且土壤季节性过湿，春季土温低，冷浆，夏秋降雨集中时易涝，作物易贪青晚熟，要采取综合农业措施，改良土壤物理性质，有条件的地方最宜改为水田。

**参比土种**　厚层黄土质草甸白浆土。

**代表性单个土体**　位于黑龙江省绥化市庆安县民乐镇南 2000m。46°43′7.7″N，127°25′40.3″E，海拔 217m。漫岗平原中部平地，坡度一般在 2°～5°，黄土状母质，土壤调查地块种植大豆，已收获。野外调查时间为 2010 年 10 月 15 日，编号 23-074。

Ah:　0～27cm，灰棕色（7.5YR 4/2，干），黑棕色（7.5YR 3/2，润），粉壤土，小团粒结构，坚实，少量细根，很少量很小棕黑色铁锰结核，pH 6.00，向下清晰波状过渡。

E:　27～48cm，橙白色（7.5YR 8/2，干），棕色（7.5YR 4/3，润），粉壤土，片状结构，坚实，很少极细根，很少量铁斑纹，很少量很小棕黑色铁锰结核，pH 6.44，向下渐变平滑过渡。

Bt:　48～128cm，浊棕色（7.5YR 5/4，干），棕色（7.5YR 4/4，润），粉壤土，小核状结构，坚实，很少极细根，很少量很小棕黑色铁锰结核，少量铁斑纹，极多三氧化二物胶膜，pH 6.30，向下模糊平滑过渡。

BCr:128～156cm，橙色（7.5YR 6/6，干），亮棕色（7.5YR 5/6，润），粉壤土，小核状结构，坚实，无根系，很少量很小棕黑色铁锰结核，有铁斑纹，pH 6.38，向下渐变平滑过渡。

23-074

民乐系代表性单个土体剖面

Cr:　156～185cm，浊橙色（7.5YR 7/3，干），棕色（7.5YR 4/3，润），粉壤土，无结构，坚实，无根系，少量铁斑纹，pH 6.50。

### 民乐系代表性单个土体物理性质

| 土层 | 深度 /cm | 细土颗粒组成（粒径：mm）/(g/kg) | | | 质地 | 容重 /(g/cm³) |
| --- | --- | --- | --- | --- | --- | --- |
| | | 砂粒 2～0.05 | 粉粒 0.05～0.002 | 黏粒 <0.002 | | |
| Ah | 0～27 | 162 | 608 | 229 | 粉壤土 | 1.22 |
| E | 27～48 | 91 | 759 | 150 | 粉壤土 | 1.54 |
| Bt | 48～128 | 62 | 744 | 194 | 粉壤土 | 1.61 |
| BCr | 128～156 | 60 | 755 | 186 | 粉壤土 | 1.56 |
| Cr | 156～185 | 57 | 746 | 198 | 粉壤土 | 1.56 |

### 民乐系代表性单个土体化学性质

| 深度 /cm | pH (H₂O) | 有机碳 /(g/kg) | 全氮(N) /(g/kg) | 全磷(P) /(g/kg) | 全钾(K) /(g/kg) | 阳离子交换量 /(cmol/kg) |
| --- | --- | --- | --- | --- | --- | --- |
| 0～27 | 6.00 | 24.1 | 2.26 | 0.927 | 20.1 | 32.4 |
| 27～48 | 6.44 | 25.1 | 0.73 | 0.370 | 20.7 | 15.4 |
| 48～128 | 6.30 | 4.4 | 0.73 | 0.437 | 21.6 | 28.2 |
| 128～156 | 6.38 | 3.7 | 0.77 | 0.505 | 21.3 | 27.1 |
| 156～185 | 6.50 | 5.3 | 0.69 | 0.626 | 25.0 | 27.1 |

# 10.3　普通漂白冷凉淋溶土

### 10.3.1　曙光系（Shuguang Series）

土　　族：粗骨壤质混合型冷性-普通漂白冷凉淋溶土
拟定者：翟瑞常，辛　刚

曙光系典型景观

**分布与环境条件**　曙光系土壤分布于虎林、饶河、宝清等市县。地形为山地缓坡处，坡度 5°～15°。母质为坡积物，夹有较多砾石；自然植被为以柞、桦为主的次生杂木林；中温带大陆性季风气候，具冷性土壤温度状况和湿润土壤水分状况。年平均气温 2.5～2.9℃，≥10℃积温 2310～2400℃，无霜期 129～139 天，年平均降水量 552.2～565.8mm，6～9 月降水占全年降水量的 66.8%～72.3%。50cm 深处土壤温度年平均 5.6℃，夏季 16.3℃，冬季–4.1℃。

**土系特征与变幅**　本土系土壤土体构型为 Oi、Ah、E、Bt 和 C。漂白层厚度为 20～35cm；Bt 黏化淀积层，厚度为 25～45cm；Ah 层厚<25cm；仅 E 层有少量锈斑锈纹，为黏化层阻碍水分下渗，形成上层滞水发育而成。耕层容重在 0.85～1.4g/cm³，表层有机碳含量为 11.9～69.6g/kg，pH 5.5～6.5。

**对比土系**　德善系。德善系和曙光系同为普通漂白冷凉淋溶土土类。德善系土族控制层段颗粒粒级组成为黏质；曙光系土族控制层段颗粒粒级组成为粗骨壤质。

**利用性能综述**　地势平缓，黑土层稍厚，砾石较少、养分丰富的地块可以开垦，但由于漂白层的障碍作用，对作物生长不利，要深耕，增施有机肥，改良培肥土壤。坡度较大的地块，应发展林业。

**参比土种**　中层亚暗矿质白浆化暗棕壤。

**代表性单个土体**　位于黑龙江省鸡西市虎林市东方红镇曙光林场西 3km。46°10′5.5″N，132°58′58.3″E，海拔 177m。地形为山地缓坡处，坡度 5°～8°。母质为坡积物，夹有较多砾石；植被为以柞、桦为主的次生杂木林。野外调查时间为 2011 年 10 月 15 日，编号 23-122。

Oi：+3～0cm，棕色（7.5YR 4/3，干），棕色（7.5YR 3/3，润），未分解和低分解的枯枝落叶，向下突然平滑过渡。

Ah：0～17cm，黑棕色（7.5YR 3/2，干），黑棕色（7.5YR 2/2，润），黏壤土，小团粒结构，很少量大小为小的角状岩石碎屑，极疏松，有粗根，pH 6.10，向下清晰平滑过渡。

E：17～52cm，橙白色（7.5YR 8/2，干），浊橙色（7.5YR 7/3，润），粉壤土，发育弱的小棱块状结构，很多量大小为大的角状岩石碎屑，坚实，结构体内有明显清楚的铁斑纹，很少细根，pH 6.70，向下渐变平滑过渡。

Bt：52～80cm，浊棕色（7.5YR 5/4，干），棕色（7.5YR 4/4，润），黏壤土，小棱块状结构，很多量大小为中的角状岩石碎屑，很少极细根，结构面有三氧化二物胶膜，坚实，pH 6.54，向下模糊平滑过渡。

C：80～120cm，浊橙色（7.5YR 6/4，干），浊棕色（7.5YR 5/4，润），黏壤土，很弱小棱块状结构，多量大小为中的角状岩石碎屑，坚实，很少极细根，pH 6.55。

曙光系代表性单个土体剖面

### 曙光系代表性单个土体物理性质

| 土层 | 深度 /cm | 石砾 (>2mm，体积分数)/% | 细土颗粒组成（粒径：mm)/(g/kg) | | | 质地 | 容重 /(g/cm³) |
| --- | --- | --- | --- | --- | --- | --- | --- |
| | | | 砂粒 2～0.05 | 粉粒 0.05～0.002 | 黏粒 <0.002 | | |
| Ah | 0～17 | 2 | 326 | 299 | 375 | 黏壤土 | 0.89 |
| E | 17～52 | 50 | 235 | 556 | 209 | 粉壤土 | 1.79 |
| Bt | 52～80 | 70 | 222 | 456 | 322 | 黏壤土 | 1.56 |
| C | 80～120 | 40 | 274 | 452 | 273 | 黏壤土 | 1.64 |

### 曙光系代表性单个土体化学性质

| 深度 /cm | pH (H₂O) | 有机碳 /(g/kg) | 全氮(N) /(g/kg) | 全磷(P) /(g/kg) | 全钾(K) /(g/kg) | 阳离子交换量 /(cmol/kg) |
| --- | --- | --- | --- | --- | --- | --- |
| 0～17 | 6.10 | 66.6 | 4.86 | 1.873 | 18.1 | 45.5 |
| 17～52 | 6.70 | 4.3 | 0.44 | 0.353 | 24.3 | 10.1 |
| 52～80 | 6.54 | 2.9 | 0.43 | 0.341 | 20.4 | 19.4 |
| 80～120 | 6.55 | 2.5 | 0.37 | 0.461 | 18.6 | 19.1 |

### 10.3.2　德善系（Deshan Series）

土　　族：黏质伊利石混合型冷性-普通漂白冷凉淋溶土
拟定者：翟瑞常，辛　刚

德善系典型景观

**分布与环境条件**　德善系主要分布在东部山区山麓台地上，地形坡度 4°～6°，黄土状母质，质地黏重，中温带大陆性季风气候，具有冷性土壤温度状况和湿润土壤水分状况。年平均降水量 573.7mm，年平均蒸发量 1370.2mm，年平均日照时数 2176.9h，年均气温 2.7℃，无霜期 135 天，≥10℃的积温 2525℃。50cm 深处年平均土壤温度 5.5℃。自然植被为以柞、桦为主的杂木次生林，林冠覆盖度为 40%～60%。约有 1/4 已开垦为农田，其余为荒地。

**土系特征与变幅**　本土系土壤土体构型为 Ah、E、Bt、BC 和 C。漂白层厚 15cm 左右，片状结构；Bt 黏化淀积层，厚度为 50～100cm；Ah 层厚<15cm。Ah 层有机碳含量 6～17g/kg，容重为 1.0～1.4g/cm³，pH 5.3～6.5。

**对比土系**　永安系。永安系和德善系同为黏质伊利石混合型冷性-普通漂白冷凉淋溶土土族。永安系 Ah 层厚 15～25cm，有机碳含量>17g/kg。德善系 Ah 层厚<15cm，有机碳含量≤17g/kg。

**利用性能综述**　本土系由于质地黏重、板结，通气透水性不良，加之腐殖质层薄，养分贮量低，春小麦每公顷产量不足 1200kg，是该地区的低产土壤。应添加有机物料或种植绿肥，结合深耕深松，增厚肥沃土层，并要防止水土流失。最好作为林业用地使用，封山育林和植树造林。

**参比土种**　薄层黄土质白浆土。

**代表性单个土体**　位于黑龙江省哈尔滨市方正县德善乡东南 1km。45°47′36.6″N，128°51′47.8″E，海拔 145m。地形为山麓台地，坡度 4°～5°，黄土状母质；单个土体已开垦为耕地，轻度侵蚀，种植玉米，已收获。野外调查时间为 2011 年 10 月 10 日，编号 23-107。

Ah: 0～9cm，灰棕色（7.5YR 5/2，干），黑棕色（7.5YR 3/2，润），粉壤土，发育很弱的小团粒结构，疏松，很少细根，pH 6.35，向下清晰平滑过渡。表土有侵蚀，有白浆层的土翻入耕作层。

E: 9～22cm，橙白色（7.5YR 8/2，干），浊棕色（7.5YR 6/3，润），粉壤土，弱片状结构，疏松，很少极细根，pH 6.19，向下清晰平滑过渡。

Bt: 22～83cm，浊棕色（7.5YR 5/4，干），棕色（7.5YR 4/4，润），粉质黏壤土，核状结构，结构面有极多明显的三氧化二物胶膜，坚实，很少极细根，pH 7.05，向下渐变平滑过渡。

BC: 83～120cm，浊橙色（7.5YR 6/4，干），浊棕色（7.5YR 5/4，润），粉质黏壤土，发育程度强的核状结构，结构面有较多模糊的三氧化二物胶膜，坚实，很少极细根，pH 7.10，向下渐变平滑过渡。

德善系代表性单个土体剖面

C: 120～160cm，浊橙色（7.5Y 7/3，干），浊棕色（7.5Y 5/4，润），粉质黏壤土，棱块状结构，坚实，无根系，pH 7.23。

### 德善系代表性单个土体物理性质

| 土层 | 深度 /cm | 细土颗粒组成 (粒径：mm)/(g/kg) | | | 质地 | 容重 /(g/cm³) |
| --- | --- | --- | --- | --- | --- | --- |
| | | 砂粒 2～0.05 | 粉粒 0.05～0.002 | 黏粒 <0.002 | | |
| Ah | 0～9 | 80 | 707 | 213 | 粉壤土 | 1.12 |
| E | 9～22 | 91 | 700 | 209 | 粉壤土 | 1.18 |
| Bt | 22～83 | 20 | 597 | 383 | 粉质黏壤土 | 1.49 |
| BC | 83～120 | 29 | 627 | 344 | 粉质黏壤土 | 1.48 |
| C | 120～160 | 49 | 679 | 271 | 粉质黏壤土 | 1.57 |

### 德善系代表性单个土体化学性质

| 深度 /cm | pH (H₂O) | 有机碳 /(g/kg) | 全氮(N) /(g/kg) | 全磷(P) /(g/kg) | 全钾(K) /(g/kg) | 阳离子交换量 /(cmol/kg) |
| --- | --- | --- | --- | --- | --- | --- |
| 0～9 | 6.35 | 10.8 | 1.02 | 0.593 | 25.2 | 14.7 |
| 9～22 | 6.19 | 10.9 | 1.10 | 0.611 | 23.6 | 15.1 |
| 22～83 | 7.05 | 3.6 | 0.42 | 0.353 | 22.9 | 24.7 |
| 83～120 | 7.10 | 2.6 | 0.38 | 0.540 | 24.1 | 22.5 |
| 120～160 | 7.23 | 2.7 | 0.39 | 0.460 | 24.2 | 22.2 |

### 10.3.3　复兴系（Fuxing Series）

土　族：黏质伊利石混合型冷性-普通漂白冷凉淋溶土
拟定者：翟瑞常，辛　刚

复兴系典型景观

**分布与环境条件**　复兴系主要分布在三江平原及其附近山区的沟谷平地上，面积较大的市县有虎林、密山、富锦、饶河、抚远、绥滨、同江、木兰、方正等。地形坡度<2°，黄土状母质，中温带大陆性季风气候，具有冷性土壤温度状况和潮湿土壤水分状况。年平均气温2.5～2.9℃，≥10℃积温2310～2400℃，无霜期129～139天，年平均降水量552.2～565.8mm，6～9月降水占全年降水量的66.8%～72.3%。50cm深处土壤温度年平均5.6℃，夏季16.3℃，冬季-4.1℃。自然植被为小叶章和杂类草群落，覆盖度为90%～100%。部分已开垦为农田。

**土系特征与变幅**　本土系土壤土体构型为Ah、E、Bt、BC和C。漂白层厚25cm左右，片状结构；Bt黏化淀积层，厚度为40～80cm；Ah层厚<25cm；E层有很少量很小铁锰结核，Bt、BC和C层有少量-多量锈斑锈纹，具氧化还原特征，出现深度为50～100cm，或更浅。表层有机碳含量（24.28±5.9）g/kg（$n$=24），容重为（1.25±0.2）g/cm$^3$，pH 5.3～6.5。

**对比土系**　胜利农场系。胜利农场系和复兴系同为漂白冷凉淋溶土土类。复兴系Ah层厚15～25 cm，胜利农场系Ah层厚25～37 cm，为暗沃表层。

**利用性能综述**　耕作可以在Ah层上进行，或者只混入少部分E层，土壤生产力在本地区属于中等，玉米每公顷产量为6750～8250kg。由于所处地形平坦，土壤内外排水欠佳，有季节性过湿发生，土温较低，要采取综合措施，除渍排涝，改善土壤的物理性质。如有水源，将旱地改为水田，种植水稻是最佳的利用方式。

**参比土种**　厚层黏质草甸白浆土。

**代表性单个土体**　位于黑龙江省鸡西市虎林市东诚镇复兴村北0.2km。45°49′14.0″N，133°2′2.9″E，海拔83m。地形为穆棱兴凯湖平原平地，坡度<2°，黄土状母质，土壤调查地块种植大豆，已收获。野外调查时间为2011年10月15日，编号23-120。

Ah: 0～22cm，灰棕色（7.5YR 5/2，干），黑棕色（7.5YR 3/2，润），粉质黏壤土，小团粒结构，疏松，很少量细根，pH 6.23，向下清晰平滑过渡。

E: 22～51cm，橙白色（7.5YR 8/1，干），灰棕色（7.5YR 6/2，润），粉质黏壤土，发育强的片状结构，坚实，土体中有很少量很小棕黑色铁锰结核，很少量极细根，pH 6.69，向下渐变平滑过渡。

Bt: 51～90cm，浊棕色（7.5YR 5/3，干），棕色（7.5YR 4/3，润），粉质黏土，核状结构很小，无根系，结构体内有少量明显清楚的铁斑纹，结构面有较多三氧化二物胶膜，坚实，pH 6.80，向下渐变平滑过渡。

复兴系代表性单个土体剖面

BC：90～126cm，灰棕色（7.5YR 5/2，干），灰棕色（7.5YR 4/2，润），粉质黏土，核状结构很小，无根系，结构体内有较多明显清楚的铁斑纹，坚实，pH 6.62，向下渐变平滑过渡。

C: 126～155cm，浊棕灰色（7.5YR 7/1，干），棕灰色（7.5YR 5/1，润），粉质黏壤土，小棱块状结构，结构体内有较多明显清楚的铁斑纹，坚实，无根系，pH 6.84。

**复兴系代表性单个土体物理性质**

| 土层 | 深度/cm | 细土颗粒组成（粒径：mm)/(g/kg) | | | 质地 | 容重/(g/cm³) |
| | | 砂粒 2～0.05 | 粉粒 0.05～0.002 | 黏粒 <0.002 | | |
| --- | --- | --- | --- | --- | --- | --- |
| Ah | 0～22 | 95 | 562 | 344 | 粉质黏壤土 | 1.42 |
| E | 22～51 | 81 | 583 | 336 | 粉质黏壤土 | 1.48 |
| Bt | 51～90 | 50 | 458 | 492 | 粉质黏土 | 1.38 |
| BC | 90～126 | 54 | 498 | 447 | 粉质黏土 | 1.52 |
| C | 126～155 | 66 | 548 | 386 | 粉质黏壤土 | 1.45 |

**复兴系代表性单个土体化学性质**

| 深度/cm | pH (H₂O) | 有机碳/(g/kg) | 全氮(N)/(g/kg) | 全磷(P)/(g/kg) | 全钾(K)/(g/kg) | 阳离子交换量/(cmol/kg) |
| --- | --- | --- | --- | --- | --- | --- |
| 0～22 | 6.23 | 26.5 | 2.19 | 0.957 | 19.4 | 21.9 |
| 22～51 | 6.69 | 7.5 | 0.64 | 0.418 | 22.8 | 15.3 |
| 51～90 | 6.80 | 6.5 | 0.62 | 0.509 | 19.1 | 27.1 |
| 90～126 | 6.62 | 6.0 | 0.55 | 0.600 | 20.9 | 25.0 |
| 126～155 | 6.84 | 5.4 | 0.52 | 0.583 | 21.8 | 22.6 |

### 10.3.4　永安系（Yongan Series）

土　族：黏质伊利石混合型冷性-普通漂白冷凉淋溶土
拟定者：翟瑞常，辛　刚

永安系典型景观

**分布与环境条件**　永安系广泛分布在东部山区山前台地上，在三江平原中凸起的岗包上也有少量分布。地形坡度 1°～5°，黄土状母质，质地黏重，中温带大陆性季风气候，具有冷性土壤温度状况和湿润土壤水分状况，年平均降水量 427.9～542.5mm，年平均蒸发量 1372.3mm。年平均日照时数 2541.7h，年均气温 2.8～3.8℃，无霜期 109～138 天，≥10℃的积温 2490.7～2631.6℃。50cm 深处年平均土壤温度 5.8℃。自然植被为落叶阔叶林，主要树种有杨、桦、柞、椴等，林冠覆盖度为 40%～80%，部分已开垦为耕地。

**土系特征与变幅**　本土系土壤土体构型为 Ah、E、Bt、BC 和 C。漂白层厚 15cm 左右，片状结构；Bt 黏化淀积层，厚度为 50～100cm；Ah 层厚 15～25cm；从 E 层往下有很少量很小铁锰结核，BC 层有很少量锈斑锈纹。表层土壤容重 1.1～1.5g/cm³，开垦前 Ah 层有机碳含量在 40g/kg 以上，开垦后的耕作层有机碳含量下降，为（23.8±5.8）g/kg（$n$=46）。表层土壤 pH 为 5.5～6.8。

**对比土系**　德善系。永安系和德善系同为黏质伊利石混合型冷性-普通漂白冷凉淋溶土土族。永安系 Ah 层厚 15～25cm，有机碳含量>17g/kg。德善系 Ah 层厚<15cm，有机碳含量≤17g/kg。

**利用性能综述**　耕作层基本上在 Ah 层上进行，养分贮量较高，土壤的生产能力也较高，玉米每公顷产量在 7500kg 左右。但由于质地黏重，物理性状欠佳，适耕性也差。增加有机物料，培肥地力和改良土壤的物理性质是主攻方向，并注意保持水土。

**参比土种**　中层黄土质白浆土。

**代表性单个土体**　位于黑龙江省鸡西市鸡东县永安镇永生村西北 1.5km。45°18′20.1″N，131°22′42.7″E，海拔 190m。岗地顶部，坡度 1°～2°，黄土状母质，地下水位在 7～8m。土壤调查地块种植玉米，已收获。野外调查时间为 2011 年 10 月 13 日，编号 23-116。

Ah: 0~20cm，灰棕色（7.5YR 5/2，干），黑棕色（7.5YR 3/2，润），粉质黏壤土，小团粒结构，疏松，少量细根，pH 6.07，向下清晰平滑过渡。

E: 20~32cm，灰棕色（7.5YR 6/2，干），灰棕色（7.5YR 6/2，润），粉质黏壤土，片状结构，坚实，很少量很小棕黑色铁锰结核，很少细根，pH 6.66，向下清晰平滑过渡。

Bt: 32~92cm，浊棕色（7.5YR 5/3，干），棕色（7.5YR 4/3，润），粉质黏土，核状结构，很少量很小棕黑色铁锰结核，结构面有极多明显的三氧化二物胶膜，坚实，很少细根，pH 6.64，向下模糊平滑过渡。

BC: 92~130cm，浊棕色（7.5YR 6/3，干），浊棕色（7.5YR 5/3，润），粉质黏土，发育程度中等的核状结构，结构面有极多明显的三氧化二物胶膜，很少量很小棕黑色铁锰结核，结构体内有很少量明显清楚的小铁斑纹，很坚实，无根系，pH 7.11，向下渐变平滑过渡。

永安系代表性单个土体剖面

C: 130~160cm，浊橙色（7.5Y 6/4，干），浊棕色（7.5Y 5/4，润），粉质黏土，棱块状结构，很少量很小棕黑色铁锰结核，很坚实，无根系，pH 7.02。

### 永安系代表性单个土体物理性质

| 土层 | 深度 /cm | 细土颗粒组成（粒径：mm）/(g/kg) | | | 质地 | 容重 /(g/cm³) |
|---|---|---|---|---|---|---|
| | | 砂粒 2~0.05 | 粉粒 0.05~0.002 | 黏粒 <0.002 | | |
| Ah | 0~20 | 82 | 586 | 333 | 粉质黏壤土 | 1.47 |
| E | 20~32 | 62 | 577 | 361 | 粉质黏壤土 | 1.54 |
| Bt | 32~92 | 39 | 438 | 523 | 粉质黏土 | 1.41 |
| BC | 92~130 | 31 | 445 | 524 | 粉质黏土 | 1.51 |
| C | 130~160 | 35 | 522 | 443 | 粉质黏土 | 1.57 |

### 永安系代表性单个土体化学性质

| 深度 /cm | pH (H₂O) | 有机碳 /(g/kg) | 全氮(N) /(g/kg) | 全磷(P) /(g/kg) | 全钾(K) /(g/kg) | 阳离子交换量 /(cmol/kg) |
|---|---|---|---|---|---|---|
| 0~20 | 6.07 | 23.1 | 2.02 | 0.800 | 20.3 | 20.7 |
| 20~32 | 6.66 | 12.5 | 1.07 | 0.412 | 19.6 | 19.0 |
| 32~92 | 6.64 | 7.3 | 0.68 | 0.304 | 22.0 | 31.5 |
| 92~130 | 7.11 | 4.2 | 0.49 | 0.383 | 19.8 | 30.8 |
| 130~160 | 7.02 | 2.8 | 0.36 | 0.379 | 18.5 | 31.0 |

# 10.4　普通暗沃冷凉淋溶土

### 10.4.1　三棱山系（Sanlengshan Series）

土　族：黏壤质混合型冷性-普通暗沃冷凉淋溶土
拟定者：翟瑞常，辛　刚

三棱山系典型景观

**分布与环境条件**　三棱山系土壤分布于虎林、穆棱、宝清、富锦、饶河及哈尔滨市所辖县市。地形为山地下部，坡度较大，一般在 20°～25°；母质多为坡积物，夹有数量不等的砾石；中温带大陆性季风气候，具冷性土壤温度状况和湿润土壤水分状况。年平均降水量 518.3mm，年平均蒸发量 1500mm。年平均日照时数 2659h，年均气温 3.4℃，无霜期 146 天，≥10℃ 的积温 2741.8℃。50cm 深处年平均土壤温度 5.8℃。植被多为次生阔叶林，植物种类较多，木本植物有椴、杨、柞、落叶松、胡桃楸、白桦等，林下灌木、草本植物繁茂。

**土系特征与变幅**　本土系土壤土体构型为 Oi、Ah、Bt、BC 和 C。黏化淀积层 Bt 厚度为 20～30cm；暗沃表层 Ah 层厚 25～37cm；从 BC 层往下有较大岩石风化碎屑，碎屑含量 30%～90%。表层容重在 0.8～1.1g/cm³，有机碳含量为 45.0～75.0 g/kg，pH 6.0～7.0。

**对比土系**　东升系。东升系和三棱山系同为冷凉淋溶土亚纲。三棱山系 Ah 层厚 25～37cm，为暗沃表层。东升系 Ah 层厚<15cm。

**利用性能综述**　地形坡度较大，易产生水土流失，所以应以发展林业生产为宜，不宜开垦为农田。由于土体较厚，养分丰富，林木生长良好，是很好的林业生产基地。

**参比土种**　厚层亚暗矿质暗棕壤。

**代表性单个土体**　位于黑龙江省哈尔滨市阿城区小铃镇北 5km。45°21′35.6″N，127°18′36.1″E，海拔 268m。山地山坡下部，坡度较大；母质为坡积物，夹有数量不等的砾石；植被为次生阔叶林，木本植物有椴、杨、柞、落叶松、胡桃楸、白桦等，林下灌木、草本植物繁茂。野外调查时间为 2011 年 9 月 20 日，编号 23-084。

Oi：　+2～0cm，暗棕色（7.5YR 3/3，干），暗棕色（7.5YR 3/4，湿），未分解和低分解的枯枝落叶，向下突然平滑过渡。

Ah：　0～30cm，灰棕色（7.5YR 4/2，干），黑棕色（7.5YR 2/2，润），粉壤土，团粒结构，松软，少量中度粗根，pH 6.94，向下渐变平滑过渡。

Bt：　30～50cm，淡棕灰色（7.5YR 7/2，干），棕色（7.5YR 4/3，润），粉质黏壤土，发育较弱的核状结构，松软，很少细根，pH 7.14，向下渐变平滑过渡。

BC：　50～90cm，浊橙色（7.5YR 7/3，干），棕色（7.5YR 4/4，润），粉壤土，中度发育的小棱块状结构，松软，很少细根，很多角状大岩石风化碎屑，pH 7.15，向下渐变平滑过渡。

三棱山系代表性单个土体剖面

C1：　90～144cm，浊橙色（7.5YR 7/4，干），浊棕色（7.5YR 5/4，润），壤土，发育较弱的大棱块状结构，稍坚硬，无根系，很多角状大岩石风化碎屑，pH 7.08，向下模糊平滑过渡。

C2：　144～160cm，浊橙色（7.5YR 7/4，干），浊棕色（7.5YR 5/4，润），壤土，无结构，稍坚硬，无根系，极多角状大岩石风化碎屑，pH 7.11。

### 三棱山系代表性单个土体物理性质

| 土层 | 深度/cm | 石砾（>2mm，体积分数)/% | 细土颗粒组成（粒径：mm)/(g/kg) | | | 质地 | 容重/(g/cm³) |
| --- | --- | --- | --- | --- | --- | --- | --- |
| | | | 砂粒 2～0.05 | 粉粒 0.05～0.002 | 黏粒 <0.002 | | |
| Ah | 0～30 | — | 155 | 711 | 134 | 粉壤土 | 1.03 |
| Bt | 30～50 | — | 83 | 632 | 286 | 粉质黏壤土 | 1.20 |
| BC | 50～90 | 55 | 326 | 524 | 150 | 粉壤土 | 未测 |
| C1 | 90～144 | 55 | 371 | 496 | 133 | 壤土 | 未测 |
| C2 | 144～160 | 80 | 373 | 490 | 137 | 壤土 | 未测 |

注：土壤没有石砾或含量极少，表中为"—"。

### 三棱山系代表性单个土体化学性质

| 深度/cm | pH(H₂O) | 有机碳/(g/kg) | 全氮(N)/(g/kg) | 全磷(P)/(g/kg) | 全钾(K)/(g/kg) | 阳离子交换量/(cmol/kg) |
| --- | --- | --- | --- | --- | --- | --- |
| 0～30 | 6.94 | 74.1 | 4.55 | 1.028 | 19.6 | 30.4 |
| 30～50 | 7.14 | 23.4 | 2.52 | 0.979 | 24.1 | 24.6 |
| 50～90 | 7.15 | 2.5 | 0.68 | 0.632 | 25.2 | 12.7 |
| 90～144 | 7.08 | 3.7 | 0.36 | 0.568 | 26.3 | 14.4 |
| 144～160 | 7.11 | 4.1 | 0.40 | 0.642 | 26.6 | 13.0 |

# 10.5　普通简育冷凉淋溶土

## 10.5.1　东升系（Dongsheng Series）

土　　族：粗骨砂质混合型冷性–普通简育冷凉淋溶土
拟定者：翟瑞常，辛　刚

**分布与环境条件**　东升系土壤分布于桦南、萝北、宝清、鸡西、林口、东宁、宁安、尚志等市县。地形为山地，上为黄土状母质，下为砾岩、砂砾岩风化物，植被多为次生落叶阔叶林地，植物种类较多，木本植物有椴、杨、柞、白桦，林下灌木和草本植物生长繁茂。中温带大陆性季风气候，具冷性土壤温度状况和湿润土壤水分状况。年平均气温 3.8℃，≥10℃积温 3054.6℃，年平均降

东升系典型景观

水量 598.1mm，6～9 月降水占全年的 75.2%，无霜期 147 天，50cm 深处土壤温度年平均 6.7℃，夏季 16.7℃，冬季–3.9℃，冬夏温差 20.6℃。

**土系特征与变幅**　本土系土壤土体构型为 Oi、Ah、Bt、BC 和 C。黏化淀积层 Bt 厚度为 20～40cm 左右；Ah 层厚<15cm，圆形岩石风化碎屑含量<2%；Bt、BC 和 C 层圆形岩石风化碎屑含量为 30%～80%。表层容重在 0.9～1.1g/cm³，有机碳含量为 17.9～47.4g/kg，pH 5.5～7.0。

**对比土系**　三棱山系。东升系和三棱山系同为冷凉淋溶土亚纲。三棱山系 Ah 层厚 25～37cm，为暗沃表层。东升系 Ah 层厚<15cm。

**利用性能综述**　本土系黑土层薄，养分贮量低，土壤坡度大，易发生水土流失，为宜林土壤。对已砍伐地块，应加强抚育更新，发展优质树种。

**参比土种**　中层砾砂质暗棕壤。

**代表性单个土体**　位于黑龙江省牡丹江市宁安市江南乡东升村东南 1km。44°18′31.5″N，129°31′36.5″E，海拔 302m。原始植被为针阔混交林，现在为原始植被砍伐后形成的疏林草甸，林相较差。野外调查时间为 2011 年 9 月 24 日，编号 23-093。

Oi:　+3～0cm，黑棕色（5YR 2/2，干），黑棕色（5YR 2/1，湿），未分解和低分解的枯枝落叶，向下突然平滑过渡。

Ah:　0～11cm，灰棕色（5YR 4/2，干），黑棕色（5YR 2/2，润），砂质壤土，发育好的小团粒结构，松软，少量很粗根，很少圆形中砾，pH 6.80，向下渐变平滑过渡。

Bt:　11～45cm，亮红棕色（5YR 5/6，干），红棕色（5YR 4/6，润），砂质黏壤土，弱度发育的小棱块状结构，松软，少量中根，很多圆形中砾，pH 5.38，向下模糊平滑过渡。

BC:　45～71cm，浊橙色（5YR 6/4，干），浊红棕色（5YR 5/4，润），砂质壤土，发育程度很弱的小棱块结构，松软，很少量细根系，很多圆形中砾，pH 5.68，向下渐变平滑过渡。

东升系代表性单个土体剖面

C:　71～85 cm，橙色（7.5YR 6/6，干），亮棕色（7.5YR 5/6，润），砂质壤土，很多圆形中砾，松软，无根系，pH 6.10。

### 东升系代表性单个土体物理性质

| 土层 | 深度/cm | 石砾(>2mm，体积分数)/% | 细土颗粒组成（粒径：mm)/(g/kg) | | | 质地 | 容重/(g/cm³) |
| | | | 砂粒2～0.05 | 粉粒0.05～0.002 | 黏粒<0.002 | | |
| --- | --- | --- | --- | --- | --- | --- | --- |
| Ah | 0～11 | 1 | 559 | 310 | 131 | 砂质壤土 | 0.99 |
| Bt | 11～45 | 45 | 584 | 194 | 222 | 砂质黏壤土 | 未测 |
| BC | 45～71 | 60 | 664 | 170 | 165 | 砂质壤土 | 未测 |
| C | 71～85 | 60 | 744 | 161 | 95 | 砂质壤土 | 未测 |

### 东升系代表性单个土体化学性质

| 深度/cm | pH(H₂O) | 有机碳/(g/kg) | 全氮(N)/(g/kg) | 全磷(P)/(g/kg) | 全钾(K)/(g/kg) | 阳离子交换量/(cmol/kg) |
| --- | --- | --- | --- | --- | --- | --- |
| 0～11 | 6.80 | 46.0 | 3.14 | 0.442 | 30.2 | 27.4 |
| 11～45 | 5.38 | 8.5 | 0.57 | 0.323 | 31.1 | 27.3 |
| 45～71 | 5.68 | 3.7 | 0.22 | 0.221 | 23.1 | 24.3 |
| 71～85 | 6.10 | 2.6 | 0.11 | 0.260 | 29.8 | 22.2 |

# 第11章 雏形土纲

## 11.1 普通暗色潮湿雏形土

### 11.1.1 干岔子系（Ganchazi Series）

土　族：壤质混合型寒性-普通暗色潮湿雏形土
拟定者：翟瑞常，辛　刚

干岔子系典型景观

**分布与环境条件**　干岔子系土壤分布于黑河、孙吴、逊克、嘉荫等市县。地形为黑龙江冲积平原中的低平地。母质为冲积母质。属中温带大陆性季风气候，具寒性土壤温度状况和潮湿土壤水分状况。年平均降水量500mm，年平均蒸发量1070mm。年平均日照时数2550h，年均气温–0.6℃，无霜期100～115天，≥10℃的积温1700～2300℃，50cm深处年平均土壤温度4.5℃。自然植被为喜湿的小叶章杂类草草甸，覆盖度为90%～100%，大部分已开垦为耕地。

**土系特征与变幅**　本土系土壤土体构型为Ah、Br、BCr和C。Ah为暗沃表层，厚25～37cm，Ah和Br层有很少量小锰结核，Br、BCr层有较多锈斑锈纹，具氧化还原特征，出现深度<50cm。Ah层容重在1.0～1.2g/cm³，有机质含量为25.0～58.1g/kg，pH 5.5～6.5。

**对比土系**　福寿系。福寿系和干岔子系同为普通暗色潮湿雏形土亚类。福寿系具冷性土壤温度状况，控制层段颗粒粒级组成为壤质盖粗骨砂质。干岔子系具寒性土壤温度状况，控制层段颗粒粒级组成为壤质。

**利用性能综述**　本土系土壤，潜在肥力高，宜于农用，但地势低，地下水位高，春季土壤冷浆，易造成粉种，且养分释放慢，不利于小苗生长，所以应加强熟化。另外，易受外洪内涝的灾害，应加强防洪排涝。

**参比土种** 中层黏壤质草甸土。

**代表性单个土体** 位于黑龙江省黑河市逊克县干岔子乡东 2000m。49°29′39.5″N，128°17′3.7″E，海拔 109m。土壤调查地块种植大豆，已收获。野外调查时间为 2010 年 10 月 6 日，编号 23-067。

Ah: 0～27cm，灰棕色（7.5YR 4/2，干），黑棕色（7.5YR 2/2，润），粉质黏壤土，小团粒结构，疏松，很少细根，很少量很小黑色铁锰结核，有犁底层，pH 5.74，向下渐变波状过渡。

Br: 27～68cm，浊橙色（7.5YR 7/3，干），棕色（7.5YR 4/3，润），粉壤土，片状结构，疏松，很少极细根，有较多铁斑纹和很少量很小黑色铁锰结核，pH 5.80，向下模糊平滑过渡。

BCr: 68～104cm，浊橙色（7.5YR 7/3，干），棕色（7.5YR 4/4，润），壤土，片状结构，疏松，无根系，有较多铁斑纹，pH 5.90，向下模糊平滑过渡。

C: 104～155cm，浊橙色（7.5YR 6/4，干），棕色（7.5YR 4/4，润），砂质壤土，无结构，疏松，无根系，pH 6.10。

干岔子系代表性单个土体剖面

**干岔子系代表性单个土体物理性质**

| 土层 | 深度/cm | 细土颗粒组成（粒径：mm)/(g/kg) | | | 质地 | 容重/(g/cm³) |
| --- | --- | --- | --- | --- | --- | --- |
| | | 砂粒 2～0.05 | 粉粒 0.05～0.002 | 黏粒 <0.002 | | |
| Ah | 0～27 | 117 | 582 | 300 | 粉质黏壤土 | 1.02 |
| Br | 27～68 | 289 | 564 | 148 | 粉壤土 | 1.23 |
| BCr | 68～104 | 450 | 431 | 119 | 壤土 | 1.31 |
| C | 104～155 | 686 | 203 | 111 | 砂质壤土 | 1.22 |

**干岔子系代表性单个土体化学性质**

| 深度/cm | pH (H₂O) | 有机碳/(g/kg) | 全氮(N)/(g/kg) | 全磷(P)/(g/kg) | 全钾(K)/(g/kg) | 阳离子交换量/(cmol/kg) |
| --- | --- | --- | --- | --- | --- | --- |
| 0～27 | 5.74 | 27.0 | 2.89 | 0.912 | 20.4 | 29.3 |
| 27～68 | 5.80 | 7.1 | 0.99 | 0.726 | 26.1 | 15.9 |
| 68～104 | 5.90 | 5.2 | 0.82 | 0.695 | 23.1 | 11.7 |
| 104～155 | 6.10 | 3.9 | 0.60 | 0.538 | 28.1 | 8.7 |

## 11.1.2　杨屯系（Yangtun Series）

土　族：砂质硅质混合型石灰性冷性-普通暗色潮湿雏形土
拟定者：翟瑞常，辛　刚

**分布与环境条件**　杨屯系土壤分布于富裕、泰来、杜蒙的高河漫滩和一级阶地。地形平坦，地下水位较高，一般在 1.0~1.5m；母质为近代河流冲积物，质地较轻；自然植被有羊草等耐盐碱植物；中温带大陆性季风气候，具冷性土壤温度状况和潮湿土壤水分状况。年平均气温 1.9℃，≥10℃积温 2578.1℃，无霜期 131 天，年平均降水量 456.4mm，6~9 月降水占全年的 81.0%。50cm 深处土壤温度年平均 4.7℃，夏季 17.1℃，冬季-8.0℃，冬夏温差 25.1℃。

杨屯系典型景观

**土系特征与变幅**　本土系自然土壤土体构型为 Ah、ABr、BCr 和 Cr。Ah 层为暗沃表层，厚 25~50cm，Rh 值为 0.54≥0.4。ABr、BCr 层均有中量铁锈斑，BCr 层下部有少量碳酸钙假菌丝体，整个剖面有强石灰反应。土壤质地较轻，砂质壤土-壤质砂土。耕层容重为 1.3~1.75g/cm³。表层有机碳含量为 12.3~28.0g/kg，pH 7.5~9.5。

**对比土系**　克尔台系。克尔台系为石灰淡色潮湿雏形土，具有淡薄表层，厚 10~25cm。杨屯系为普通暗色潮湿雏形土，具有暗沃表层，厚 25~50cm。

**利用性能综述**　土壤质地轻，养分贫瘠，土壤呈碱性反应，土壤肥力低，应增加施用有机肥，合理施用化肥，培肥土壤，提高作物产量。

**参比土种**　中层砂底石灰性草甸土。

**代表性单个土体**　位于黑龙江省齐齐哈尔市富裕县城北 5km，杨屯村北 500m。47°49′52.4″N，124°27′6.4″E，海拔 165m。嫩江高河漫滩，地势平坦，地下水位较高，一般在 1.5~2m；母质为近代河流冲积物，质地较轻；土壤调查地块现为菜地。野外调查时间为 2010 年 8 月 6 日，编号 23-023。

Ah: 0～25cm，棕灰色（7.5YR 4/1，干），黑棕色（7.5YR 3/2，润），砂质壤土，发育程度中度的小团粒结构，疏松，少量细根，强石灰反应，pH 8.24，向下突变平滑过渡。

23-023

ABr: 25～49cm，淡棕灰色（7.5YR 7/2，干），浊棕色（7.5YR 5/4，润），砂质壤土，弱发育的中片状结构，疏松，很少量极细根，结构体内有中量铁锈斑，少量细小裂隙，填充物为细砂，强石灰反应，pH 8.74，向下渐变平滑过渡。

BC1r: 49～79cm，浊橙色（7.5YR 6/4，干），亮棕色（7.5YR 5/6，润），砂质壤土，小棱块结构，疏松，无根系，结构体内有中量铁锈斑，少量细小裂隙，填充物为细砂，强石灰反应，pH 9.20，向下渐变平滑过渡。

杨屯系代表性单个土体剖面

BC2r: 79～121cm，浊橙色（7.5YR 7/4，干），橙色（7.5YR 6/6，润），壤质砂土，很小棱块结构，疏松，无根系，结构体内有中量铁锈斑，少量细小裂隙，填充物为细砂，有少量白色碳酸钙假菌丝体，强石灰反应，pH 9.16，向下模糊平滑过渡。

Cr: 121～145cm，浊橙色（7.5YR 7/4，干），橙色（7.5YR 7/6，润），壤质砂土，无结构，极疏松，无根系，强石灰反应，pH 9.10，向下模糊平滑过渡。

## 杨屯系代表性单个土体物理性质

| 土层 | 深度 /cm | 细土颗粒组成（粒径：mm)/(g/kg) | | | 质地 | 容重 /(g/cm³) |
| --- | --- | --- | --- | --- | --- | --- |
| | | 砂粒 2～0.05 | 粉粒 0.05～0.002 | 黏粒 <0.002 | | |
| Ah | 0～25 | 692 | 157 | 150 | 砂质壤土 | 1.71 |
| ABr | 25～49 | 656 | 189 | 154 | 砂质壤土 | 1.56 |
| BC1r | 49～79 | 707 | 136 | 156 | 砂质壤土 | 1.46 |
| BC2r | 79～121 | 847 | 55 | 98 | 壤质砂土 | 1.74 |
| Cr | 121～145 | 799 | 122 | 79 | 壤质砂土 | 1.38 |

## 杨屯系代表性单个土体化学性质

| 深度 /cm | pH (H₂O) | 有机碳 /(g/kg) | 全氮(N) /(g/kg) | 全磷(P) /(g/kg) | 全钾(K) /(g/kg) | 阳离子交换量 /(cmol/kg) | 碳酸钙相当物 /(g/kg) |
| --- | --- | --- | --- | --- | --- | --- | --- |
| 0～25 | 8.24 | 15.7 | 1.93 | 0.435 | 22.9 | 17.8 | 45 |
| 25～49 | 8.74 | 4.0 | 0.67 | 0.160 | 22.0 | 13.3 | 85 |
| 49～79 | 9.20 | 2.5 | 0.43 | 0.109 | 22.1 | 10.6 | 27 |
| 79～121 | 9.16 | 1.5 | 0.34 | 0.149 | 25.1 | 6.2 | 30 |
| 121～145 | 9.10 | 1.7 | 0.38 | 0.135 | 24.2 | 8.2 | 33 |

### 11.1.3　阿布沁河系（Abuqinhe Series）

土　族：黏质伊利石混合型冷性-普通暗色潮湿雏形土
拟定者：翟瑞常，辛　刚

阿布沁河系典型景观

**分布与环境条件**　阿布沁河系土壤分布于虎林、密山、林口、东宁、萝北、富锦、宝清、尚志、延寿等地。地形为沟谷洼地、平原洼地；母质为冲积物、湖积物，质地黏重；草甸沼泽植被，小叶章、沼柳、薹草群落；中温带大陆性季风气候，具冷性土壤温度状况和潮湿土壤水分状况。年平均气温 2.5～2.9℃，≥10℃积温 2310～2400℃，无霜期 129～139 天，年平均降水量 552.2～565.8mm，6～9 月降水占全年降水量的 66.8%～72.3%，50cm 深处土壤温度年平均 5.6℃，夏季 16.3℃，冬季–4.1℃。

**土系特征与变幅**　本土系土壤土体构型为 Oe、Ah、ABh、Cr 和 Cg。地表有<20cm 的泥炭层，（Ah+ABh）层为暗沃表层，厚 25～50cm，ABh 层有少量铁斑纹，Cr 层有很多锈斑，Cg 层有潜育特征，很多锈斑。本土系泥炭层容重在 0.2～0.7g/cm³；矿质表层容重在 0.8～1.4g/cm³，有机碳含量 12.5～65.3 g/kg，全氮 1.23～6.84g/kg，全磷 0.24～1.62g/kg，全钾 16.9～26.9g/kg，阳离子交换量为 21.8～50.9cmol/kg，pH 5.7～6.7。

**对比土系**　松阿察河系。松阿察河系为纤维有机正常潜育土，具有机表层，厚度为 20～40cm，其下为潜育层，青灰色，有根孔状锈斑。阿布沁河系为普通暗色潮湿雏形土，地表有<20cm 的泥炭层，其下为暗沃表层，厚 25～50cm，ABh 层有少量铁斑纹，Cr 层有很多锈斑，Cg 层有潜育特征，很多锈斑，出现在 50cm 以下。

**利用性能综述**　地势低洼，季节性积水，为宜牧地。地势较高，通过开沟排水，降低地下水位，可开垦为旱田，但仍要注意排水防涝；若有水源条件，可发展水稻生产。

**参比土种**　薄层泥炭腐殖质沼泽土。

**代表性单个土体**　位于黑龙江省鸡西市虎林市八五八农场第十九生产队西 0.5km。45°39′2.4″N，133°13′37.3″E，海拔 60m。地形为平原洼地，地表有季节性积水，内外排水均不良；母质为冲积物、湖积物，质地黏重；自然植被为小叶章、沼柳、薹草群落，覆盖度为 80%～90%。野外调查时间为 2011 年 9 月 27 日，编号 23-101。

Oe: 0～14cm，棕色（7.5YR 4/3，干），暗棕色（7.5YR 3/3，润），高度腐解的泥炭，向下突然平滑过渡。

Ah: 14～37cm，棕灰色（7.5YR 4/1，干），黑色（7.5YR 2/1，润），粉质黏土，碎块状结构，很坚实，很少量细根，pH 6.14，向下渐变平滑过渡。

ABh：37～55cm，灰棕色（7.5YR 4/1，干），黑色（10YR 2/1，润），粉质黏土，粒状结构，结构体内有模糊扩散很小的铁斑纹，坚实，很少量极细根，pH 6.27，向下渐变平滑过渡。

Cr: 55～79cm，棕灰色（7.5YR 6/1，干），灰棕色（7.5YR 4/2，润），粉质黏土，小鲕状结构，结构体内有很多明显清楚的大铁斑纹，坚实，很少量极细根，pH 6.34，向下渐变平滑过渡。

阿布沁河系代表性单个土体剖面

Cg: 79～124cm，浊黄橙色（10YR 7/2，干），灰黄棕色（10YR 4/2，润），粉质黏土，小棱块状结构，结构体内有较多明显清楚的大铁斑纹，坚实，很少量极细根，pH 6.27。

### 阿布沁河系代表性单个土体物理性质

| 土层 | 深度 /cm | 细土颗粒组成 (粒径：mm)/(g/kg) | | | 质地 | 容重 /(g/cm³) |
|---|---|---|---|---|---|---|
| | | 砂粒 2～0.05 | 粉粒 0.05～0.002 | 黏粒 <0.002 | | |
| Oe | 0～14 | — | — | — | — | 0.22 |
| Ah | 14～37 | 8 | 551 | 442 | 粉质黏土 | 1.39 |
| ABh | 37～55 | 14 | 514 | 472 | 粉质黏土 | 1.32 |
| Cr | 55～79 | 33 | 492 | 475 | 粉质黏土 | 1.16 |
| Cg | 79～124 | 54 | 475 | 471 | 粉质黏土 | 1.32 |

注：有机土壤物质不测定机械组成，不划分质地类型，表中为"—"。

### 阿布沁河系代表性单个土体化学性质

| 深度 /cm | pH (H₂O) | 有机碳 /(g/kg) | 全氮(N) /(g/kg) | 全磷(P) /(g/kg) | 全钾(K) /(g/kg) | 阳离子交换量 /(cmol/kg) |
|---|---|---|---|---|---|---|
| 0～14 | — | 221.0 | 15.72 | 1.468 | 8.9 | — |
| 14～37 | 6.14 | 12.5 | 1.23 | 0.251 | 23.8 | 21.8 |
| 37～55 | 6.27 | 9.7 | 1.03 | 0.352 | 24.4 | 24.0 |
| 55～79 | 6.34 | 9.7 | 0.94 | 0.724 | 21.6 | 26.6 |
| 79～124 | 6.27 | 7.6 | 0.77 | 0.531 | 22.7 | 26.3 |

注：0～14cm 未分析测定 pH 和阳离子交换量，表中为"—"。

### 11.1.4　太平川系（Taipingchuan Series）

土　　族：黏壤质混合型冷性-普通暗色潮湿雏形土
拟定者：翟瑞常，辛　刚

**分布与环境条件**　太平川系主要分布在绥化、兰西、肇东、肇源、桦南、鹤岗、萝北、集贤、宝清、虎林、穆棱、东宁、绥芬河等市县。地形为沟谷和河岸平地，母质为冲积母质。中温带大陆性季风气候，具冷性土壤温度状况和潮湿土壤水分状况。年平均降水量 480mm，年平均蒸发量 1460mm。年平均日照时数 2656h，年均气温 2.1℃，无霜期 128 天，≥10℃的积温 2604.8℃，50cm 深处年平均土壤温度

太平川系典型景观

5.1℃。自然植被为草甸植被，生长植物主要有小叶章、薹草、沼柳群落和稗草、三棱草、芦苇群落。

**土系特征与变幅**　本土系土壤土体构型为 Ah、ABhr、BCr 和 2Cr。（Ah+ABhr）层为暗沃表层，厚 25～37cm，ABhr 和 BCr 层有很少量小锰结核，有少量锈斑锈纹，具氧化还原特征，出现深度<50cm。Ah 层容重为 1.10～1.30g/cm³，有机碳含量为 15.2～38.3g/kg，pH 6.0～7.0。

**对比土系**　福寿系。福寿系和太平川系同为普通暗色潮湿雏形土亚类。太平川系控制层段颗粒粒级组成为黏壤质；福寿系控制层段颗粒粒级组成为壤质盖粗骨砂质。

**利用性能综述**　本土系土壤土体薄，一般不足 100cm，养分贮量少，基础肥力低，剖面中下部含有砂砾层，导致漏水漏肥，作物生长不良。应耕翻结合，增施有机肥，实行秸秆还田，培肥土壤。要注意保护好未开垦的草甸，发展牧业。

**参比土种**　薄层砂砾底草甸土。

**代表性单个土体**　位于黑龙江省绥化市北林区太平川镇北星村北 4km。46°40′20.8″N，126°41′2.2″E，海拔 142m。地形为河漫滩，母质为冲积母质。土壤调查地块种植玉米，已收获。野外调查时间为 2010 年 10 月 13 日，编号 23-071。

Ah: 0～22cm，棕色（7.5YR 4/3，干），黑棕色（7.5YR 3/2，润），粉壤土，发育程度中等的小团粒结构，润，疏松，很少量细根，有很少量小锰结核，pH 6.00，向下清晰平滑过渡。

ABhr：22～35cm，浊棕色（7.5YR 5/3，干），暗棕色（7.5YR 3/3，润），粉壤土，发育程度弱的小团粒结构，润，疏松，很少量极细根，有很少量小锰结核，有少量铁锈斑，pH 6.38，向下渐变波状过渡。

BCr： 35～98cm，浊橙色（7.5YR 7/4，干），浊棕色（7.5YR 5/4，润），粉壤土，发育程度中等的中片状结构，润，疏松，很少量极细根，有很少量小锰结核，有少量铁锈斑，pH 6.04，向下清晰平滑过渡。

2Cr： 98～125cm，潮，河流冲积的砾石，中砾，圆，无结构，松散，pH 7.98。

太平川系代表性单个土体剖面

## 太平川系代表性单个土体物理性质

| 土层 | 深度/cm | 细土颗粒组成（粒径：mm)/(g/kg) | | | 质地 | 容重/(g/cm³) |
| --- | --- | --- | --- | --- | --- | --- |
| | | 砂粒 2～0.05 | 粉粒 0.05～0.002 | 黏粒 <0.002 | | |
| Ah | 0～22 | 128 | 616 | 256 | 粉壤土 | 1.30 |
| ABhr | 22～35 | 102 | 635 | 263 | 粉壤土 | 1.17 |
| BCr | 35～98 | 106 | 686 | 208 | 粉壤土 | 1.29 |

## 太平川系代表性单个土体化学性质

| 深度/cm | pH(H₂O) | 有机碳/(g/kg) | 全氮(N)/(g/kg) | 全磷(P)/(g/kg) | 全钾(K)/(g/kg) | 阳离子交换量/(cmol/kg) |
| --- | --- | --- | --- | --- | --- | --- |
| 0～22 | 6.00 | 19.0 | 2.12 | 0.615 | 20.2 | 29.8 |
| 22～35 | 6.38 | 10.2 | 1.43 | 0.563 | 20.5 | 27.6 |
| 35～98 | 6.04 | 4.7 | 0.81 | 0.432 | 21.0 | 20.4 |

## 11.1.5　福寿系（Fushou Series）

土　族：壤质盖粗骨砂质混合型、硅质型冷性-普通暗色潮湿雏形土
拟定者：翟瑞常，辛　刚

**分布与环境条件**　福寿系主要分布在黑龙江省松嫩平原的哈尔滨、五常、宾县、通河、延寿、绥化和穆陵兴凯湖平原的鸡西、虎林等市县，地形多为河流两岸的低阶地，冲积母质，具二元结构，上黏下砂。中温带大陆性季风气候，具冷性土壤温度状况和潮湿土壤水分状况，年平均气温2.3℃，≥10℃积温2735.0℃，年平均降水量660.1mm，6～9月降水占全年的79%，无霜期

福寿系典型景观

143天，50cm深处土壤温度年平均5.8℃，夏季17.1℃，冬季–4.0℃，冬夏温差21.1℃。自然植被是以小叶章为主的杂类草，植被生长茂盛，覆盖度为95%～100%，约有1/2已开垦为耕地。

**土系特征与变幅**　本土系土壤土体构型为Ah、Ahr、ABh和C。（Ah+Ahr+ABh）层为暗沃表层，厚25～50cm，Ahr层有少量锈斑锈纹，具氧化还原特征，出现深度<50cm。母质为砂砾层，异源母质。耕层容重在1.1～1.5g/cm³，表层有机碳含量为10.4～34.1g/kg，pH 6.0～7.5。

**对比土系**　太平川系。太平川系和福寿系同为普通暗色潮湿雏形土亚类。太平川系控制层段颗粒粒级组成为黏壤质；福寿系控制层段颗粒粒级组成为壤质盖粗骨砂质。

**利用性能综述**　本土系地形较平，腐殖质层厚，含养分较丰富，适合种植小麦、大豆、玉米等作物，产量较高，是当地较好的农用地土壤，但应保持水土，并不断地增施粪肥，提高地力，有水源条件的地方也可以发展水田。

**参比土种**　厚层砂砾底草甸土。

**代表性单个土体**　位于黑龙江省哈尔滨市延寿县延寿镇福寿村东1km（蚂蜒河西150m）。45°24′09.1″N，128°11′45.3″E，海拔160m。地形为蚂蜒河两岸的低阶地，冲积母质，具二元结构，上黏下砂。土壤调查地块种植甜瓜，已收获。野外调查时间为2011年9月21日，编号23-087。

Ah：　0～18cm，浊棕色（7.5YR 5/3，干），暗棕色（7.5YR 3/3，润），粉壤土，团粒结构，疏松，很少细根，pH 6.08，向下清晰平滑过渡。

Ahr：　18～30cm，浊棕色（7.5YR 5/4，干），暗棕色（7.5YR 3/3，润），粉壤土，强发育程度的薄片状结构，坚实，很少极细根，结构体内有显著清楚的小铁斑纹，约占体积的20%，pH 6.39，向下清晰平滑过渡。

ABh：30～50cm，浊橙色（7.5YR 6/4，干），棕色（7.5YR 4/4，润），粉壤土，发育程度弱的中片状结构，坚实，很少极细根，pH 6.56，向下突然平滑过渡。

2C：　50～80cm，亮棕色（7.5YR 5/6，干），棕色（7.5YR 4/6，润），砂土，很多大小为中的圆形石英砾石，无结构，松散，无根系，pH 6.73。

福寿系代表性单个土体剖面

### 福寿系代表性单个土体物理性质

| 土层 | 深度/cm | 石砾(>2mm，体积分数)/% | 细土颗粒组成（粒径：mm)/(g/kg) | | | 质地 | 容重/(g/cm³) |
| --- | --- | --- | --- | --- | --- | --- | --- |
| | | | 砂粒 2～0.05 | 粉粒 0.05～0.002 | 黏粒 <0.002 | | |
| Ah | 0～18 | — | 125 | 617 | 259 | 粉壤土 | 1.30 |
| Ahr | 18～30 | — | 124 | 637 | 239 | 粉壤土 | 1.22 |
| ABh | 30～50 | — | 261 | 568 | 171 | 粉壤土 | 1.29 |
| 2C | 50～80 | 50 | 991 | 4 | 5 | 砂土 | 未测 |

注：土壤没有石砾或含量极少，表中为"—"。

### 福寿系代表性单个土体化学性质

| 深度/cm | pH(H$_2$O) | 有机碳/(g/kg) | 全氮(N)/(g/kg) | 全磷(P)/(g/kg) | 全钾(K)/(g/kg) | 阳离子交换量/(cmol/kg) |
| --- | --- | --- | --- | --- | --- | --- |
| 0～18 | 6.08 | 17.3 | 1.79 | 0.780 | 22.7 | 18.4 |
| 18～30 | 6.39 | 16.1 | 1.65 | 0.699 | 23.0 | 18.4 |
| 30～50 | 6.56 | 6.0 | 0.93 | 0.486 | 22.7 | 12.4 |
| 50～80 | 6.73 | 0.6 | 0.05 | 0.182 | 31.7 | 0.9 |

## 11.2　弱盐淡色潮湿雏形土

### 11.2.1　屯乡系（**Tunxiang Series**）

土　族：黏壤质混合型石灰性冷性-弱盐淡色潮湿雏形土
拟定者：翟瑞常，辛　刚

**分布与环境条件**　屯乡系主要分布在黑龙江省松嫩平原中的齐齐哈尔、龙江、杜蒙、富裕、林甸、依安、泰来、青冈、安达等市县。地形为平原中的低平地，成土母质为含碳酸盐的河湖沉积亚黏土。中温带大陆性季风气候，具有冷性土壤温度状况和潮湿土壤水分状况。年平均气温 3.2℃，≥10℃积温 2710.0℃，年平均降水量 458.3mm，6～9 月降水占全年的 81.6%。50cm 深处土壤温度年平均

屯乡系典型景观

4.5℃，夏季 15.8℃，冬季–6.9℃，冬夏温差 22.7℃。自然植被为以羊草或小叶章为主的杂类草群落，覆盖度为 70%～80%。约有 1/5 的面积已开垦为耕地。

**土系特征与变幅**　本土系土壤土体构型为 Ah、ABr、Br、BCr 和 Cr。表层 Ah 厚<15m，ABr、Br、BCr 和 Cr 层有少-很多锈斑锈纹，氧化还原特征出现深度<50cm。全剖面强石灰反应。表层土壤 pH 为 8.5～10.0，含盐量为 2～6g/kg。盐分组成，阴离子以 $HCO_3^-$ 和 $SO_4^{2-}$ 为主，阳离子以 $Na^+$ 为主，碱化度为 4%～18%。土壤质地各层之间差别很大，由壤土到黏土，发生质地突变，这是由于不同时期沉积所造成的。Ah 层有机碳含量为 10.3～25.1g/kg，容重为 1.2～1.6g/cm³，pH 9.5～10.5。

**对比土系**　富荣系。富荣系和屯乡系同为淡色潮湿雏形土土类。屯乡系矿质土表至 100cm 范围有一个土层（>10cm）有盐积现象，控制层段颗粒粒级组成为黏壤质。富荣系无盐积现象土层，控制层段颗粒粒级组成为黏质。

**利用性能综述**　本土系含可溶性盐较高，呈碱性反应，一般作物难以生长，可做放牧地或割草场。如开垦为耕地，应进行排水除涝和改良土壤盐碱，有条件的地区可发展水田，种植水稻，以稻治涝，以稻治盐碱，能取得较好的效果。

**参比土种**　中度苏打盐化草甸土。

**代表性单个土体**　位于齐大公路距齐齐哈尔市 12km，路北 500m，屯乡村南 3km 处。47°22′1.4″N，124°15′3.7″E，海拔 136m。地形为平原中的低平地，母质为含碳酸盐的河

湖沉积亚黏土。植被以小叶章为主，混生羊草等的杂类草群落。野外调查时间为 2010
年 8 月 5 日，编号 23-022。

Ah:　0～11cm，棕灰色（10YR 5/1，干），棕灰色（10YR 4/1，
　　　润），砂黏壤土，发育程度弱的小团块结构，坚实，中
　　　量细根，强石灰反应，pH 10.10，向下渐变平滑过渡。

ABr:　11～28cm，淡灰色（10YR 7/1，干），浊黄橙色（10YR
　　　6/3，润），黏壤土，团粒结构，坚实，很少量极细根，
　　　结构体内有少量铁锈斑，少量细小裂隙，填充细砂，强
　　　石灰反应，pH 10.22，向下渐变平滑过渡。

Br:　28～76cm，橙白色（10YR 8/2，干），浊黄橙色（10YR
　　　7/3，润），壤土，小棱块结构，坚实，很少量极细根，
　　　中量铁锈斑，少量细小裂隙，填充细砂，强石灰反应，
　　　pH 10.00，向下模糊平滑过渡。

BCr:　76～124cm，浊黄橙色（10YR 7/2，干），灰黄棕色（10YR
　　　6/2，润），壤土，很小棱块结构，坚实，无根系，结构
　　　体内有中量铁锈斑，少量细小裂隙，填充细砂，强石灰
　　　反应，pH 9.34，向下模糊平滑过渡。

屯乡系代表性单个土体剖面

Cr:　124～155cm，浊黄橙色（10YR 6/4，干），黄棕色（10YR
　　　5/6，润），砂黏壤土，很小棱块结构，坚实，无根系，大量铁锈斑，少量细小裂隙，填充细砂，
　　　强石灰反应，pH 9.22。

**屯乡系代表性单个土体物理性质**

| 土层 | 深度 /cm | 洗失量 /(g/kg) | 细土颗粒组成（粒径：mm)/(g/kg) | | | 质地 | 容重 /(g/cm³) |
| | | | 砂粒 2～0.05 | 粉粒 0.05～0.002 | 黏粒 <0.002 | | |
| --- | --- | --- | --- | --- | --- | --- | --- |
| Ah | 0～11 | 109 | 538 | 243 | 219 | 砂黏壤土 | 1.56 |
| ABr | 11～28 | 185 | 398 | 299 | 302 | 黏壤土 | 1.68 |
| Br | 28～76 | 160 | 385 | 423 | 192 | 壤土 | 1.79 |
| BCr | 76～124 | 143 | 426 | 326 | 247 | 壤土 | 1.77 |
| Cr | 124～155 | 55 | 531 | 252 | 218 | 砂黏壤土 | 1.70 |

**屯乡系代表性单个土体化学性质**

| 深度 /cm | pH (H₂O) | 有机碳 /(g/kg) | 全氮(N) /(g/kg) | 全磷(P) /(g/kg) | 全钾(K) /(g/kg) | 阳离子交换量 /(cmol/kg) | 碳酸钙相当物 /(g/kg) |
| --- | --- | --- | --- | --- | --- | --- | --- |
| 0～11 | 10.10 | 10.3 | 1.54 | 0.295 | 20.8 | 13.9 | 164 |
| 11～28 | 10.22 | 6.1 | 0.67 | 0.218 | 15.2 | 15.4 | 144 |
| 28～76 | 10.00 | 2.7 | 0.54 | 0.167 | 17.5 | 17.4 | 121 |
| 76～124 | 9.34 | 2.4 | 0.48 | 0.167 | 19.2 | 16.3 | 36 |
| 124～155 | 9.22 | 1.8 | 0.41 | 0.276 | 21.0 | 17.1 | 2 |

# 11.3　石灰淡色潮湿雏形土

## 11.3.1　克尔台系（Keertai Series）

土　族：砂质硅质混合型冷性-石灰淡色潮湿雏形土
拟定者：翟瑞常，辛　刚

**分布与环境条件**　克尔台系土壤分布于松嫩平原西部沙丘间的洼地，地下水位浅，在 1m 左右；自然植被以芦苇、碱草为主，现多为草场。母质为风积物，质地较轻，多为砂质壤土。主要分布在杜蒙、齐齐哈尔东部、泰来东北部等地。全年盛行西北风和西南风，年平均风速 4.1m/s，风积母质系大风搬运嫩江河流冲积物形成；为中温带大陆性季风气候，具有冷性土壤温度状况和

克尔台系典型景观

潮湿土壤水分状况。年平均降水量 385～425mm，年平均蒸发量达到 1756.7mm，年平均日照时数 2865h，年均气温 3.6℃，无霜期 145 天，≥10 ℃的积温 2845℃，9 月下旬出现早霜，5 月上旬终止。50cm 深处土壤温度年平均 6.1℃，夏季 20.9℃，冬季–9.6℃，冬夏温差 30.5℃。

**土系特征与变幅**　本土系有淡薄表层，厚 10～25cm。具有石灰性，下为雏形层 Bw，厚度为 14～35cm；90cm 左右以下出现母质层，具潜育特征。整个剖面有石灰性反应；土壤质地较轻，多为砂质壤土。表层容重在 1.30～1.66g/cm³，其他层次均高于 1.40g/cm³。土壤阳离子交换量在 7.5～10.0cmol/kg，pH 大于 9.5，呈强碱性。

**对比土系**　杨屯系。杨屯系为普通暗色潮湿雏形土，具有暗沃表层，厚 25～50cm。克尔台系为石灰淡色潮湿雏形土，具有淡薄表层，厚 10～25cm。

**利用性能综述**　克尔台系土壤分布于松嫩平原西部沙丘间的洼地，地下水位浅，母质为风积物，质地较轻，多为砂质壤土。但土壤结构差，多为棱块状结构，容重大，土壤紧实；土壤呈强碱性，pH 大于 9.5；不适合开垦为耕地，自然植被以芦苇、碱草为主，现多为草场。

**参比土种**　苏打碱化草甸土。

**代表性单个土体**　位于黑龙江省大庆市杜尔伯特蒙古族自治县克尔台乡林业屯西北 4000m 路南草甸，46°53′17.8″N，124°6′44.9″E。母质为风积物，平原，海拔 136m，芦苇、

碱草为主的草原。野外调查时间为 2009 年 10 月 7 日，编号 23-006。

Ah:　0～14cm，棕灰色（7.5YR 4/1，干），黑色（7.5YR 2/1，润），砂质壤土，棱块状结构，很坚实，润，少量极细根，中度石灰反应，pH 9.82，向下渐变平滑过渡。

Bw:　14～28cm，浊棕色（7.5YR 5/3，干），灰棕色（7.5YR 4/2，润），砂质壤土，小棱块状结构，坚实，润，很少量极细根，少量锈斑，强石灰反应，pH 10.20，向下模糊不规则过渡。

BCr:　28～85cm，浊橙色（7.5YR 7/3，干），浊橙色（7.5YR 6/4，润），砂质壤土，无结构，疏松，潮，无根系，强石灰反应，pH 10.19，向下模糊平滑过渡。

Cg:　85～115cm，浊橙色（7.5YR 7/3，干），浊橙色（7.5YR 7/4，润），壤质砂土，无结构，疏松，湿，无根系，弱石灰反应，pH 9.81。

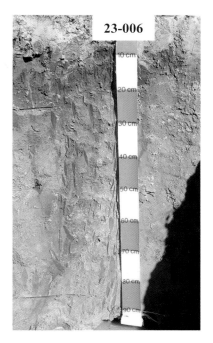

克尔台系代表性单个土体剖面

### 克尔台系代表性单个土体物理性质

| 土层 | 深度/cm | 细土颗粒组成 (粒径: mm)/(g/kg) | | | 质地 | 容重/(g/cm³) |
| --- | --- | --- | --- | --- | --- | --- |
| | | 砂粒 2～0.05 | 粉粒 0.05～0.002 | 黏粒 <0.002 | | |
| Ah | 0～14 | 572 | 260 | 168 | 砂质壤土 | 1.66 |
| Bw | 14～28 | 617 | 207 | 176 | 砂质壤土 | 1.75 |
| BCr | 28～85 | 716 | 170 | 114 | 砂质壤土 | 1.86 |
| Cg | 85～115 | 846 | 93 | 61 | 壤质砂土 | 1.72 |

### 克尔台系代表性单个土体化学性质

| 深度/cm | pH(H₂O) | 有机碳/(g/kg) | 全氮(N)/(g/kg) | 全磷(P)/(g/kg) | 全钾(K)/(g/kg) | 阳离子交换量/(cmol/kg) | 交换性钠饱和度/% | 全盐量/(g/kg) | 电导率/(mS/cm) | 碳酸钙相当物/(g/kg) |
| --- | --- | --- | --- | --- | --- | --- | --- | --- | --- | --- |
| 0～14 | 9.82 | 9.1 | 0.73 | 0.229 | 26.0 | 8.9 | 32.6 | 0.82 | 0.438 | 39 |
| 14～28 | 10.20 | 4.4 | 0.19 | 0.158 | 24.5 | 7.6 | 45.4 | 1.43 | 0.770 | 40 |
| 28～85 | 10.19 | 0.7 | 0.00 | 0.119 | 25.5 | 7.5 | 37.1 | 0.71 | 0.386 | 28 |
| 85～115 | 9.81 | 0.3 | 0.00 | 0.079 | 27.7 | 6.7 | 10.9 | 0.19 | 0.135 | 15 |

# 11.4　普通淡色潮湿雏形土

## 11.4.1　富荣系（Furong Series）

土　族：黏质伊利石混合型冷性-普通淡色潮湿雏形土
拟定者：翟瑞常，辛　刚

富荣系典型景观

**分布与环境条件**　富荣系主要分布在三江平原的同江、抚远、富锦、宝清、汤原、绥滨、密山、虎林和松嫩平原的方正、五常、通河、木兰等市县，地形为平原中的低平地和沟谷地，黄土状母质。中温带大陆性季风气候，具冷性土壤温度状况和潮湿土壤水分状况。年平均气温 2.7℃，≥10℃积温 2475.6℃，年平均降水量 615.3mm，6～9 月降水占全年降水的 67.2%。无霜期 141 天；50cm 深处土壤温度年平均 5.6℃，夏季 16.3℃，冬季-4.1℃，冬夏温差 20.4℃。自然植被为以小叶章为主的杂类草群落，覆盖度 90%～100%，约有 1/2 的面积已开垦为耕地。

**土系特征与变幅**　本土系土壤土体构型为 Ah、E、Br 和 2Cr。Ah 层厚 15～25cm，E 层颜色浅，厚度为 20～40cm，Br 层为淀积层，棱块状结构。E、Br 和 2Cr 层有多-很多锈斑锈纹。Ah 层有机碳含量为 46.4～104.4g/kg，容重为 0.5～1.0g/cm³，pH 5.7～6.7。

**对比土系**　屯乡系。屯乡系和富荣系同为淡色潮湿雏形土土类。屯乡系矿质土表至 100cm 范围有一个土层（>10cm）有盐积现象，控制层段颗粒粒级组成为黏壤质。富荣系无盐积现象土层，控制层段颗粒粒级组成为黏质。

**利用性能综述**　本土系地形平缓，有漂白层，板结，冷浆，季节性土壤过湿，土壤供肥能力稍差，作物产量较低，应通过农业技术措施，培肥土壤和调节土壤水分，有水源的地方，宜发展水稻生产，是最佳利用方式。对于未开垦的荒地可做放牧地。

**参比土种**　薄层黏壤质白浆化草甸土。

**代表性单个土体**　位于黑龙江省鸡西市虎林市迎春镇富荣村八五四农场十六队西北 2km，七虎林河南 0.5km。46°0′35.7″N，132°59′35.8″E，海拔 64m。地形为平原中的低平地，黄土状母质。自然植被为小叶章为主的杂类草群落，覆盖度为 95%～100%，排水差。野外调查时间为 2011 年 10 月 15 日，编号 23-121。

Ah：　0~20cm，棕色（7.5YR 4/3，干），暗棕色（7.5YR 3/3，
　　　润），黏壤土，有较多草根纤维，多量细根，极疏松，
　　　pH 5.96，向下清晰平滑过渡。

E：　20~51cm，棕灰色（7.5YR 6/1，干），棕灰色（7.5YR 5/1，
　　　润），黏壤土，很弱片状结构，少量细根，结构体内有
　　　较多（35%）明显清楚的铁斑纹，坚实，pH 6.59，向下
　　　渐变平滑过渡。

Br：　51~112cm，棕灰色（7.5YR 5/1，干），棕灰色（7.5YR
　　　4/1，润），黏壤土，棱块状结构，很少细根，结构体内
　　　有（15%）明显清楚的铁斑纹，坚实，pH 6.71，向下渐
　　　变平滑过渡。

2Cr：112~150cm，浊橙色（7.5YR 7/3，干），浊棕色（7.5YR
　　　6/3，润），砂质壤土，结构体内有很多（40%）明显清
　　　楚的大铁斑纹，疏松，很少极细根，pH 6.76。

富荣系代表性单个土体剖面

### 富荣系代表性单个土体物理性质

| 土层 | 深度 /cm | 细土颗粒组成（粒径：mm)/(g/kg) | | | 质地 | 容重 /(g/cm³) |
| --- | --- | --- | --- | --- | --- | --- |
| | | 砂粒 2~0.05 | 粉粒 0.05~0.002 | 黏粒 <0.002 | | |
| Ah | 0~20 | 235 | 490 | 275 | 黏壤土 | 0.51 |
| E | 20~51 | 11 | 502 | 487 | 黏壤土 | 1.14 |
| Br | 51~112 | 328 | 308 | 364 | 黏壤土 | 1.57 |
| 2Cr | 112~150 | 733 | 121 | 145 | 砂质壤土 | 1.62 |

### 富荣系代表性单个土体化学性质

| 深度 /cm | pH (H₂O) | 有机碳 /(g/kg) | 全氮(N) /(g/kg) | 全磷(P) /(g/kg) | 全钾(K) /(g/kg) | 阳离子交换量 /(cmol/kg) |
| --- | --- | --- | --- | --- | --- | --- |
| 0~20 | 5.96 | 86.0 | 6.95 | 1.466 | 17.7 | 39.4 |
| 20~51 | 6.59 | 16.5 | 1.58 | 0.938 | 21.5 | 25.0 |
| 51~112 | 6.71 | 4.6 | 0.50 | 0.522 | 21.6 | 21.9 |
| 112~150 | 6.76 | 1.9 | 0.19 | 0.333 | 25.6 | 8.7 |

# 11.5　弱盐底锈干润雏形土

## 11.5.1　富新系（Fuxin Series）

土　族：壤质混合型石灰性冷性-弱盐底锈干润雏形土
拟定者：翟瑞常，辛　刚

**分布与环境条件**　富新系主要分布在杜蒙和大庆相邻区域。地形为沙丘至碱泡子过渡地段，成土母质为风积沙。中温带大陆性季风气候，具有冷性土壤温度状况和半干润土壤水分状况。年平均气温 3.2℃，≥10℃积温 2753.7℃。年均降水量 475mm，6～9 月降水占全年的 81.9%。无霜期 138 天，50cm 深处土壤温度年平均 4.9℃，夏季平均 15.9℃，冬季-5.9℃，冬夏温差 21.8℃。自然植被为杂类草群

富新系典型景观

落，主要植物有羊草、糙隐子草、兔毛蒿等，覆盖度为 70%～80%，小部分开垦为耕地。

**土系特征与变幅**　本土系土壤土体构型为 Ah、Bk、BCr 和 Cr。Ah 层<25cm；Bk 层为钙积层，厚度为 30～40cm；BCr 和 Cr 层有少量锈斑锈纹，具氧化还原特征，出现深度为 50～100cm，或更浅。表层容重在 1.2～1.6g/cm³，有机碳含量为 8.7～23.2g/kg，pH7.5～9.0。Ah、Bk 层全盐量较低，<0.5g/kg；BCr 层全盐量最高，>2.0g/kg。

**对比土系**　新村系。富新系和新村系同为底锈干润雏形土土类。新村系矿质土表至 100cm 范围内有碱积现象，土族控制层段颗粒粒级组成为黏质。富新系矿质土表至 100cm 范围内有盐积现象，土族控制层段颗粒粒级组成为壤质。

**利用性能综述**　本土系土壤质地轻，呈弱碱性，保水保肥能力差，易风蚀，易干旱，不宜开垦为农田，适宜发展牧业生产，可作为割草地或牧场。

**参比土种**　轻度盐化固定草甸风沙土。

**代表性单个土体**　位于黑龙江省大庆市喇嘛甸富新小区西 10km 路南，46°39′53.1″N，124°38′51.4″E，海拔 137m。地形为沙丘至碱泡子过渡地段，成土母质为风积沙。土壤调查地块为草原，植物为以羊草为主的杂类草群落。野外调查时间为 2009 年 10 月 10 日，编号 23-010。

Ah：　0～20cm，暗棕色（10YR 3/3，干），黑棕色（10YR 3/2，
　　　润），砂质壤土，屑粒状结构，极疏松，稍润，很少量
　　　细根，无石灰反应，pH 8.01，向下渐变不规则过渡。

Bk：　20～54cm，浊黄棕色（10YR 7/2，干），灰黄棕色（10YR
　　　5/2，润），壤土，棱块状结构，疏松，稍润，很少极细
　　　根，极强石灰反应，有石灰斑，pH 8.97，向下模糊不规
　　　则过渡。

BCr：54～79cm，浊黄橙色（10YR 6/3，干），浊黄橙色（10YR
　　　6/4，润），黏壤土，棱块状结构，坚实，润，很少极细
　　　根，有石灰斑，有铁斑纹，强石灰反应，pH 9.36，向下
　　　模糊平滑过渡。

Cr：　79～170cm，亮黄棕色（10YR 7/6，干），亮黄棕色（10YR
　　　7/6，润），粉壤土，棱块状结构，坚实，潮，很少极细
　　　根，有铁锈纹，强石灰反应，pH 9.45。

富新系代表性单个土体剖面

## 富新系代表性单个土体物理性质

| 土层 | 深度/cm | 洗失量/(g/kg) | 细土颗粒组成 (粒径：mm)/(g/kg) | | | 质地 | 容重/(g/cm³) |
| --- | --- | --- | --- | --- | --- | --- | --- |
| | | | 砂粒 2～0.05 | 粉粒 0.05～0.002 | 黏粒 <0.002 | | |
| Ah | 0～20 | — | 576 | 279 | 145 | 砂质壤土 | 1.38 |
| Bk | 20～54 | 129 | 473 | 405 | 122 | 壤土 | 1.52 |
| BCr | 54～79 | 83 | 324 | 394 | 282 | 黏壤土 | 1.64 |
| Cr | 79～170 | 75 | 425 | 509 | 66 | 粉壤土 | 1.54 |

注：土壤没有碳酸钙，表中为"—"。

## 富新系代表性单个土体化学性质

| 深度/cm | pH(H₂O) | 有机碳/(g/kg) | 全氮(N)/(g/kg) | 全磷(P)/(g/kg) | 全钾(K)/(g/kg) | 阳离子交换量/(cmol/kg) | 碳酸钙相当物/(g/kg) |
| --- | --- | --- | --- | --- | --- | --- | --- |
| 0～20 | 8.01 | 21.4 | 1.97 | 0.648 | 23.1 | 19.1 | — |
| 20～54 | 8.97 | 4.5 | 0.29 | 0.228 | 21.0 | 13.3 | 131 |
| 54～79 | 9.36 | 2.2 | 0.36 | 0.298 | 20.3 | 16.7 | 82 |
| 79～170 | 9.45 | 1.6 | 0.00 | 0.380 | 21.7 | 13.4 | 96 |

注：土壤没有碳酸钙，表中为"—"。

# 11.6　弱碱底锈干润雏形土

## 11.6.1　新村系（Xincun Series）

土　族：黏质伊利石混合型石灰性冷性-弱碱底锈干润雏形土
拟定者：翟瑞常，辛　刚

**分布与环境条件**　新村系主要分布在黑龙江省松嫩平原中的杜蒙、林甸、依安、青冈、安达、大庆等市县。地形为平原中的低平地，成土母质为含碳酸盐的河湖相沉积物。中温带大陆性季风气候，具有冷性土壤温度状况和半干润土壤水分状况。年平均气温 3.1℃，≥10℃积温 2752.8℃，年平均降水量 476mm，6～9 月降水占全年的 82%，无霜期 137 天。50cm 深处土壤温度年平均 4.8℃，夏季 15.9℃，冬季–5.8℃，

新村系典型景观

冬夏温差 21.7℃。自然植被是以碱草为主的杂类草群落，覆盖度为 60%～70%，少部分开垦为耕地。

**土系特征与变幅**　本土系土壤土体构型为 Ah、AB、BC、BCr 和 Cr。表层 Ah 层厚<15cm；AB 层棱柱状结构，BCr 层有少量锈斑锈纹，Cr 层有很多锈斑锈纹，具氧化还原特征，出现深度为 50～100cm。土壤呈碱性至强碱性反应，表层 pH 为 8.0～10.0，可溶盐含量为 1～2g/kg，在盐分组成中，阴离子以 $HCO_3^-$ 和 $SO_4^{2-}$ 为主，阳离子以 $Na^+$ 为主，亚表层有明显的碱积现象，碱化度达 20%～26%。Ah 层有机碳含量为 17.5～43.4g/kg，容重为 1.0～1.4g/cm³。

**对比土系**　富新系。富新系和新村系同为底锈干润雏形土土类。富新系矿质土表至 100cm 范围内有盐积现象，土族控制层段颗粒粒级组成为壤质。新村系矿质土表至 100cm 范围内有碱积现象，土族控制层段颗粒粒级组成为黏质。

**利用性能综述**　本土系呈碱性和强碱性反应，不适合作物生长，宜做放牧地。对已经开垦为耕地的要进行改良，主要是适当深耕，结合施用有机肥和酸性肥料，增厚活土层，种植甜菜、向日葵等耐碱的作物，有水源的地方，可发展水稻生产。

**参比土种**　强度苏打碱化草甸土。

**代表性单个土体**　位于黑龙江省大庆市龙凤区大丰工业园东北 1000m，46°36′11.1″N，125°11′9.3″E，海拔 143m。地形为平原中的低平地，成土母质为含碳酸盐的河湖相沉积物。植被是以碱草为主的杂类草群落，覆盖度为 60%～70%。野外调查时间为 2009 年 10 月 5 日，编号 23-002。

Ah:　0～7cm，黑棕色（10YR 2/2，干），黑色（10YR 2/1，润），粉质黏壤土，屑粒状结构，疏松，干，多量极细根，轻石灰反应，pH 8.11，向下突然平滑过渡。

AB:　7～30cm，棕灰色（10YR 4/1，干），黑棕色（10YR 3/1，润），粉质黏土，棱柱状结构，坚实，稍润，少量极细根，强石灰反应，pH 8.85，向下渐变波状过渡。

BC:　30～60cm，棕灰色（10YR 5/1，干），黑棕色（10YR 3/1，润），粉质黏土，无结构，疏松，润，很少极细根，强石灰反应，pH 9.55，向下模糊不规则过渡。

BCr:　60～98cm，棕灰色（10YR 6/1，干），棕灰色（10YR 5/1，润），粉质黏土，无结构，疏松，润，很少极细根，强石灰反应，很少量锈斑，pH 9.37，向下模糊平滑过渡。

新村系代表性单个土体剖面

Cr:　98～155cm，淡灰色（10YR 7/1，干），灰黄棕色（10YR 6/2，润），粉质黏土，无结构，疏松，潮，无根系，强石灰反应，有很多锈斑，pH 8.71。

### 新村系代表性单个土体物理性质

| 土层 | 深度 /cm | 细土颗粒组成 (粒径：mm)/(g/kg) | | | 质地 | 容重 /(g/cm³) |
| --- | --- | --- | --- | --- | --- | --- |
| | | 砂粒 2～0.05 | 粉粒 0.05～0.002 | 黏粒 <0.002 | | |
| Ah | 0～7 | 169 | 522 | 309 | 粉质黏壤土 | 1.10 |
| AB | 7～30 | 74 | 404 | 522 | 粉质黏土 | 1.22 |
| BC | 30～60 | 69 | 404 | 526 | 粉质黏土 | 1.43 |
| BCr | 60～98 | 75 | 400 | 525 | 粉质黏土 | 1.41 |
| Cr | 98～155 | 98 | 469 | 433 | 粉质黏土 | 1.47 |

### 新村系代表性单个土体化学性质

| 深度 /cm | pH (H₂O) | 有机碳 /(g/kg) | 全氮(N) /(g/kg) | 全磷(P) /(g/kg) | 全钾(K) /(g/kg) | 阳离子交换量 /(cmol/kg) | 碳酸钙相当物 /(g/kg) |
| --- | --- | --- | --- | --- | --- | --- | --- |
| 0～7 | 8.11 | 42.5 | 4.17 | 0.617 | 23.4 | 29.7 | 13 |
| 7～30 | 8.85 | 9.7 | 0.83 | 0.448 | 19.3 | 21.2 | 198 |
| 30～60 | 9.55 | 10.2 | 0.57 | 0.449 | 22.3 | 24.5 | 145 |
| 60～98 | 9.37 | 7.8 | 0.42 | 0.489 | 20.7 | 20.7 | 196 |
| 98～155 | 8.71 | 6.4 | 0.12 | 0.484 | 22.1 | 19.9 | 119 |

# 11.7　钙积暗沃干润雏形土

## 11.7.1　春雷南系（Chunleinan Series）

土　　族：黏质伊利石混合型冷性–钙积暗沃干润雏形土
拟定者：翟瑞常，辛　刚

**分布与环境条件**　春雷南系土壤分布在松嫩平原西部的龙江、依安、拜泉、肇州、兰西、肇东、明水、肇源等地。地形为平坦的平原，黄土状母质，含碳酸盐；植物为羊草群落。多开垦为农田，种植玉米、大豆等农作物。中温带大陆性季风气候，冬季漫长、严寒，春季风大、少雨干旱，夏季短促、温热，降雨集中，秋季降温剧烈，霜早。具冷性土壤温度状况和半干润土壤水分状况。年平均

春雷南系典型景观

降水量 440mm。年平均蒸发量 1597mm，年均气温 3.4℃，无霜期 130 天，≥10℃的积温 2842℃。50cm 深处土壤温度年平均 4.8℃，夏季 15.9℃，冬季–5.8℃，冬夏温差 21.7℃。

**土系特征与变幅**　本土系土壤 Ah 层为暗沃表层，厚 25～37cm，Rh 值为 0.54，≥0.4，钙积层 Bk 层厚 30～50cm，整个剖面为强石灰反应。耕层容重为 1.1～1.5g/cm³。表层有机碳含量为 12.5～27.4g/kg，pH 7.5～8.5。

**对比土系**　双龙系。双龙系土壤剖面上部土层为黄土状母质，剖面下部为安山岩风化碎屑砾石层及基岩层，控制层段颗粒粒级组成为壤质盖粗骨砂质，暗沃表层 Ah 无石灰反应；AB 层以下有强石灰反应。春雷南系整个剖面为黄土状母质，不存在异源母质，控制层段颗粒粒级组成为黏质，全剖面强石灰反应。

**利用性能综述**　本土系土壤质地较黏重，通气透水性能差，耕性不良，但黑土层较厚，有机质贮量较多，适宜种植大豆、玉米等作物，玉米单产 6000～7500kg/hm²。应适当深耕，结合增施有机肥，不断培肥土壤，改善土壤结构。

**参比土种**　中层黄土质石灰性黑钙土。

**代表性单个土体**　位于黑龙江省大庆市八一农大农学院实习基地，46°37′10.5″N，125°11′32.4″E。黄土状母质，平原，海拔 145m，大麦地。野外调查时间为 2009 年 9 月 30 日，编号 23-001。

Ah: 0～25cm，棕灰色（7.5YR 5/1，干），黑棕色（7.5YR 3/1，润），黏壤土，团粒结构，疏松，稍润，根系很少，强石灰反应，pH 7.81，向下突然平滑过渡。

Bk: 25～59cm，淡棕灰色（7.5YR 7/2，干），浊棕色（7.5YR 6/3，润），黏壤土，弱棱块状结构，疏松，润，根系很少，强石灰反应，pH 8.55，向下渐变平滑过渡。

BC1: 59～90cm，浊橙色（7.5YR 7/4，干），橙色（7.5YR 6/6，润），黏壤土，棱块状结构，疏松，润，无根系，强石灰反应，pH 8.62，向下模糊平滑过渡。

BC2: 90～177cm，浊橙色（7.5YR 7/4，干），橙色（7.5YR 6/6，润），黏壤土，棱块状结构，疏松，润，无根系，强石灰反应，pH 8.43，向下模糊平滑过渡。

C: 177～200cm，橙色（7.5YR 6/6，干），亮棕色（7.5YR 5/6，润），壤土，无结构，疏松，潮，无根系，强石灰反应，pH 8.35。

春雷南系代表性单个土体剖面

### 春雷南系代表性单个土体物理性质

| 土层 | 深度/cm | 细土颗粒组成（粒径：mm）/(g/kg) | | | 质地 | 容重/(g/cm³) |
| --- | --- | --- | --- | --- | --- | --- |
| | | 砂粒 2～0.05 | 粉粒 0.05～0.002 | 黏粒 <0.002 | | |
| Ah | 0～25 | 302 | 359 | 339 | 黏壤土 | 1.36 |
| Bk | 25～59 | 250 | 368 | 382 | 黏壤土 | 1.29 |
| BC1 | 59～90 | 328 | 323 | 349 | 黏壤土 | 1.44 |
| BC2 | 90～177 | 247 | 421 | 331 | 黏壤土 | 1.59 |
| C | 177～200 | 454 | 311 | 234 | 壤土 | 1.66 |

### 春雷南系代表性单个土体化学性质

| 深度/cm | pH(H₂O) | 有机碳/(g/kg) | 全氮(N)/(g/kg) | 全磷(P)/(g/kg) | 全钾(K)/(g/kg) | 阳离子交换量/(cmol/kg) | 碳酸钙相当物/(g/kg) |
| --- | --- | --- | --- | --- | --- | --- | --- |
| 0～25 | 7.81 | 17.4 | 1.65 | 0.532 | 19.8 | 19.7 | 146 |
| 25～59 | 8.55 | 4.1 | 0.09 | 0.215 | 19.6 | 16.3 | 186 |
| 59～90 | 8.62 | 1.8 | 0.00 | 0.186 | 22.3 | 15.5 | 123 |
| 90～177 | 8.43 | 1.5 | 0.00 | 0.209 | 23.1 | 17.0 | 98 |
| 177～200 | 8.35 | 1.3 | 0.00 | 0.272 | 24.2 | 12.6 | 35 |

## 11.7.2　双龙系（Shuanglong Series）

土　　族：壤质盖粗骨砂质混合型冷性-钙积暗沃干润雏形土
拟定者：辛　刚，翟瑞常

双龙系典型景观

**分布与环境条件**　双龙系土壤主要分布在甘南县和龙江县。地形为漫岗地区顶部残丘，剖面上部土层为黄土状母质，剖面下部为安山岩风化碎屑砾石层及基岩层。原始植被属于草甸草原，生长兔茅蒿、羽茅、针茅植物。现多开垦为农田，种植玉米、大豆、小麦、谷子等农作物。中温带大陆性季风气候，降雨集中，秋季降温剧烈，霜早。具冷性土壤温度状况和半干润土壤水分状况。年平均降水量440mm。年平均日照时数2750 h，年均气温3.5℃，无霜期132天，≥10℃的积温2500℃。50cm深处土壤温度年平均5.2℃，夏季18.8℃，冬季–8.6℃，冬夏温差27.4℃。

**土系特征与变幅**　双龙系土壤剖面上部土层为黄土状母质，剖面下部为安山岩风化碎屑砾石层及基岩层。剖面由上至下砾石越来越多，越来越大。Ah层为暗沃表层，厚25～50cm，Rh值为0.47，≥0.4，无石灰反应；AB层，中量钙质结核，粉末；Bk层为钙积层，多量钙质结核和石灰粉末，强石灰反应；2Bk、2BCk层以安山岩风化物为主，有碳酸钙的淋溶淀积；其下为安山岩母岩。

**对比土系**　春雷南系。春雷南系整个剖面为黄土状母质，控制层段颗粒粒级组成为黏质，全剖面强石灰反应。双龙系土壤剖面上部土层为黄土状母质，剖面下部为安山岩风化碎屑砾石层及基岩层，控制层段颗粒粒级组成为壤质盖粗骨砂质，暗沃表层Ah无石灰反应；AB层以下有强石灰反应。

**利用性能综述**　黑土层较厚，易通气透水，气、热状况好，耕性良好。有机质、养分含量高，砾石层出现部位较深，对农业生产影响较小。适宜种植大豆、玉米、甜菜等作物。春季干旱，易产生风蚀，土壤坡度2°～3°，坡度不大，但坡度较长，夏季降水集中，易水土流失。

**参比土种**　中层砾石底黑钙土。

**代表性单个土体**　位于黑龙江省齐齐哈尔市龙江县发达乡双龙村路东，47°24′54.1″N，123°14′9.9″E。剖面上部土层为黄土状母质，剖面下部为安山岩风化碎屑砾石层及基岩层，平原，海拔 212m，现为玉米地。野外调查时间为 2009 年 10 月 12 日，编号 23-015。

Ah:　0～29cm，暗棕色（7.5YR 3/3，干），极暗棕色（7.5YR 2/3，润），壤土，团粒结构，疏松，润，很少量极细根，很少量岩石碎屑，无石灰反应，pH 7.95，向下模糊不规则过渡。

AB:　29～41cm，浊棕色（7.5YR 5/4，干），棕色（7.5YR 4/3，润），砂质黏壤土，棱块状结构，坚实，润，很少量极细根，很少量岩石碎屑，中量钙质结核、粉末，强石灰反应，pH 8.18，向下模糊平滑过渡。

Bk:　41～61cm，浊棕灰色（7.5YR 7/2，干），棕色（7.5YR 4/3，润），砂质壤土，棱块状结构，坚实，润，极少量极细根，少量岩石碎屑，多量钙质结核和石灰粉末，强石灰反应，pH 8.31，向下模糊平滑过渡。

2Bk:　61～80cm，浊棕色（7.5YR 5/4，干），棕色（7.5YR 4/4，润），砂质壤土，无结构，坚实，润，极少量极细根，很多岩石碎屑，中量石灰粉末，强石灰反应，pH 8.45，向下模糊平滑过渡。

双龙系代表性单个土体剖面

2BCk:　80～120cm，棕色（7.5YR 4/3，干），黑棕色（7.5YR 3/2，润），砂质壤土，无结构，坚实，润，无根系，极多量岩石碎屑，少量石灰粉末，强石灰反应，pH 8.41。

下为安山岩母岩。

### 双龙系代表性单个土体物理性质

| 土层 | 深度 /cm | 石砾 (>2mm，体积分数)/% | 细土颗粒组成（粒径：mm）/(g/kg) | | | 质地 | 容重 /(g/cm³) |
| | | | 砂粒 2～0.05 | 粉粒 0.05～0.002 | 黏粒 <0.002 | | |
| --- | --- | --- | --- | --- | --- | --- | --- |
| Ah | 0～29 | 2 | 445 | 336 | 219 | 壤土 | 1.36 |
| AB | 29～41 | 2 | 519 | 250 | 231 | 砂质黏壤土 | 1.52 |
| Bk | 41～61 | 3 | 541 | 309 | 150 | 砂质壤土 | 1.52 |
| 2Bk | 61～80 | 70 | 555 | 270 | 175 | 砂质壤土 | 未测 |
| 2BCk | 80～120 | 90 | 619 | 230 | 151 | 砂质壤土 | 未测 |

### 双龙系代表性单个土体化学性质

| 深度 /cm | pH (H₂O) | 有机碳 /(g/kg) | 全氮(N) /(g/kg) | 全磷(P) /(g/kg) | 全钾(K) /(g/kg) | 阳离子交换量 /(cmol/kg) | 碳酸钙相当物 /(g/kg) |
| --- | --- | --- | --- | --- | --- | --- | --- |
| 0～29 | 7.95 | 16.1 | 1.37 | 0.987 | 18.0 | 34.8 | |
| 29～41 | 8.18 | 6.0 | 0.45 | 1.776 | 18.3 | 23.1 | 127 |
| 41～61 | 8.31 | 2.8 | 0.03 | 2.269 | 18.1 | 21.8 | 143 |
| 61～80 | 8.45 | 2.5 | 0.00 | 2.051 | 15.6 | 21.5 | 197 |
| 80～120 | 8.41 | 2.4 | 0.03 | 1.942 | 16.7 | 20.9 | 81 |

# 11.8　普通简育干润雏形土

### 11.8.1　哈木台系（Hamutai Series）

土　族：砂质硅质型石灰性冷性-普通简育干润雏形土
拟定者：翟瑞常，辛　刚

**分布与环境条件**　哈木台系主要分布在松嫩平原中的杜蒙、富裕、泰来等县内。地形为沙丘地，成土母质为风积沙。中温带大陆性季风气候，具冷性土壤温度状况和半干润土壤水分状况。年平均气温 3.8℃，≥10℃积温 2862.8℃，年平均降水量 421.5mm，6~9 月降水占全年的 84.8%，无霜期 156 天；50cm 深处土壤温度年平均 6.1℃，夏季 20.9℃，冬季-9.6℃，冬夏温差 30.5℃。自然植被为草甸草原，

哈木台系典型景观

主要植物有胡枝子、糙隐子草、兔毛蒿、唐松草和黄蒿等，覆盖度在 60%~80%，约有 1/4 的面积已开垦为农田。

**土系特征与变幅**　本土系土体构型为 Ah、B 和 C，Ah 层厚 20~30cm，砂土至壤质砂土，结构不明显，松散，无石灰反应，未开垦荒地有中量根；B 层为雏形层，有 $CaCO_3$ 淀积；C 层砂土，无结构，松散，从 B 层往下均有强-弱石灰性反应。Ah 层有机碳含量为 3.7~10.0g/kg，土壤容重为 1.3~1.6g/cm$^3$，pH 7.2~8.5，中性至微碱性反应。

**对比土系**　林业屯系。两土系均为风积形成的沙丘，但分属不同的土纲。哈木台系是普通简育干润雏形土，表土层为淡薄表层。林业屯系是普通暗厚干润均腐土，表层为暗沃表层，厚度≥50cm。

**利用性能综述**　本土系砂性强，漏水漏肥，易干旱，又呈微碱性，不利于幼苗生长，产量不高，玉米每公顷产量 6000~7500kg，要注意施有机物料，改良土壤砂性，营造农田防护林，防风固沙，抗旱保墒。荒地应尽量不予开垦，以保护草原或人工种草，涵养水分，逐步使土壤得到改良。

**参比土种**　灰色石灰性半固定草甸风沙土。

**代表性单个土体**　位于黑龙江省大庆市杜尔伯特蒙古族自治县哈木台乡西 1000m，

46°36′17.0″N，124°38′16.9″E，海拔 145m。地形为沙丘中上坡，坡度 3°～4°。母质为风积沙。土壤调查地块种植红小豆，已收获。野外调查时间为 2009 年 10 月 6 日，编号 23-004。

Ah：0～16cm，棕色（7.5YR 4/3，干），灰棕色（7.5YR 4/2，润），壤质砂土，无结构，松散，稍润，很少极细根，无石灰反应，pH 8.33，向下渐变平滑过渡。

B：　16～30cm，浊棕色（7.5YR 5/3，干），棕色（7.5YR 4/3，润），砂质壤土，无结构，松散，润，很少极细根，强石灰反应，pH 8.17，向下渐变平滑过渡。

C1：30～49cm，浊橙色（7.5YR 6/4，干），橙色（7.5YR 6/8，润），砂质壤土，无结构，松散，润，很少极细根，强石灰反应，pH 8.33，向下模糊平滑过渡。

C2：49～120cm，浊橙色（7.5YR 7/4，干），橙色（7.5YR 6/6，润），壤质砂土，无结构，松散，润，无根系，弱石灰反应，pH 8.37。

哈木台系代表性单个土体剖面

### 哈木台系代表性单个土体物理性质

| 土层 | 深度 /cm | 细土颗粒组成 (粒径：mm)/(g/kg) | | | 质地 | 容重 /(g/cm³) |
| --- | --- | --- | --- | --- | --- | --- |
| | | 砂粒 2～0.05 | 粉粒 0.05～0.002 | 黏粒 <0.002 | | |
| Ah | 0～16 | 809 | 121 | 70 | 壤质砂土 | 1.51 |
| B | 16～30 | 723 | 166 | 111 | 砂质壤土 | 1.47 |
| C1 | 30～49 | 736 | 158 | 106 | 砂质壤土 | 1.47 |
| C2 | 49～120 | 825 | 113 | 62 | 壤质砂土 | 1.67 |

### 哈木台系代表性单个土体化学性质

| 深度 /cm | pH (H₂O) | 有机碳 /(g/kg) | 全氮(N) /(g/kg) | 全磷(P) /(g/kg) | 全钾(K) /(g/kg) | 阳离子交换量 /(cmol/kg) | 碳酸钙相当物 /(g/kg) |
| --- | --- | --- | --- | --- | --- | --- | --- |
| 0～16 | 8.33 | 6.6 | 0.62 | 0.142 | 26.76 | 8.56 | 0 |
| 16～30 | 8.17 | 6.8 | 0.54 | 0.132 | 25.35 | 7.38 | 51 |
| 30～49 | 8.33 | 2.4 | 0.06 | 0.118 | 26.15 | 6.04 | 49 |
| 49～120 | 8.37 | 0.8 | 0.00 | 0.064 | 28.05 | 4.56 | 10 |

## 11.8.2　喇嘛甸系（Lamadian Series）

土　族：砂质硅质混合型石灰性冷性-普通简育干润雏形土
拟定者：翟瑞常，辛　刚

**分布与环境条件**　喇嘛甸系主要分布在黑龙江省松嫩平原西部的杜蒙、大庆、泰来、齐齐哈尔等市县，地形为平原中的平地，母质为风积母质；中温带大陆性季风气候，具有冷性土壤温度状况和半干润土壤水分状况。年平均气温 3.1℃，≥10℃积温 2752.8 ℃，年平均降水量 476mm，6～9 月降水占全年的 82%，无霜期 137 天。50cm 深处土壤温度年平均 4.8℃，夏季 15.9℃，冬季–5.8℃，冬夏温差

喇嘛甸系典型景观

21.7℃。自然植被为小禾草、羊草、大针茅为主，伴生冰草、飞燕草等，覆盖度在 70%～80%。

**土系特征与变幅**　本土系土壤土体构型为 Ah、B 和 C。表层 Ah 厚<15cm；B 层有碳酸钙的淋溶淀积，其下为风积母质。耕层容重在 1.1～1.5g/cm³。表层有机碳含量为 7.2～18.0g/kg，pH 7.5～9.0。

**对比土系**　五大哈系。五大哈系和喇嘛甸系同为砂质硅质混合型石灰性冷性-普通简育干润雏形土土族。喇嘛甸系由于土壤发育弱，表层 Ah 层厚<15cm；碳酸钙淋溶淀积作用弱，没有形成钙积层。五大哈系 Ah 层厚 15～25cm，有钙积层 Bk，厚度为 30～50cm，出现深度为 30～40cm，Bk、BC 层有很少碳酸钙假菌丝体。

**利用性能综述**　由于气候干旱，风大，要保护草原，防止沙化扩大。地形平坦，砂性强，开垦为耕地后，易耕作，适合种植玉米、薯类、西瓜、花生等作物，但易受风蚀，易干旱、漏水漏肥，养分不足，土壤为碱性，作物产量不高。

**参比土种**　中层石灰性固定草甸风沙土。

**代表性单个土体**　位于黑龙江省大庆市喇嘛甸富新小区南 3000m，46°38′44.4″N，125°43′39.1″E，海拔 140m。地形为平地，风积母质；植被为以羊草为主的杂类草，覆盖度在 70%～80%。野外调查时间为 2009 年 10 月 6 日，编号 23-003。

Ah： 0～11cm，灰棕色（7.5YR 4/2，干），黑棕色（7.5YR 3/2，润），砂质壤土，小粒状结构，松软，稍干，少量细根，强石灰反应，pH 8.36，向下渐变平滑过渡。

B： 11～23cm，淡棕灰色（7.5YR 7/2，干），淡黄橙色（7.5YR 7/3，润），砂质黏壤土，小粒状结构，稍硬，稍干，很少极细根，强石灰反应，pH 9.00，向下模糊平滑过渡。

C1： 23～51cm，浊橙色（7.5YR 7/3，干），橙色（7.5YR 6/6，润），砂质壤土，小粒状结构，松散，润，很少极细根，强石灰反应，pH 9.42，向下模糊平滑过渡。

C2： 51～110cm，浊橙色（7.5YR 7/4，干），亮棕色（7.5YR 5/8，润），壤质砂土，小粒状结构，松散，润，无根系，强石灰反应，pH 9.35，向下模糊平滑过渡。

C3： 110～165cm，浊橙色（7.5YR 6/4，干），橙色（7.5YR 6/8，润），砂土，无结构，松散，润，无根系，强石灰反应，pH 9.15。

喇嘛甸系代表性单个土体剖面

### 喇嘛甸系代表性单个土体物理性质

| 土层 | 深度/cm | 细土颗粒组成 (粒径：mm)/(g/kg) | | | 质地 | 容重/(g/cm³) |
| --- | --- | --- | --- | --- | --- | --- |
| | | 砂粒 2～0.05 | 粉粒 0.05～0.002 | 黏粒 <0.002 | | |
| Ah | 0～11 | 602 | 262 | 136 | 砂质壤土 | 1.17 |
| B | 11～23 | 601 | 198 | 201 | 砂质黏壤土 | 1.59 |
| C1 | 23～51 | 641 | 195 | 164 | 砂质壤土 | 1.55 |
| C2 | 51～110 | 813 | 109 | 78 | 壤质砂土 | 1.69 |
| C3 | 110～165 | 907 | 64 | 29 | 砂土 | 1.57 |

### 喇嘛甸系代表性单个土体化学性质

| 深度/cm | pH(H₂O) | 有机碳/(g/kg) | 全氮(N)/(g/kg) | 全磷(P)/(g/kg) | 全钾(K)/(g/kg) | 阳离子交换量/(cmol/kg) | 碳酸钙相当物/(g/kg) |
| --- | --- | --- | --- | --- | --- | --- | --- |
| 0～11 | 8.36 | 18.0 | 1.69 | 0.273 | 23.6 | 12.8 | 61 |
| 11～23 | 9.00 | 7.5 | 0.57 | 0.183 | 28.2 | 10.9 | 107 |
| 23～51 | 9.42 | 1.6 | 0.00 | 0.134 | 21.0 | 7.9 | 47 |
| 51～110 | 9.35 | 0.4 | 0.00 | 0.119 | 26.4 | 6.0 | 9 |
| 110～165 | 9.15 | 0.0 | 0.00 | 0.079 | 25.5 | 2.4 | 1 |

### 11.8.3　五大哈系（Wudaha Series）

土　　族：砂质硅质混合型石灰性冷性-普通简育干润雏形土
拟定者：翟瑞常，辛　刚

五大哈系典型景观

**分布与环境条件**　五大哈系主要分布在黑龙江省松嫩平原中的富裕、杜蒙、大庆、甘南、泰来、齐齐哈尔等市县，位于平原中的缓坡地，坡度为 1°～2°，母质为含碳酸盐的沉积物；自然植被是以大针茅、线叶菊、兔毛蒿、羊草为主的草甸化草原，覆盖度在 60%～70%。大部分开垦为耕地，种植大豆、玉米、杂粮，一年一熟。中温带大陆性季风气候，具有冷性土壤温度状况和半干润土壤水分状况。年平均气温 3.8℃，≥10℃积温 2862.8℃，年平均降水量 458.3mm，6～9 月降水占全年的 81.6%，无霜期 144 天；50cm 深处土壤温度年平均 6.1℃，夏季 20.9℃，冬季–9.6℃，冬夏温差 30.5℃。

**土系特征与变幅**　本土系土壤土体构型为 Ah、AB、Bk、BC 和 C。表层 Ah 层厚 15～25cm，轻度石灰反应；Bk 层为钙积层，厚度为 30～50cm，出现深度为 30～40cm；Bk、BC 层有很少量碳酸钙假菌丝体；耕层容重在 1.3～1.6g/cm$^3$。表层有机碳含量为 10.6～17.5g/kg，pH 7.5～8.5。

**对比土系**　萨东系。萨东系和五大哈系同为普通简育干润雏形土土类。萨东系土族控制层段颗粒粒级组成为壤质；而五大哈系土族控制层段颗粒粒级组成为砂质。

**利用性能综述**　本土系土壤地形平坦，黑土层较厚，质地较轻，通气透水性能好，热潮，易耕作，生产性能较高，但养分贮量较低，玉米单产 6000～7500kg/hm$^2$。应增施有机肥，培肥土壤，营造农田防护林，加强水土保持，以防风蚀水蚀，保护土壤。

**参比土种**　中层砂壤质石灰性黑钙土。

**代表性单个土体**　位于黑龙江省大庆市杜尔伯特蒙古族自治县杜尔伯特镇五大哈屯西 200m，46°53′0.1″N，124°24′5.1″E，海拔 147m。地形为平原中的缓坡地，坡度 1°左右，母质为含碳酸盐的沉积物。土壤调查地块为已收获的红小豆地。野外调查时间为 2009 年 10 月 5 日，编号 23-005。

Ah：　0～23cm，棕色（7.5YR 4/3，干），黑棕色（7.5YR 3/2，润），砂质壤土，屑粒状结构，疏松，稍润，很少细根，轻度石灰反应，pH 7.99，向下渐变平滑过渡。

AB：　23～36cm，浊棕色（7.5YR 6/3，干），棕色（7.5YR 4/3，润），砂质壤土，无结构，疏松，稍润，很多极细根，强石灰反应，pH 8.20，向下渐变波状过渡。

Bk：　36～67cm，浊橙色（7.5YR 7/3，干），浊棕色（7.5YR 6/6，润），砂质壤土，无结构，疏松，润，无根系，很少量碳酸钙假菌丝体，强石灰反应，pH 8.36，向下模糊平滑过渡。

BC：67～102cm，橙色（7.5YR 6/6，干），亮棕色（7.5YR 5/8，润），砂质壤土，无结构，疏松，润，无根系，很少量碳酸钙假菌丝体，强石灰反应，pH 8.42，向下模糊平滑过渡。

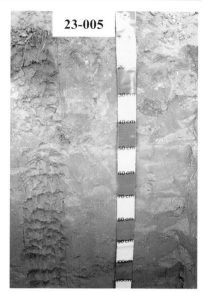

五大哈系代表性单个土体剖面

C：　102～147cm，浊橙色（7.5YR 6/4，干），亮棕色（7.5YR 5/6，润），砂质壤土，无结构，疏松，润，极强石灰反应，pH 8.52，向下清晰平滑过渡。

2C：147～170cm，浊橙色（7.5YR 6/4，干），橙色（7.5YR 6/6，润），壤土，无结构，疏松，润，很少量碳酸钙假菌丝体，极强石灰反应，pH 8.42。

### 五大哈系代表性单个土体物理性质

| 土层 | 深度/cm | 洗失量/(g/kg) | 细土颗粒组成（粒径：mm)/(g/kg) | | | 质地 | 容重/(g/cm³) |
| | | | 砂粒 2～0.05 | 粉粒 0.05～0.002 | 黏粒 <0.002 | | |
| --- | --- | --- | --- | --- | --- | --- | --- |
| Ah | 0～23 | — | 659 | 222 | 119 | 砂质壤土 | 1.51 |
| AB | 23～36 | 112 | 711 | 124 | 165 | 砂质壤土 | 1.53 |
| Bk | 36～67 | 92 | 754 | 98 | 148 | 砂质壤土 | 1.62 |
| BC | 67～102 | 30 | 678 | 188 | 134 | 砂质壤土 | 1.77 |
| C | 102～147 | 24 | 676 | 191 | 133 | 砂质壤土 | 1.65 |
| 2C | 147～170 | 148 | 493 | 325 | 182 | 壤土 | 1.65 |

注：土壤碳酸钙含量低，去除碳酸钙土壤质量没有显著减少，表中为"—"。

### 五大哈系代表性单个土体化学性质

| 深度/cm | pH(H₂O) | 有机碳/(g/kg) | 全氮(N)/(g/kg) | 全磷(P)/(g/kg) | 全钾(K)/(g/kg) | 阳离子交换量/(cmol/kg) | 碳酸钙相当物/(g/kg) |
| --- | --- | --- | --- | --- | --- | --- | --- |
| 0～23 | 7.99 | 12.0 | 1.21 | 0.357 | 24.9 | 10.5 | 1 |
| 23～36 | 8.20 | 5.4 | 0.83 | 0.235 | 24.7 | 9.7 | 115 |
| 36～67 | 8.36 | 2.3 | 0 | 0.193 | 18.9 | 9.1 | 96 |
| 67～102 | 8.42 | 1.3 | 0 | 0.138 | 26.8 | 7.8 | 12 |
| 102～147 | 8.52 | 1.1 | 0 | 0.123 | 25.4 | 4.0 | 16 |
| 147～170 | 8.42 | 2.0 | 0 | 0.204 | 22.1 | 8.9 | 154 |

### 11.8.4　富饶系（Furao Series）

土　族：黏壤质混合型石灰性冷性-普通简育干润雏形土
拟定者：辛　刚，翟瑞常

富饶系典型景观

**分布与环境条件**　富饶系主要分布在黑龙江省松嫩平原中的富裕、依安、林甸、杜蒙、大庆、拜泉、肇东、肇州、兰西等市县。平坦平原，坡度 1°～2°，母质为含碳酸盐的沉积物；植被为草甸化草原，杂类草群落，以大针茅、线叶菊、兔毛蒿、羊草为主，覆盖度在 60%～70%。多开垦为耕地，种植大豆、玉米、杂粮。中温带大陆性季风气候，具有冷性土壤温度状况和半干润土壤水分状况。年平均气温 2.3℃，≥10℃积温 2681.8℃，年平均降水量 460.3mm，6～9 月降水占全年的 85.2%，无霜期 125 天，50cm 深处土壤温度年平均 4.2℃，夏季 14.6℃，冬季–6.1℃，冬夏温差 20.7℃。

**土系特征与变幅**　本土系土壤土体构型为 Ah、AB、Bk、BC 和 C。表层 Ah 层厚 15～25cm，Bk 层为钙积层，厚度为 60～120cm，出现深度为 30～40cm，有碳酸钙假菌丝体、石灰斑和石灰结核；全剖面强-极强石灰反应。Ah 层有机碳含量为 12.4～32.1g/kg，容重为 1.1～1.4g/cm³，pH 7.5～8.5。

**对比土系**　萨东系。萨东系和富饶系同为普通简育干润雏形土亚类。萨东系土族控制层段颗粒粒级组成为壤质；而富饶系土族控制层段颗粒粒级组成为黏壤质。

**利用性能综述**　本土系土壤为中等土壤肥力。土壤质地黏重，通气透水性差，并易受干旱和风蚀。需要增施有机肥和磷肥，以改良土壤和培肥地力。

**参比土种**　中层黄土质石灰性黑钙土。

**代表性单个土体**　位于黑龙江省大庆市林甸县三合乡富饶村北 5km 路南，47°15′34.2″N，124°37′5.5″E，海拔 150m。平坦平原，坡度 1°～2°，母质为含碳酸盐的沉积物；土壤调查地块种植红小豆，已收获。野外调查时间为 2009 年 10 月 13 日，编号 23-018。

Ah：　0～20cm，棕灰色（7.5YR 4/1，干），棕色（7.5YR 4/3，润），黏壤土，团粒状结构，松软，润，很少极细根，强石灰反应，pH 7.85，向下渐变平滑过渡。

AB：　20～41cm，灰棕色（7.5YR 6/2，干），棕色（7.5YR 4/3，润），黏壤土，团粒结构，稍硬，润，很少极细根，极强石灰反应，pH 8.17，向下模糊不规则过渡。

Bk1：41～80cm，浊橙色（7.5YR 6/4，干），亮棕色（7.5YR 5/8，润），粉质黏壤土，棱块状结构，很坚硬，润，很少极细根，极强石灰反，少量碳酸钙假菌丝体和石灰斑，pH 8.25，向下模糊平滑过渡。

Bk2：80～129cm，浊棕色（7.5YR 6/3，干），棕色（7.5YR 4/6，润），粉壤土，棱块状结构，很坚硬，潮，无根系，极强石灰反应，有碳酸钙假菌丝体、石灰斑和石灰结核，pH 8.29，向下模糊平滑过渡。

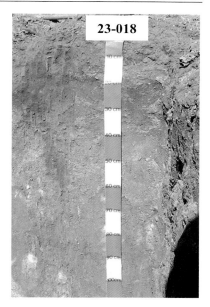

富饶系代表性单个土体剖面

BC：129～160cm，浊橙色（7.5YR 7/3，干），棕色（7.5YR 4/6，润），粉壤土，棱块状结构，很坚硬，潮，无根系，极强石灰反应，有碳酸钙假菌丝体，pH 8.27，向下模糊平滑过渡。

C：　160～180cm，浊棕色（7.5YR6/4，干），棕色（7.5YR 4/4，润），黏壤土，无结构，坚硬，潮，无根系，有石灰斑，强石灰反应，pH 8.25。

### 富饶系代表性单个土体物理性质

| 土层 | 深度/cm | 洗失量/(g/kg) | 细土颗粒组成（粒径：mm)/(g/kg) | | | 质地 | 容重/(g/cm³) |
| | | | 砂粒 2～0.05 | 粉粒 0.05～0.002 | 黏粒 <0.002 | | |
|---|---|---|---|---|---|---|---|
| Ah | 0～20 | 115 | 312 | 363 | 325 | 黏壤土 | 1.33 |
| AB | 20～41 | 147 | 237 | 479 | 284 | 黏壤土 | 1.33 |
| Bk1 | 41～80 | 151 | 168 | 548 | 284 | 粉质黏壤土 | 1.34 |
| Bk2 | 80～129 | 105 | 183 | 608 | 209 | 粉壤土 | 1.48 |
| BC | 129～160 | 80 | 289 | 558 | 153 | 粉壤土 | 1.54 |
| C | 160～180 | 51 | 346 | 329 | 325 | 黏壤土 | 1.50 |

### 富饶系代表性单个土体化学性质

| 深度/cm | pH (H₂O) | 有机碳/(g/kg) | 全氮(N)/(g/kg) | 全磷(P)/(g/kg) | 全钾(K)/(g/kg) | 阳离子交换量/(cmol/kg) | 碳酸钙相当物/(g/kg) |
|---|---|---|---|---|---|---|---|
| 0～20 | 7.85 | 32.1 | 1.89 | 1.077 | 21.3 | 26.8 | 115 |
| 20～41 | 8.17 | 5.0 | 0.77 | 0.582 | 20.0 | 23.2 | 161 |
| 41～80 | 8.25 | 3.0 | 0.30 | 0.495 | 20.0 | 22.0 | 161 |
| 80～129 | 8.29 | 1.9 | 0.05 | 0.353 | 23.4 | 23.5 | 115 |
| 129～160 | 8.27 | 1.8 | 0.00 | 0.442 | 24.2 | 19.8 | 86 |
| 160～180 | 8.25 | 1.6 | 0.00 | 0.502 | 24.4 | 23.8 | 52 |

### 11.8.5　萨东系（Sadong Series）

土　族：壤质混合型石灰性冷性–普通简育干润雏形土
拟定者：辛　刚，翟瑞常

**分布与环境条件**　萨东系主要分布在黑龙江省松嫩平原中的杜蒙、大庆、富裕、甘南、泰来、齐齐哈尔、肇源等市县，位于平原中的缓坡地，坡度 1°～2°，母质为含碳酸盐的沉积物，二元结构，上层质地为粉壤土–黏壤土，下层为砂质壤土–砂土；自然植被是以大针茅、羊草、线叶蒿为主的草原。大部分开垦为耕地；中温带大陆性季风气候，具冷性土壤温度状况和半干润土壤水分状况。年平均气温 3.1℃，

萨东系典型景观

≥10℃积温 2752.8℃，年平均降水量 476mm，6～9 月降水占全年的 82%，无霜期 137 天。50cm 深处土壤温度年平均 4.8℃，夏季 15.9℃，冬季–5.8℃，冬夏温差 21.7℃。

**土系特征与变幅**　本土系土壤土体构型为 Ah、AB、Bk、2Bk、2BC 和 2C。表层 Ah 层厚 15～25cm；Bk 层为钙积层，下部有中量–多量碳酸钙假菌丝体，厚度为 60～100cm；土壤剖面具有二元结构，上层质地为粉壤土–黏壤土，下层为砂质壤土–砂土。耕层容重为 1.2～1.5g/cm³。表层有机碳含量为 12.9～23.0g/kg，pH 7.5～8.5。

**对比土系**　五大哈系。萨东系和五大哈系同为普通简育干润雏形土土类。萨东系土族控制层段颗粒粒级组成为壤质；而五大哈系土族控制层段颗粒粒级组成为砂质。

**利用性能综述**　本土系所处地形平坦，黑土层较厚，养分贮量较多，质地适中，易耕作。但易受风蚀、干旱的影响。应增施有机肥，培肥土壤，营造农田防护林，防风固沙。

**参比土种**　中层砂壤质石灰性黑钙土。

**代表性单个土体**　位于黑龙江省大庆市萨尔图区萨东，46°31′23.1″N，125°14′41.3″E，海拔145m。地形为平原中的缓坡地，坡度 1°～2°，母质为含碳酸盐的沉积物，有二元结构，上层质地为粉壤土–黏壤土，下层为砂质壤土–砂土；土壤调查地块为正在收获的玉米地。野外调查时间为 2009 年 10 月 18 日，编号 23-020。

Ah:　0～20cm，棕灰色（7.5YR 5/1，干），灰棕色（7.5YR 4/2，
　　　润），黏壤土，团粒状结构，疏松，稍润，很少极细根，
　　　极强石灰反应，pH 7.93，向下渐变不规则过渡。

AB:　20～44cm，淡灰棕色（7.5YR 7/2，干），浊橙色（7.5YR
　　　6/4，润），粉壤土，棱块状结构，疏松，润，很少极细
　　　根，极强石灰反应，pH 8.13，向下模糊不规则过渡。

Bk1:　44～70cm，浊橙色（7.5YR 7/3，干），浊棕色（7.5YR
　　　5/4，润），粉壤土，棱块状结构，疏松，润，很少极细
　　　根，极强石灰反应，pH 8.35，向下模糊平滑过渡。

Bk2:　70～94cm，浊橙色（7.5YR 7/4，干），浊棕色（7.5YR
　　　5/4，润），砂质壤土，棱块状结构，坚实，润，中量碳
　　　酸钙假菌丝体，极强石灰反应，pH 8.50，向下模糊平滑
　　　过渡。

萨东系代表性单个土体剖面

2Bk:　94～120cm，浊橙色（7.5YR 7/4，干），浊橙色（7.5YR
　　　7/4，润），壤质砂土，棱块状结构，疏松，润，极强石灰反应，多量碳酸钙假菌丝体，pH 8.60，
　　　向下模糊平滑过渡。

2BC:　120～147cm，浊橙色（7.5YR 7/3，干），浊橙色（7.5YR 6/4，润），壤质砂土，棱块状结构，
　　　疏松，润，弱石灰反应，pH 8.68，向下模糊平滑过渡。

2C:　147～180cm，浊橙色（7.5YR 7/3，干），浊橙色（7.5YR 7/4，润），砂土，很弱棱块状结构，
　　　疏松，无根系，润，无石灰反应，pH 8.70。

### 萨东系代表性单个土体物理性质

| 土层 | 深度/cm | 洗失量/(g/kg) | 细土颗粒组成（粒径：mm)/(g/kg) | | | 质地 | 容重/(g/cm³) |
| --- | --- | --- | --- | --- | --- | --- | --- |
| | | | 砂粒 2～0.05 | 粉粒 0.05～0.002 | 黏粒 <0.002 | | |
| Ah | 0～20 | 114 | 333 | 378 | 289 | 黏壤土 | 1.45 |
| AB | 20～44 | 152 | 370 | 591 | 39 | 粉壤土 | 1.39 |
| Bk1 | 44～70 | 126 | 471 | 478 | 52 | 粉壤土 | 1.49 |
| Bk2 | 70～94 | 57 | 662 | 190 | 147 | 砂质壤土 | 1.54 |
| 2Bk | 94～120 | 29 | 813 | 108 | 79 | 壤质砂土 | 1.61 |
| 2BC | 120～147 | — | 850 | 97 | 53 | 壤质砂土 | 1.70 |

注：土壤碳酸钙含量低，去除碳酸钙土壤质量没有显著减少，表中为"—"。

## 萨东系代表性单个土体化学性质

| 深度 /cm | pH (H₂O) | 有机碳 /(g/kg) | 全氮(N) /(g/kg) | 全磷(P) /(g/kg) | 全钾(K) /(g/kg) | 阳离子交换量 /(cmol/kg) | 碳酸钙相当物 /(g/kg) |
|---|---|---|---|---|---|---|---|
| 0~20 | 7.93 | 19.5 | 1.56 | 0.984 | 21.8 | 17.6 | 112 |
| 20~44 | 8.13 | 5.0 | 0.29 | 0.505 | 21.3 | 17.1 | 153 |
| 44~70 | 8.35 | 2.1 | 0.00 | 0.393 | 23.9 | 13.5 | 129 |
| 70~94 | 8.50 | 1.0 | 0.00 | 0.394 | 24.2 | 11.7 | 52 |
| 94~120 | 8.60 | 0.1 | 0.00 | 0.418 | 25.9 | 6.6 | 23 |
| 120~147 | 8.68 | 0.2 | 0.00 | 0.446 | 26.6 | 4.3 | 13 |

# 11.9 漂白冷凉湿润雏形土

## 11.9.1 亮河系（Lianghe Series）

土　族：粗骨壤质混合型–漂白冷凉湿润雏形土
拟定者：翟瑞常，辛　刚

**分布与环境条件**　亮河系主要
分布在黑龙江省东部山区的佳
木斯、桦南、东宁、尚志、穆棱
等市县的低山丘陵缓坡上，坡度
5°～8°，母质为花岗岩风化残积
坡积物。属中温带大陆性季风气
候，具冷性土壤温度状况和湿润
土壤水分状况。年平均降水量
666mm，年平均蒸发量 1500mm。
年平均日照时数 2553h，年均气
温 2.3℃，无霜期 119 天，≥10 ℃
积温 2433℃。50cm 深处年平均

亮河系典型景观

土壤温度 5.9℃。自然植被是以柞、桦为主的次生杂木林，少部分开垦为农田。

**土系特征与变幅**　本土系土壤发育很弱，有效土层在 70cm 左右，土体构型为 Oi、Ah、
E、C 和 R。Ah 层厚 0～15cm，E 层颜色浅，厚度为 10～23cm，其下为母质层 C，花岗
岩风化碎屑。Ah 层有机碳含量为（40.1±25.8）g/kg（$n=5$），容重为（1.2±0.2）g/cm$^3$，
pH 5.5～7.0。

**对比土系**　宾安系。宾安系和亮河系同为漂白冷凉湿润雏形土亚类。宾安系控制层段颗
粒粒级组成为黏壤质；亮河系控制层段颗粒粒级组成为粗骨壤质。

**利用性能综述**　本土系地处山坡，易发生水土流失，故土壤肥力低，易旱易涝，一般不
宜开垦为农田，适宜发展林业生产，对已经开垦的耕地，应在上坡开掘截水沟，防止山
水入侵，造成水土流失，同时增施有机肥料，不断提高土壤肥力，适合种植大豆、小麦、
玉米等旱田作物，生产力较低。

**参比土种**　中层麻砂质白浆化暗棕壤。

**代表性单个土体**　位于黑龙江省哈尔滨市尚志市亮河镇北 1km（当地群众称之为高丽果
山）。45°9′48.4″N，128°46′57.2″E，海拔 251m。地形为低山丘陵的缓坡地，坡度 5°～8°，
母质为花岗岩风化残积坡积物。自然植被是以柞、桦为主的次生杂木林。野外调查时间
为 2011 年 9 月 22 日，编号 23-089。

23-089

亮河系代表性单个土体剖面

Oi：+3～0cm，棕色（7.5YR 4/3，干），暗棕色（7.5YR 3/3，湿），稍润，未腐解的枯枝落叶，向下突然平滑过渡。

Ah：0～14cm，灰棕色（7.5YR 5/2，干），极暗棕色（7.5YR 2/3，润），粉壤土，小团粒结构，松软，很少粗根，pH 6.56，向下清晰平滑过渡。

E：14～27cm，灰棕色（7.5YR 5/2，干），灰棕色（7.5YR 4/2，润），粉壤土，发育较弱的中片状结构，稍硬，很少中等大小根，很少量很小角状花岗岩风化碎屑，pH 6.65，向下模糊平滑过渡。

C：27～69cm，浊橙色（7.5YR 7/4，干），棕色（7.5YR 4/6，润），壤土，弱度发育的小棱块状结构，稍硬，很少细根，很多量很小角状花岗岩风化碎屑，pH 6.78，向下渐变平滑过渡。

R：69～120cm，半风化花岗岩。

### 亮河系代表性单个土体物理性质

| 土层 | 深度 /cm | 石砾 (>2mm，体积分数)/% | 细土颗粒组成（粒径：mm)/(g/kg) | | | 质地 | 容重 /(g/cm³) |
|---|---|---|---|---|---|---|---|
| | | | 砂粒 2～0.05 | 粉粒 0.05～0.002 | 黏粒 <0.002 | | |
| Ah | 0～14 | — | 188 | 639 | 172 | 粉壤土 | 1.10 |
| E | 14～27 | 1 | 227 | 626 | 147 | 粉壤土 | 1.32 |
| C | 27～69 | 55 | 420 | 470 | 110 | 壤土 | 未测 |

注：土壤没有石砾或含量极少，表中为"—"。

### 亮河系代表性单个土体化学性质

| 深度 /cm | pH (H₂O) | 有机碳 /(g/kg) | 全氮(N) /(g/kg) | 全磷(P) /(g/kg) | 全钾(K) /(g/kg) | 阳离子交换量 /(cmol/kg) |
|---|---|---|---|---|---|---|
| 0～14 | 6.56 | 32.2 | 2.72 | 0.525 | 15.7 | 24.0 |
| 14～27 | 6.65 | 9.7 | 0.91 | 0.275 | 16.6 | 12.4 |
| 27～69 | 6.78 | 3.3 | 0.34 | 0.197 | 19.1 | 9.7 |

## 11.9.2　宾安系（**Bin'an Series**）

土　族：黏壤质混合型-漂白冷凉湿润雏形土
拟定者：翟瑞常，辛　刚

**分布与环境条件**　宾安系主要
分布在黑龙江省松嫩平原的宾
县、巴彦、通河、庆安等地。地
形为丘陵漫岗和山前台地，坡度
4°～5°，黄土状母质，质地为粉
壤土。中温带大陆性季风气候，
具有冷性土壤温度状况和湿润
土壤水分状况。年平均气温
3.9℃，≥10℃积温 2776.2℃，
最大冻土深度 193cm，无霜期
130～140 天；年平均降水量
563.9mm，6～9 月降水占全年的
76.2%。50cm 深处土壤温度年平

宾安系典型景观

均 6.5℃，夏季平均 17.3℃，冬季平均–3.5℃，冬夏温差 20.8℃。自然植被为杂类草，间
有小灌木，大面积已开垦为耕地。

**土系特征与变幅**　本土系土壤土体构型为 Ah、E、B 和 C。Ah 层厚 15～25cm，E 层颜
色浅，厚度为 15cm 左右，B 层为淀积层，小核状结构，厚度为 30～60cm，出现在 30cm
以下，E、B 和 C 层有很少量小铁锰结核。Ah 层有机碳含量为（23.9±11.8）g/kg（$n=7$），
容重为（1.2±0.2）g/cm³，pH 6.8～8.0。

**对比土系**　亮河系。宾安系和亮河系同为漂白冷凉湿润雏形土亚类。宾安系控制层段颗
粒粒级组成为黏壤质；亮河系控制层段颗粒粒级组成为粗骨壤质。

**利用性能综述**　本土系腐殖质层较薄，水土流失严重，土壤易板结，耕性差，土壤供肥
能力也较低，玉米每公顷产量在 6000～7500kg。应加强水土保持，并采取农业技术措施，
加厚耕层厚度和培肥地力，在生产过程中注意精耕细作，以提高其生产能力。

**参比土种**　薄层黄土质白浆化黑土。

**代表性单个土体**　位于黑龙江省哈尔滨市宾县宾安镇东 1km。45°50′39.5″N，
127°46′33.9″E，海拔161m。地形为丘陵漫岗和山前台地，坡度 4°～5°，母质为第四纪黄
土状物质，质地为粉壤土。本单个土体是开垦很久的老耕地，为已收获玉米地。野外调
查时间为 2011 年 10 月 9 日，编号 23-106。

**宾安系代表性单个土体剖面**

Ah：0～20cm，浊棕色（7.5YR 5/3，干），暗棕色（7.5YR 3/2，润），粉质黏壤土，小团粒结构，疏松，很少细根，pH 7.67，向下突然平滑过渡。

E：20～34cm，灰棕色（7.5YR 6/2，干），灰棕色（7.5YR 4/2，润），粉壤土，片状结构，土体内有很少量黑色小铁锰结核，坚实，很少极细根，pH 7.74，向下清晰平滑过渡。

B：34～70cm，浊橙色（7.5YR 6/4，干），浊棕色（7.5YR 5/4，润），粉壤土，小核状结构，土体内有很少量黑色小铁锰结核，很少量灰白色二氧化硅粉末，坚实，很少极细根，pH 7.85，向下渐变平滑过渡。

C：70～140cm，浊橙色（7.5Y 7/3，干），浊棕色（7.5Y 5/4，润），粉壤土，发育程度强的核状结构，土体内有很少量黑色小铁锰结核，很多灰白色二氧化硅粉末，很坚实，很少极细根，pH 8.12。

## 宾安系代表性单个土体物理性质

| 土层 | 深度 /cm | 细土颗粒组成 (粒径：mm)/(g/kg) | | | 质地 | 容重 /(g/cm³) |
| --- | --- | --- | --- | --- | --- | --- |
| | | 砂粒 2～0.05 | 粉粒 0.05～0.002 | 黏粒 <0.002 | | |
| Ah | 0～20 | 75 | 641 | 283 | 粉质黏壤土 | 1.40 |
| E | 20～34 | 56 | 719 | 225 | 粉壤土 | 1.22 |
| B | 34～70 | 42 | 711 | 247 | 粉壤土 | 1.24 |
| C | 70～140 | 46 | 764 | 190 | 粉壤土 | 1.58 |

## 宾安系代表性单个土体化学性质

| 深度 /cm | pH (H₂O) | 有机碳 /(g/kg) | 全氮(N) /(g/kg) | 全磷(P) /(g/kg) | 全钾(K) /(g/kg) | 阳离子交换量 /(cmol/kg) |
| --- | --- | --- | --- | --- | --- | --- |
| 0～20 | 7.67 | 14.0 | 1.13 | 0.519 | 22.7 | 20.4 |
| 20～34 | 7.74 | 5.8 | 0.63 | 0.307 | 18.9 | 19.8 |
| 34～70 | 7.85 | 6.3 | 0.50 | 0.218 | 22.0 | 22.9 |
| 70～140 | 8.12 | 2.4 | 0.31 | 0.316 | 22.2 | 20.6 |

### 11.9.3　方正系（Fangzheng Series）

土　　族：黏壤质混合型-漂白冷凉湿润雏形土
拟定者：翟瑞常，辛　刚

**分布与环境条件**　方正系土壤
分布于佳木斯、萝北、同江、富
锦、宝清、饶河、绥滨、集贤、
依兰、宾县、五常、方正、木兰、
虎林、绥芬河等地。地形为漫岗
平原岗坡下部平缓处，坡度 1°～
2°；黄土状母质；自然植被为草
原草甸植被，生长以小叶章为主
的杂类草，现多开垦为耕地，垦
殖率高，种植玉米、大豆、杂粮。
中温带大陆性季风气候，具冷性
土壤温度状况和湿润土壤水分
状况。年平均降水量 573.7mm，

方正系典型景观

年平均蒸发量 1370.2mm，年平均日照时数 2176.9h，年均气温 2.7℃，无霜期 135 天，
≥10℃的积温 2525℃。50cm 深处年平均土壤温度 5.5℃。

**土系特征与变幅**　本土系土壤土体构型为 Ap、Ah、E、B 和 C。Ap 层为暗沃表层，厚
25～37cm；从 Ah 层往下有少量-多量锈斑锈纹，出现在 50～150cm，或更浅，具氧化还
原特征。E 层颜色相对较浅，为舌状层。耕层容重在 1.0～1.4g/cm³，表层有机碳含量为
15.3～40.1g/kg，pH 5.5～6.5。

**对比土系**　宾安系。宾安系和方正系同为黏壤质混合型-漂白冷凉湿润雏形土土族。宾安
系 Ah 层厚 15～25cm，E、B 和 C 层有很少量小铁锰结核。方正系土壤 Ap 层为暗沃表
层，厚 25～37cm，Ah 层往下有少量-多量锈斑锈纹，出现在 50～150cm，或更浅，具氧
化还原特征，反映方正系土壤地势低，受地下水影响大。

**利用性能综述**　本土系地形平坦，黑土层较厚，养分含量高，适宜种植大豆、玉米等作
物。由于 E 层紧实、板结、冷浆、通气透水性不良，不利于根系伸展，影响作物产量的
提高。应深耕疏松土壤，增施有机肥，实行秸秆还田，培肥土壤。

**参比土种**　厚层黏壤质白浆化草甸土。

**代表性单个土体**　位于黑龙江省哈尔滨市方正县德善乡南 1km。45°47′25.4″N，
128°51′37.8″E，海拔 133m。地形为漫岗平原岗坡下部平缓处，坡度 1°～2°，黄土状母质，
土壤调查地块为收获的玉米地。野外调查时间为 2011 年 10 月 10 日，编号 23-109。

方正系代表性单个土体剖面

Ap: 0～26cm，灰棕色（7.5YR 4/2，干），黑色（7.5YR 2/1，润），粉质黏壤土，团粒结构，疏松，很少细根，pH 5.73，向下突然平滑过渡。

Ah: 26～44cm，淡棕灰色（7.5YR 7/2，干），灰棕色（7.5YR 4/2，润），粉质黏壤土，片状结构，结构体内有少量对比度模糊、边界清楚的很小铁斑纹，疏松，很少极细根，pH 5.98，向下清晰平滑过渡。

E: 44～90cm，浊橙色（7.5YR 7/3，干），浊棕色（7.5YR 6/3，润），粉壤土，小核状结构，结构体内有少量对比度明显、边界清楚的小铁斑纹，坚实，很少极细根，pH 6.09，向下渐变平滑过渡。

B: 90～129cm，浊橙色（7.5YR 7/3，干），浊棕色（7.5YR 5/3，润），粉壤土，发育程度弱的核状结构，结构体内有少量对比度明显、边界清楚的小铁斑纹，坚实，无根系，pH 6.23，向下渐变平滑过渡。

C: 129～160cm，橙白色（7.5YR 8/2，干），浊橙色（7.5YR 7/3，润），粉壤土，大棱块状结构，结构体内有对比度明显、边界清楚的小铁斑纹，坚实，无根系，pH 6.34。

### 方正系代表性单个土体物理性质

| 土层 | 深度/cm | 细土颗粒组成 (粒径：mm)/(g/kg) | | | 质地 | 容重/(g/cm³) |
| | | 砂粒 2～0.05 | 粉粒 0.05～0.002 | 黏粒 <0.002 | | |
| --- | --- | --- | --- | --- | --- | --- |
| Ap | 0～26 | 50 | 622 | 328 | 粉质黏壤土 | 1.12 |
| Ah | 26～44 | 29 | 640 | 331 | 粉质黏壤土 | 1.16 |
| E | 44～90 | 22 | 712 | 266 | 粉壤土 | 1.33 |
| B | 90～129 | 16 | 728 | 256 | 粉壤土 | 1.37 |
| C | 129～160 | 56 | 767 | 177 | 粉壤土 | 1.49 |

### 方正系代表性单个土体化学性质

| 深度/cm | pH(H₂O) | 有机碳/(g/kg) | 全氮(N)/(g/kg) | 全磷(P)/(g/kg) | 全钾(K)/(g/kg) | 阳离子交换量/(cmol/kg) |
| --- | --- | --- | --- | --- | --- | --- |
| 0～26 | 5.73 | 34.8 | 2.72 | 1.025 | 19.7 | 28.9 |
| 26～44 | 5.98 | 7.5 | 0.84 | 0.528 | 24.5 | 19.2 |
| 44～90 | 6.09 | 3.4 | 0.49 | 0.429 | 23.6 | 20.3 |
| 90～129 | 6.23 | 2.3 | 0.37 | 0.308 | 24.3 | 20.2 |
| 129～160 | 6.34 | 1.8 | 0.21 | 0.301 | 24.2 | 13.5 |

# 11.10　暗沃冷凉湿润雏形土

## 11.10.1　永乐系（Yongle Series）

土　　族：粗骨壤质混合型-暗沃冷凉湿润雏形土
拟定者：翟瑞常，辛　刚

**分布与环境条件**　永乐系土壤分布于黑龙江省小兴安岭南部、东部山区的山麓台地上，地形平坦，成土母质为冲积-洪积物，常夹有砾石。主要分布市县有萝北、绥滨、鹤岗、汤原、依兰、宝清、饶河、虎林、密山、林口、铁力、通河、汤原、五常、尚志、延寿、穆棱、海林等。中温带大陆性季风气候，具冷性土壤温度状况和湿润土壤水分状况。年平均降水量 574mm，年平均蒸发量 1102.4mm。年平均日照时数

永乐系典型景观

2378h，年均气温 1.6℃，无霜期 130 天，≥10℃的积温 2100～2500℃，50cm 深处土壤年平均温度 6.7℃。植被为落叶阔叶林，主要植物以桦、柞、杨为主，林下灌木、草本植物生长繁茂。部分已开垦为农田。

**土系特征与变幅**　本土系土壤土体构型为 Ah、ABh、Bw 和 C。（Ah+ABh）层为暗沃表层，厚 25～50cm，ABh 层有少量圆形砾石，Bw 和 C 层有较多圆形砾石。Ah 层有机碳含量为 20.3～55.2g/kg，容重为 0.9～1.3g/cm³，pH 5.5～7.0。

**对比土系**　关村系。永乐系和关村系同为暗沃冷凉湿润雏形土土类。永乐系控制层段颗粒粒级组成为粗骨壤质；关村系控制层段颗粒粒级组成为砂质。

**利用性能综述**　本土系地形较平，腐殖质层厚，含养分较丰富，适合种植小麦、大豆、玉米等作物，产量较高，是当地较好的农用地土壤，但应保持水土，并不断地增施粪肥，提高地力，有水源条件的地方也可以发展水田。

**参比土种**　厚层砂砾质草甸暗棕壤。

**代表性单个土体**　位于黑龙江省双鸭山市饶河县永乐乡石场村西 2.6km。46°51′16.8″N，133°28′28.6″E，海拔 120m。地形为平坦的山麓台地，成土母质为冲积-洪积物，夹有砾石。土壤调查地块种植大豆，已收获。野外调查时间为 2011 年 10 月 17 日，编号 23-126。

Ah:　0~25cm，浊棕色（7.5YR 5/3，干），黑棕色（7.5YR 3/2，润），粉质黏壤土，团粒结构，极疏松，少量细根，pH 5.70，向下清晰平滑过渡。

ABh:　25~47cm，浊棕色（7.5YR 5/3，干），棕色（7.5YR 3/3，润），粉质黏壤土，小棱块状结构，少量石英砾石，疏松，很少细根，pH 6.13，向下清晰平滑过渡。

Bw:　47~74cm，浊橙色（7.5YR 6/4，干），浊棕色（7.5YR 5/4，润），壤土，小棱块状结构，多量石英砾石，疏松，很少极细根，pH 6.93，向下渐变平滑过渡。

C:　74~100cm，橙色（7.5YR 6/6，干），亮棕色（7.5YR 5/6，润），壤土，无结构，多量石英砾石，坚实，无根系，pH 6.95。

永乐系代表性单个土体剖面

## 永乐系代表性单个土体物理性质

| 土层 | 深度 /cm | 石砾 (>2mm，体积分数)/% | 细土颗粒组成 (粒径：mm)/(g/kg) | | | 质地 | 容重 /(g/cm³) |
| | | | 砂粒 2~0.05 | 粉粒 0.05~0.002 | 黏粒 <0.002 | | |
| --- | --- | --- | --- | --- | --- | --- | --- |
| Ah | 0~25 | — | 145 | 545 | 310 | 粉质黏壤土 | 0.94 |
| ABh | 25~47 | 5 | 141 | 489 | 370 | 粉质黏壤土 | 1.10 |
| Bw | 47~74 | 35 | 362 | 396 | 242 | 壤土 | 1.47 |
| C | 74~100 | 40 | 481 | 341 | 178 | 壤土 | 1.54 |

注：土壤没有石砾或含量极少，表中为"—"。

## 永乐系代表性单个土体化学性质

| 深度 /cm | pH (H₂O) | 有机碳 /(g/kg) | 全氮(N) /(g/kg) | 全磷(P) /(g/kg) | 全钾(K) /(g/kg) | 阳离子交换量 /(cmol/kg) |
| --- | --- | --- | --- | --- | --- | --- |
| 0~25 | 5.70 | 49.1 | 4.88 | 1.193 | 21.2 | 28.4 |
| 25~47 | 6.13 | 14.7 | 1.47 | 0.923 | 19.7 | 22.1 |
| 47~74 | 6.93 | 6.2 | 0.66 | 0.614 | 19.3 | 15.3 |
| 74~100 | 6.95 | 2.7 | 0.37 | 0.532 | 19.7 | 10.8 |

## 11.10.2 关村系（Guancun Series）

土 族：砂质混合型-暗沃冷凉湿润雏形土
拟定者：翟瑞常，辛 刚

**分布与环境条件** 关村系土壤分布于黑龙江省小兴安岭南部、东部山区的山地山坡下部，地形坡度为 8°~25°，成土母质为花岗岩坡积物，含有砾石。中温带大陆性季风气候，具冷性土壤温度状况和湿润土壤水分状况。年平均降水量 582.5mm，年平均蒸发量 1549.5mm，年平均日照时数 2577h，年均气温 1.6℃，无霜期 128 天，≥10℃ 的积温 2518℃。50cm 深处年平均土壤温度 4.9℃。原始植被为针阔混

关村系典型景观

交林，砍伐后形成次生杂木林，以柞、桦为主，林冠覆盖度为 50%~70%。大部分为林地，约有 5% 的面积开垦为耕地，中至强度侵蚀。

**土系特征与变幅** 本土系土体构型为 Oi、Ah、ABh 和 C。（Ah+ABh）层为暗沃表层，厚 25~37cm，其下为母质层 C，夹有岩石碎屑。耕层容重在 0.9~1.3g/cm$^3$，表层有机碳含量为 30.1~68.6g/kg，pH 5.0~6.5。

**对比土系** 永乐系。永乐系和关村系同为暗沃冷凉湿润雏形土土类。永乐系控制层段颗粒粒级组成为粗骨壤质；关村系控制层段颗粒粒级组成为砂质。

**利用性能综述** 本土系是较好的林业用地，适种落叶松、红松、水曲柳、杨、桦等树种，现多为自然林，少部分为人工林，应逐步营造经济林和发展多种经营，创造更多的价值。

**参比土种** 厚层麻砂质暗棕壤。

**代表性单个土体** 位于黑龙江省伊春市铁力市铁力林场北关村北 200m，47°6′3.6″N，128°14′13.8″E，海拔 248m。地形为山地山坡下部，地形坡度为 8°~25°，成土母质为花岗岩坡积物，含有砾石。自然植被为次生杂木林，以柞、桦为主，林冠覆盖度为 50%~70%。野外调查时间为 2010 年 10 月 16 日，编号 23-078。

关村系代表性单个土体剖面

Oi：　+2～0cm，暗棕色（7.5YR 3/3，干），极暗棕色（7.5YR 3/3，润），未分解和低分解的枯枝落叶，向下突然平滑过渡。

Ah1：　0～11cm，黑棕色（7.5YR 2/2，干），黑棕色（7.5YR 2/2，润），黏壤土，小团粒结构，疏松，少量根，pH 5.44，向下清晰平滑过渡。

Ah2：　11～24cm，棕色（7.5YR 4/3，干），极暗棕色（7.5YR 2/3，润），黏壤土，片状结构，疏松，少量细根，pH 5.70，向下渐变平滑过渡。

ABh：　24～37cm，浊棕色（7.5YR 5/3，干），暗棕色（7.5YR 3/3，润），壤土，小棱块状结构，疏松，很少细根，pH 5.76，向下渐变平滑过渡。

C1：　37～76cm，浊橙色（7.5YR 6/4，干），浊棕色（7.5YR 5/4，润），壤质砂土，无结构，疏松，无根系，少量很小的花岗岩风化碎屑，pH 6.04，向下清晰平滑过渡。

C2：76～112cm，橙色（7.5YR 6/6，干），亮棕色（7.5YR 5/6，润），壤质砂土，无结构，疏松，无根系，多量小花岗岩风化碎屑。

### 关村系代表性单个土体物理性质

| 土层 | 深度 /cm | 石砾 (>2mm，体积分数)/% | 细土颗粒组成（粒径：mm）/(g/kg) | | | 质地 | 容重 /(g/cm³) |
|---|---|---|---|---|---|---|---|
| | | | 砂粒 2～0.05 | 粉粒 0.05～0.002 | 黏粒 <0.002 | | |
| Ah1 | 0～11 | — | 248 | 398 | 354 | 黏壤土 | 0.96 |
| Ah2 | 11～24 | — | 205 | 427 | 368 | 黏壤土 | 1.11 |
| ABh | 24～37 | — | 437 | 306 | 258 | 壤土 | 1.14 |
| C1 | 37～76 | 2 | 820 | 125 | 55 | 壤质砂土 | 1.59 |

注：土壤没有石砾或含量极少，表中为"—"。

### 关村系代表性单个土体化学性质

| 深度 /cm | pH (H₂O) | 有机碳 /(g/kg) | 全氮(N) /(g/kg) | 全磷(P) /(g/kg) | 全钾(K) /(g/kg) | 阳离子交换量 /(cmol/kg) |
|---|---|---|---|---|---|---|
| 0～11 | 5.44 | 39.8 | 4.67 | 1.311 | 18.1 | 45.5 |
| 11～24 | 5.70 | 14.9 | 1.53 | 1.090 | 20.2 | 34.6 |
| 24～37 | 5.76 | 7.6 | 0.83 | 0.943 | 21.9 | 28.2 |
| 37～76 | 6.04 | 1.1 | 0.13 | 0.799 | 29.1 | 9.3 |

### 11.10.3　永顺系（**Yongshun Series**）

土　　族：黏壤质盖粗骨砂质混合型-暗沃冷凉湿润雏形土
拟定者：翟瑞常，辛　刚

**分布与环境条件**　永顺系土壤
分布于黑龙江省小兴安岭南部、
东部山地的低山，主要分布市县
有铁力、通河、汤原、阿城、尚
志、虎林、穆棱、宝清、富锦、
饶河等。地形为山地低山下部，
母质为黄土状母质，夹有数量不
等的砾石。中温带大陆性季风气
候，具冷性土壤温度状况和湿润
土壤水分状况。年平均降水量
582.5mm ，年平均蒸发量
1549.5mm ，年平均日照时数
2577h，年均气温 1.6℃，无霜期

永顺系典型景观

128 天，≥10℃的积温 2518℃。50cm 深处年平均土壤温度 4.9℃。原始植被为针阔混交
林，现多为砍伐后的次生阔叶林或人工林。

**土系特征与变幅**　本土系土体构型为 Oi、Ahh、ABh、B 和 C。（Ah+ABh）层为暗沃表
层，厚 25～50cm，B 层厚度为 30～50cm，小棱块状结构，其下为母质层 C。剖面中常
夹有数量不等的岩石碎屑。表层容重在 0.7～1.0g/cm³，有机碳含量为 30.6～70.8g/kg，
pH 5.0～6.5。

**对比土系**　伊顺系。永顺系和伊顺系同为暗沃冷凉湿润雏形土土类。永顺系控制层段颗
粒粒级组成为黏壤质盖粗骨砂质；伊顺系控制层段颗粒粒级组成为壤质盖粗骨壤质。

**利用性能综述**　本土系土壤地形坡度较陡，易发生水土流失，应以发展林业为宜，不宜
农垦，由于土壤土体较厚，养分丰富，林木生长良好，是很好的林业生产基地。

**参比土种**　厚层典型暗棕壤。

**代表性单个土体**　位于黑龙江省伊春市铁力市铁力林业局马永顺林场东 300m。
47°11′23.9″N，128°22′8.3″E，海拔 304m。地形为山地低山下部，黄土状母质，夹有数量
不等的砾石。植被为次生阔叶林。野外调查时间为 2010 年 10 月 17 日，编号 23-079。

永顺系代表性单个土体剖面

Oi:　+4～0cm，灰棕色（7.5YR 4/2，干），黑棕色（7.5YR 4/2，润），未分解和低分解的枯枝落叶，向下清晰平滑过渡。

Ah:　0～22cm，浊棕色（7.5YR 5/2，干），极暗棕色（7.5YR 2/3，润），黏壤土，团粒结构，疏松，中量根系，pH 5.10，向下清晰平滑过渡。

ABh:　22～40cm，浊橙色（7.5YR 5/4，干），暗棕色（7.5YR 3/4，润），粉质黏壤土，团粒结构，疏松，少量细根，pH 5.36，向下渐变平滑过渡。

B:　40～82cm，浊橙色（7.5YR 6/4，干），棕色（7.5YR 4/3，润），粉质黏壤土，小棱块状结构，坚实，很少细根，很少花岗岩风化碎屑，pH 5.28，向下模糊平滑过渡。

C:　82～140cm，橙色（7.5YR 6/6，干），亮棕色（7.5YR 5/6，润），砂质壤土，无结构，疏松，无根系，很多花岗岩风化碎屑，pH 5.44。

### 永顺系代表性单个土体物理性质

| 土层 | 深度/cm | 石砾(>2mm，体积分数)/% | 细土颗粒组成（粒径：mm)/(g/kg) | | | 质地 | 容重/(g/cm³) |
| --- | --- | --- | --- | --- | --- | --- | --- |
| | | | 砂粒 2～0.05 | 粉粒 0.05～0.002 | 黏粒 <0.002 | | |
| Ah | 0～22 | — | 204 | 492 | 305 | 黏壤土 | 0.75 |
| ABh | 22～40 | — | 63 | 582 | 355 | 粉质黏壤土 | 1.00 |
| B | 40～82 | 2 | 125 | 565 | 311 | 粉质黏壤土 | 1.39 |
| C | 82～140 | 60 | 708 | 198 | 93 | 砂质壤土 | 未测 |

注：土壤没有石砾或含量极少，表中为"—"。

### 永顺系代表性单个土体化学性质

| 深度/cm | pH(H₂O) | 有机碳/(g/kg) | 全氮(N)/(g/kg) | 全磷(P)/(g/kg) | 全钾(K)/(g/kg) | 阳离子交换量/(cmol/kg) |
| --- | --- | --- | --- | --- | --- | --- |
| 0～22 | 5.10 | 41.8 | 4.70 | 0.884 | 19.5 | 43.1 |
| 22～40 | 5.36 | 14.9 | 1.53 | 0.329 | 19.0 | 28.1 |
| 40～82 | 5.28 | 8.6 | 0.76 | 0.676 | 22.3 | 23.2 |
| 82～140 | 5.44 | 1.2 | 0.21 | 1.143 | 24.1 | 11.3 |

### 11.10.4　伊顺系（Yishun Series）

土　　族：壤质盖粗骨壤质混合型-暗沃冷凉湿润雏形土
拟定者：翟瑞常，辛　刚

**分布与环境条件**　伊顺系土壤
分布于黑龙江省小兴安岭南部、
东部山地的低山，主要分布市县
有铁力、阿城。地形为山地低山
上部或中部，母质为黄土状母
质，覆于大理岩之上。中温带大
陆性季风气候，具冷性土壤温度
状况和湿润土壤水分状况。年平
均降水量 582.5mm，年平均蒸发
量 1549.5mm，年平均日照时数
2577h，年均气温 1.6℃，无霜期
128 天，≥10℃ 的积温 2518℃。
50cm 深 处 年 平 均 土 壤 温 度

伊顺系典型景观

4.9℃。原始植被为针阔混交林，现多为砍伐后的次生阔叶林或人工林。

**土系特征与变幅**　本土系土壤发育较弱，有效土层厚度通常<80cm，土体构型为 Oi、Ah、
C 和 R。Ah 层为暗沃表层，厚 25～50cm，其下为母质层，夹有很多砾石。表层容重在
0.7～1.0g/cm³，有机碳含量为 30.6～68.6g/kg，pH 7.0～8.5。

**对比土系**　永顺系。永顺系和伊顺系同为暗沃冷凉湿润雏形土土类。永顺系控制层段颗
粒粒级组成为黏壤质盖粗骨砂质；伊顺系控制层段颗粒粒级组成为壤质盖粗骨壤质。

**利用性能综述**　本土系土壤分布地形部位高，坡度大，土体极薄，易水土流失，适宜发
展林业生产，不宜开垦为农田。因易水土流失，森林砍伐后，要及时抚育更新，以便涵
养山水，保护土壤。

**参比土种**　厚层暗棕壤性土。

**代表性单个土体**　位于黑龙江省伊春市铁力市铁力林业局马永顺林场西南 2km。47°10′9.3″N，
128°20′43.5″E，海拔 290m。地形为山地低山上部或中部，母质为黄土状母质，夹有大理
岩碎屑。植被为次生阔叶林。野外调查时间为 2010 年 10 月 18 日，编号 23-082。

Oi：+4～0cm，暗棕色（7.5YR 3/3，干），极暗棕色（7.5YR 2/3，润），未分解和低分解的枯枝落叶，向下清晰平滑过渡。

Ah：0～33cm，极暗棕色（7.5YR 2/3，干），黑棕色（7.5YR 2/2，润），粉壤土，团粒结构，疏松，少量粗根，pH 7.50，向下渐变平滑过渡。

C：33～66cm，浊黄橙色（10YR 7/4，干），棕色（7.5YR 4/4，润），壤土，很多角状大理岩碎屑，无结构，坚实。

R：66～85cm，大理岩。

伊顺系代表性单个土体剖面

**伊顺系代表性单个土体物理性质**

| 土层 | 深度/cm | 石砾(>2mm，体积分数)/% | 细土颗粒组成 (粒径：mm)/(g/kg) | | | 质地 | 容重/(g/cm³) |
|---|---|---|---|---|---|---|---|
| | | | 砂粒 2～0.05 | 粉粒 0.05～0.002 | 黏粒 <0.002 | | |
| Ah | 0～33 | — | 243 | 634 | 123 | 粉壤土 | 0.70 |
| C | 33～66 | 70 | 518 | 374 | 108 | 壤土 | 未测 |

注：土壤没有石砾或含量极少，表中为"—"。

**伊顺系代表性单个土体化学性质**

| 深度/cm | pH(H₂O) | 有机碳/(g/kg) | 全氮(N)/(g/kg) | 全磷(P)/(g/kg) | 全钾(K)/(g/kg) | 阳离子交换量/(cmol/kg) | 碳酸钙相当物/(g/kg) |
|---|---|---|---|---|---|---|---|
| 0～33 | 7.50 | 44.0 | 5.15 | 1.339 | 14.4 | 56.0 | 0 |
| 33～66 | 8.00 | 12.5 | 1.18 | 0.396 | 16.4 | 28.5 | 126 |

# 11.11 斑纹冷凉湿润雏形土

## 11.11.1 刁翎系（Diaoling Series）

土　族：砂质盖粗骨砂质混合型-斑纹冷凉湿润雏形土
拟定者：翟瑞常，辛　刚

**分布与环境条件**　刁翎系主要分布在三江平原的桦南、鹤岗、宝清、林口、方正、勃力、穆棱、绥芬河等市县，地形为山间河流冲积平原中的低平地，母质为冲积物，具二元结构，上黏下砂。属中温带大陆性季风气候，具冷性土壤温度状况和湿润土壤水分状况。年平均降水量 540mm，年平均蒸发量 1266.6mm。年平均日照时数 2582h，年均气温 2.5℃，无霜期 135 天，≥10℃

刁翎系典型景观

的积温 2525℃，50cm 深处年平均土壤温度 5.5℃。自然植被为以小叶章为主的杂类草群落，覆盖度为 90%～100%，约有 1/2 的面积已开垦为耕地。

**土系特征与变幅**　本土系土壤土体构型为 Ah、B、2BC 和 2Cr。Ah 层厚 15～25cm，风化 B 层为雏形层，2Cr 层有少量锈斑锈纹，出现深度为 50～100cm，2BC 和 2Cr 层由异源母质发育形成，2Cr 层含有很多细砾。耕层容重在 1.1～1.4g/cm³。表层有机碳含量为 10.8～38.3g/kg，pH 6.0～7.5。

**对比土系**　山河系。山河系和刁翎系同为斑纹冷凉湿润雏形土土类。山河系控制层段颗粒粒级组成为砂质；刁翎系控制层段颗粒粒级组成为砂质盖粗骨砂质。

**利用性能综述**　土壤土体薄，一般不足 100cm，养分贮量少，基础肥力低，加之剖面中下部有较多砾石，导致漏水漏肥，作物生长后期易脱肥，生长不良。未开垦的草原，应注意保护，发展牧业。

**参比土种**　壤质薄层砂砾底草甸土。

**代表性单个土体**　位于黑龙江省牡丹江市林口县刁翎镇西 1km。45°46′21.1″N，129°58′18.6″E，海拔 155m。地形为山间河流冲积平原中的低平地，母质为冲积物，具二元结构，上黏下砂。土壤调查地块种植大豆，已收获。野外调查时间为 2011 年 10 月 11 日，编号 23-113。

Ah: 0～22cm，棕色（7.5YR 4/3，干），暗棕色（7.5YR 4/3，润），壤土，团粒结构，疏松，很少细根，pH 6.96，很少地膜碎片，向下清晰平滑过渡。

B: 22～58cm，亮棕色（7.5YR 5/6，干），棕色（7.5YR 4/6，润），壤土，小棱块结构，坚实，很少极细根，pH 6.88，向下渐变平滑过渡。

2BC: 58～78cm，浊棕色（7.5YR 5/4，干），棕色（7.5YR 4/4，润），壤质砂土，多小圆形石砾，发育弱的棱块结构，疏松，很少极细根，pH 7.25，向下渐变平滑过渡。

2Cr: 78～110cm，浊橙色（7.5Y 7/4，干），浊橙色（7.5Y 6/4，润），砂土，很多小圆形石砾，松散，无根系，少量锈斑锈纹，pH 7.77。

刁翎系代表性单个土体剖面

### 刁翎系代表性单个土体物理性质

| 土层 | 深度/cm | 石砾（>2mm，体积分数)/% | 细土颗粒组成（粒径：mm)/(g/kg) | | | 质地 | 容重/(g/cm³) |
| | | | 砂粒 2～0.05 | 粉粒 0.05～0.002 | 黏粒 <0.002 | | |
|---|---|---|---|---|---|---|---|
| Ah | 0～22 | — | 285 | 457 | 258 | 壤土 | 1.26 |
| B | 22～58 | — | 255 | 484 | 261 | 壤土 | 1.39 |
| 2BC | 58～78 | 35 | 862 | 88 | 50 | 壤质砂土 | 1.36 |
| 2Cr | 78～110 | 70 | 973 | 7 | 20 | 砂土 | 1.52 |

注：土壤没有石砾或含量极少，表中为"—"。

### 刁翎系代表性单个土体化学性质

| 深度/cm | pH(H₂O) | 有机碳/(g/kg) | 全氮(N)/(g/kg) | 全磷(P)/(g/kg) | 全钾(K)/(g/kg) | 阳离子交换量/(cmol/kg) |
|---|---|---|---|---|---|---|
| 0～22 | 6.96 | 10.8 | 1.02 | 0.637 | 29.1 | 12.0 |
| 22～58 | 6.88 | 3.7 | 0.43 | 0.391 | 23.9 | 17.1 |
| 58～78 | 7.25 | 2.0 | 0.13 | 0.547 | 28.7 | 1.1 |
| 78～110 | 7.77 | 0.6 | 0.03 | 0.307 | 31.5 | 3.3 |

## 11.11.2  山河系（Shanhe Series）

土　　族：砂质混合型-斑纹冷凉湿润雏形土
拟定者：翟瑞常，辛　刚

**分布与环境条件**　山河系广泛
分布在黑龙江省河流两岸的河
漫滩上。成土母质为河流层状冲
积物。属中温带大陆性季风气
候，具冷性土壤温度状况和湿润
土壤水分状况。年平均降水量
666mm，年平均蒸发量1500mm。
年平均日照时数 2553h，年均气
温 2.3℃，无霜期 119 天，≥10 ℃
的积温 2433℃。50cm 深处年平
均土壤温度 5.9℃。自然植被是
草甸植物，以禾本科为主的杂类
草，覆盖度在 50%～70%，部分
开垦为耕地。

山河系典型景观

**土系特征与变幅**　由于形成地形为河漫滩，成土母质为河流层状冲积物，土壤质地具有
层次性。土壤土体构型为 Ah、AB、Ahb、C 和 Cr。表层 Ah 厚 15～25cm；全剖面有很
少小锰结核，母质层下部有较多锈斑锈纹，具氧化还原特征，出现深度为 50～100cm，
或更浅。耕层容重在 1.1～1.5g/cm³。表层有机碳含量为 14.1～48.3g/kg，pH 6.0～7.0。

**对比土系**　刁翎系。山河系和刁翎系同为斑纹冷凉湿润雏形土土类。山河系控制层段颗
粒粒级组成为砂质；刁翎系控制层段颗粒粒级组成为砂质盖粗骨砂质。

**利用性能综述**　本土系土壤地形平缓，质地较轻，通气透水，耕性好，养分丰富，适宜
种植玉米、大豆、薯类。但易干旱，后期作物易脱肥，作物生长期间应及时追肥，对未
开垦的草原要保护好，发展牧业。

**参比土种**　厚层层状草甸土。

**代表性单个土体**　位于黑龙江省哈尔滨市尚志市亮河镇山河村西 1.5km。45°8′57.1″N，
128°48′20.5″E，海拔 229m。地形为河漫滩，成土母质为河流层状冲积物，土壤调查地块
种植大豆。野外调查时间为 2011 年 9 月 22 日，编号 23-088。

山河系代表性单个土体剖面

Ah:　0～20cm，浊棕色（7.5YR 5/3，干），黑棕色（7.5YR 3/2，润），壤土，发育程度中等的小团粒结构，疏松，很少细根，很少量黑色小锰结核，pH 6.40，向下清晰平滑过渡。

AB:　20～30cm，淡橙色（7.5YR 7/3，干），棕色（7.5YR 4/3，润），壤土，发育较弱的中片状结构，坚实，很少极细根，很少量黑色小锰结核，pH 6.11，向下清晰平滑过渡。

Ahb:　30～47cm，浊棕色（7.5YR 5/4，干），暗棕色（7.5YR 3/3，润），壤土，发育程度很弱的小棱块状结构，坚实，很少极细根，很少量黑色小锰结核，pH 6.26，向下渐变平滑过渡。

C:　47～110cm，浊橙色（7.5YR 6/4，干），棕色（7.5YR 6/4，润），砂质壤土，无结构，极疏松，很少极细根，很少量黑色小锰结核，pH 6.41，向下渐变平滑过渡。

Cr: 110～130cm，橙色（7.5YR 6/6，干），棕色（7.5YR 4/6，润），砂质壤土，中片状结构，极疏松，无根系；结构体内有较多中等大小铁斑纹，对比度明显，过渡清楚；很少量黑色小锰结核。

## 山河系代表性单个土体物理性质

| 土层 | 深度 /cm | 细土颗粒组成 (粒径: mm)/(g/kg) | | | 质地 | 容重 /(g/cm³) |
|---|---|---|---|---|---|---|
| | | 砂粒 2～0.05 | 粉粒 0.05～0.002 | 黏粒 <0.002 | | |
| Ah | 0～20 | 262 | 489 | 249 | 壤土 | 1.40 |
| AB | 20～30 | 326 | 465 | 208 | 壤土 | 1.42 |
| Ahb | 30～47 | 526 | 313 | 161 | 壤土 | 1.16 |
| C | 47～110 | 774 | 149 | 77 | 砂质壤土 | 1.52 |

## 山河系代表性单个土体化学性质

| 深度 /cm | pH (H₂O) | 有机碳 /(g/kg) | 全氮(N) /(g/kg) | 全磷(P) /(g/kg) | 全钾(K) /(g/kg) | 阳离子交换量 /(cmol/kg) |
|---|---|---|---|---|---|---|
| 0～20 | 6.40 | 14.1 | 1.31 | 0.898 | 18.4 | 19.3 |
| 20～30 | 6.11 | 11.1 | 1.00 | 0.878 | 20.7 | 14.7 |
| 30～47 | 6.26 | 27.3 | 2.46 | 0.993 | 21.9 | 20.4 |
| 47～110 | 6.41 | 3.3 | 0.34 | 0.639 | 24.4 | 6.1 |

# 11.12　普通冷凉湿润雏形土

### 11.12.1　北关系（Beiguan Series）

土　　族：粗骨砂质混合型-普通冷凉湿润雏形土
拟定者：翟瑞常，辛　刚

**分布与环境条件**　北关系主要分布在黑龙江省小兴安岭南部、东部山区的山地山坡中部和中上部，地形坡度为 8°～25°，成土母质为花岗岩风化残积坡积物，含有砾石。中温带大陆性季风气候，具冷性土壤温度状况和湿润土壤水分状况。年平均降水量 582.5mm，年平均蒸发量 1549.5mm，年平均日照时数 2577h，年均气温 1.6℃，无霜期 128 天，≥10℃的积温 2518℃。50cm 深处年平均土壤温度

北关系典型景观

4.9℃。原始植被为针阔混交林，砍伐后形成次生杂木林，以柞、桦为主，林冠覆盖度为 50%～70%。

**土系特征与变幅**　本土系土体构型为 Oi、Ah、Bw、C 和 R。表层 Ah 层厚 15～25cm，风化 Bw 层为雏形层，厚度为 20～50cm，其下为母质层 C，夹有很多岩石风化碎屑。Ah 层容重在 1.0～1.3g/cm³，有机碳含量为 25.7～70.6g/kg，pH 5.0～6.5。

**对比土系**　林星系。林星系和北关系同为粗骨砂质混合型-普通冷凉湿润雏形土土族。林星系土壤发育很弱，土体非常薄，表层 Ah 层厚<15cm。北关系表层 Ah 厚 15～25cm。

**利用性能综述**　本土系土体较浅且含有碎石，养分贮量低，水土流失严重，宜做林业用地，一般不宜开垦为农田。

**参比土种**　中层麻砂质暗棕壤。

**代表性单个土体**　位于黑龙江省伊春市铁力市铁力农场北关村北 400m。47°6′9.7″N，128°14′13.2″E，海拔 268m。地形为山地山坡中部和中上部，坡度 15°；成土母质为花岗岩风化残积坡积物，含有砾石。自然植被为次生杂木林，以柞、桦为主，林冠覆盖度 30%～50%。野外调查时间为 2010 年 10 月 16 日，编号 23-077。

北关系代表性单个土体剖面

Oi:　+2~0cm，灰棕色（7.5YR 4/2，干），黑棕色（7.5YR 2/2，润），未分解和低分解的枯枝落叶，向下突然平滑过渡。

Ah:　0~17cm，灰棕色（7.5YR 5/2，干），黑棕色（7.5YR 3/2，润），粉壤土，小团粒结构，疏松，少量粗根、细根，pH 5.42，向下清晰平滑过渡。

Bw：17~44cm，橙色（7.5YR 6/8，干），亮棕色（7.5YR 5/6，润），砂黏壤土，小棱块状结构，疏松，很少量细根，结构面由铁胶膜包被，多小角状花岗岩风化碎屑，pH 5.56，向下渐变平滑过渡。

C:　　44~140cm，亮棕色（7.5YR 5/6，干），亮棕色（7.5YR 5/6，润），砂土，很多小角状花岗岩风化碎屑，无结构，疏松，无根系，由铁胶膜包被的风化物颗粒，pH 5.94。

R:　　140~160cm，半风化花岗岩。

北关系代表性单个土体物理性质

| 土层 | 深度 /cm | 石砾 (>2mm，体积分数)/% | 细土颗粒组成（粒径：mm)/(g/kg) | | | 质地 | 容重 /(g/cm³) |
| --- | --- | --- | --- | --- | --- | --- | --- |
| | | | 砂粒 2~0.05 | 粉粒 0.05~0.002 | 黏粒 <0.002 | | |
| Ah | 0~17 | — | 225 | 538 | 238 | 粉壤土 | 1.11 |
| Bw | 17~44 | 20 | 552 | 217 | 231 | 砂黏壤土 | 1.48 |
| C | 44~140 | 50 | 883 | 72 | 45 | 砂土 | 未测 |

注：土壤没有石砾或含量极少，表中为"—"。

北关系代表性单个土体化学性质

| 深度 /cm | pH (H₂O) | 有机碳 /(g/kg) | 全氮(N) /(g/kg) | 全磷(P) /(g/kg) | 全钾(K) /(g/kg) | 阳离子交换量 /(cmol/kg) |
| --- | --- | --- | --- | --- | --- | --- |
| 0~17 | 5.42 | 29.9 | 2.91 | 0.593 | 19.7 | 27.4 |
| 17~44 | 5.56 | 5.3 | 0.59 | 0.328 | 25.4 | 22.7 |
| 44~140 | 5.94 | 1.6 | 0.18 | 0.931 | 26.2 | 11.8 |

### 11.12.2　林星系（Linxing Series）

土　　族：粗骨砂质混合型-普通冷凉湿润雏形土
拟定者：翟瑞常，辛　刚

**分布与环境条件**　林星系主要
分布在黑龙江省小兴安岭南部、
东部山区的山地山坡上部，地形
坡度 8°～25°，成土母质为花岗
岩风化残积坡积物，含有砾石。
中温带大陆性季风气候，具冷性
土壤温度状况和湿润土壤水分
状况。年平均降水量 573.7mm，
年平均蒸发量 1370.2mm，年平
均日照时数 2176.9h，年均气温
2.7℃，无霜期 135 天，≥10℃
的积温 2525℃。50cm 深处年平
均土壤温度 5.5℃。原始植被为

林星系典型景观

针阔混交林，砍伐后形成次生杂木林，以柞、桦为主，林冠覆盖度为 50%～70%。

**土系特征与变幅**　本土系土壤发育很弱，土体非常薄，土体构型为 Oi、Ah、Bw、BC、
C 和 R。表层 Ah 层厚<15cm，风化 Bw 层为雏形层，厚度为 20～30cm，母质层夹有很
多岩石风化碎屑。表层容重在 0.69～1.0g/cm$^3$，有机碳含量为 43.1～71.15g/kg，pH 5.5～
7.0。

**对比土系**　北关系。林星系和北关系同为粗骨砂质混合型-普通冷凉湿润雏形土土族。林
星系土壤发育很弱，土体非常薄，表层 Ah 层厚<15cm。北关系发育稍好，表层 Ah 厚 15～
25cm。

**利用性能综述**　本土系土壤土体浅薄，中下部含有较多岩石碎屑，黑土层薄，养分贮量
低，坡度大，易发生水土流失，适宜作为林业用地，适种树种有樟子松、落叶松。

**参比土种**　薄层麻砂质暗棕壤。

**代表性单个土体**　位于黑龙江省哈尔滨市方正县红星林场西 1km。45°44′44.1″N，
128°9′29.3″E，海拔 201m。地形为山地山坡上部，地形坡度 8°～25°，成土母质为花岗岩
风化残积坡积物，含有砾石。原始植被为针阔混交林，现为人工樟子松林。野外调查时
间为 2011 年 10 月 10 日，编号 23-108。

林星系代表性单个土体剖面

Oi:　+3～0cm，棕色（7.5YR 4/3，干），暗棕色（7.5YR 3/3，润），未分解的枯枝落叶，向下突然平滑过渡。

Ah:　0～9cm，棕灰色（7.5YR 4/1，干），黑棕色（7.5YR 2/2，润），粉壤土，小团粒结构，松软，很少粗根，pH 6.43，向下清晰平滑过渡。

Bw:　9～30cm，浊黄橙色（7.5YR 8/3，干），浊棕色（7.5YR 5/4，润），壤土，发育弱的小棱块结构，稍坚硬，很少根系，pH 5.60，向下渐变平滑过渡。

BC:　30～48cm，浊黄橙色（7.5YR 8/3，干），亮棕色（7.5YR 5/6，润），砂质壤土，发育程度很弱的小棱块状结构，多小角状花岗岩碎屑，稍坚硬，很少粗根，pH 5.66，向下模糊平滑过渡。

C:　48～101cm，淡黄棕色（7.5Y 8/4，干），亮棕色（7.5Y 5/6，润），壤质砂土，无结构，很多中角状花岗岩碎屑，稍坚硬，很少粗根，pH 5.81。

R：101～140cm，花岗岩碎石。

### 林星系代表性单个土体物理性质

| 土层 | 深度/cm | 石砾(>2mm，体积分数)/% | 细土颗粒组成（粒径：mm)/(g/kg) | | | 质地 | 容重/(g/cm³) |
| | | | 砂粒 2～0.05 | 粉粒 0.05～0.002 | 黏粒 <0.002 | | |
|---|---|---|---|---|---|---|---|
| Ah | 0～9 | — | 239 | 616 | 145 | 粉壤土 | 0.69 |
| Bw | 9～30 | — | 356 | 482 | 162 | 壤土 | 1.19 |
| BC | 30～48 | 35 | 583 | 308 | 109 | 砂质壤土 | 1.27 |
| C | 48～101 | 50 | 815 | 118 | 67 | 壤质砂土 | 1.56 |

注：土壤没有石砾或含量极少，表中为"—"。

### 林星系代表性单个土体化学性质

| 深度/cm | pH(H₂O) | 有机碳/(g/kg) | 全氮(N)/(g/kg) | 全磷(P)/(g/kg) | 全钾(K)/(g/kg) | 阳离子交换量/(cmol/kg) |
|---|---|---|---|---|---|---|
| 0～9 | 6.43 | 43.1 | 3.57 | 0.350 | 20.8 | 24.2 |
| 9～30 | 5.60 | 5.3 | 0.58 | 0.155 | 21.6 | 10.9 |
| 30～48 | 5.66 | 3.2 | 0.29 | 0.079 | 24.5 | 8.0 |
| 48～101 | 5.81 | 1.5 | 0.11 | 0.033 | 24.2 | 5.5 |

### 11.12.3 中兴系（Zhongxing Series）

土　族：粗骨砂质混合型–普通冷凉湿润雏形土

拟定者：辛　刚，翟瑞常

**分布与环境条件**　中兴系主要分布在黑龙江省龙江、甘南等市县。地形为松嫩平原北部的起伏漫岗地上部，坡度 3°～5°，成土母质为残积母质，常含有数量不等的砾石。中温带大陆性季风气候，具冷性土壤温度状况和湿润土壤水分状况。年平均气温 2.4℃，≥10℃积温 2562.9℃，年平均降水量 476.5mm，6～9月降水占全年的 84.4%，无霜期 146 天。50cm 深处土壤温度年平均 5.2℃，夏季平均 18.8℃，

中兴系典型景观

冬季平均–8.6℃，冬夏温差 27.4℃。自然植被为灌丛草甸群落，主要植物有榛子灌丛和杂类草群落，大部分已开垦为农田。

**土系特征与变幅**　本土系土壤土体构型为 Ah、Bw、BC 和 C。土体较薄，一般厚 80～100cm，其下为砾石层，整个剖面含有砾石，由表层向下砾石越来越多。表层 Ah 厚<25cm，Bw 层为雏形层。耕层容重在 1.0～1.3g/cm³。表层有机碳含量为 21.3～38.5g/kg，pH 为 6.5～7.5。

**对比土系**　北关系。两土系成土条件不同。北关系分布于山地山坡中部和中上部，植被为次生落叶阔叶林，土壤呈酸性，pH 5.0～6.5。中兴系分布于漫岗平原岗坡上部，母质为残积物，土壤呈中性，表层 pH 6.5～7.5。

**利用性能综述**　本土系土壤腐殖质层薄，养分贮量低，垦后易发生水土流失，作物产量不高。玉米单产 6000～7500kg/hm²。应增加施用有机肥，秸秆还田，适当加深耕层，培肥土壤，还要采取措施，防止水土流失。

**参比土种**　薄层砾底黑土。

**代表性单个土体**　位于黑龙江省齐齐哈尔市甘南县中兴乡北 2km，47°42′39.2″N，123°14′41.2″E，海拔 232m。地形为起伏漫岗地上部，坡度为 3°～5°；成土母质为残积母质，含有数量不等的砾石。土壤调查地块种植红小豆，已收获。野外调查时间为 2009 年 10 月 12 日，编号 23-016。

23-016

中兴系代表性单个土体剖面

Ah: 0～18cm，极暗红棕色（5YR 2/3，干），黑棕色（5YR 2/2，润），砂质壤土，团粒结构，疏松，润，很少量极细根，很少量小角状岩石风化碎屑，无石灰反应，pH 6.98，向下模糊不规则过渡。

Bw: 18～41cm，浊红棕色（5YR 4/4，干），暗红棕色（5YR 3/3，润），砂质壤土，棱块状结构，坚实，润，很少量极细根，多量小角状岩石风化碎屑，无石灰反应，pH 7.32，向下模糊平滑过渡。

BC: 41～80cm，灰红紫色（10YR 5/2，干），灰紫色（10YR 4/2，润），砂质壤土，棱块状结构，坚实，润，极少量极细根，很多量小角状岩石风化碎屑，无石灰反应，pH 7.75，向下模糊平滑过渡。

C: 80～135cm，灰红紫色（10YR 6/2，干），灰红紫色（10YR 5/2，润），砂质壤土，无结构，坚实，润，极少量极细根，极多量小角状岩石风化碎屑，无石灰反应，pH 7.83。

### 中兴系代表性单个土体物理性质

| 土层 | 深度/cm | 石砾(>2mm，体积分数)/% | 细土颗粒组成 (粒径：mm)/(g/kg) | | | 质地 | 容重/(g/cm³) |
| --- | --- | --- | --- | --- | --- | --- | --- |
| | | | 砂粒 2～0.05 | 粉粒 0.05～0.002 | 黏粒 <0.002 | | |
| Ah | 0～18 | 1 | 531 | 292 | 178 | 砂质壤土 | 1.21 |
| Bw | 18～41 | 40 | 687 | 182 | 131 | 砂质壤土 | 1.67 |
| BC | 41～80 | 60 | 725 | 165 | 110 | 砂质壤土 | 1.54 |
| C | 80～135 | 80 | 757 | 153 | 90 | 砂质壤土 | 未测 |

### 中兴系代表性单个土体化学性质

| 深度/cm | pH(H₂O) | 有机碳/(g/kg) | 全氮(N)/(g/kg) | 全磷(P)/(g/kg) | 全钾(K)/(g/kg) | 阳离子交换量/(cmol/kg) |
| --- | --- | --- | --- | --- | --- | --- |
| 0～18 | 6.98 | 22.6 | 1.80 | 0.666 | 21.9 | 30.5 |
| 18～41 | 7.32 | 4.4 | 0.19 | 0.708 | 27.4 | 22.6 |
| 41～80 | 7.75 | 0.5 | 0.00 | 0.991 | 25.1 | 23.7 |
| 80～135 | 7.83 | 0.0 | 0.00 | 1.186 | 23.1 | 24.6 |

### 11.12.4　北川系（Beichuan Series）

土　族：砂质混合型-普通冷凉湿润雏形土
拟定者：翟瑞常，辛　刚

**分布与环境条件**　北川系主要
分布在黑龙江省东部穆棱兴凯
平原以及哈尔滨市和双城、巴彦
等县内。地形为河漫滩，成土母
质为河流冲积物。中温带大陆性
季风气候，具冷性土壤温度状况
和湿润土壤水分状况。年平均降
水量 510mm 左右。年平均日照
时数 2659h，年均气温 3.2℃，
无霜期 146 天，≥10℃的积温
2739℃。50cm 深处年平均土壤
温度 4.5℃。自然植被是以禾本
科为主的杂类草，覆盖度在
50%～70%，小部分开垦为耕地。

北川系典型景观

**土系特征与变幅**　本土系发育弱，土层薄，土壤土体构型为 Ah、Bw 和 2C。Ah 层厚 15～
25cm；风化 Bw 层为雏形层，其下为冲积砂母质层。Ah 层有机碳含量为（15.5±6.4）g/kg
（$n$=5），容重为（1.2±0.1）g/cm$^3$，pH 6.0～7.0，呈微酸性反应。

**对比土系**　大罗密系。大罗密系和北川系同为普通冷凉湿润雏形土土类。大罗密系控制
层段颗粒粒级组成为壤质盖粗骨质；北川系控制层段颗粒粒级组成为砂质。

**利用性能综述**　本土系因砂性强，松散，耕性好，但不保水肥，肥力低，在降水集中的
季节，有可能受河水泛滥的影响，故一般不宜农垦，宜种草种树，发展多种经营。

**参比土种**　砂质冲积新积土。

**代表性单个土体**　位于黑龙江省哈尔滨市阿城区平山镇北川村北 0.5km。45°17′33.2″N，
127°23′9.0″E，海拔 217m。地形为高河漫滩，成土母质为河流冲积物。土壤调查地块种
植马铃薯，已收获。野外调查时间为 2011 年 9 月 21 日，编号 23-086。

Ah: 0~18cm，灰棕色（7.5YR 5/2，干），黑棕色（7.5YR 3/2，润），壤土，中度发育的小团粒结构，松软，很少细根，pH 6.68，向下清晰平滑过渡。

Bw: 18~40cm，浊橙色（7.5YR 6/4，干），棕色（7.5YR 4/4，润），壤土，发育程度弱的小棱块结构，松软，很少极细根，pH 6.56，向下清晰平滑过渡。

2C: 40~80cm，亮棕色（7.5YR 5/6，干），棕色（7.5YR 4/6，润），砂土，无结构，松散，无根系。

北川系代表性单个土体剖面

### 北川系代表性单个土体物理性质

| 土层 | 深度 /cm | 细土颗粒组成 （粒径：mm)/(g/kg) | | | 质地 | 容重 /(g/cm³) |
| --- | --- | --- | --- | --- | --- | --- |
| | | 砂粒 2~0.05 | 粉粒 0.05~0.002 | 黏粒 <0.002 | | |
| Ah | 0~18 | 372 | 459 | 169 | 壤土 | 1.16 |
| Bw | 18~40 | 350 | 451 | 199 | 壤土 | 1.35 |

### 北川系代表性单个土体化学性质

| 深度 /cm | pH (H₂O) | 有机碳 /(g/kg) | 全氮(N) /(g/kg) | 全磷(P) /(g/kg) | 全钾(K) /(g/kg) | 阳离子交换量 /(cmol/kg) |
| --- | --- | --- | --- | --- | --- | --- |
| 0~18 | 6.68 | 17.4 | 1.85 | 0.943 | 26.1 | 17.1 |
| 18~40 | 6.56 | 7.4 | 0.75 | 0.615 | 26.4 | 13.3 |

### 11.12.5　大罗密系（Daluomi Series）

土　族：壤质盖粗骨质混合型–普通冷凉湿润雏形土
拟定者：翟瑞常，辛　刚

**分布与环境条件**　大罗密系土
壤分布于延寿、方正、木兰、龙
江、甘南、富裕、泰来、拜泉等
市县。地形为山间沟谷平地及高
河漫滩，冲积母质。自然植被为
草甸植被，大部分开垦为耕地。
中温带大陆性季风气候，具冷性
土壤温度状况和湿润土壤水分
状况。年平均降水量 573.7mm，
年平均蒸发量 1370.2mm，年平
均日照时数 2176.9h，年均气温
2.7℃，无霜期 135 天，≥10℃
的积温 2525℃。50cm 深处年平
均土壤温度 5.5℃。

大罗密系典型景观

**土系特征与变幅**　本土系土壤土体构型为 Ah、AB 和 2C。表层 Ah 层厚 15～25cm，AB
层为雏形层，其下为异源母质层，含有极多较大砾石。耕层容重在 $1.1～1.3g/cm^3$。表层
有机碳含量为 17.6～34.5g/kg，pH 5.5～6.5。

**对比土系**　刁翎系。刁翎系 2Cr 层有少量锈斑锈纹，具氧化还原特征，出现深度为 50～
100cm。大罗密系全剖面无锈斑锈纹，无铁锰结核，没有氧化还原特征。

**利用性能综述**　本土系土壤地形平缓，质地较轻，通气透水性良好，耕性好，适宜各种
作物生长，但土体较薄，有机质及其他养分贮量低，且易漏水漏肥，作物产量不高，玉
米单产 $6750～8250kg/hm^2$。

**参比土种**　薄层砾底草甸土。

**代表性单个土体**　位于黑龙江省哈尔滨市方正县大罗密镇陈家亮子屯东 1.5km。
45°49′52.4″N，129°21′46.0″E，海拔 184m。地形为山间沟谷平地，冲积母质，土壤调查
地块种植玉米，已收获。野外调查时间为 2011 年 10 月 11 日，编号 23-110。

Ah：0～18cm，棕灰色（7.5YR 5/1，干），黑棕色（7.5YR 2/2，润），粉壤土，小团粒结构，松软，少量细根，pH 5.77，向下突然平滑过渡。

AB：18～70cm，淡棕灰色（7.5YR 7/2，干），棕色（7.5YR 4/3，润），粉壤土，片状结构，松软，很少极细根，pH 6.34，向下清晰平滑过渡。

2C：70～85cm，浊棕色（7.5YR 5/4，干），棕色（7.5YR 4/4，润），壤质砂土，无结构，极多（85%）大圆形石砾，松散，无根系，pH 6.08。

大罗密系代表性单个土体剖面

### 大罗密系代表性单个土体物理性质

| 土层 | 深度 /cm | 石砾 (>2mm, 体积分数)/% | 细土颗粒组成 (粒径: mm)/(g/kg) | | | 质地 | 容重 /(g/cm³) |
| --- | --- | --- | --- | --- | --- | --- | --- |
| | | | 砂粒 2～0.05 | 粉粒 0.05～0.002 | 黏粒 <0.002 | | |
| Ah | 0～18 | — | 254 | 560 | 186 | 粉壤土 | 1.05 |
| AB | 18～70 | — | 320 | 581 | 100 | 粉壤土 | 1.43 |
| 2C | 70～85 | 85 | 793 | 141 | 66 | 壤质砂土 | 未测 |

注：土壤没有石砾或含量极少，表中为"—"。

### 大罗密系代表性单个土体化学性质

| 深度 /cm | pH (H₂O) | 有机碳 /(g/kg) | 全氮(N) /(g/kg) | 全磷(P) /(g/kg) | 全钾(K) /(g/kg) | 阳离子交换量 /(cmol/kg) |
| --- | --- | --- | --- | --- | --- | --- |
| 0～18 | 5.77 | 33.4 | 3.14 | 0.839 | 18.8 | 21.0 |
| 18～70 | 6.34 | 8.6 | 0.38 | 0.297 | 23.7 | 8.7 |
| 70～85 | 6.08 | 2.6 | 0.16 | 0.411 | 26.8 | 4.5 |

# 11.13 暗沃简育湿润雏形土

## 11.13.1 龙门系（Longmen Series）

土　族：碎屑质混合型寒性–暗沃简育湿润雏形土
拟定者：翟瑞常，辛　刚

**分布与环境条件**　龙门系主要分布在黑河、孙吴、五大连池、逊克、伊春等市县。地形为低山丘陵陡坡，坡度较大，一般在 25°～35°，母质为残积物、坡积物，中温带大陆性季风气候，具有寒性土壤温度状况和湿润土壤水分状况。年平均气温 0℃，≥10℃积温 2166.8℃，无霜期 114 天左右，年平均降水量 545.8mm，6～9 月降水占全年的 78.5%；50cm 深处土壤温度年平

龙门系典型景观

均 3.0℃，夏季平均 13.3℃，冬季平均–7.0℃，冬夏温差 20.3℃。原始植被为针阔混交林，经采伐后，现在一般多为次生林和人工林。

**土系特征与变幅**　本土系土壤发育很弱，土体非常薄，土体构型为 Oi、Ah、AC 和 C。Ah 为暗沃表层，层厚 25～37cm，AC、C 层有很多岩石风化碎屑。表层容重在 0.9～1.2g/cm³，表层有机碳含量为 29.0～74.2g/kg，pH 5.5～6.5。

**对比土系**　翠峦解放系。翠峦解放系和龙门系同为暗沃简育湿润雏形土亚类。翠峦解放系控制层段颗粒粒级组成为粗骨壤质；龙门系控制层段颗粒粒级组成为碎屑质。

**利用性能综述**　本土系分布的地形部位高，坡度大，土体极薄，易水土流失，只适宜作为林业用地。

**参比土种**　厚层亚暗矿质暗棕壤性土。

**代表性单个土体**　位于黑龙江省黑河市五大连池市龙门农场南 6000m。48°52′24.7″N，126°49′38.5″E，海拔 350m。地形为丘陵陡坡处，坡度 30°，母质为坡积物。原始植被为针阔混交林，现为次生林。野外调查时间为 2010 年 10 月 3 日，编号 23-060。

Oi: +4~0cm，棕色（7.5YR 4/3，干），暗棕色（7.5YR 3/3，润），未分解和低分解的枯枝落叶，向下突然平滑过渡。

Ah: 0~25cm，棕色（7.5YR 4/3，干），极暗棕色（7.5YR 2/3，润），粉壤土，小团粒结构，极疏松，中量粗根，pH 6.14，向下渐变平滑过渡。

AC: 25~51cm，浊棕色（7.5YR 5/4，干），暗棕色（7.5YR 3/4，润），粉质黏壤土，80%以上角状辉长岩石块，中量粗根，向下模糊平滑过渡。

C: 51~100cm，浊棕色（7.5YR 5/4，干），暗棕色（7.5YR 3/4，润），95%以上角状辉长岩石块，少量中根。

龙门系代表性单个土体剖面

### 龙门系代表性单个土体物理性质

| 土层 | 深度 /cm | 石砾 (>2mm，体积分数)/% | 细土颗粒组成 (粒径：mm)/(g/kg) | | | 质地 | 容重 /(g/cm³) |
| --- | --- | --- | --- | --- | --- | --- | --- |
| | | | 砂粒 2~0.05 | 粉粒 0.05~0.002 | 黏粒 <0.002 | | |
| Ah | 0~25 | — | 74 | 658 | 268 | 粉壤土 | 0.97 |
| AC | 25~51 | 80 | 58 | 589 | 353 | 粉质黏壤土 | 未测 |

注：土壤没有石砾或含量极少，表中为"—"。

### 龙门系代表性单个土体化学性质

| 深度 /cm | pH (H₂O) | 有机碳 /(g/kg) | 全氮(N) /(g/kg) | 全磷(P) /(g/kg) | 全钾(K) /(g/kg) | 阳离子交换量 /(cmol/kg) |
| --- | --- | --- | --- | --- | --- | --- |
| 0~25 | 6.14 | 53.5 | 5.05 | 1.193 | 18.8 | 45.4 |
| 25~51 | 6.00 | 23.6 | 2.05 | 0.533 | 21.3 | 30.6 |

### 11.13.2　翠峦解放系（Cuiluanjiefang Series）

土　　族：粗骨壤质混合型寒性-暗沃简育湿润雏形土
拟定者：翟瑞常，辛　刚

**分布与环境条件**　翠峦解放系主要分布在黑龙江省小兴安岭山地山坡的下部坡积裙上，坡度较大，一般在 20°～30°，母质为坡积物，中温带大陆性季风气候，具有寒性土壤温度状况和湿润土壤水分状况。年平均气温0.3℃，≥10℃积温 2162.1℃。年平均降水量 677.3mm，6～9月降水占全年的 78.7%，无霜期119 天。50cm 深处土壤温度年平均 3.6℃，夏季平均 14.1℃，冬季-6.3℃，冬夏温差 20.4℃。

翠峦解放系典型景观

原始植被为针阔混交林，主要为阔叶红松林型，经采伐后，现在一般多为次生林和人工林。

**土系特征与变幅**　本土系土壤发育很弱，土体薄，土体构型为 Oi、Ah、ABh 和 C。（Ah+ABh）层为暗沃表层，厚 50～100cm，其下为母质层。从 ABh 层开始往下，有很多岩石风化碎屑。表层容重在 0.6～1.0g/cm³，有机碳含量为 30.5～67.6g/kg，pH 5.2～6.5。

**对比土系**　龙门系。翠峦解放系和龙门系同为暗沃简育湿润雏形土亚类。翠峦解放系控制层段颗粒粒级组成为粗骨壤质；龙门系控制层段颗粒粒级组成为碎屑质。

**利用性能综述**　本土系是该地区较好的森林土壤，是重要的木材生产基地，培育以红松为主的针阔混交林。

**参比土种**　中层典型暗棕壤土。

**代表性单个土体**　位于黑龙江省伊春市翠峦林业局解放经营所西南 10km。47°25′36.0″N，128°26′17.1″E，海拔 450m。地形为山地山坡的下部坡积裙，母质为坡积物，原始植被为针阔混交林，经采伐后，现在为次生林。野外调查时间为 2010 年 10 月 17 日，编号 23-080。

Oi: 　+5～0cm，暗棕色（7.5YR 3/3，干），极暗棕色（7.5YR 2/3，润），未分解和低分解的枯枝落叶，向下清晰平滑过渡。

Ah: 　0～15cm，棕色（7.5YR 4/3，干），极暗棕色（7.5YR 2/3，润），黏壤土，小团粒结构，疏松，中量粗根，pH 5.50，向下渐变平滑过渡。

ABh: 15～85cm，浊棕色（7.5YR 5/3，干），暗棕色（7.5YR 3/3，润），黏壤土，小棱块状结构，疏松，少量根系，结构面由铁胶膜包被，很多岩石风化物碎屑，pH 6.00，向下模糊平滑过渡。

C: 　85～110cm，浊棕色（7.5YR 7/3，干），暗棕色（7.5YR 3/4，润），壤土，无结构，疏松，很少细根，很多风化角状石块，pH 6.04。

翠峦解放系代表性单个土体剖面

### 翠峦解放系代表性单个土体物理性质

| 土层 | 深度 /cm | 石砾 (>2mm，体积分数)/% | 细土颗粒组成（粒径：mm)/(g/kg) | | | 质地 | 容重 /(g/cm³) |
| --- | --- | --- | --- | --- | --- | --- | --- |
| | | | 砂粒 2～0.05 | 粉粒 0.05～0.002 | 黏粒 <0.002 | | |
| Ah | 0～15 | — | 236 | 442 | 321 | 黏壤土 | 0.64 |
| ABh | 15～85 | 70 | 222 | 489 | 288 | 黏壤土 | 未测 |
| C | 85～110 | 65 | 442 | 415 | 144 | 壤土 | 未测 |

注：土壤没有石砾或含量极少，表中为"—"。

### 翠峦解放系代表性单个土体化学性质

| 深度 /cm | pH (H₂O) | 有机碳 /(g/kg) | 全氮(N) /(g/kg) | 全磷(P) /(g/kg) | 全钾(K) /(g/kg) | 阳离子交换量 /(cmol/kg) |
| --- | --- | --- | --- | --- | --- | --- |
| 0～15 | 5.50 | 39.5 | 4.76 | 0.837 | 21.1 | 38.7 |
| 15～85 | 6.00 | 18.0 | 1.94 | 0.585 | 21.1 | 27.0 |
| 85～110 | 6.04 | 6.7 | 0.76 | 0.477 | 28.1 | 12.2 |

### 11.13.3  兴安系（Xing'an Series）

土　　族：粗骨壤质混合型寒性-暗沃简育湿润雏形土
拟定者：翟瑞常，辛　刚

**分布与环境条件**　兴安系主要
分布在黑龙江省小兴安岭山地
山坡的下部坡积裙上，坡度较
大，一般在 20°～30°，母质为坡
积物，中温带大陆性季风气候，
具有寒性土壤温度状况和湿润
土壤水分状况。年平均气温
0℃，≥10℃积温 2166.8℃，无
霜期 114 天左右，年平均降水量
545.8mm，6～9 月降水占全年的
78.5%；50cm 深处土壤温度年平
均 3.0℃，夏季平均 13.3℃，冬
季 平 均 –7.0 ℃ ， 冬 夏 温 差

兴安系典型景观

20.3℃。原始植被为针阔混交林，主要为阔叶红松林型，经采伐后，现在一般多为次生
林和人工林。

**土系特征与变幅**　本土系土壤发育很弱，土体非常薄，土体构型为 Oi、Ah、Bw 和 C。
Ah 层厚 25～37cm，从 Bw 层开始往下，有很多岩石风化碎屑。表层容重在 0.6～1.0g/cm³，
有机碳含量 29.6～70.2g/kg，全氮 1.36～4.16g/kg，土壤碱解氮为 163～345mg/kg，速效
磷为 9～41mg/kg，速效钾为 138～392mg/kg，pH 5.5～6.8。

**对比土系**　翠峦解放系。翠峦解放系和兴安系同为暗沃简育湿润雏形土亚类。翠峦解放
系暗沃表层厚 50～100cm，兴安系 Ah 层为暗沃表层，厚 25～37cm。

**利用性能综述**　本土系的土壤是较好的林业土壤，腐殖质层较厚，物理性质好，肥力高，
树木生长茂盛。坡度大，不宜耕垦。

**参比土种**　厚层暗麻砂质暗棕壤。

**代表性单个土体**　位于黑龙江省黑河市五大连池市兴安乡小兴安村西 2000m。
49°2′59.9″N，127°2′38.8″E，海拔 380m。山地山坡的下部坡积裙上，坡度较大，一般在
20°～30°，母质为坡积物，原始植被为针阔混交林，现为人工林。野外调查时间为 2010
年 10 月 4 日，编号 23-062。

Oi:　+4～0cm，暗棕色（7.5YR 3/3，干），极暗棕色（7.5YR 2/3，润），未分解和低分解的枯枝落叶，向下突然平滑过渡。

Ah:　0～26cm，棕色（7.5YR 4/3，干），极暗棕色（7.5YR 2/3，润），壤土，中量大小为小的角状岩石碎屑，团粒结构，疏松，中量粗根，pH 6.00，向下突然平滑过渡。

Bw:　26～98cm，亮棕色（7.5YR 5/6，干），棕色（7.5YR 4/6，润），砂质壤土，很多大小为中的角状岩石碎屑，中量根，pH 6.20，向下渐变平滑过渡。

C:　98～160cm，橙色（7.5YR 7/6，干），橙色（7.5YR 6/6，润），极多大小为大的角状岩石碎屑，很少量中根。

兴安系代表性单个土体剖面

### 兴安系代表性单个土体物理性质

| 土层 | 深度 /cm | 石砾 (>2mm，体积 分数)/% | 细土颗粒组成 (粒径：mm)/(g/kg) | | | 质地 | 容重 /(g/cm³) |
|---|---|---|---|---|---|---|---|
| | | | 砂粒 2～0.05 | 粉粒 0.05～0.002 | 黏粒 <0.002 | | |
| Ah | 0～26 | 15 | 342 | 431 | 226 | 壤土 | 0.98 |
| Bw | 26～98 | 45 | 544 | 356 | 100 | 砂质壤土 | 1.46 |

### 兴安系代表性单个土体化学性质

| 深度 /cm | pH (H₂O) | 有机碳 /(g/kg) | 全氮(N) /(g/kg) | 全磷(P) /(g/kg) | 全钾(K) /(g/kg) | 阳离子交换量 /(cmol/kg) |
|---|---|---|---|---|---|---|
| 0～26 | 6.00 | 64.7 | 2.13 | 0.560 | 27.1 | 25.4 |
| 26～98 | 6.20 | 24.9 | 0.80 | 0.287 | 27.8 | 17.1 |

### 11.13.4　增产系（Zengchan Series）

土　　族：黏壤质混合型寒性-暗沃简育湿润雏形土
拟定者：翟瑞常，辛　刚

**分布与环境条件**　增产系土壤分布于克山、克东、讷河。地形为漫岗平原岗坡顶部；黄土状母质；自然植被为草原化草甸植被，生长以杂类草为主的草甸植物，群落内植物可达 40 多种，1m² 内即达 30 多种，主要有大针茅、披碱草、溚草、薹草、裂叶蒿、细叶白头翁、地榆、野豌豆、野火球、蓬子菜、黄花菜、柴胡、蔓委陵菜、棉团铁线莲等，岗顶生长有榛子灌丛。现多开垦为耕地，垦殖率高，种植玉米、大豆、杂粮。中温

增产系典型景观

带大陆性季风气候，具寒性土壤温度状况和湿润土壤水分状况。年平均气温 0.7℃，≥10℃积温 2391.6℃，无霜期 122 天左右，年平均降水量 463.1mm，6～9 月降水占全年的 80.7%。50cm 深处年平均土壤温度 3.2℃，夏季平均 14.2℃，冬季平均–7.9℃，冬夏温差 22.1℃。

**土系特征与变幅**　本土系土壤土体构型为 Ah、B、BC 和 C。Ah 层为暗沃表层，厚 25～37cm，Rh 值 0.47，≥0.4；B 层为淀积层，棱块结构，很少量小铁锰结核；BC 层弱棱块结构，很少量小铁锰结核；B、BC 层有氧化还原特征；C 层无结构。耕层容重在 1.28～1.50g/cm³，有机碳含量为 20.6～29.4g/kg，pH 5.5～6.8。

**对比土系**　兴安系。兴安系和增产系同为暗沃简育湿润雏形土亚类。兴安系控制层段颗粒粒级组成为粗骨壤质，增产系控制层段颗粒粒级组成为黏壤质。

**利用性能综述**　本土系土壤质地适中，通气透水性好，耕性良好，养分含量较丰富，供肥性好，水气热协调，适合各种作物生长。但土壤保水供水性能差，不耐旱涝，在田间管理过程中，应注意抗旱保墒，同时要合理耕作和深耕增施有机肥，不断培肥土壤。

**参比土种**　中层砂底黑土。

**代表性单个土体**　位于黑龙江省齐齐哈尔市讷河市学田镇增产村老莱农场 3 队 10 号地。48°41′37.8″N，124°53′52.3″E，海拔 290m。地形为漫岗平原岗坡顶部，黄土状母质，自然植被为"榛子灌丛"，现已开垦为耕地，种植作物以大豆、小麦、玉米为主。土壤调查时为收获的小麦地。野外调查时间为 2010 年 8 月 8 日，编号 23-028。

增产系代表性单个土体剖面

Ah: 0～30cm，极暗红棕色（2.5YR 2/2，干），红黑色（2.5YR 2/1，润），壤土，少量圆形石砾，发育程度中度的小团粒结构，疏松，很少量极细根，pH 5.96，向下突然平滑过渡。

B: 30～65cm，红棕色（2.5YR 4/6，干），红棕色（2.5YR 4/6，润），黏壤土，少量圆形石砾，小棱块结构，坚实，很少量极细根，很少量小铁锰结核，pH 5.70，向下模糊平滑过渡。

BC: 65～120cm，亮红棕色（2.5YR 5/6，干），红棕色（2.5YR 4/8，润），砂质壤土，中量圆形石砾，发育弱的小棱块结构，坚实，很少量极细根，很少量小铁锰结核，pH 5.90，向下清晰平滑过渡。

C: 120～160cm，橙色（2.5YR 6/6，干），亮红棕色（2.5YR 5/8，润），壤质砂土，中量圆形石砾，无结构，疏松，无根系，pH 6.10。

### 增产系代表性单个土体物理性质

| 土层 | 深度 /cm | 石砾 (>2mm, 体积分数)/% | 细土颗粒组成 (粒径: mm)/(g/kg) | | | 质地 | 容重 /(g/cm³) |
| | | | 砂粒 2～0.05 | 粉粒 0.05～0.002 | 黏粒 <0.002 | | |
| --- | --- | --- | --- | --- | --- | --- | --- |
| Ah | 0～30 | 4 | 404 | 453 | 143 | 壤土 | 1.50 |
| B | 30～65 | 5 | 369 | 275 | 356 | 黏壤土 | 1.55 |
| BC | 65～120 | 7 | 631 | 181 | 187 | 砂质壤土 | 1.83 |
| C | 120～160 | 10 | 809 | 98 | 94 | 壤质砂土 | 1.52 |

### 增产系代表性单个土体化学性质

| 深度 /cm | pH (H₂O) | 有机碳 /(g/kg) | 全氮(N) /(g/kg) | 全磷(P) /(g/kg) | 全钾(K) /(g/kg) | 阳离子交换量 /(cmol/kg) |
| --- | --- | --- | --- | --- | --- | --- |
| 0～30 | 5.96 | 22.2 | 2.38 | 0.607 | 23.5 | 27.0 |
| 30～65 | 5.70 | 4.9 | 0.77 | 0.156 | 22.8 | 25.0 |
| 65～120 | 5.90 | 2.3 | 0.45 | 0.132 | 24.0 | 13.1 |
| 120～160 | 6.10 | 1.4 | 0.46 | 0.114 | 31.8 | 6.4 |

# 11.14 普通简育湿润雏形土

## 11.14.1 呼源系（Huyuan Series）

土　　族：粗骨砂质混合型寒性-普通简育湿润雏形土
拟定者：翟瑞常，辛　刚

**分布与环境条件**　呼源系主要分布在黑龙江省大兴安岭的漠河、塔河两市县和新林、呼中两区内。地形为大兴安岭的山地和丘陵，海拔多在 700～1000m。成土母质为岩石风化残积、坡积物。寒温带湿润季风气候，具有寒性土壤温度状况和湿润土壤水分状况。年平均气温 –5.5℃，≥10℃积温 1550.2℃，无霜期 70 天，年平均降水量 394.6mm，6～9 月降水占全年的 80.5%；50cm 深处土壤温度年平

呼源系典型景观

均 1.1℃，夏季 8.7℃，冬季–6.7℃，冬夏温差 15.4℃。自然植被以兴安落叶松为主，阔叶树有白桦等，林下灌木有兴安杜鹃等，多为自然林地，林冠覆盖度为 60%～70%。

**土系特征与变幅**　本土系土体构型为 Oi、Ah、AB、B、BC 和 C。Oi 层厚度不等，一般约 5～10cm；Ah 层厚 8～15cm，团粒结构，较疏松，多木质根；B 层厚度变异较大，10～50cm 不等，核块状结构，根很少，含砾石较多。表层有机碳含量为 26.3～78.6g/kg，pH 5.0～6.0。

**对比土系**　塔源系。呼源系和塔源系同为普通简育湿润雏形土亚类。呼源系控制层段颗粒粒级组成为粗骨砂质，塔源系控制层段颗粒粒级组成为粗骨壤质。

**利用性能综述**　本土系分布在山地，坡度大，土层较薄，只适宜发展林业，是大兴安岭地区的主要林业土壤，主要林木为兴安落叶松和白桦。

**参比土种**　厚层亚暗砂质棕色针叶林土。

**代表性单个土体**　位于黑龙江省大兴安岭呼中区呼源镇。51°36′34.7″N，123°56′48.5″E，海拔 696m。地形为山地，山坡中部，坡度 30°，成土母质为坡积物。植物以兴安落叶松为主，阔叶树有白桦等，林下灌木有兴安杜鹃等。野外调查时间为 2010 年 8 月 11 日，编号 23-035。

呼源系代表性单个土体剖面

Oi: +5～0cm，棕色（7.5YR 4/4，干），棕色（7.5YR 4/6，润），未分解和低分解的枯枝落叶，向下突然平滑过渡。

Ah: 0～12cm，浊棕色（7.5YR 5/3，干），暗棕色（7.5YR 3/3，润），砂质壤土，多量岩石风化碎屑，小团粒结构，疏松，较多粗根，pH 5.68，向下清晰平滑过渡。

AB: 12～41cm，浊棕色（7.5YR 6/3，干），浊橙色（7.5YR 6/4，润），砂质壤土，很多岩石风化碎屑，核块状结构，疏松，少量细根，结构体表面可见黏粒和铁锰胶膜，pH 6.02，向下渐变平滑过渡。

B: 41～71cm，浊橙色（7.5YR 7/4，干），亮棕色（7.5YR 5/8，润），砂质壤土，很多角状岩石风化物且表层有明显胶膜，核块状结构，疏松，很少细根，pH 6.00，向下渐变平滑过渡。

BC: 71～93cm，浊橙色（7.5YR 7/3，干），亮棕色（7.5YR 5/6，润），砂质壤土，多量角状岩石风化物，且表层有胶膜，核块结构，疏松，无根系，pH 6.00，向下渐变平滑过渡。

C: 93～124cm，橙色（7.5YR 6/6，干），橙色（7.5YR 6/8，润），壤质砂土，中量小角状岩石风化物，无结构，坚实，无根系，pH 6.20。

### 呼源系代表性单个土体物理性质

| 土层 | 深度 /cm | 石砾 (>2mm，体积分数)/% | 细土颗粒组成（粒径：mm)/(g/kg) | | | 质地 | 容重 /(g/cm³) |
| --- | --- | --- | --- | --- | --- | --- | --- |
| | | | 砂粒 2～0.05 | 粉粒 0.05～0.002 | 黏粒 <0.002 | | |
| Ah | 0～12 | 35 | 547 | 254 | 200 | 砂质壤土 | 1.44 |
| AB | 12～41 | 55 | 594 | 285 | 121 | 砂质壤土 | 未测 |
| B | 41～71 | 45 | 740 | 163 | 97 | 砂质壤土 | 1.77 |
| BC | 71～93 | 20 | 728 | 233 | 38 | 砂质壤土 | 1.79 |
| C | 93～124 | 15 | 778 | 180 | 42 | 壤质砂土 | 1.70 |

### 呼源系代表性单个土体化学性质

| 深度 /cm | pH (H₂O) | 有机碳 /(g/kg) | 全氮(N) /(g/kg) | 全磷(P) /(g/kg) | 全钾(K) /(g/kg) | 阳离子交换量 /(cmol/kg) |
| --- | --- | --- | --- | --- | --- | --- |
| 0～12 | 5.68 | 27.4 | 1.32 | 0.613 | 24.4 | 24.9 |
| 12～41 | 6.02 | 5.9 | 0.53 | 0.771 | 24.6 | 11.8 |
| 41～71 | 6.00 | 4.0 | 0.52 | 0.699 | 26.9 | 8.2 |
| 71～93 | 6.00 | 1.9 | 0.47 | 1.311 | 22.2 | 7.2 |
| 93～124 | 6.20 | 1.9 | 0.35 | 1.131 | 12.4 | 8.6 |

## 11.14.2 孙吴系（Sunwu Series）

土　族：粗骨砂质混合型寒性-普通简育湿润雏形土
拟定者：翟瑞常，辛　刚

**分布与环境条件**　孙吴系土壤
分布于嘉荫、黑河、孙吴、五大
连池、逊克、伊春等地。地形为
低山陡坡，母质为冲积、洪积母
质、残积母质。植被为杂木林，
有柞、桦、榆、水曲柳、胡桃楸
等。中温带大陆性季风气候，具
有寒性土壤温度状况和湿润土
壤水分状况。年平均降水量
540.7mm。年平均日照时数
2500h，年均气温–1.2℃。50cm
深处年平均土壤温度 2.7℃。

孙吴系典型景观

**土系特征与变幅**　本土系土壤土体构型为 Oi、Ah、Bw 和 C，土壤发育弱。Ah 层为腐
殖质层，厚 25~37cm，Bw 层为雏形层，C 层主要为风化的闪长岩小碎屑。表层土壤
pH 5.0~6.5。

**对比土系**　呼源系。呼源系和孙吴系同为粗骨砂质混合型寒性-普通简育湿润雏形土。呼
源系土壤表层砾石含量≥25%，0~50cm 土层砾石大小为中-大。孙吴系土壤表层石砾含
量<25%，全剖面砾石很小。

**利用性能综述**　本土系是较好的林业用地，适合种植落叶松、红松、水曲柳、杨、桦等
树种，现多为自然林，少部分为人工林，应逐步营造经济林和发展多种经营，创造更多
的价值。

**参比土种**　中层亚暗矿质暗棕壤性土。

**代表性单个土体**　位于黑龙江省黑河市孙吴县西北 5000m。49°26′17.4″N，127°15′35.8″E，
海拔 224m。地形为河岸阶地的阶坡上，坡度较陡，25°~30°，水土流失严重；母质有风
化较好的闪长岩残积物；植被为次生杂木林，以柞树为主。野外调查时间为 2010 年 10
月 4 日，编号 23-063。

Oi:　+2～0cm，黑棕色（7.5YR 3/2，干），黑棕色（7.5YR 2/2，润），未分解和低分解的枯枝落叶，向下清晰平滑过渡。

Ah:　0～33cm，浊棕色（7.5YR 5/4，干），棕色（7.5YR 4/4，润），砂质壤土，小团粒结构，极疏松，少量中粗根，少量大小为很小的闪长岩岩石碎屑，pH 6.00，向下渐变平滑过渡。

Bw:　33～51cm，浊橙色（7.5YR 6/4，干），浊棕色（7.5YR 5/4，润），壤质砂土，多量大小为很小的闪长岩岩石碎屑，很少细根，pH 6.04，向下清晰平滑过渡。

C:　51～101cm，淡黄色（5Y 7/3，干），灰橄榄色（5Y 5/3，润），很多大小为很小的闪长岩岩石碎屑，砂土，pH 6.10。

孙吴系代表性单个土体剖面

### 孙吴系代表性单个土体物理性质

| 土层 | 深度/cm | 石砾（>2mm，体积分数)/% | 细土颗粒组成（粒径：mm)/(g/kg) | | | 质地 | 容重/(g/cm³) |
| | | | 砂粒 2～0.05 | 粉粒 0.05～0.002 | 黏粒 <0.002 | | |
| --- | --- | --- | --- | --- | --- | --- | --- |
| Ah | 0～33 | 4 | 726 | 234 | 40 | 砂质壤土 | 1.35 |
| Bw | 33～51 | 30 | 813 | 176 | 11 | 壤质砂土 | 1.32 |
| C | 51～101 | 42 | 904 | 92 | 4 | 砂土 | 未测 |

### 孙吴系代表性单个土体化学性质

| 深度/cm | pH(H₂O) | 有机碳/(g/kg) | 全氮(N)/(g/kg) | 全磷(P)/(g/kg) | 全钾(K)/(g/kg) | 阳离子交换量/(cmol/kg) |
| --- | --- | --- | --- | --- | --- | --- |
| 0～33 | 6.00 | 15.9 | 1.05 | 0.913 | 16.5 | 33.5 |
| 33～51 | 6.04 | 10.5 | 0.57 | 1.195 | 14.5 | 42.4 |
| 51～101 | 6.10 | 8.2 | 0.38 | 1.665 | 12.5 | 38.8 |

### 11.14.3　塔源系（Tayuan Series）

土　族：粗骨壤质混合型寒性–普通简育湿润雏形土
拟定者：翟瑞常，辛　刚

**分布与环境条件**　塔源系主要
分布在黑龙江省大兴安岭的漠
河、塔河两市县和新林、呼中两
区内，呼玛县也有少量分布。地
形为大兴安岭的山地和丘陵，海
拔多在 700～1000m。成土母质
为岩石风化残积、坡积物。寒温
带湿润季风气候，具有寒性土壤
温度状况和湿润土壤水分状况。
年平均气温–5.5℃，≥10℃积温
1550.2℃，无霜期 70 天，年平
均降水量 394.6mm，6～9 月降

塔源系典型景观

水占全年的 80.5%；50cm 深处土壤温度年平均 1.1℃，夏季 8.7℃，冬季–6.7℃，冬夏温差
15.4℃。自然植被以兴安落叶松为主，阔叶树有白桦等，林下灌木有兴安杜鹃等，多为自
然林地，林冠覆盖度为 60%～70%。

**土系特征与变幅**　本土系土体构型为 Oi、Ah、AB、B、BC 和 C。Oi 层厚一般约 10cm；
Ah 层厚 8～15cm；B 层厚度变异较大，10～50cm 不等，核块状结构，根很少，含砾石较多，
石块面上可见铁锰胶膜；C 层以岩石碎屑为主。Ah 层有机碳含量为 30.2～70.0g/kg，腐殖质
组成以富里酸为主，胡敏酸与富里酸的比值一般为 0.17～0.67。Ah 层土壤 pH 为 5.0～6.0。

**对比土系**　呼源系。呼源系和塔源系同为普通简育湿润雏形土亚类。呼源系控制层段颗
粒粒级组成为粗骨砂质，塔源系控制层段颗粒粒级组成为粗骨壤质。

**利用性能综述**　本土系分布在山地，坡度大，土层较薄，只适宜发展林业，是大兴安岭
地区的主要林业土壤，以兴安落叶松分布最广，其次是樟子松和白桦。本土系具有一定
的腐殖质层和有效土层，也有相当的有机碳和养分贮量，但由于土壤酸度较大，再加上
气候冷湿，树木生长较慢。

**参比土种**　厚层麻砂质棕色针叶林土。

**代表性单个土体**　位于黑龙江省大兴安岭新林区塔源镇西 7km。51°33′41.3″N，
124°19′47.8″E，海拔 564m。地形为山地，山坡下部，坡度 30°，成土母质为岩石风化
坡积物。自然林地，植物以兴安落叶松为主，阔叶树有白桦等，林下灌木有兴安杜鹃等。
野外调查时间为 2010 年 8 月 10 日，编号 23-033。

23-033

塔源系代表性单个土体剖面

Oi：　+6～0cm，黑棕色（7.5YR 3/2，干），黑棕色（7.5YR 2/2，润），上部为未分解的凋落物，下部为低分解的凋落物，向下突然平滑过渡。

Ah：　0～13cm，浊棕色（7.5YR 3/2，干），暗棕色（7.5YR 3/3，润），壤土，多量岩石风化碎屑，小团粒结构，疏松，较多粗根，pH 5.60，向下清晰平滑过渡。

AB：　13～24cm，浊橙色（7.5YR 6/4，干），亮棕色（7.5YR 5/8，润），壤土，很多岩石风化碎屑，团粒结构，疏松，较多粗根，结构体表面可见黏粒和铁胶膜，pH 5.80，向下清晰平滑过渡。

B：　24～47cm，浊橙色（7.5YR 7/3，干），橙色（7.5YR 6/8，润），壤土，很多角状岩石风化物且表层有明显胶膜，核块状结构，疏松，少量根系，pH 5.94，向下模糊平滑过渡。

BC：　47～67cm，橙色（7.5YR 6/6，干），亮棕色（7.5YR 5/8，润），砂质壤土，很多角状岩石风化物且表层有胶膜，核块结构，疏松，少量细根，pH 6.00，向下模糊平滑过渡。

C：　67～104cm，浊棕色（7.5YR 6/4，干），亮棕色（7.5YR 5/6，润），壤土，极多很大的角状岩石风化物，无结构，疏松，很少极细根，pH 6.02。

### 塔源系代表性单个土体物理性质

| 土层 | 深度 /cm | 石砾 (>2mm，体积分数)/% | 细土颗粒组成 (粒径：mm)/(g/kg) | | | 质地 |
| --- | --- | --- | --- | --- | --- | --- |
| | | | 砂粒 2～0.05 | 粉粒 0.05～0.002 | 黏粒 <0.002 | |
| Ah | 0～13 | 35 | 335 | 428 | 236 | 壤土 |
| AB | 13～24 | 45 | 350 | 452 | 198 | 壤土 |
| B | 24～47 | 45 | 464 | 407 | 128 | 壤土 |
| BC | 47～67 | 65 | 638 | 286 | 76 | 砂质壤土 |
| C | 67～104 | 85 | 516 | 354 | 130 | 壤土 |

### 塔源系代表性单个土体化学性质

| 深度 /cm | pH (H₂O) | 有机碳 /(g/kg) | 全氮(N) /(g/kg) | 全磷(P) /(g/kg) | 全钾(K) /(g/kg) | 阳离子交换量 /(cmol/kg) |
| --- | --- | --- | --- | --- | --- | --- |
| 0～13 | 5.60 | 33.1 | 1.90 | 1.073 | 18.4 | 26.9 |
| 13～24 | 5.80 | 7.8 | 1.40 | 1.199 | 22.7 | 32.3 |
| 24～47 | 5.94 | 4.9 | 0.76 | 0.581 | 25.0 | 23.6 |
| 47～67 | 6.00 | 4.3 | 0.64 | 0.460 | 13.6 | 13.8 |
| 67～104 | 6.02 | 2.3 | 0.41 | 0.427 | 18.0 | 17.2 |

# 第12章 新成土纲

## 12.1 普通潮湿冲积新成土

### 12.1.1 卫星系（Weixing Series）

土　族：砂质硅质型冷性-普通潮湿冲积新成土
拟定者：翟瑞常，辛　刚

**分布与环境条件**　卫星系主要分布在佳木斯、依兰、萝北、望奎、肇东、青冈、海林、林口、齐齐哈尔、富裕、哈尔滨等市县。地形为河漫滩，成土母质为河流冲积物。中温带大陆性季风气候，具冷性土壤温度状况和潮湿土壤水分状况。年平均降水量 480mm，年平均蒸发量 1460mm，年平均日照时数 2656h，年均气温 2.1℃，无霜期 128 天，≥10℃ 的积温

卫星系典型景观

2604.8℃，50cm 深处土壤年平均温度 4.5℃。自然植被是以禾本科为主的杂类草，覆盖度在 50%～70%。

**土系特征与变幅**　本土系由冲积母质发育形成，有质地层次性。土体构型为 Ah、2C 和 3C，Ah 层厚 10～20cm；其下为多层质地不同的由冲积形成的异源母质，Ah 层有很少量锈斑锈纹，2C 层有多量锈斑锈纹，具氧化还原特征，出现深度为 0～50cm。Ah 层有机碳含量为 9.1～37.9g/kg，容重为 1.1～1.3g/cm³，pH 5.7～6.8。

**对比土系**　平山系。卫星系和平山系同属普通潮湿冲积新成土亚类。卫星系控制层段颗粒粒级组成为砂质，平山系控制层段颗粒粒级组成为壤质。

**利用性能综述**　本土系因砂性强，松散，耕性好，但不保水肥，肥力低，在降水集中的季节，有可能受河水泛滥的影响，故一般不宜农垦，宜种草种树，发展多种经营。

**参比土种**　中层层状冲积新成土。

**代表性单个土体**　位于黑龙江省绥化市望奎县卫星镇东南 3000m。46°41′16.1″N，126°40′56.5″E，海拔 137m。地形为河漫滩，成土母质为河流冲积物，植被是以禾本科为

主的杂类草，覆盖度在 50%～70%。野外调查时间为 2010 年 10 月 13 日，编号 23-072。

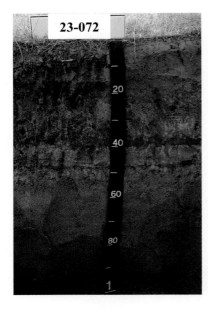

Ah: 0～17cm，灰棕色（7.5YR 4/2，干），黑棕色（7.5YR 3/2，润），粉质黏壤土，小团粒结构，疏松，很少细根，很少铁斑纹，pH 5.90，向下清晰平滑过渡。

2C: 17～51cm，浊棕色（7.5YR 5/4，干），亮棕色（7.5YR 5/6，润），壤质砂土，无结构，疏松，很少极细根，中量很小圆形石英砾石，多量铁斑纹，pH 6.10，向下突然平滑过渡。

3C: 51～110cm，浊橙色（7.5YR 6/4，干），浊棕色（7.5YR 5/4，润），砂土，无结构，疏松，无根系，很少量很小圆形石英砾石，pH 6.16。

卫星系代表性单个土体剖面

**卫星系代表性单个土体物理性质**

| 土层 | 深度 /cm | 石砾 (>2mm，体积分数)/% | 细土颗粒组成 (粒径：mm)/(g/kg) | | | 质地 | 容重 /(g/cm³) |
|---|---|---|---|---|---|---|---|
| | | | 砂粒 2～0.05 | 粉粒 0.05～0.002 | 黏粒 <0.002 | | |
| Ah | 0～17 | — | 197 | 526 | 277 | 粉质黏壤土 | 1.13 |
| 2C | 17～51 | 7 | 829 | 128 | 43 | 壤质砂土 | 1.50 |
| 3C | 51～110 | 2 | 996 | 4 | 0 | 砂土 | 1.43 |

注：土壤没有石砾或含量极少，表中为"—"。

**卫星系代表性单个土体化学性质**

| 深度 /cm | pH (H₂O) | 有机碳 /(g/kg) | 全氮(N) /(g/kg) | 全磷(P) /(g/kg) | 全钾(K) /(g/kg) | 阳离子交换量 /(cmol/kg) |
|---|---|---|---|---|---|---|
| 0～17 | 5.90 | 37.5 | 2.73 | 0.791 | 23.7 | 54.6 |
| 17～51 | 6.10 | 4.5 | 0.80 | 0.351 | 29.5 | 9.0 |
| 51～110 | 6.16 | 1.2 | 0.36 | 0.195 | 32.6 | 2.3 |

## 12.1.2 众家系（Zhongjia Series）

土　族：黏质伊利石混合型冷性−普通潮湿冲积新成土
拟定者：翟瑞常，辛　刚

**分布与环境条件**　众家系土壤主要分布于松花江地区、绥化地区、牡丹江地区、齐齐哈尔地区的河漫滩及河岸低地，有近代或现代河流的泛滥沉积，母质为较为黏重的冲积物，自然植被为草甸植被，以小叶章为主的杂类草群落或芦苇群落，覆盖度为90%～100%，部分已开垦为农田。中温带大陆性季风气候，具冷性土壤温度状况和潮湿土壤水分状况。年平均降水量488.2mm，年平均蒸发量

众家系典型景观

1334mm，年平均日照时数 2730h，年均气温 1.2℃，无霜期 122 天，≥10℃的积温 2441℃，50cm 深处年平均土壤温度 3.1℃。

**土系特征与变幅**　本土系土壤土体构型为 Ah、2Ahb、3Ahb、3ABrb 和 3BCrb。具冲积物岩性特征和潮湿土壤水分状况，整个剖面有很少量锈斑锈纹，具有氧化还原特征，出现深度为 50～150cm，或更浅。土壤表层容重在 1.1～1.4g/cm³，有机碳含量为 11.0～28.2g/kg，pH 6.5～7.5。

**对比土系**　平山系。平山系和众家系同属普通潮湿冲积新成土亚类。众家系控制层段颗粒粒级组成为黏质，平山系控制层段颗粒粒级组成为壤质。

**利用性能综述**　本土系腐殖层较厚，养分贮量丰富，潜在肥力高，适合种植小麦、大豆、玉米等作物，有水源的地方最适宜种植水稻。作为旱田利用时，要注意防止季节性土壤过湿，又加上土质黏重，往往因湿耕湿种，破坏土壤结构，而使土壤物理性质变坏。春季地温低，不利于速效养分释放，不利小苗生长。未开垦的荒地可做放牧地或割草场，发展牧业。

**参比土种**　薄层层状草甸土。

**代表性单个土体**　位于黑龙江省齐齐哈尔市拜泉县兴华乡众家村西 1500m。47°44′41.4″N，126°10′45.9″E，海拔 246m。地形为河漫滩及河岸低地，有近代或现代河流的泛滥沉积；草甸植被，以小叶章、三棱草为主。野外调查时间为 2010 年 10 月 1 日，编号 23-053。

众家系代表性单个土体剖面

Ah:　　0～24cm，灰棕色（7.5YR 4/2，干），黑棕色（7.5YR 2/2，润），粉质黏壤土，大块状结构，很坚实，少量细根，很少铁斑纹，无石灰反应，pH 7.60，向下渐变平滑过渡。

2Ahb：　24～64cm，棕色（7.5YR 4/3，干），暗棕色（7.5YR 3/3，润），粉质黏土，小粒状结构，坚实，很少极细根系，明显铁斑纹，无石灰反应，pH 7.10，向下清晰平滑过渡。

3Ahb：　64～86cm，黑棕色（7.5YR 3/2，干），黑棕色（7.5YR 2/2，润），粉质黏壤土，小粒状结构，坚实，很少极细根系，根系周围有铁斑纹，pH 6.62，向下渐变平滑过渡。

3ABrb：　86～143cm，棕灰色（7.5YR 4/3，干），黑棕色（7.5YR 3/1，润），粉壤土，小粒状结构，坚实，很少极细根系，根系周围有铁斑纹，pH 7.24，向下模糊平滑过渡。

3BCrb：143～170cm，棕灰色（7.5YR 5/1，干），黑棕色（7.5YR 3/1，润），粉壤土，无结构，坚实，无根系，很少铁斑纹，pH 7.34。

## 众家系代表性单个土体物理性质

| 土层 | 深度/cm | 细土颗粒组成（粒径：mm）/(g/kg) | | | 质地 | 容重/(g/cm³) |
| | | 砂粒 2~0.05 | 粉粒 0.05~0.002 | 黏粒 <0.002 | | |
|---|---|---|---|---|---|---|
| Ah | 0～24 | 60 | 663 | 277 | 粉质黏壤土 | 1.41 |
| 2Ahb | 24～64 | 34 | 500 | 466 | 粉质黏土 | 1.11 |
| 3Ahb | 64～86 | 48 | 651 | 302 | 粉质黏壤土 | 1.24 |
| 3ABrb | 86～143 | 46 | 691 | 263 | 粉壤土 | 1.32 |
| 3BCrb | 143～170 | 55 | 678 | 267 | 粉壤土 | 1.24 |

## 众家系代表性单个土体化学性质

| 深度/cm | pH(H₂O) | 有机碳/(g/kg) | 全氮(N)/(g/kg) | 全磷(P)/(g/kg) | 全钾(K)/(g/kg) | 阳离子交换量/(cmol/kg) |
|---|---|---|---|---|---|---|
| 0～24 | 7.60 | 17.6 | 2.07 | 0.537 | 21.5 | 41.5 |
| 24～64 | 7.10 | 35.0 | 2.26 | 0.590 | 21.3 | 48.6 |
| 64～86 | 6.62 | 46.9 | 4.58 | 0.341 | 23.4 | 41.1 |
| 86～143 | 7.24 | 29.4 | 1.58 | 0.240 | 23.5 | 34.8 |
| 143～170 | 7.34 | 22.2 | 1.25 | 0.380 | 24.9 | 33.7 |

### 12.1.3 平山系（Pingshan Series）

土　族：壤质混合型冷性-普通潮湿冲积新成土
拟定者：翟瑞常，辛　刚

**分布与环境条件**　平山系主要分布在黑龙江省东部穆棱兴凯平原以及哈尔滨市和双城、巴彦等区县内。地形为低河漫滩，成土母质为河流冲积物。中温带大陆性季风气候，具冷性土壤温度状况和潮湿土壤水分状况。年平均降水量 518.3mm，年平均蒸发量 1500mm。年平均日照时数 2659h，年均气温 3.4℃，无霜期 146 天，≥10℃的积温 2741.8℃。50cm 深处年平均土壤温度 5.7℃。自然植被是以禾本科为主的杂类草，覆盖度在 50%～70%。

平山系典型景观

**土系特征与变幅**　本土系由冲积母质发育形成，具有质地层次性。土体构型为 Ah、Cr 和 2C，Ah 层厚 10～20cm；Ah、Cr 层为粉壤土，2C 层为砂质壤土，Ah 层有中量锈斑锈纹，Cr 层有多量锈斑锈纹，具氧化还原特征，出现深度为 0～50cm.。Ah 层有机碳含量 8.7～26.2g/kg，容重为 1.0～1.4g/cm$^3$，pH 6.0～7.0。

**对比土系**　卫星系。卫星系和平山系同属普通潮湿冲积新成土亚类。卫星系控制层段颗粒粒级组成为砂质，平山系控制层段颗粒粒级组成为壤质。

**利用性能综述**　群众称为河淤土，低势低平，常受河水泛滥影响，不适宜开垦，应保护好现有草甸植被，发展牧业。

**参比土种**　壤质冲积新积土。

**代表性单个土体**　位于黑龙江省哈尔滨市阿城区平山镇西南 5km（西泉眼水库上游阿什河河漫滩）。45°16′29.3″N，127°21′15.3″E，海拔 214m。地形为低河漫滩，成土母质为河流冲积物。自然植被是以禾本科为主的杂类草，覆盖度在 50%～70%，土壤调查地块为弃荒地。野外调查时间为 2011 年 9 月 21 日，编号 23-085。

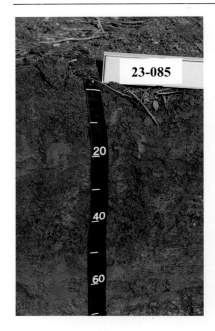

Ah: 0～20cm，淡棕灰色（7.5YR 7/2，干），灰棕色（7.5YR 4/2，润），粉壤土，发育程度弱的小团粒结构，疏松，很少细根，结构体内有占体积 10%左右的小铁斑纹，对比度显著，过渡清楚，pH 6.70，向下清晰平滑过渡。

Cr: 20～62cm，灰棕色（7.5YR 6/2，干），棕色（7.5YR 4/3，润），粉壤土，发育程度弱的中等大小的片状结构，坚实，无根系，结构体内有占体积 20%左右的中等大小铁斑纹，对比度明显，过渡清楚，pH 6.79，向下清晰平滑过渡。

2C: 62～80cm，浊橙色（7.5YR 7/4，干），亮棕色（7.5YR 5/6，润），砂质壤土，无结构，松散，无根系。

平山系代表性单个土体剖面

### 平山系代表性单个土体物理性质

| 土层 | 深度 /cm | 细土颗粒组成（粒径：mm）/(g/kg) | | | 质地 | 容重 /(g/cm³) |
| | | 砂粒 2～0.05 | 粉粒 0.05～0.002 | 黏粒 <0.002 | | |
| --- | --- | --- | --- | --- | --- | --- |
| Ah | 0～20 | 172 | 624 | 204 | 粉壤土 | 1.28 |
| Cr | 20～62 | 254 | 558 | 188 | 粉壤土 | 1.26 |

### 平山系代表性单个土体化学性质

| 深度 /cm | pH (H₂O) | 有机碳 /(g/kg) | 全氮(N) /(g/kg) | 全磷(P) /(g/kg) | 全钾(K) /(g/kg) | 阳离子交换量 /(cmol/kg) |
| --- | --- | --- | --- | --- | --- | --- |
| 0～20 | 6.70 | 15.1 | 1.48 | 0.723 | 23.8 | 15.9 |
| 20～62 | 6.79 | 10.3 | 1.22 | 0.702 | 23.9 | 14.9 |

# 12.2　普通湿润冲积新成土

## 12.2.1　谊新系（Yixin Series）

土　族：砂质硅质型冷性-普通湿润冲积新成土
拟定者：翟瑞常，辛　刚

**分布与环境条件**　谊新系分布在黑龙江省东部哈尔滨、双城、巴彦、虎林、穆棱、密山、集贤、友谊等市县。地形为河流两岸河漫滩和低阶地，冲积砂母质。中温带大陆性季风气候，具冷性土壤温度状况和湿润土壤水分状况。年平均气温 1.8℃，≥10℃积温 2465.4℃，无霜期 133.5 天，年平均降水量 524.4mm，6～9月降水占全年的 74.2%。50cm深处土壤温度年平均 5.2℃，夏

谊新系典型景观

季 15.4℃，冬季–4.1℃，冬夏温差 19.5℃。自然植被是以禾本科为主的杂类草，覆盖度在 50%～70%，大部分为荒地。

**土系特征与变幅**　由于为冲积砂母质，土壤发育极弱。土体构型为 Ah 和 C，Ah 层厚>20cm，其下为冲积砂母质层；全剖面含砂粒>75%，主要为中粗砂粒。Ah 层有机碳含量为（15.5±6.4）g/kg（$n$=5），容重为 1.3～1.6g/cm$^3$，pH 6.0～7.0。

**对比土系**　卫星系。卫星系由于发育于低河漫滩，地下水位浅，Ah 层有少量锈斑锈纹，2C 层有多量锈斑锈纹，具氧化还原特征，出现深度为 0～50cm。谊新系全剖面无锈斑锈纹、铁锰结核。

**利用性能综述**　本土系因砂性强，松散，耕性好，但不保水肥，肥力低，故一般不宜农垦，宜种草种树，发展多种经营，促进土壤肥力发展。

**参比土种**　厚层砂质冲积新成土。

**代表性单个土体**　位于黑龙江省双鸭山市友谊县友谊农场五分场三队 5 号地（铁路北1500m），46°41′4.2″N，131°49′42.8″E，海拔 73m。地形为低阶地，冲积砂母质。土壤调查地块种植玉米。野外调查时间为 2010 年 9 月 19 日，编号 23-041。

Ah：0～25cm，棕色（7.5YR 4/3，干），暗棕色（7.5YR 3/3，润），壤质砂土，小团粒状结构，疏松，较少细根系，孔隙度高，无石灰反应，pH 6.00，向下清晰平滑过渡。

C：25～90cm，浊橙色（7.5YR 6/4，干），亮棕色（7.5YR 5/6，润），砂土，无结构，疏松，无根系，pH 6.60。

谊新系代表性单个土体剖面

### 谊新系代表性单个土体物理性质

| 土层 | 深度 /cm | 石砾 (>2mm，体积分数)/% | 细土颗粒组成 (粒径：mm)/(g/kg) | | | 质地 | 容重 /(g/cm³) |
| | | | 砂粒 2～0.05 | 粉粒 0.05～0.002 | 黏粒 <0.002 | | |
| --- | --- | --- | --- | --- | --- | --- | --- |
| Ah | 0～25 | 3 | 796 | 110 | 94 | 壤质砂土 | 1.53 |
| C | 25～90 | 1 | 968 | 19 | 13 | 砂土 | 1.42 |

### 谊新系代表性单个土体化学性质

| 深度 /cm | pH (H₂O) | 有机碳 /(g/kg) | 全氮(N) /(g/kg) | 全磷(P) /(g/kg) | 全钾(K) /(g/kg) | 阳离子交换量 /(cmol/kg) |
| --- | --- | --- | --- | --- | --- | --- |
| 0～25 | 6.00 | 12.5 | 0.94 | 0.578 | 27.8 | 10.0 |
| 25～90 | 6.60 | 7.0 | 0.43 | 0.377 | 29.3 | 3.5 |

#### 12.2.2 小穆棱河系（Xiaomulinghe Series）

土 族：砂质混合型冷性–普通湿润冲积新成土
拟定者：翟瑞常，辛 刚

**分布与环境条件** 小穆棱河系分布在黑龙江省东部哈尔滨、双城、巴彦、虎林、穆棱、密山、集贤、友谊等市县。地形为河流两岸河漫滩和低阶地，冲积砂母质。中温带大陆性季风气候，具冷性土壤温度状况和湿润土壤水分状况。年平均气温 2.7℃，≥10℃积温 2475.6℃，年平均降水量 615.3mm，6～9 月降水占全年降水的 67.2%。无霜期 141 天；50cm 深处土壤温度年平均 5.6℃，夏季 16.3℃，冬季–4.1℃，

小穆棱河系典型景观

冬夏温差 20.4℃。草甸植被，生长的植物有沼柳、小叶章、茅草、蒿类等，覆盖度在 50%～70%，大部分为荒地。

**土系特征与变幅** 由于为冲积砂母质，土壤发育极弱。土体构型为 Ah 和 C，Ah 层厚 10～20cm，其下为冲积砂母质层。Ah 层有机碳含量为 4.0～15.4g/kg，土壤容重为 1.2～1.5g/cm$^3$，pH 6.2～7.0。

**对比土系** 谊新系。谊新系 Ah 和 C 层质地分别为壤质砂土和砂土，Ah 层厚>20cm。小穆棱河系 Ah 和 C 层质地为砂质壤土和壤质砂土，Ah 层厚 10～20cm。

**利用性能综述** 本土系土壤土层浅薄，质地轻，透水性好，热潮，但保水保肥性能差，养分贮量低，不宜开垦。宜做牧业用地。

**参比土种** 中层砂质冲积新积土。

**代表性单个土体** 位于黑龙江省鸡西市虎林市八五八农场第七管理区东北 3km。45°38′35.2″N，133°22′42.2″E，海拔 58m。地形为河漫滩，冲积砂母质。生长有沼柳、小叶章、茅草、蒿类等草甸植被。野外调查时间为 2011 年 9 月 26 日，编号 23-099。

Ah：0～20cm，浊黄橙色（7.5YR 7/4，干），浊黄棕色（7.5YR 5/4，润），砂质壤土，无结构，疏松，很少细根，pH 6.73，向下清晰平滑过渡。

C：20～80cm，浊黄棕色（7.5YR 5/4，干），棕色（7.5YR 4/6，润），壤质砂土，松散，很少极细根，pH 6.87.

小穆棱河系代表性单个土体剖面

#### 小穆棱河系代表性单个土体物理性质

| 土层 | 深度 /cm | 细土颗粒组成（粒径：mm)/(g/kg) | | | 质地 | 容重 /(g/cm³) |
| --- | --- | --- | --- | --- | --- | --- |
| | | 砂粒 2～0.05 | 粉粒 0.05～0.002 | 黏粒 <0.002 | | |
| Ah | 0～20 | 743 | 151 | 107 | 砂质壤土 | 1.32 |
| C | 20～80 | 872 | 65 | 63 | 壤质砂土 | 1.34 |

#### 小穆棱河系代表性单个土体化学性质

| 深度 /cm | pH (H₂O) | 有机碳 /(g/kg) | 全氮(N) /(g/kg) | 全磷(P) /(g/kg) | 全钾(K) /(g/kg) | 阳离子交换量 /(cmol/kg) |
| --- | --- | --- | --- | --- | --- | --- |
| 0～20 | 6.73 | 4.0 | 0.33 | 0.284 | 28.4 | 8.3 |
| 20～80 | 6.87 | 1.2 | 0.23 | 0.318 | 31.0 | 6.9 |

### 12.2.3　西北楞系（Xibeileng Series）

土　族：砂质盖粗骨质混合型冷性-普通湿润冲积新成土
拟定者：翟瑞常，辛　刚

**分布与环境条件**　西北楞系土壤分布于佳木斯、富锦、依兰、汤原、肇东、青冈、海林、林口、东宁、齐齐哈尔、富裕、哈尔滨等市县。地形为低河漫滩，有现代沉积作用。母质为层状冲积物，质地层次性明显。中温带大陆性季风气候，具冷性土壤温度状况和湿润土壤水分状况。年平均降水量 540mm，年平均蒸发量 1266.6mm。年平均日照时数 2582h，年均气温 2.5℃，无霜期 135 天，≥10℃的积温 2525℃。

西北楞系典型景观

50cm 深处年平均土壤温度 5.5℃。自然植被为以禾本科为主的杂类草群落。

**土系特征与变幅**　本土系土壤母质为层状冲积物，质地具有明显的层次性，土壤发育极弱。土体构型为 Ah 和 C，Ah 层厚 10~20cm，其下为母质层。表层容重在 $1.1~1.2g/cm^3$，有机碳含量为 5.9~22.9g/kg，pH 6.5~7.5。

**对比土系**　小穆棱河系。小穆棱河系和西北楞系同为普通湿润冲积新成土亚类。小穆棱河系控制层段颗粒粒级组成为砂质，西北楞系控制层段颗粒粒级组成为砂质盖粗骨质。

**利用性能综述**　本土系土壤质地轻、结构差、养分贫瘠，易受江河泛滥危害，不宜农垦，为宜牧宜林地。应保护好现有植被，促进土壤发育。

**参比土种**　薄层层状冲积新积土。

**代表性单个土体**　位于黑龙江省牡丹江市林口县建堂乡西北楞村西南 4km。45°29′50.3″N，130°10′59.6″E，海拔 214m。地形为低河漫滩，有现代沉积作用。母质为层状冲积物，土壤调查地块种植大豆，已收获。野外调查时间为 2011 年 10 月 11 日，编号 23-114。

西北楞系代表性单个土体剖面

Ah：0～15cm，浊棕色（7.5YR 5/3，干），暗棕色（7.5YR 3/3，润），砂质壤土，无结构，疏松，很少细根，pH 6.70，向下清晰平滑过渡。

2C：15～53cm，灰棕色（7.5YR 5/2，干），黑棕色（7.5YR 3/2，润），砂质壤土，无结构，很少（1%）小圆形石英砾，坚实，很少极细根，pH 7.05，向下清晰不规则过渡。

3C：53～84cm，淡棕灰色（7.5YR 7/2，干），棕色（7.5YR 4/3，润），砂质壤土，无结构，疏松，无根系，pH 7.31，向下渐变平滑过渡。

4C：84～97cm，浊棕色（7.5YR 5/4，干），暗棕色（7.5YR 3/4，润），壤质砂土，无结构，松散，无根系，pH 7.45，向下清晰平滑过渡。

5C：97～115cm，浊橙色（7.5YR 7/3，干），浊棕色（7.5YR 6/3，润），砂土，无结构，极多（80%）小圆形石英砾，松散，无根系，pH 7.69。

### 西北楞系代表性单个土体物理性质

| 土层 | 深度 /cm | 石砾 (>2mm，体积分数)/% | 细土颗粒组成（粒径：mm）/(g/kg) | | | 质地 | 容重 /(g/cm³) |
|---|---|---|---|---|---|---|---|
| | | | 砂粒 2～0.05 | 粉粒 0.05～0.002 | 黏粒 <0.002 | | |
| Ah | 0～15 | — | 587 | 300 | 112 | 砂质壤土 | 1.16 |
| 2C | 15～53 | 1 | 687 | 209 | 104 | 砂质壤土 | 1.56 |
| 3C | 53～84 | — | 528 | 345 | 126 | 砂质壤土 | 1.25 |
| 4C | 84～97 | — | 845 | 90 | 65 | 壤质砂土 | 1.50 |
| 5C | 97～115 | 80 | 959 | 12 | 29 | 砂土 | 未测 |

注：土壤没有石砾或含量极少，表中为"—"。

### 西北楞系代表性单个土体化学性质

| 深度 /cm | pH (H₂O) | 有机碳 /(g/kg) | 全氮(N) /(g/kg) | 全磷(P) /(g/kg) | 全钾(K) /(g/kg) | 阳离子交换量 /(cmol/kg) |
|---|---|---|---|---|---|---|
| 0～15 | 6.70 | 11.0 | 0.83 | 0.547 | 32.4 | 11.6 |
| 15～53 | 7.05 | 9.6 | 0.83 | 0.597 | 32.1 | 7.1 |
| 53～84 | 7.31 | 11.6 | 0.82 | 0.598 | 31.6 | 11.8 |
| 84～97 | 7.45 | 3.2 | 0.27 | 0.381 | 30.4 | 4.6 |
| 97～115 | 7.69 | 1.4 | 0.09 | 0.329 | 36.0 | 2.7 |

# 12.3 石质湿润正常新成土

## 12.3.1 宏图系（Hongtu Series）

土　族：碎屑质混合型寒性-石质湿润正常新成土
拟定者：翟瑞常，辛　刚

**分布与环境条件**　宏图系土壤主要分布于黑龙江省大兴安岭地区的漠河、塔河两市县和新林、呼中两区，地形为大兴安岭的山地，海拔为 600～700m，坡度陡，为 35°～45°。成土母质为岩石风化残积物、坡积物。寒温带湿润季风气候，具有寒性土壤温度状况和湿润土壤水分状况。年平均气温–5.5℃，≥10℃ 积温 1550.2℃，无霜期 70 天，年平均降水量 394.6mm，6～9 月降水占全年

宏图系典型景观

的 80.5%；50cm 深处土壤温度年平均 1.1℃，夏季 8.7℃，冬季–6.7℃，冬夏温差 15.4℃。自然植被以兴安落叶松为主，还有白桦和兴安杜鹃等，多为自然林地，林冠覆盖度为 40%～50%。

**土系特征与变幅**　本土系土壤发育很弱，土体极薄，土体构型为 Oi、Ah、AC、C 和 R。Oi 层厚 5～10cm，半分解凋落物，颜色较暗，多植物根；Ah 层厚 10cm 左右；AC 层砾石含量≥70%；C 层砾石含量>95%，有植物根系生长。Oi 层有机碳含量 240～306g/kg，Ah 层有机碳含量为 23.2～66.8g/kg，pH 5.0～6.5。

**对比土系**　翠峦胜利系。宏图系和翠峦胜利系同为石质湿润正常新成土亚类。宏图系发育在坡积物母质上，控制层段颗粒粒级组成为碎屑质。翠峦胜利系发育在花岗岩风化残积物母质上，控制层段颗粒粒级组成为粗骨质。宏图系气候条件更为寒冷，土壤发育也更弱。

**利用性能综述**　本土系有效土层极薄，土壤温度低、酸度大，活性氢、铝含量高，但有一定厚度的腐殖质层，也有相当的有机质和养分贮量，适合做林业用地。应抚育更新，发展经济林木和优良树种，特别适宜发展松林，如落叶松、云杉和冷杉等。

**参比土种**　厚层麻砂质棕色针叶林土。

**代表性单个土体**　位于黑龙江省大兴安岭新林区宏图镇西 3km。51°37′33.5″N，124°8′5.3″E，海拔 593m。地形为大兴安岭的山地，坡度 40°。成土母质为岩石风化坡积物，有很多砾石。自然林地，植物以兴安落叶松、白桦为主，林下有兴安杜鹃等，林冠

覆盖度为 30%。野外调查时间为 2010 年 8 月 11 日，编号 23-034。

宏图系代表性单个土体剖面

Oi: +6～0cm，黑棕色（7.5YR 2/2，干），黑棕色（7.5YR 2/2，润），未分解和半分解的凋落物及根系，极疏松，向下突然平滑过渡。

Ah: 0～8cm，浊棕色（7.5YR 5/4，干），暗棕色（7.5YR 3/3，润），壤土，多量岩石风化碎屑，小团粒结构，疏松，较多细根，pH 5.90，向下渐变平滑过渡。

AC: 8～27cm，亮棕色（7.5YR 5/6，干），暗棕色（7.5YR 5/6，润），砂质壤土，很多角状岩石风化物，且表层有明显胶膜，棱块状结构，疏松，较多细根，pH 6.00，向下模糊平滑过渡。

C: 27～64cm，橙色（7.5YR 6/6，干），亮棕色（7.5YR 5/8，润），砾石层。

R: 64～100cm，花岗岩碎石。

**宏图系代表性单个土体物理性质**

| 土层 | 深度 /cm | 石砾 (>2mm，体积分数)/% | 细土颗粒组成（粒径：mm)/(g/kg) | | | 质地 | 容重 /(g/cm³) |
| --- | --- | --- | --- | --- | --- | --- | --- |
| | | | 砂粒 2～0.05 | 粉粒 0.05～0.002 | 黏粒 <0.002 | | |
| Ah | 0～8 | 25 | 506 | 319 | 175 | 壤土 | 0.98 |
| AC | 8～27 | 75 | 634 | 238 | 129 | 砂质壤土 | 未测 |

**宏图系代表性单个土体化学性质**

| 深度 /cm | pH (H₂O) | 有机碳 /(g/kg) | 全氮(N) /(g/kg) | 全磷(P) /(g/kg) | 全钾(K) /(g/kg) | 阳离子交换量 /(cmol/kg) |
| --- | --- | --- | --- | --- | --- | --- |
| 0～8 | 5.90 | 24.7 | 1.96 | 0.986 | 27.9 | 21.7 |
| 8～27 | 6.00 | 7.9 | 0.86 | 0.889 | 25.3 | 16.9 |

### 12.3.2 翠峦胜利系（Cuiluanshengli Series）

土 族：粗骨质混合型寒性-石质湿润正常新成土
拟定者：翟瑞常，辛 刚

**分布与环境条件** 翠峦胜利系土壤分布于伊春、黑河所辖的县市，地形为小兴安岭低山、丘陵区，坡度较大，一般在 20°～30°，位于顶部或坡上部。母质多为花岗岩风化残积物，夹有较多岩石碎屑。中温带大陆性季风气候，属寒性土壤温度状况和湿润土壤水分状况。年平均气温 0.3℃，≥10℃积温 2162.1℃，年平均降水量 677.3mm，6～9 月降水占全年的 78.7%，无霜期 119 天；50cm 深处土壤温度年平均

翠峦胜利系典型景观

3.6℃，夏季 14.1℃，冬季-6.3℃，冬夏温差 20.4℃。自然植被为柞、桦、樟子松等针阔混交林，林冠覆盖度在 50%～75%，多为原生林。

**土系特征与变幅** 本土系土壤土体构型为 Oi、Ah、AC 和 C。Ah 层厚 5～12cm，AC 层砾石含量为 20%～40%，母质层几乎全部为花岗岩风化的岩石碎屑。Ah 层有机碳含量为 34.8～63.8g/kg，容重为 0.65～1.0g/cm³，pH 5.5～6.5。

**对比土系** 宏图系。宏图系和翠峦胜利系同为石质湿润正常新成土亚类。宏图系发育在坡积物母质上，控制层段颗粒粒级组成为碎屑质。翠峦胜利系发育在花岗岩风化残积物母质上，控制层段颗粒粒级组成为粗骨质。宏图系气候条件更为寒冷，土壤发育也更弱。

**利用性能综述** 本土系分布地形部位高，坡度较大，水土流失严重，土层极薄，有效土层<50cm，质地粗，含砾石多，只适合做林业用地，可选择优良树种，抚育更新。

**参比土种** 中层麻砂质暗棕壤性土。

**代表性单个土体** 位于黑龙江省伊春市翠峦林业局胜利经营所西南 3km。47°35′42.9″N，128°29′51.9″E，海拔 380m。地形为小兴安岭低山，山坡上部，坡度为 30°。母质为花岗岩风化残积物，夹有较多岩石碎屑。自然植被为针阔混交林，主要树种有柞、桦和樟子松等，林冠覆盖度约 50%。野外调查时间为 2010 年 10 月 17 日，编号 23-081。

Oi：　+5～0cm，暗棕色（7.5YR 3/3，干），极暗棕色（7.5YR 2/3，润），未分解和低分解的枯枝落叶，向下清晰平滑过渡。

Ah：　0～9cm，棕色（7.5YR 4/3，干），极暗棕色（7.5YR 2/3，润），黏壤土，团粒结构，疏松，中量粗根，pH 5.70，向下清晰平滑过渡。

AC：　9～24cm，浊橙色（7.5YR 6/4，干），棕色（7.5YR 4/4，润），黏壤土，多量（20%）角状花岗岩风化碎砾，团粒结构，疏松，少量细根，pH 5.34，向下渐变平滑过渡。

C：　24～100cm，橙色（7.5YR 7/6，干），橙色（7.5YR 6/6，润），极多（85%）角状花岗岩风化碎砾，无结构，疏松。

翠峦胜利系代表性单个土体剖面

### 翠峦胜利系代表性单个土体物理性质

| 土层 | 深度/cm | 石砾(>2mm，体积分数)/% | 细土颗粒组成 (粒径：mm)/(g/kg) | | | 质地 | 容重/(g/cm³) |
|------|--------|--------------------|----------------------------|-----------------|----------------|------|-----------|
| | | | 砂粒 2～0.05 | 粉粒 0.05～0.002 | 黏粒 <0.002 | | |
| Ah | 0～9 | — | 126 | 554 | 320 | 黏壤土 | 0.66 |
| AC | 9～24 | 20 | 318 | 403 | 279 | 黏壤土 | 1.05 |

注：土壤没有石砾或含量极少，表中为"—"。

### 翠峦胜利系代表性单个土体化学性质

| 深度/cm | pH(H₂O) | 有机碳/(g/kg) | 全氮(N)/(g/kg) | 全磷(P)/(g/kg) | 全钾(K)/(g/kg) | 阳离子交换量/(cmol/kg) |
|--------|---------|-------------|---------------|---------------|---------------|---------------------|
| 0～9 | 5.70 | 39.9 | 4.89 | 0.715 | 18.5 | 29.4 |
| 9～24 | 5.34 | 22.4 | 1.84 | 0.461 | 22.5 | 41.7 |

### 12.3.3　裴德峰系（Peidefeng Series）

土　族：碎屑质混合型冷性-石质湿润正常新成土
拟定者：翟瑞常，辛　刚

**分布与环境条件**　裴德峰系土壤分布于密山、虎林、宝清、穆棱、富锦、饶河等县市。地形为山地山坡中下部，坡度较大，一般 25°～35°，母质为坡积物，夹有大量岩石碎屑。中温带大陆性季风气候，属冷性土壤温度状况和湿润土壤水分状况。年平均气温 3.1℃，≥10℃积温 2501.6℃，年平均降水量 556.0mm，6～9 月降水占全年的 76.0%，无霜期 106～154 天。50cm 深处土壤温度年平均 5.3℃，夏季 16.7℃，

裴德峰系典型景观

冬季-5.5℃，冬夏温差 22.2℃。植被多为次生阔叶林，植物种类较多，以柞树、桦树为主。

**土系特征与变幅**　本土系土壤土体构型为 Oi、Ah、AC 和 C。Ah 层厚 10～20cm，Ah 层砾石含量≥50%，AC 层砾石含量≥70%，AC 层因岩石风化，铁解形成浊棕色（7.5YR 5/4，润），母质层几乎全部为岩石碎屑，植物根系还可生长。表层容重在 1.0～1.3g/cm³，有机碳含量为 35.7～70.6g/kg，pH 5.5～6.5。

**对比土系**　三家系。裴德峰系和三家系同为石质湿润正常新成土亚类。裴德峰系发育在坡积物母质上，控制层段颗粒粒级组成为碎屑质。三家系发育在花岗岩风化残积物母质上，控制层段颗粒粒级组成为粗骨质。

**利用性能综述**　本土系土壤坡度极大，极易水土流失，适宜发展林业。土壤腐殖质层较厚，有机质及养分含量高，有利于树木生长。

**参比土种**　中层亚暗矿质暗棕壤。

**代表性单个土体**　位于黑龙江省鸡西市密山市裴德镇裴德峰西坡。45°39′34.4″N，131°51′43.7″E，海拔 198m。地形为山地山坡中下部，坡度 30°，母质为坡积物，含有大量岩石碎屑，有以柞树、桦树为主的次生阔叶林。野外调查时间为 2011 年 9 月 25 日，编号 23-096。

Oi: +2～0cm，灰棕色（7.5YR 4/2，干），黑棕色（7.5YR 3/2，润），未分解的枯枝落叶。

Ah: 0～14cm，灰棕色（7.5YR 5/2，干），黑棕色（7.5YR 3/2，润），壤土，很多（55%）角状岩石风化碎屑，发育程度中等的小团粒结构，松软，中量中根，pH 6.10，向下清晰平滑过渡。

AC: 14～33cm，淡棕色（7.5YR 7/2，干），浊棕色（7.5YR 5/4，润），粉壤土，小棱块结构，极多（80%）角状岩石风化碎屑，松软，少量中根，pH 5.82，向下模糊平滑过渡。

C: 33～130cm，橙白色（7.5YR 8/2，干），浊橙色（7.5YR 6/4，润），砂质壤土，极多（95%）角状岩石风化碎屑，少量细根，pH 5.73。

裴德峰系代表性单个土体剖面

### 裴德峰系代表性单个土体物理性质

| 土层 | 深度/cm | 石砾(>2mm，体积分数)/% | 细土颗粒组成（粒径：mm)/(g/kg) | | | 质地 | 容重/(g/cm³) |
| | | | 砂粒 2～0.05 | 粉粒 0.05～0.002 | 黏粒 <0.002 | | |
|---|---|---|---|---|---|---|---|
| Ah | 0～14 | 55 | 383 | 469 | 148 | 壤土 | 1.17 |
| AC | 14～33 | 80 | 383 | 500 | 117 | 粉壤土 | 未测 |
| C | 33～130 | 95 | 634 | 314 | 52 | 砂质壤土 | 未测 |

### 裴德峰系代表性单个土体化学性质

| 深度/cm | pH(H₂O) | 有机碳/(g/kg) | 全氮(N)/(g/kg) | 全磷(P)/(g/kg) | 全钾(K)/(g/kg) | 阳离子交换量/(cmol/kg) |
|---|---|---|---|---|---|---|
| 0～14 | 6.10 | 42.7 | 3.20 | 0.399 | 31.1 | 18.6 |
| 14～33 | 5.82 | 12.1 | 0.79 | 0.128 | 32.2 | 8.3 |
| 33～130 | 5.73 | 4.0 | 0.21 | 0.140 | 39.7 | 4.7 |

### 12.3.4　三家系（Sanjia Series）

土　族：粗骨质混合型冷性-石质湿润正常新成土
拟定者：翟瑞常，辛　刚

**分布与环境条件**　三家系土壤
分布于海林、东宁、林口、穆棱、
五常、尚志、宾县、方正、依兰、
勃力等市县。地形为张广才岭、
老爷岭山地，山坡中上部，坡度
较大，一般为 25°～35°，母质为
花岗岩风化残积物，有大量岩石
风化碎屑。属中温带大陆性季风
气候，冷性土壤温度状况和湿润
土壤水分状况。年平均降水量
540mm，年平均蒸发量
1266.6mm。年平均日照时数
2582h，年均气温 2.5℃，无霜期

三家系典型景观

135 天，≥10℃的积温 2525℃。50cm 深处年平均土壤温度 5.3℃。植被多为次生阔叶林，
植物种类较多，以柞树、杨树、桦树、椴树为主。

**土系特征与变幅**　本土系土壤土体构型为 Oi、Ah、AC、C 和 R。Ah 层厚<10cm，AC
层砾石含量≥70%，C 层砾石含量>85%，AC 层因铁淋溶，颜色稍浅，C 层因岩石风化，
铁解形成棕色（7.5Y 4/6，润），母质层植物根系还可生长。表层容重在 0.7～1.0g/cm³，
有机碳含量为 28.5～71.0g/kg，pH 6.0～7.0。

**对比土系**　裴德峰系。裴德峰系和三家系同为石质湿润正常新成土亚类。裴德峰系发育
在坡积物母质上，控制层段颗粒粒级组成为碎屑质。三家系发育在花岗岩风化残积物母
质上，控制层段颗粒粒级组成为粗骨质。

**利用性能综述**　本土系土壤土体较薄，剖面中有较多岩石碎屑，腐殖质层薄，养分贮量
低，坡度大，易水土流失，宜发展林业生产，适宜种植樟子松、落叶松等人工林。

**参比土种**　薄层麻砂质暗棕壤性土。

**代表性单个土体**　位于黑龙江省牡丹江市林口县刁翎镇三家村北 3km（八女投江纪念馆
南 1km）。45°48′54.9″N，129°49′36.9″E，海拔 170m。地形为山地山坡中上部，坡度 25°，
母质为花岗岩风化残积物，有大量岩石风化碎屑，有以柞树、杨树和小灌木为主的次生
阔叶林。野外调查时间为 2011 年 10 月 11 日，编号 23-112。

三家系代表性单个土体剖面

Oi：　+3～0cm，暗棕色（7.5YR 3/3，干），黑棕色（7.5YR 3/2，润），未分解的枯枝落叶，向下突然平滑过渡。

Ah：　0～8cm，黑棕色（7.5YR 3/2，干），黑棕色（7.5YR 2/2，润），壤土，小团粒结构，松散，少量根系，pH 6.67，向下清晰平滑过渡。

AC：　8～23cm，浊橙色（7.5YR 6/3，干），浊棕色（7.5YR 5/4，润），砂质壤土，很多（70%）角状花岗岩小碎屑，松散，很少根，pH 7.37，向下渐变平滑过渡。

C：　23～75cm，亮棕色（7.5YR 5/6，干），棕色（7.5YR 4/6，润），壤质砂土，无结构，极多（90%）角状花岗岩碎屑，松散，很少根，pH 7.60。

R：　75～100cm，花岗岩碎石。

## 三家系代表性单个土体物理性质

| 土层 | 深度/cm | 石砾（>2mm，体积分数)/% | 细土颗粒组成（粒径：mm)/(g/kg) | | | 质地 | 容重/(g/cm³) |
| --- | --- | --- | --- | --- | --- | --- | --- |
| | | | 砂粒 2～0.05 | 粉粒 0.05～0.002 | 黏粒 <0.002 | | |
| Ah | 0～8 | — | 466 | 382 | 152 | 壤土 | 0.85 |
| AC | 8～23 | 70 | 710 | 183 | 107 | 砂质壤土 | 未测 |
| C | 23～75 | 90 | 850 | 92 | 58 | 壤质砂土 | 未测 |

注：土壤没有石砾或含量极少，表中为"—"。

## 三家系代表性单个土体化学性质

| 深度/cm | pH(H₂O) | 有机碳/(g/kg) | 全氮(N)/(g/kg) | 全磷(P)/(g/kg) | 全钾(K)/(g/kg) | 阳离子交换量/(cmol/kg) |
| --- | --- | --- | --- | --- | --- | --- |
| 0～8 | 6.67 | 46.6 | 3.77 | 0.665 | 24.7 | 13.0 |
| 8～23 | 7.37 | 5.1 | 0.47 | 0.506 | 27.4 | 6.0 |
| 23～75 | 7.60 | 2.1 | 0.19 | 0.945 | 29.9 | 4.0 |

### 12.3.5　红旗岭系（Hongqiling Series）

土　族：砂质混合型冷性-石质湿润正常新成土
拟定者：翟瑞常，辛　刚

**分布与环境条件**　红旗岭系土
壤分布于宝清、鹤岗、富锦、依
兰、桦南、饶河、龙江、甘南等
县市。地形为小兴安岭、东部山
地，山坡中部、上部，坡度较大，
一般为 30°～45°，母质为岩石风
化残积物。中温带大陆性季风气
候，具冷性土壤温度状况和湿润
土壤水分状况。年平均降水量
574mm ， 年 平 均 蒸 发 量
1102.4mm 。 年 平 均 日 照 时 数
2378h，年均气温 1.6℃，无霜期
130 天，≥10℃的积温 2100～

红旗岭系典型景观

2500℃。50cm 深处年平均土壤温度 5.4℃。植被多为次生阔叶林，植物以柞树、杨树、
小灌木为主。

**土系特征与变幅**　本土系土壤发育极弱，土体构型为 Oe、Ah 和 R。Ah 层厚 10cm 左右，
其下即为基岩层 R。表层容重在 1.0～1.3g/cm³，有机碳含量为 20.6～69.7g/kg，pH 6.0～
7.0。

**对比土系**　裴德峰系。裴德峰系和红旗岭系同为石质湿润正常新成土亚类。裴德峰系发
育在含有大量砾石的坡积物母质上，土壤土体构型为 Oi、Ah、AC 和 C，Ah 层厚 10～
20cm，母质层几乎全部为岩石碎屑，细土物质极少，但仍有植物根系生长。红旗岭系土
壤发育极弱，土体构型为 Oe、Ah 和 R。Ah 层厚 10cm 左右，其下即为基岩层 R。

**利用性能综述**　本土系土壤由于地势高，坡度大，土层极薄，易水土流失，只适宜作为
林业用地，要保护好现有植被，加强水土保持工作。

**参比土种**　薄层暗矿质石质土。

**代表性单个土体**　位于黑龙江省双鸭山市饶河县红旗岭农场西 1km。46°50′46.4″N，
133°12′54.2″E，海拔 96m。地形为山地，山坡中部，坡度 40°，母质为岩石风化残积物。
植被为次生阔叶林，植物以柞树、杨树、小灌木为主。野外调查时间为 2011 年 10 月 17
日，编号 23-125。

Oe：　+3～0cm，灰棕色（7.5YR 4/2，干），暗棕色（7.5YR 3/3，润），半分解的枯枝落叶，向下突然平滑过渡。

Ah：　0～12cm，黑棕色（7.5YR 2/2，干），黑色（7.5YR 2/1，润），砂质壤土，小团粒结构，松散，有较多根系，pH 6.79，向下清晰平滑过渡。

R：　12～120cm，基性岩。

红旗岭系代表性单个土体剖面

**红旗岭系代表性单个土体物理性质**

| 土层 | 深度/cm | 细土颗粒组成 (粒径：mm)/(g/kg) | | | 质地 | 容重/(g/cm³) |
| --- | --- | --- | --- | --- | --- | --- |
| | | 砂粒 2～0.05 | 粉粒 0.05～0.002 | 黏粒 <0.002 | | |
| Ah | 0～12 | 663 | 286 | 51 | 砂质壤土 | 1.11 |

**红旗岭系代表性单个土体化学性质**

| 深度/cm | pH (H₂O) | 有机碳/(g/kg) | 全氮(N)/(g/kg) | 全磷(P)/(g/kg) | 全钾(K)/(g/kg) | 阳离子交换量/(cmol/kg) |
| --- | --- | --- | --- | --- | --- | --- |
| 0～12 | 6.79 | 60.0 | 4.82 | 1.436 | 12.9 | 45.8 |

# 参 考 文 献

蔡方达, 叶敏林, 周学谦, 等. 1979. 穆棱河地区白浆土开垦后肥力变化及其改良途径. 黑龙江农业科学, (3): 17-25.

陈恩风, 文振旺, 王方维. 1951. 黑龙江省龙江县土壤与土地利用. 土壤专报, (25).

初本君, 高振操, 杨世生, 等. 1989. 黑龙江省第四纪地质与环境. 北京: 海洋出版社.

何万云, 张之一, 林佰群, 等. 1992. 黑龙江土壤. 北京: 农业出版社.

《黑龙江省国营农场经济发展史》编写组. 1984. 黑龙江省国营农场经济发展史. 哈尔滨: 黑龙江人民出版社.

黑龙江省志土地志编纂委员会. 1997. 黑龙江省志第八卷 土地志. 哈尔滨: 黑龙江人民出版社: 5-6.

腊塞尔. 1979. 土壤条件和植物生长. 谭世文, 林振骥, 郭公佑, 等译. 北京: 科学出版社.

刘景双, 于君宝, 王金达, 等. 2003. 松辽平原黑土有机碳含量时空分异规律. 地理科学, 23(6): 668-673.

孟凯, 王德录, 张兴义, 等. 2002. 黑土有机质分解、积累及其变化规律. 土壤与环境, 11(1): 42-46.

潘德顿, 陈伟, 常庆隆, 等. 1935. 哈尔滨土壤约测. 李庆逵, 译. 土壤专报, (11): 1-19.

全国土壤普查办公室. 1979. 全国第二次土壤普查暂行技术规程. 北京: 农业出版社.

沈善敏. 1981. 黑土开垦后土壤团聚体稳定性与土壤养分状况的关系. 土壤通报, (2): 32-34.

梭颇. 1936. 中国之土壤. 李连捷, 李庆逵, 译. 北京: 实业部地质调查所及国立北平研究院地质学研究所.

汪景宽, 王铁宇, 张旭东, 等. 2002. 黑土土壤质量演变初探 I ——不同开垦年限黑土主要质量指标演变规律. 沈阳农业大学学报, 33 (1): 43-47.

辛刚. 2001. 关于不同开垦年限黑土质量变化的研究. 沈阳: 沈阳农业大学.

曾昭顺, 庄季屏, 李美平. 1963. 论白浆土的形成和分类问题. 土壤学报, 11(2): 16-24.

张凤荣, 陈焕伟. 2001. 土地资源保护与农业可持续发展. 北京: 北京出版社.

张甘霖, 龚子同. 2012. 土壤调查实验室分析方法. 北京: 科学出版社.

张甘霖, 李德成. 2016. 野外土壤描述与采样手册. 北京: 科学出版社.

张甘霖, 王秋兵, 张凤荣, 等. 2013. 中国土壤系统分类土族和土系划分标准. 土壤学报, 50(4): 826-834.

张之一, Cameron D. 1996. 利用牧草改良白浆土. 北京: 中国农业出版社.

张之一, 田秀萍, 辛刚. 1999. 黑龙江土壤分类参比. 土壤, 31(2): 104-109.

张之一, 张元福, 罗学锋, 等. 1984. 耕作土壤农化性状的不均质性. 黑龙江八一农垦大学学报, (1): 37-44.

张之一, 张元福, 朱玺纯. 1983. 白浆土开垦后土壤有机质的数量及其组成的变化. 黑龙江八一农垦大学学报, (2): 73-77.

张之一, 翟瑞常, 蔡德利. 2006. 黑龙江土系概论. 哈尔滨: 哈尔滨地图出版社.

赵其国. 1976. 黑龙江省黑河地区土壤资源及其利用. 黑龙江省黑河地区科学技术委员会, 黑龙江省黑河地区农牧局, 106-107.

赵玉萍, 段五得, 夏荣基, 等. 1983. 白浆土开垦后有机物质下降速率的初步研究. 中国农业大学学报, 12(3): 59-66.

中国科学院林业土壤研究所. 1980. 中国东北土壤. 北京: 科学出版社.

中国科学院南京土壤研究所, 中国科学院西安光学精密机械研究所. 1989. 中国标准土壤色卡. 南京: 南京出版社.

中国科学院南京土壤研究所土壤系统分类课题组, 中国土壤系统分类课题研究协作组. 2001. 中国土壤系统分类检索. 3 版. 合肥: 中国科学技术大学出版社.

朱显谟, 曾昭顺. 1951. 黑龙江东部之土壤与农业. 土壤专报, (25): 47-116.

B. A. 柯夫达. 1960. 中国之土壤与自然条件概论. 陈恩健, 杨景辉, 常世华, 译. 北京: 科学出版社.

# 附录　黑龙江省土系与土种参比表

| 土系 | 土种 | 土系 | 土种 |
|---|---|---|---|
| 阿布沁河系 | 薄层泥炭腐殖质沼泽土 | 哈木台系 | 灰色石灰性半固定草甸风沙土 |
| 安达系 | 中度苏打盐化草甸土 | 合心系 | 中层黄土质草甸黑土 |
| 八五八系 | 厚层白浆土型淹育水稻土 | 红旗岭系 | 薄层暗矿质石质土 |
| 白河系 | 厚层泥炭沼泽土 | 红星系 | 厚层黄土质黑土 |
| 半站系 | 薄层沼泽土型潜育水稻土 | 红一林场系 | 厚层砾底草甸土 |
| 宝清系 | 厚层黄土质白浆土 | 宏图系 | 厚层麻砂质棕色针叶林土 |
| 北川系 | 砂质冲积新积土 | 呼源系 | 厚层亚暗砂质棕色针叶林土 |
| 北关系 | 中层麻砂质暗棕壤 | 虎林系 | 厚层黄土质白浆土 |
| 北新发系 | 中层黏壤质石灰性草甸土 | 花园农场系 | 中层黄土质黑土 |
| 宾安系 | 薄层黄土质白浆化黑土 | 花园乡系 | 浅位柱状草甸碱土 |
| 宾州系 | 中层黄土质黑土 | 吉祥系 | 厚层白浆土型淹育水稻土 |
| 春雷南系 | 中层黄土质石灰性黑钙土 | 克东系 | 薄层黄土质黑土 |
| 翠峦解放系 | 中层典型暗棕壤土 | 克尔台系 | 苏打碱化草甸土 |
| 翠峦胜利系 | 中层麻砂质暗棕壤性土 | 喇嘛甸系 | 中层石灰性固定草甸风沙土 |
| 大罗密系 | 薄层砾底草甸土 | 兰桥村系 | 厚层黏质潜育白浆土 |
| 大唐系 | 厚层亚暗矿质草甸暗棕壤 | 老黑山系 | 火山砾火山灰土 |
| 大西江系 | 中层黄土质黑土 | 老虎岗系 | 中层黄土质石灰性黑钙土 |
| 德善系 | 薄层黄土质白浆土 | 亮河系 | 中层麻砂质白浆化暗棕壤 |
| 刁翎系 | 壤质薄层砂砾底草甸土 | 林星系 | 薄层麻砂质暗棕壤 |
| 东方红系 | 厚层黏质潜育白浆土 | 林业屯系 | 厚层固定草甸风沙土 |
| 东福兴系 | 厚层砾砂质暗棕壤 | 龙江北系 | 厚层黄土质石灰性草甸黑钙土 |
| 东升系 | 中层砾砂质暗棕壤 | 龙江系 | 薄层黄土质石灰性黑钙土 |
| 方正系 | 厚层黏壤质白浆化草甸土 | 龙门农场系 | 薄层泥炭腐殖质沼泽土 |
| 丰产屯系 | 中层黄土质黑土 | 龙门系 | 厚层亚暗矿质暗棕壤性土 |
| 风水山系 | 火山砾火山灰土 | 落马湖系 | 厚层砂砾底白浆化草甸土 |
| 冯家围子系 | 薄层砂壤质石灰性黑钙土 | 马家窑系 | 苏打草甸盐土 |
| 福寿系 | 厚层砂砾底草甸土 | 民乐系 | 厚层黄土质草甸白浆土 |
| 复兴系 | 厚层黏质草甸白浆土 | 明水系 | 中层黄土质黑钙土 |
| 富牧东系 | 中层黄土质石灰性黑钙土 | 嫩江系 | 中层砂底黑土 |
| 富牧西系 | 厚层黄土质黑钙土 | 宁安系 | 中层黏壤质草甸土 |
| 富饶系 | 中层黄土质石灰性黑钙土 | 裴德峰系 | 中层亚暗矿质暗棕壤 |
| 富荣系 | 薄层黏壤质白浆化草甸土 | 裴德系 | 中层黏壤质白浆化草甸土 |
| 富新系 | 轻度盐化固定草甸风沙土 | 平山系 | 壤质冲积新积土 |
| 干岔子系 | 中层黏壤质草甸土 | 七虎林系 | 薄层低位泥炭土 |
| 共乐系 | 厚层黏质草甸白浆土 | 前库勒系 | 中层石灰性草甸黑钙土 |
| 孤榆系 | 苏打碱化盐土 | 青冈系 | 厚层黏壤质石灰性草甸土 |
| 古城系 | 厚层黄土质暗白浆土 | 青肯泡系 | 浅位苏打草甸碱土 |
| 关村系 | 厚层麻砂质暗棕壤 | 庆丰系 | 中层黄土质草甸黑土 |

| 土系 | 土种 | 土系 | 土种 |
|---|---|---|---|
| 萨东系 | 中层砂壤质石灰性黑钙土 | 西北楞系 | 薄层层状冲积新积土 |
| 三家系 | 薄层麻砂质暗棕壤性土 | 小穆棱河系 | 中层砂质冲积新积土 |
| 三棱山系 | 厚层亚暗矿质暗棕壤 | 新北新系 | 中层黏壤质石灰性草甸土 |
| 山河系 | 厚层层状草甸土 | 新村系 | 强度苏打碱化草甸土 |
| 升平系 | 薄层黄土质石灰性黑钙土 | 新发北系 | 中层草甸土型淹育水稻土 |
| 胜利农场系 | 厚层黏质草甸白浆土 | 新生系 | 厚层黏壤质石灰性草甸土 |
| 十间房系 | 中层黄土质白浆化黑土 | 兴安系 | 厚层暗砂质暗棕壤 |
| 示范村系 | 中度苏打碱化草甸土 | 兴福系 | 中层黄土质黑土 |
| 曙光系 | 中层亚暗矿质白浆化暗棕壤 | 兴华系 | 厚层黏壤质草甸土 |
| 双峰农场系 | 厚层夹石白浆土 | 学田系 | 薄层层状草甸土 |
| 双龙系 | 中层砾石底黑钙土 | 逊克场北系 | 厚层黏质草甸白浆土 |
| 双兴系 | 厚层黄土质草甸黑钙土 | 逊克场南系 | 中层黏壤质白浆化草甸土 |
| 松阿察河系 | 厚层泥炭沼泽土 | 逊克场西系 | 中层砂砾质暗棕壤 |
| 孙吴系 | 中层亚暗矿质暗棕壤性土 | 亚沟系 | 中层砂壤质草甸土 |
| 塔源系 | 厚层麻砂质棕色针叶林土 | 杨屯系 | 中层砂底石灰性草甸土 |
| 太平川系 | 薄层砂砾底草甸土 | 伊顺系 | 厚层暗棕壤性土 |
| 铁力系 | 薄层黄土质白浆化黑土 | 谊新系 | 厚层砂质冲积新成土 |
| 同义系 | 中层黄土质黑钙土 | 永安系 | 中层黄土质白浆土 |
| 屯乡系 | 中度苏打盐化草甸土 | 永革系 | 厚层黄土质淋溶黑钙土 |
| 望奎系 | 厚层黄土质草甸黑土 | 永和村系 | 中层黄土质草甸暗棕壤 |
| 围山系 | 厚层草甸暗棕壤 | 永乐系 | 厚层砂砾质草甸暗棕壤 |
| 伟东系 | 薄层黄土质草甸黑土 | 永顺系 | 厚层典型暗棕壤 |
| 卫星农场系 | 厚层黄土质白浆土 | 友谊农场系 | 厚层砂砾底草甸黑土 |
| 卫星系 | 中层层状冲积新成土 | 增产系 | 中层砂底黑土 |
| 卧里屯系 | 薄层石灰性潜育草甸土 | 中和系 | 中层黄土质石灰性黑钙土 |
| 五大哈系 | 中层砂壤质石灰性黑钙土 | 中兴系 | 薄层砾质黑土 |
| 五七农场系 | 厚层砂底草甸沼泽土 | 众家系 | 薄层层状草甸土 |

注：基于土系代表性单个土体。

定价: 268.00 元

ISBN 978-7-03-063984-4

(S-1770.01)